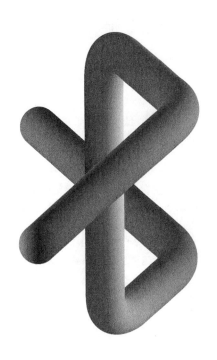

低功耗蓝牙
智能硬件开发实战

谭康喜 著

人民邮电出版社

北京

图书在版编目（CIP）数据

低功耗蓝牙智能硬件开发实战 / 谭康喜著. -- 北京：人民邮电出版社, 2018.12（2022.11重印）
ISBN 978-7-115-49444-3

Ⅰ. ①低… Ⅱ. ①谭… Ⅲ. ①蓝牙技术－通信设备－开发 Ⅳ. ①TN926

中国版本图书馆CIP数据核字(2018)第219866号

内 容 提 要

低功耗蓝牙技术凭借着低功耗、低带宽、低成本、低复杂性、低时延、强抗干扰能力、强大的安全性、良好的拓扑结构等特点，赢得了广大开发人员和用户的认可，已经成为主流的低功耗、近距离无线通信技术。

本书共分为 25 章，内容分别涵盖了蓝牙的发展历史、低功耗蓝牙的核心系统架构、几种短距离无线通信技术的简单介绍和选择方法、Bluedroid 协议栈的架构和功能模块的分析、SMP 的 3 个阶段介绍、LE 属性协议、LE 属性数据库的构建和查询方法及查询代码分析、BLE Hid 设备的连接过程、Find me 功能的实现、电池服务和电量的读取、LE 设备接近配对的实现、基于 LE 广播的无线电子设备的唤醒方法、基于 LE 广播的系统 Recovery 的操作实现、蓝牙 HID 设备 OTA 升级的设计和实现、加速度传感器在低功耗蓝牙设备上的应用、LE 系统快速更新连接参数的设计和实现、LE 语音编解码和传输、开发工具介绍、蓝牙系统 Bug 分析。

本书侧重于实战，低功耗蓝牙体系结构及协议栈分析、开发实例讲解和蓝牙调试 3 个方面的内容详细丰富，适合蓝牙应用工程师、蓝牙协议栈工程师、蓝牙固件工程师阅读，也适合对 BLE、人工智能、物联网和智能硬件感兴趣的读者阅读。

◆ 著　　谭康喜
责任编辑　傅道坤
责任印制　焦志炜

◆ 人民邮电出版社出版发行　北京市丰台区成寿寺路 11 号
邮编　100164　电子邮件　315@ptpress.com.cn
网址　http://www.ptpress.com.cn
北京九州迅驰传媒文化有限公司印刷

◆ 开本：800×1000　1/16
印张：26.5　　　　　　　2018 年 12 月第 1 版
字数：555 千字　　　　　2022 年 11 月北京第 9 次印刷

定价：99.00 元

读者服务热线：(010)81055410　印装质量热线：(010)81055316
反盗版热线：(010)81055315
广告经营许可证：京东市监广登字 20170147 号

推荐序 1

在 2013 年下半年，公司集体决定在下一代小米电视和小米盒子上，标配由纽扣电池供电的低功耗蓝牙遥控器，主机端和遥控端使用不同芯片公司的蓝牙芯片。这是全世界首个跨芯片厂商的低功耗蓝牙遥控器系统技术方案的探索，技术难度非常高，以康喜为代表的蓝牙工程师团队在这个低功耗蓝牙系统技术方案的实施中，做出了不可磨灭的贡献。以此为契机，他们也开始研究低功耗蓝牙技术，并进行产品化的各种探索。

由于低功耗蓝牙属于新生的前沿技术，业界没有相关的产品化实践案例，因此康喜他们没有可以借鉴的经验，只能摸着石头过河。将低功耗蓝牙遥控器作为电视/盒子的控制终端，对主机端和控制端蓝牙系统的稳定性、健壮性、实时性以及系统间协同工作的要求非常高，这导致整个开发过程异常艰难曲折。为此，公司给蓝牙开发团队购买了业界最先进的仪器设备，并调动一切可以调配的资源来支援、保障蓝牙团队的工作。整个蓝牙团队在历经近一年时间的开发之后，实现了一个功能完备、总体达标的蓝牙软硬件系统技术方案。后来又经过一段时间的改进，整个技术方案才得以稳定下来。2014 年 4 月下旬，公司决定在即将发布的第 2 代小米电视上标配低功耗蓝牙遥控器。

从公司决定标配低功耗蓝牙遥控器到最终的落地实现，蓝牙开发团队以及相关合作伙伴为此付出了巨大的心血和努力，彻夜加班成为常态。之后，包括康喜在内的蓝牙团队又相继开发出了语音、体感、触摸以及红外机顶盒控制等依附于低功耗蓝牙技术的功能以及相应的硬件产品。在此我代表公司向蓝牙开发团队表示由衷的感谢！蓝牙开发团队代表了小米工程师对技术的执着追求和勇于创新的进取精神，他们不畏艰难、精益求精的态度值得我们每一个人学习。也希望小米公司的每一位工程师，都能够紧跟前沿技术并将其产品化，尽一切努力让用户用上技术先进而价格厚道的产品，提升用户体验，赢得用户的信任。

尽管本书是以小米电视蓝牙系统的开发历程为背景，介绍了低功耗蓝牙系统和小米电视蓝牙的一些技术方案，但是本书的内容也相当通用，而且书中的部分技术实现尚属业界首创。相信这本优秀的技术读物对同行也会有一定的借鉴作用。希望大家一起努力，用科技改变生活，让生活更美好！

——王川
小米联合创始人兼高级副总裁、迅雷董事长、雷石董事长

推荐序 2

小米作为一家不断追求用户体验的科技公司，不仅仅追求做高性价比的产品，更愿意让新的技术带给人们更多便利，让每个人享受科技的乐趣。

2014 年，小米电视成功量产了中国第一款 BLE 遥控器作为标配且没有红外的辅助，这种胆量和探索的精神其实是源于对于技术的不懈追求，源于公司内部每个员工心中的梦想和星辰大海。

谭康喜同学作为小米电视蓝牙的负责人，曾经为多款手机开发过蓝牙解决方案，但这一次小米电视的蓝牙遥控方案对于他来说是一个巨大的挑战，因为当时在业内根本就没有成熟的低功耗蓝牙遥控方案。而我们仅仅因为一个梦想，或者因为对于用户来说 360° 无需对准就可以控制电视的体验远好于红外遥控器。小米执着追求这一点，且相信这么好的用户体验一定对用户有价值，并坚信"宁愿我们多走 100 步，也不愿意让用户多走一步"。本着这样的信念，我们决定自研低功耗蓝牙遥控器。

在低功耗蓝牙遥控器的研发过程中，康喜他们经历了无数困难。首先需要一个功耗够低的芯片，在找了无数蓝牙芯片厂商后最终选择了 Ti，但这个芯片没有做过跨平台的适配。在无数次的调试过程中，康喜同学几乎修改了小米电视整个蓝牙 BLE 的协议栈，并推动博通和 Ti 修改蓝牙芯片的固件的 Bug，以及协调几方的功能开发和配合事宜，并且率先实现了寻找遥控器的功能。当时，蓝牙协议栈中 Find Me 的功能从来没有人用过。一次开会时川总说，我们的遥控器设计虽然很漂亮但是太小了，经常掉在沙发缝里找不到。后来，我们就利用 BLE 中的 Find Me 功能来实现，通过敲击小米电视下方触摸板来发出信号，让遥控器以蜂鸣器发声的方式来定位。这个功能在发布会上雷总讲了一分钟，但是我们整整开发了 6 个月。中间因为功耗的问题、断连的问题，我们几乎要放弃了，但是康喜同学说，为了用户体验，我们应该坚持做并做好。最终我们做到了。

他们说每个小米人都是有梦想的。因为做了这么多年工程师，我们第一次发现我们离用户这么近，看到用户对我们的热爱，看到我们一点一滴的付出能得到用户的认可。看到米粉因为信任而购买小米产品的时候，我们觉得一切努力都是值得的。

希望这本书对所有从事蓝牙研发的工程师有所帮助。因为它凝结了康喜同学在小米电视蓝牙上的大量心血，后面是无数个通宵达旦的加班岁月，也是无数米粉的信任。感谢曾经努力的我们。

因为米粉，所以小米。

——茹忆

阿里巴巴 AI Labs 终端总经理

推荐序 3

科技日新月异，笔者不知不觉接触蓝牙已经快 20 载。蓝牙技术如今已经迈入 Bluetooth 5.0 时代。笔者一度在蓝牙技术联盟服务，发展到今日，互联网迈向物联网，一路走来感触良多。

经典蓝牙时代，屹立不倒的语音通信一直是蓝牙独占之地，如今更有了人工智慧的加持。蓝牙低功耗技术从 4.0 之后，逐渐引领不同的生态系统并延伸出无限的应用可能。

蓝牙 3.0 之前的中国市场，多为代工制造各类产品，强调制造硬功夫，这拉低了蓝牙硬件的准入门槛。各主流操作系统和嵌入式操作系统逐步完善对蓝牙的支持，市场规模持续攀升。但这段时间蓝牙应用创新不足。"金融海啸"过后，蓝牙生态岌岌可危，出路在哪里？蓝牙 4.0 的"光明灯"出现，指出低功耗的康庄大道。手机产业也应运而生，操作系统收敛为两大阵营，iOS 和 Android 将蓝牙推向短距离通信的霸主。纯蓝牙低功耗技术 BLE 的技术需求降低了蓝牙芯片的设计门槛，中国会员的芯片方案逐步涌现。读者可以从市场上发现许多国产芯片方案，譬如穿戴、自拍杆、遥控器，BLE 成为灵活的短距离应用最佳选择。

BLE 带动了智能硬件的发展，并实现了蓝牙在物联网的启蒙。您可能还记得应用配件（Appcessory）这个词，接踵而来的是各种 App 充斥在平台和商品中。小米等公司是蓝牙技术联盟第一批中国手机生态链的会员公司，其创新的技术、概念及产品在世界上非常具有竞争力。

作者的文章内容涵盖技术的基本原理、项目的实作、知识与经验的分享，且协议工具佐之以图示，可加深读者的理解。作者谙熟不同的蓝牙芯片和方案，从小米的实际项目出发，结合自己的研发经历，深入浅出地表意达理，展现出深厚的功力，让人不禁感慨今日中国企业创新力道真的不同往日。

蓝牙低功耗应用和规格仍在蓬勃发展，各种智能生态（Ecosystem）与场景的导入也越来越多，期待作者能持续分享创新蓝牙的知识与概念。

好书值得推荐！对新手，它是入门的工具；对高手，是交流的园地；对产业，是传承的火种。祝阅读愉快，收获良多！

——Mike Lu（吕荣良）
Hyper-China 总监，前 Bluetooth SIG 大中国区技术事务经理

推荐序 4

在一个电视产品项目中，我有幸与康喜结识，他的专业技能给我留下很深的印象。作为芯片原厂的人，我接触过很多客户，但是很少遇到像他这样对蓝牙核心规范有着如此深刻理解的工程师。为了优化遥控器的用户体验，他甚至不惜修改蓝牙的标准流程。他在繁忙的工作之余抽出时间完成此书，令我十分钦佩。现在，低功耗蓝牙的开发需求越来越多，参与其中的公司和开发者也越来越多，尤其对于小公司和个人来说，往往会面临产品开发周期紧张、开发经验不足、可参考资料少等难题。本书是康喜及其团队的实践经验和智慧的结晶，它将小米产品的相关设计、开发经验毫无保留地贡献出来，是广大低功耗蓝牙开发者的福音。

目前，蓝牙 Host 端主流的开源协议栈包括 Bluez 和 Bluedroid，前者主要用在 Linux 等嵌入式操作系统上，后者主要是用在 Android 系统上。Bluez 与内核紧密联系，有移植烦琐以及安全隔离度低等问题，因为 Bluez 的部分协议运行在内核态，蓝牙的崩溃可能导致整个系统重启。而模块化设计的 Bluedroid 更方便被不同系统复用，只要保持接口兼容，就能更方便地被裁剪、移植到其他系统中。随着 Android 系统多次迭代更新，蓝牙稳定性已经有很大提升。由于 Buedroid 的代码结构更复杂，内部结构体设计、模块之间函数调用以及回调、模块内的消息机制与状态机调度较为复杂，可供参考的中文资料很少，需要阅读协议栈源码，初学者在学习 Bluedroid 协议栈时很容易淹没在代码中而迷失方向。本书对 Bluedroid 协议栈各模块进行清晰的梳理，对各 C 文件进行详细讲解，对于学习协议栈很有帮助。此外作者还分析了 Bluedroid 中低功耗蓝牙连接的完整过程，对致力于低功耗蓝牙应用开发的人员大有帮助。

近年来，智能电视和 OTT 盒子随着价格下探而普及，低功耗蓝牙遥控器逐渐取代红外遥控器而成为标配，不仅按键稳定性得以延续，还增加了语音识别、重力感应等新功能。特别是遥控器的语音识别技术的加入，简化了内容搜索过程，显著提升了用户体验。其实语音识别功能并不是蓝牙技术联盟（SIG）的规范应用场景，它是由实际需求驱动的、广大蓝牙工程师的创新，是蓝牙低功耗应用的一个成功典范。相比经典蓝牙，应用的可扩展性是低功耗蓝牙的另一优势，可以利用低功耗蓝牙技术来实现新的功能，满足新的需求，如在共享单车、城市地铁支付等新兴场景中，都可以看到低功耗蓝牙发挥了不同的作用。我相信在未来的物联网大潮中，低功耗蓝牙技术会得到更为广泛的应用。本书的开发篇当中，作者不仅讲述了 SIG 标准应用的实现细节,也介绍了自定义应用的设计与实现方法,这对于新需求的开发具有很高的参考价值。

问题调试是开发过程的重要环节。有时调试问题的过程会比设计、开发花费更多的时间和精力。本书还将介绍蓝牙问题的快速定位、各种日志的抓取方法,列举 4 个经典问题的出现现象、日志分析过程、调试手段和解决方法。这些方法是在长期项目实践中总结出来的,无论是对蓝牙开发的初学者还是有一定经验的开发者都有实际的借鉴意义。

——郑元更
原 CSR 大中华区销售副总裁

作者简介

谭康喜，小米公司高级软件工程师，从事 Android 应用、Linux 驱动、蓝牙、WiFi 和蓝牙外设的开发工作，目前的主要工作方向是低功耗蓝牙。作者是国内最早从事低功耗蓝牙研究和开发的一批人之一；申请国内外发明专利 120 余项，目前国内已授权 12 项，美国已授权 1 项；在 Android 平台上独立开发了文件管理、手机私人数据的本地备份和恢复两个千万级用户量的应用，开发过手机私人数据的云同步功能，维护过 Android 的联系人、通话、蓝牙等程序；在 Linux 内核上从事过 Uart、Sdio、Usb、I2C、Mmc 等总线类型的设备驱动的开发和手机电源的管理；在 Feature Phone 的时代从事过手机联系人、短信、游戏等应用的开发，系统 GUI 控件的开发和维护、Modem 的射频全自动化校准系统的开发、点阵字库的压缩存储和解压缩的设计和实现、手机内置资源管理系统的设计和实现等工作。

致谢

特别感谢博通的蓝牙专家罗光华、江苏惠通集团的龙涛主任以及他们背后的博通、Ti 的技术团队。很怀念大家在一起讨论功能需求、BLE 核心协议规范的漏洞、诸多描述不明确的技术点以及一些技术配合问题的情景。我们有时为分析解决一个问题，邮件来往几十次，争论激烈，但是对事不对人，都是为了解决问题。同时也感谢我的蓝牙相关的同事霍峰、常洋、王兴民和张再林，大家一起努力才使得项目得以顺利推进。同时也诚挚感谢管理层对新技术的认可、宽容和全力支持，川总（王川，小米联合创始人兼高级副总裁）好几次深夜拉着我在他家一起调试他发现的蓝牙问题，茹忆（前小米电视系统部副总裁）也陪我熬过几次通宵。最后，感谢何理、张军和王爱军近几年的大力支持。

前言

蓝牙技术联盟于 2010 年年中正式发布"蓝牙 4.0 核心规范",并启动对应的认证计划。会员厂商可以提交产品进行测试,通过后获得蓝牙 4.0 标准认证。该技术拥有极低的运行和待机功耗,使用一粒纽扣电池甚至可连续工作数年之久。蓝牙 4.0 开始支持传统蓝牙、低功耗蓝牙和高速蓝牙的技术融合,具有低功耗、经典和高速 3 种模式,低功耗模式用于不需占用太多带宽、对功耗比较敏感的设备的连接和通信。

低功耗蓝牙在诺基亚的 Wibree 标准上发展而来,是诺基亚设计的一项短距离无线通信技术,其最初的目标是提供功耗最低的无线标准,并且专门在低成本、低带宽、低功耗与低复杂性方面进行优化。该技术最初考虑加入 WiFi 联盟,但蓝牙阵营提供了更为有利的条件,所以才加入了蓝牙标准。如果从两者的通信方式上来说,低功耗蓝牙和经典蓝牙除了名字叫蓝牙外,可以认为是两套系统,但两者在总体流程上是相似的。

小米电视部门从 2013 年下半年开始立项"小米电视 2 代",决定在这代电视上标配由纽扣电池供电的低功耗蓝牙遥控器。电视蓝牙芯片用的是博通公司的 BCM43569 蓝牙/WiFi Combo 芯片,遥控器用的是 Ti 的 CC2541,电视 Android 版本是 4.4。本人也开始重点研究低功耗蓝牙技术。由于介入较早,技术过于前卫,市场上还没有出现任何搭载 BLE 技术的蓝牙外设,更不用说能有 BLE 遥控器作为参考对象了。BLE 的技术参考资料也处于空白状态,唯一的参考就是蓝牙核心协议规范,而协议规范只是描述技术和参数细节,并不会系统地讲述 BLE 技术,故一切都靠自己摸索。

由于 BLE 技术还没有商用化,电视蓝牙(博通芯片)和遥控器蓝牙(Ti 芯片)又是跨芯片厂商的,两边的协议软件堆栈也不成熟,又没有现成案例可参考,也从来没有电视厂商标配过低功耗蓝牙遥控器,使用纽扣电池对遥控器功耗要求非常高,这些因素导致了当时的技术难度极大地超乎预期,致使低功耗蓝牙项目几度面临生死存亡的问题。好在当时得到了博通、Ti 和江苏惠通集团的全力支持。几方人员在小米呆了半年多时间,每天工作 12 小时以上,周末休息半天,多方合力才勉强推出了一个 Feature Ready 的版本,使得小米 2 代电视能标配低功耗蓝牙遥控器,并于 2014 年 5 月 15 日得以发布。由于 BLE 技术商用上的不成熟,造成了小米电视 2 代上市后,经常有用户反馈蓝牙遥控器失灵、粘键、卡键、耗电快、无法控制电视开机、遥控损坏等问题。这使得电视团队压力非常大,蓝牙团队不断地统计、分析和解决各种蓝牙软件、硬件和结构问题,又经历近半年多时间才一点点地收敛和解决问题,蓝牙系统才算基本稳定。期间,笔者在小米论坛上发布了一个低功耗蓝牙的技术帖,用于跟米粉互动、讨论和解决问题,帖子的浏览量高达 5 万多次。

此后的几年,小米电视/盒子朝着语音识别、人工智能和集成传感器的方向发展,从语音、体感、触摸和蓝牙/红外二合一(红外用于控制红外机顶盒)等方向陆续推出了一系列低功耗蓝牙遥控器。

作为 BLE 产品化的先行者，小米为业界提供了很多的参考经验，解决了很多蓝牙芯片的协议软件问题，促进了 BLE 产业链的成熟。与小米电视合作过的蓝牙芯片厂商有：博通、高通、联发科、RealTek、Ti、Nordic、Dialog、Cypress。

在 2014 年年中的时候，由 Robin Heydon 写作、陈灿峰和刘嘉翻译的《低功耗蓝牙开发权威指南》的中文版出版，笔者买了一本，读后受益良多。此书讲述了低功耗蓝牙的产生背景和基本原理，是一本不可多得的低功耗蓝牙技术的权威理论书籍。同时网络上讨论、研究 BLE 的技术贴子开始逐渐多了起来，但还是缺乏工程实践方面的系统讲述。故笔者有了写作本书来分享经验的想法，希望对读者能有所帮助。

蓝牙技术已经开始全面支持 Mesh 网状网络，这意味着蓝牙 Mesh 终于走入实用阶段。蓝牙 Mesh 将低功耗蓝牙无线连接功能扩展至消费产品、智能家居，以及工业物联网应用中的多节点应用。而相应更多支持 Mesh 组网的蓝牙解决方案与蓝牙模块正在紧锣密鼓地设计开发中。低功耗蓝牙又将迎来更快速的发展期。

本书组织结构

本书以笔者在低功耗蓝牙开发实践过程中的一些经验为背景，先介绍了低功耗蓝牙的体系结构、Android 5.1 Bluedroid 的架构和一些功能模块，简要讲述了 SMP 协议、BLE 属性协议、属性数据库的构建、查询以及服务和特性的使用，然后介绍了一些运用在小米电视/OTT 盒子/生态链投影仪的基于低功耗蓝牙的开发实战案例，最后介绍了 Ellisys 工具，讲述了蓝牙系统的调试，从 3 个方面列举并分析了 4 个典型 Bug。

本书分为 3 篇，总计 25 章，具体内容如下。

第 1 篇，系统篇（第 1~14 章）：首先介绍了蓝牙的发展历史和低功耗蓝牙的系统架构，然后介绍了 Bluedroid 协议栈的构架和功能模块，最后介绍了 BLE 的 SMP、属性协议、属性数据库的构造和查询方法、BLE Hid 设备的连接过程。

- 第 1 章，低功耗蓝牙简介：介绍了蓝牙的发展历史、蓝牙 4.0 的核心架构，以及 BLE、ZigBee 和 WiFi 的选择方法。
- 第 2 章，Android 蓝牙系统框架和代码结构：分析了 Android 蓝牙的系统框架和代码结构，较为详细地介绍了 Bluedroid 的代码结构。
- 第 3 章，GKI 模块简介：简要介绍了 Bluedroid 的 GKI 模块的事件原理、任务管理和消息/事件的传递函数。
- 第 4 章，Bluedroid 的消息传递机制：较为详细地介绍了 Bluedroid 的消息传递和处理机制，分析了消息的结构体，以及消息管理和内存管理的有机集合的机制。
- 第 5 章，TASK 简介：简单介绍了 Bluedroid 的 TASK 之间的消息传递和处理。

- 第 6 章，Bluedroid 状态机简介：较详细地介绍了 Bluedroid 的状态机运行机制。
- 第 7 章，HCI 接口层简介：详细介绍了 HCI 层及其与 Bluedroid、libbt-vendor 之间的接口调用关系，也介绍了命令/数据的发送和接收，分析了 H4 层接收函数，简单解析了一帧 HCI 层的裸数据。
- 第 8 章，L2CAP 简介：介绍了 L2CAP 层及其数据的收/发处理。
- 第 9 章，Bluedroid 的初始化流程：详细介绍了打开蓝牙过程中 Bluedroid 协议栈的初始化过程，包括前期初始化、蓝牙 Firmware 的加载和后期初始化 3 个阶段。
- 第 10 章，蓝牙设备的扫描流程：详细介绍了蓝牙设备的扫描流程，包括扫描入口、回调机制、Inquiry 过程、Discover 过程和设备信息的上报过程。
- 第 11 章，SMP 简介：简要介绍了 SMP 的特征交换、配对、加密和密钥分发的过程。安全是无线传输系统最重要的考虑方向之一。
- 第 12 章，LE 属性协议简介：介绍了 BLE 属性数据库的构成、服务和特性的构建方法及属性数据库的探查过程。
- 第 13 章，LE 属性数据库扫描过程的代码分析：从代码角度详细介绍了 Bluedroid 探查 BLE 设备的属性数据库的过程，探查内容包括服务、包含服务、特性和特性描述。最后介绍了探查到的服务的上报过程。
- 第 14 章，低功耗蓝牙 HID 设备的连接过程分析：分析了 Bluedroid 针对 BLE Hid 设备的连接过程，包括 Hid Report 的读取、存储过程、输入设备的创建、按键的上报过程。

第 2 篇，开发篇（第 15~23 章）：以小米电视/盒子/生态链投影仪的低功耗遥控器开发历程为背景，介绍了小米在 BLE 领域做的一部分开发工作，其中部分工作是开创性的，申请了多项发明专利，有些专利已经授权。

- 第 15 章，Find Me 功能的实现：介绍了 Find Me 的功能。此功能在小米电视上用于寻找遥控器，此功能获得了媒体和米粉的热烈欢迎，因为大家都曾经有过寻找遥控器的痛苦经历。此功能也为低功耗蓝牙智能设备的控制提供了参考范例。
- 第 16 章，低功耗蓝牙电池服务和电量的读取：介绍了 BLE 电池服务和电量的读取，本案例可以为各种传感器数据的采集提供参考。
- 第 17 章，LE 设备接近配对的实现：介绍了 BLE 设备的接近配对的原理和代码实现，是一种设备间确定一对一的关系并进行关联的常用、快捷方法。此功能申请了多个发明专利。
- 第 18 章，基于 LE 广播的无线电子设备的唤醒方法：详细介绍了基于解析 BLE 广播的无线电子设备的开机方法。用于小米电视/生态链投影仪的低功耗蓝牙遥控器控制电视/投影仪开机。此方法属于业界首创功能，已被广泛借鉴，可用于任何无线电子设备的无线控制其唤醒开机的实现。此方法已申请发明专利并被授权，另外，还有多个相关发明专利在实审。

- 第 19 章，基于 LE 广播的系统 Recovery 的操作实现：详细介绍了基于解析 BLE 广播、用低功耗遥控器控制 Android 设备进入 Recovery 系统和操控 Recovery 的功能。此功能应用于小米电视/小米盒子/小米生态链投影仪的 Recovery 系统，属于业界首创功能，已由王兴民申请发明专利，并被授权。
- 第 20 章，蓝牙 HID 设备 OTA 升级的设计和实现：详细介绍了基于 Hid 的蓝牙设备的 OTA 升级的实现。此功能应用于小米低功耗蓝牙遥控器和小米蓝牙手柄（传统蓝牙）的空中升级，可作为蓝牙设备的无线升级的参考案例。
- 第 21 章，加速度传感器在低功耗蓝牙设备上的应用：介绍了主机端实现接收、处理搭载加速度传感器的小米低功耗蓝牙遥控器的传感器数据的软件实现过程。小米蓝牙手柄也支持加速度传感器，代码实现是一致的。本章是传感器的无线数据传输和数据处理的一个典型案例。
- 第 22 章，LE 系统快速更新连接参数的设计和实现：详细介绍了快速更新 LE 系统的连接参数的技术原理和实现方法。优化了低功耗蓝牙语音遥控器和主机之间在复杂 2.4G 无线环境的语音传输速率。该功能在复杂 2.4G 环境下能快速变更激进的连接参数和快速传输语音数据，传输完毕后再快速恢复连接参数，在按键实时传输、语音快速传输和无线负载均衡 3 个方面实现了一个平衡机制。此功能属于业界首创功能，已申请多个发明专利，有 1 个专利已授权。
- 第 23 章，LE 语音编解码和传输：详细介绍了 ADPCM 语音编解码的软硬件技术原理和主机端的接收、解码的实现过程，以及编码数据的传输格式分析。本章是较大容量数据传输的一个典型案例，A2dp 的数据编码、传输、解码的过程也是类似的。

第 3 篇，调试篇（第 24、25 章）：首先简单介绍了蓝牙调试的一个常用工具，然后选取了开发过程中遇到的 4 个典型 Bug 进行详细讲解。

- 第 24 章，开发工具：简要介绍了蓝牙调试的一个业界常用、被蓝牙 SIG 指定为官方使用工具的开发调试工具：Ellisys Bluetooth Analyzer。
- 第 25 章，蓝牙系统 Bug 分析：从协议栈、总线传输、蓝牙协议规范 3 个方面列举了 4 个典型 Bug，以及详细的分析问题和解决问题的过程。

本书特色

本书是第一本在低功耗蓝牙、传感器、人工智能、物联网方向聚集了很多系统分析和实战经验的图书；案例具有通用性，分析和开发步骤齐全；多个功能深入到了蓝牙 Firmware 的定制、蓝牙规范的标准流程的修改和系统间的联动；有几个案例具有开创性。

本书读者对象

本书尽量少地介绍理论知识，而多讲述工程实践，适合蓝牙应用开发工程师阅读，使他们可以较全面地了解蓝牙底层协议栈和蓝牙芯片的架构及运行机制，并能给蓝牙应用开发提供理论基础和参考案例；也适合蓝牙协议栈工程师阅读，对加深 Bluedroid 和 BLE 的了解有一定帮助；也适合蓝牙芯片固件工程师了解上层协议栈及应用程序；同样适合对 BLE、人工智能和物联网感兴趣的读者，有助于他们了解 BLE 相关的理论知识和实战案例，特别有助于思考、解决无线相关的软硬件系统的问题，甚至为创新提供一些实际经验。

本书强调的是低功耗蓝牙的开发实战，相应的理论知识相对来说不是很丰富。读者在阅读本书之前，最好具备低功耗蓝牙体系结构、物理层、链路层、控制器接口、属性协议、蓝牙核心协议规范和 Bluedroid 协议栈相关的知识。理论知识请参考蓝牙核心协议规范和《低功耗蓝牙开发权威指南》。

作者水平有限，外加时间紧迫，图书中难免存在诸多不当之处，欢迎读者批评指正。

资源与支持

本书由异步社区出品，社区（https://www.epubit.com/）为您提供相关资源和后续服务。

提交勘误

作者和编辑尽最大努力来确保书中内容的准确性，但难免会存在疏漏。欢迎您将发现的问题反馈给我们，帮助我们提升图书的质量。

当您发现错误时，请登录异步社区，按书名搜索，进入本书页面，点击"提交勘误"，输入勘误信息，点击"提交"按钮即可。本书的作者和编辑会对您提交的勘误进行审核，确认并接受后，您将获赠异步社区的 100 积分。积分可用于在异步社区兑换优惠券、样书或奖品。

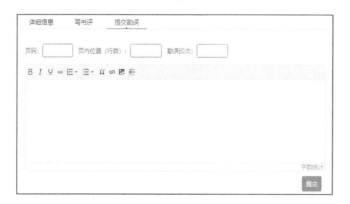

扫码关注本书

扫描下方二维码，您将会在异步社区微信服务号中看到本书信息及相关的服务提示。

与我们联系

我们的联系邮箱是 contact@epubit.com.cn。

如果您对本书有任何疑问或建议，请您发邮件给我们，并请在邮件标题中注明本书书名，以便我们更高效地做出反馈。

如果您有兴趣出版图书、录制教学视频，或者参与图书翻译、技术审校等工作，可以发邮件给我们；有意出版图书的作者也可以到异步社区在线提交投稿（直接访问www.epubit.com/selfpublish/submission 即可）。

如果您是学校、培训机构或企业，想批量购买本书或异步社区出版的其他图书，也可以发邮件给我们。

如果您在网上发现有针对异步社区出品图书的各种形式的盗版行为，包括对图书全部或部分内容的非授权传播，请您将怀疑有侵权行为的链接发邮件给我们。您的这一举动是对作者权益的保护，也是我们持续为您提供有价值的内容的动力之源。

关于异步社区和异步图书

"异步社区"是人民邮电出版社旗下 IT 专业图书社区，致力于出版精品 IT 技术图书和相关学习产品，为作译者提供优质出版服务。异步社区创办于 2015 年 8 月，提供大量精品 IT 技术图书和电子书，以及高品质技术文章和视频课程。更多详情请访问异步社区官网 https://www.epubit.com。

"异步图书"是由异步社区编辑团队策划出版的精品 IT 专业图书的品牌，依托于人民邮电出版社近 30 年的计算机图书出版积累和专业编辑团队，相关图书在封面上印有异步图书的 LOGO。异步图书的出版领域包括软件开发、大数据、AI、测试、前端、网络技术等。

异步社区

微信服务号

目 录

第 1 章　低功耗蓝牙简介 ·················· 1

1.1　概述 ································· 1
1.2　蓝牙历史版本介绍 ··············· 1
 1.2.1　蓝牙 1.1 标准和 1.2 标准 ······ 1
 1.2.2　蓝牙 2.0 标准 ················ 2
 1.2.3　蓝牙 2.1+EDR 标准 ········· 2
 1.2.4　蓝牙 3.0+HS 标准 ··········· 3
 1.2.5　蓝牙 4.0 标准 ················ 3
 1.2.6　蓝牙 4.1 标准 ················ 3
 1.2.7　蓝牙 4.2 标准 ················ 4
 1.2.8　蓝牙 5.0 标准 ················ 5
 1.2.9　蓝牙 2016 年技术蓝图 ····· 5
 1.2.10　蓝牙版本演进编年史 ······ 6
1.3　蓝牙 4.0 概述 ···················· 7
 1.3.1　什么是蓝牙 4.0 ··············· 7
 1.3.2　蓝牙 4.0 的架构 ············· 7
 1.3.3　蓝牙 4.0 协议增加的新特性 ··· 7
1.4　蓝牙 4.0 核心架构分析 ········ 8
 1.4.1　低功耗蓝牙概述 ············· 8
 1.4.2　核心系统架构 ··············· 10
 1.4.3　核心构架模块介绍 ········· 13
1.5　基于 Bluetooth 4.0 的新应用 ··· 14
1.6　BLE、ZigBee 和 WiFi 的介绍和选择 ································· 16
 1.6.1　ZigBee 技术介绍 ············ 16
 1.6.2　WiFi 技术介绍 ·············· 17
 1.6.3　BLE、ZigBee 和 WiFi 的选择 ··· 17

第 2 章　Android 蓝牙系统框架和代码结构 ··························· 19

2.1　概述 ······························· 19
2.2　Application Framework ······· 20
2.3　Bluetooth Process ··············· 21
2.4　Bluetooth JNI ···················· 21
2.5　Bluetooth HAL ·················· 21
2.6　Bluedroid Stack ·················· 21
2.7　Bluedroid 的代码结构分析 ··· 22
 2.7.1　MAIN ·························· 22
 2.7.2　BTA ··························· 23
 2.7.3　BTIF ··························· 23
 2.7.4　HCI ··························· 27
 2.7.5　STACK ······················· 29

第 3 章　GKI 模块简介 ·················· 31

3.1　概述 ······························· 31
3.2　GKI 事件的原理 ················ 31

3.3 GKI 主要数据结构 ……………………… 31
3.4 GKI 管理的线程 ………………………… 35
3.5 线程相关主要函数 ……………………… 36
　　GKI_create_task()函数 ……………… 36
3.6 消息相关主要函数介绍 ………………… 39
　　3.6.1 GKI_wait()函数 ………………… 39
　　3.6.2 GKI_send_event()函数 ………… 41
　　3.6.3 GKI_send_msg()函数 ………… 42
　　3.6.4 GKI_read_mbox()函数 ……… 43
　　3.6.5 pthread_cond_wait()
　　　　 函数 …………………………… 43
3.7 动态内存池管理主要函数 ……………… 44

第 4 章 Bluedroid 的消息传递机制 … 45

4.1 概述 ……………………………………… 45
4.2 消息传递相关结构体的定义 …………… 46
4.3 消息的动态内存的获取 ………………… 46
4.4 消息的初始化及发送 …………………… 49
4.5 消息的读取和处理 ……………………… 51
4.6 消息的完整数据结构剖析 ……………… 54

第 5 章 TASK 简介 ………………… 57

5.1 概述 ……………………………………… 57
　　5.1.1 TASK 之间的消息传递 ………… 57
　　5.1.2 事件的类型 ……………………… 58
5.2 TASK 处理消息的流程 ………………… 58

第 6 章 Bluedroid 状态机简介 …… 66

6.1 Profile 状态机介绍 ……………………… 66
6.2 Profile 状态机的结构设计 ……………… 67
6.3 状态机的注册 …………………………… 69

6.4 状态机的驱动力来源 …………………… 70
6.5 Action 函数列表 ………………………… 71
6.6 状态机的状态集合 ……………………… 72
6.7 Event 处理函数介绍 …………………… 74

第 7 章 HCI 接口层简介 …………… 76

7.1 概述 ……………………………………… 76
7.2 接口间的函数调用关系 ………………… 76
7.3 bt_hc_if 接口的定义和获取 …………… 77
　　7.3.1 bt_hc_if 接口定义 ……………… 77
　　7.3.2 bt_hc_if 接口的获取 …………… 78
7.4 hc_callbacks 函数集合的
　　定义和注册 ……………………………… 78
　　7.4.1 hc_callbacks 函数集合的
　　　　 定义 …………………………… 78
　　7.4.2 hc_callbacks 函数集合的
　　　　 注册 …………………………… 79
7.5 bluetoothHCLibInterface 的
　　init()函数介绍 ………………………… 80
7.6 libbt-vendor 接口的获取、
　　初始化和使用 …………………………… 81
　　7.6.1 libbt-vendor 的接口函数
　　　　 集合 …………………………… 81
　　7.6.2 libbt-vendor 接口的获取
　　　　 和使用 ………………………… 82
　　7.6.3 libbt-vendor 的初始化 ………… 83
7.7 命令和数据的发送与接收 ……………… 84
　　7.7.1 命令和数据的发送接口 ……… 84
　　7.7.2 命令处理结果和数据的接
　　　　 收接口 ………………………… 86
　　7.7.3 H4 层接收解析函数的分析 … 89
7.8 HCI 裸数据的分析 ……………………… 95

7.9 本章总结 ·············· 96

第 8 章　L2CAP 简介 ············ 98

8.1 概述 ·················· 98
8.2 L2CAP 的组成部分和功能 ··· 99
　8.2.1 L2CAP 的两个组成部分 ····· 99
　8.2.2 L2CAP 的功能 ············ 99
8.3 设备间的操作 ············ 100
　8.3.1 操作模式 ············ 100
　8.3.2 L2CAP 连接类型 ········ 100
8.4 L2CAP 数据包 ············ 100
　8.4.1 L2CAP 数据包格式 ······· 101
　8.4.2 信号包格式 ·········· 101
8.5 L2CAP 的使用 ············ 102
8.6 LE 数据包格式分析 ········ 102
8.7 L2CAP 的 CSM（Channel State Machine）介绍 ········ 104
　8.7.1 子状态机介绍 ········· 105
　8.7.2 OPEN 子状态机处理函数 ··· 107
8.8 Profile 在 L2CAP 的注册和函数回调机制 ·········· 111
　8.8.1 Profile 的注册 ········· 111
　8.8.2 Profile 的注册回调函数集合的回调机制 ········· 114
8.9 L2CAP 的数据的发送和接收过程 ················ 115
　8.9.1 数据的发送 ·········· 115
　8.9.2 数据的接收 ·········· 116

第 9 章　Bluedroid 的初始化流程 ··· 122

9.1 概述 ·················· 122

9.2 协议栈的 bluetoothInterface 接口的获取过程 ········· 122
9.3 打开蓝牙的接口的调用 ····· 123
9.4 第一阶段：前期准备阶段 ··· 124
9.5 第二阶段：蓝牙 Firmware 的加载阶段 ·············· 127
　9.5.1 Firmware 加载的总体思想 ················ 127
　9.5.2 发起 Firmware 加载的入口 ················ 128
　9.5.3 Firmware 加载的过程 ··· 128
9.6 第三阶段：后期初始化阶段 ··· 131
　9.6.1 底层协议栈的初始化 ···· 132
　9.6.2 上层协议栈的初始化 ···· 136

第 10 章　蓝牙设备的扫描流程 ······ 145

10.1 概述 ················ 145
10.2 JNI 层扫描入口和协议栈回调机制 ·············· 145
　10.2.1 扫描入口 ··········· 145
　10.2.2 回调机制 ··········· 147
10.3 蓝牙扫描流程的启动过程 ··· 147
10.4 蓝牙设备的 Inquiry 过程 ··· 152
10.5 蓝牙设备的 Discover 过程 ··· 156
10.6 本章总结 ············· 158

第 11 章　SMP 简介 ············ 160

11.1 什么是 SMP ··········· 160
11.2 SM 在 Host 侧的位置 ····· 161
11.3 SMP 的流程介绍 ········ 161
　11.3.1 SM 第 1 阶段——配对特征的交换 ·········· 162

11.3.2 第 2 阶段——根据特征信息配对 ……………… 165
11.3.3 第 3 阶段——Key 的分发过程 …………… 173
11.4 SMP 协议包分析 ……………… 173
11.5 问和答 ……………………………… 175

第 12 章 LE 属性协议简介 ……………… 177

12.1 概述 …………………………………… 177
12.2 属性的构成 ………………………… 177
12.3 属性值的介绍 ……………………… 179
12.4 属性数据库的构建过程 ………… 180
    12.4.1 Gatt Profile 分层设计 …… 180
    12.4.2 Gatt Service 的构建 …… 181
    12.4.3 特性的构建 ………………… 182
12.5 获取属性数据库的过程 ………… 183
    12.5.1 GATT 服务的获取和设置过程 ………………… 183
    12.5.2 服务的查询过程 …………… 188
    12.5.3 包含服务、特性和特性描述的查询过程 …………… 191

第 13 章 LE 属性数据库扫描过程的代码分析 ……………………… 195

13.1 Discover 过程的发起 …………… 195
13.2 主要服务的 Discover 过程 …… 197
13.3 Discover 过程回调函数的注册过程 ………………………… 210
13.4 包含服务的 Discover 过程 …… 211
13.5 特性的 Discover 过程 ………… 216
13.6 特性描述的 Discover 过程 …… 218
13.7 Discover 过程的结束 …………… 224
13.8 服务的上报过程 …………………… 226
    13.8.1 服务的查询和发起上报过程 ………………………… 226
    13.8.2 上报服务的回调函数的注册过程 ………………… 227
    13.8.3 服务的上报过程 ………… 230
    13.8.4 服务上报过程的日志分析 ………………………… 237

第 14 章 低功耗蓝牙 HID 设备的连接过程分析 ……………… 242

14.1 概述 …………………………………… 242
14.2 连接过程的发起 …………………… 242
14.3 Hid 服务的特性、特性描述的读取和存储 ……………… 248
    14.3.1 查询和存储过程 …………… 248
    14.3.2 查询结果列表和分析 …… 252
14.4 连接过程的完成和输入设备的创建 …………………………… 254
    14.4.1 连接过程的完成和创建输入设备 ………………… 254
    14.4.2 Hid 按键的上报 …………… 257

第 15 章 Find Me 功能的实现 ……… 260

15.1 概述 …………………………………… 260
15.2 Find Me 功能的技术原理 …… 260
15.3 Find Me 功能的代码实现 …… 261
    15.3.1 Find Me 功能的触发函数 …………………………… 261
    15.3.2 BluetoothGatt 接口的获取 ………………………… 262
    15.3.3 Hid 设备列表的获取 …… 262

第 16 章 低功耗蓝牙电池服务和电量的读取 ……264

16.1 概述 …… 264

16.2 电量读取和电量变化回调函数的注册 …… 264

16.3 电量读取的发起和电量变化特性配置描述的设置 …… 266

16.4 电池电量读取的 btsnoop 数据解析 …… 267

第 17 章 LE 设备接近配对的实现 …… 269

17.1 概述 …… 269

17.2 RSSI 与 LQI、接收距离之间的关系 …… 270

17.3 接近配对的简化实现 …… 271

17.4 接近配对代码示例 …… 272

第 18 章 基于 LE 广播的无线电子设备的唤醒方法 …… 275

18.1 概述 …… 275

18.2 无线电子设备的唤醒的硬件原理 …… 276

18.3 无线电子设备的唤醒的软件实现 …… 276

  18.3.1 无线电子设备关机后唤醒的软件逻辑实现 …… 276

  18.3.2 无线电子设备通电后唤醒的软件逻辑实现 …… 278

18.4 传输唤醒白名单列表和启动唤醒功能的命令的定义 …… 278

18.5 唤醒广播包的数据格式 …… 279

18.6 唤醒广播包的处理逻辑 …… 281

  18.6.1 主机的处理逻辑 …… 281

  18.6.2 设备的广播逻辑 …… 282

18.7 唤醒广播包的数据分析 …… 283

第 19 章 基于 LE 广播的系统 Recovery 的操作实现 …… 284

19.1 概述 …… 284

19.2 小米电视和盒子的系统恢复模式的介绍 …… 284

19.3 基于接收广播按键信息的 Recovery 系统框架 …… 285

19.4 广播包按键信息的定义 …… 286

19.5 进入 Recovery 的方法 …… 286

19.6 按键广播包的接收、解析和上报的代码分析 …… 287

第 20 章 蓝牙 HID 设备 OTA 升级的设计和实现 …… 297

20.1 概述 …… 297

20.2 Hid 设备 OTA 升级总体流程设计 …… 297

20.3 Hid 设备 OTA 升级命令定义 …… 298

20.4 Hid 设备 OTA 升级的总体程序设计 …… 305

  20.4.1 总体设计 …… 305

  20.4.2 Kernel 层 Hidraw getReport()的实现过程 …… 306

  20.4.3 Kernel 层 Hidraw setReport()的实现过程 …… 307

  20.4.4 JNI 层 Hidraw getReport 函数的实现 …… 308

  20.4.5 JNI 层 Hidraw setReport 函数的实现 …… 310

20.5　Java 层 OTA 升级程序示例 …… 312

20.6　Hidraw setReport、getReport 命令的数据分析 …… 320

第 21 章　加速度传感器在低功耗蓝牙设备上的应用 …… 325

21.1　概述 …… 325

21.2　蓝牙输入相关子系统、G-Sensor 子系统简介 …… 325

21.3　加速度传感器设备的创建过程 …… 326

　　21.3.1　Bluedroid 发起的设备注册过程 …… 326

　　21.3.2　Kernel 中 Hid 设备的创建过程 …… 327

21.4　加速度传感器的驱动注册过程 …… 330

21.5　Sensor 数据从 Bluedroid 到传感器驱动的传输过程 …… 336

第 22 章　LE 系统快速更新连接参数的设计和实现 …… 340

22.1　概述 …… 340

22.2　更新连接参数的常规方法、快速更新连接参数碰到的困难及解决思路 …… 343

　　22.2.1　更新连接参数的常规方法介绍 …… 343

　　22.2.2　快速更新连接参数碰到的困难及解决思路 …… 345

22.3　快速更新连接参数的实现及应用 …… 345

　　22.3.1　快速更新连接参数的实现方法 …… 345

　　22.3.2　快速更新连接参数在语音传输中的应用 …… 348

第 23 章　LE 语音编解码和传输 …… 350

23.1　概述 …… 350

23.2　音频采集、处理和蓝牙传输的软硬件过程 …… 351

23.3　ADPCM 介绍 …… 353

　　23.3.1　ADPCM 的概念 …… 353

　　23.3.2　ADPCM 编码框图 …… 354

23.4　遥控器语音传输的总体流程 …… 354

23.5　主机端的语音数据的接收处理流程 …… 356

　　23.5.1　传统语音数据的接收处理流程 …… 356

　　23.5.2　基于 Hidraw 接口的语音数据的接收处理流程 …… 356

23.6　基于 ADPCM 的一种语音压缩编码数据的传输格式定义 …… 357

　　23.6.1　语音压缩编码数据起始帧的定义 …… 357

　　23.6.2　语音压缩编码数据桢的第 1 部分定义 …… 358

　　23.6.3　语音压缩编码数据桢其他部分定义 …… 358

　　23.6.4　语音压缩编码数据结束帧的定义 …… 358

　　23.6.5　完整语音压缩编码数据桢的格式定义 …… 359

23.7　基于 ADPCM 的一种语音

压缩编码数据的接收数据的
格式解析 ································ 359
- 23.7.1 语音压缩编码数据起始帧的
  接收数据格式解析 ·········· 359
- 23.7.2 语音压缩编码数据的数据
  帧的第 1 帧的第 1 部分的
  接收数据格式解析 ·········· 360
- 23.7.3 语音压缩编码数据的数据
  帧第 2 帧的第 1 部分的
  接收数据格式解析 ·········· 361
- 23.7.4 语音压缩编码数据结束
  帧的接收数据格式解析 ··· 362

23.8 基于 Hidraw 的语音压缩
编码数据的接收和处理的
代码示例 ································ 362
- 23.8.1 /dev/hidrawX 设备的
  寻找过程 ······················· 362
- 23.8.2 ADPCM 语音压缩编码
  数据的读取和解码的
  代码示例 ······················· 364

第 24 章　开发工具 ························· 372

24.1 概述 ··································· 372
24.2 Ellisys 蓝牙协议分析仪 ········ 372
24.3 Ellisys HCI 分析 ·················· 375
24.4 Ellisys 频谱分析 ·················· 376
24.5 Ellisys 时序和逻辑分析 ········ 377
24.6 Ellisys 空中抓包 ·················· 378
24.7 Ellisys 组网分析 ·················· 380
24.8 Ellisys 集成化音频分析 ········ 380
24.9 其他 ··································· 381

第 25 章　蓝牙系统 Bug 分析 ··········· 383

25.1 概述 ··································· 383
25.2 内存操作越界引发蓝牙重启的
一个 Bug 分析 ······················ 384
- 25.2.1 内存操作越界 Bug 描述 ··· 384
- 25.2.2 内存操作越界引发蓝牙
  重启的 Bug 分析过程 ···· 385

25.3 系统 IO 繁忙时写 btsnoop
日志效率低导致蓝牙通信卡
顿的 Bug 分析 ······················ 389
- 25.3.1 写 btsnoop 日志效率低
  的 Bug 描述 ·················· 389
- 25.3.2 写 btsnoop 日志效率
  低的 Bug 分析 ··············· 389
- 25.3.3 Bug 的解决方法 ············ 390

25.4 蓝牙数据总线丢失数据导致
蓝牙重启 ······························ 391
- 25.4.1 导致蓝牙重启的 Bug
  描述 ······························ 391
- 25.4.2 导致蓝牙重启的日志
  分析 ······························ 391
- 25.4.3 解决问题的方法 ············ 394

25.5 蓝牙核心协议规范关于断连接
流程的设计缺陷 ···················· 39
- 25.5.1 断连接流程的设计缺陷
  引发的 Bug 描述 ··········· 395
- 25.5.2 问题背景介绍 ··············· 395
- 25.5.3 Bug 分析过程 ··············· 396
- 25.5.4 解决问题的方法 ············ 398

第 1 章 低功耗蓝牙简介

1.1 概述

2010 年 4 月,蓝牙 4.0 发布,该版本将 3 种技术规格合而为一:传统蓝牙技术、蓝牙低功耗技术及高速蓝牙技术,而设备商可以根据自身的需要自行搭配,选择其中的一种或者多种。

蓝牙 4.0 主要添加了低功耗技术,其他相对蓝牙 3.0 没有太明显的变化,其高速模式的最高速度依然和蓝牙 3.0 是一样的,为 24Mbit/s。

低功耗蓝牙无线技术拥有极低的运行和待机功耗,使用一粒纽扣电池可连续工作数年之久。同时它还拥有低成本、跨厂商互操作性、3ms 低延迟、100m 以上超长距离、AES-128 加密等诸多特色,可以用于计步器、心律监视器、智能仪表、传感器物联网等众多领域,大大扩展了蓝牙技术的应用范围。

截止到目前,蓝牙共发布了 9 个版本:V1.1/1.2/2.0/2.1/3.0/4.0/4.1/4.2/5.0,以蓝牙的发射功率可再分为 Class A/Class B。

Class A 用在大功率/远距离的蓝牙产品上,但因成本高和耗电量大,不适合用作个人通信产品(手机/蓝牙耳机/蓝牙 Dongle 等),故多用在某些商业特殊用途上,通信距离大约为 80~100m。

Class B 是目前最流行的制式,通信距离大约为 8~30m,视产品的设计而定,多用于手机/蓝牙耳机/蓝牙 Dongle(适配器)等个人通信产品上,耗电量较少和封装较小,便于对结构空间要求苛刻的系统的集成。

1.2 蓝牙历史版本介绍

1.2.1 蓝牙 1.1 标准和 1.2 标准

蓝牙 1.1 标准为最早期版本,传输速率为 1Mbit/s,实际传输速率约在 748~810kbit/s,因是早期设计,容易受到同频率产品干扰,影响通信质量。

1.2 标准同样只有 748~810kbit/s 的传输速率，但在加上了自适应跳频（AFH）抗干扰跳频功能，同时加入 eSCO，为 SCO 添加重传窗口，提高通话时语音的质量。

1.1/1.2 版本的蓝牙产品，本身基本可以支持立体音效的传输要求，但是音带频率响应不太够，并不算是最好的立体声传输工具。

1.2.2　蓝牙 2.0 标准

蓝牙 2.0 是 1.2 的改良版，传输速率由原来的 1Mbit/s 提高到 3Mbit/s，实际传输速率约在 1.8~2.1Mbit/s，可以支持双重工作方式，即一面进行语音通信，一面传输文档/高质量图片。现在市场上还有少量 2.0 设备在售。

1.2.3　蓝牙 2.1+EDR 标准

蓝牙 2.0+EDR 标准在 2004 年已经推出，支持蓝牙 2.0+EDR 标准的产品也于 2006 年大量出现。虽然蓝牙 2.0+EDR 标准在技术上做了大量的改进，但从 1.X 标准延续下来的配置流程复杂和设备功耗较大的问题依然存在。

为了改善蓝牙技术目前存在的问题，蓝牙技术联盟（Special Interest Group，SIG）推出了蓝牙 2.1+EDR 版本的蓝牙技术。

- 改善设备配对流程，引入简单配对机制。之前规范中，使用 Pin 码配对使用不方便。耳机通常使用固定 Pin 码的方式来配对，配对过程容易被破解侦听。简单配对的引入，使配对流程更加简单、方便，并且使得安全级别更高。同时，简单配对中 OOB（Out Of Band，带外数据传递）的机制使设备可以借助第三方信息交互机制更加安全、便捷地配对。一个比较典型的应用就是蓝牙技术配合 NFC 技术，通过 NFC 技术来传输 OOB 信息进行配对。
- 更佳的省电效果。蓝牙 2.1 版加入了减速呼吸模式（Sniff Subrating）的功能，通过设定在 2 个设备之间互相确认信号的发送间隔达到节省功耗的目的。一般来说，当 2 个已进行连接的蓝牙设备进入待机状态之后，蓝牙设备之间仍需要通过相互的呼叫来确定彼此是否仍在连接状态，也因为这样，蓝牙芯片就必须随时保持工作状态，即使手机的其他组件都已经进入休眠模式。为了改善这样的状况，蓝牙 2.1 将设备之间相互确认的信号发送时间间隔从旧版的 0.1 秒延长到 0.5 秒左右，这可以让蓝牙芯片的工作负载大幅降低，也可让蓝牙有更多的时间彻底休眠。根据官方的报告，采用此技术之后，蓝牙设备在开启蓝牙连接之后的待机时间可以有效延长 5 倍以上。

1.2.4 蓝牙 3.0+HS 标准

蓝牙 3.0 的核心是 HS（High Speed，即高速）。为了高速，蓝牙引入交替射频技术（Alternate MAC/PHY，AMP）。这使得蓝牙可以在底层使用 802.11 无线协议作为传输层，而上层仍使用蓝牙协议。

作为新版规范，蓝牙 3.0 的传输速度自然会更高，而秘密就在 802.11 无线协议上。通过集成 802.11 协议适应层（802.11 PAL），蓝牙 3.0 的数据传输率提高到了大约 24Mbit/s，是蓝牙 2.0 的 8 倍，可以轻松用于录像机至高清电视、PC 至手机、PC 至打印机之间的文件传输。

蓝牙 3.0 允许消费类设备使用已有的蓝牙技术，同时通过使用第二种无线技术来实现更大的吞吐量。蓝牙模块仅仅用来创建两台设备之间的配对，数据传输本身则通过 WiFi 射频来完成，如果两部手机中有一部没有内建 WiFi 模块，蓝牙传输的速度就会降到蓝牙 2.0 的速率。

功耗方面，通过蓝牙 3.0 高速传送大量数据自然会消耗更多能量，但由于引入了增强电源控制（EPC）机制，再辅以 802.11，实际空闲功耗会明显降低，蓝牙设备的待机耗电问题得到了初步解决。事实上，蓝牙联盟也着手制定了新规范的低功耗版本。除此之外，蓝牙 3.0 还具备通用测试方法（GTM）和单向广播无连接数据（UCD）两项技术。

蓝牙 3.0 的诞生背景是无线局域网（WLAN）的崛起。WLAN 在高速率个人网络的应用成为趋势。"一山不容二虎"，SIG 组织希望蓝牙同样能够应用在高速个人网络场景。针对高速个人网络，引入一种新的传输层在所难免。蓝牙 3.0 规范制定过程中，主要有两个方向，一个是使用 UWB（Ultra Wideband，一种超带宽无线载波通信技术），另一个是使用 802.11。最终 802.11 被采用。原因在于当时 UWB 技术过于超前，不够成熟。不过很遗憾，之后由于商业上的原因，蓝牙 3.0 中的 High Speed 并没有被推广开来。这也催生了后续的蓝牙 4.0。

1.2.5 蓝牙 4.0 标准

由于 WLAN 的兴起，以及蓝牙 3.0 的 High Speed 的颓势，蓝牙在高速个人网络中难有作为，蓝牙 SIG 组织将目光转向低功耗网络。在此背景下，蓝牙 4.0 规范于 2010 年 7 月 7 日正式发布，新版本的最大亮点在于低功耗和低成本。新的规范使得低功耗、低成本的蓝牙芯片被广泛使用成为可能。目前，4.0/4.1/4.2 标准芯片被手机、平板、电视、OTT 盒子、智能家居设备和可穿戴设备等产品大量采用。

1.2.6 蓝牙 4.1 标准

蓝牙 4.1 标准于 2013 年 12 月 6 日发布，引入 BR/EDR 安全连接（BR/EDR Secure

Connection），进一步提高蓝牙的安全性。此外，针对 4.0 规范中的一些问题，4.1 标准在低功耗蓝牙方面进一步增强，引入 LE dual mode topology（LE 双模技术）和 LE 隐私（LE Privacy 1.1）等多项新技术，进一步提高低功耗蓝牙使用的便利性和个人安全。如果同时与 LTE 无线电信号之间传输数据，那么蓝牙 4.1 可以自动协调两者的传输信息，理论上可以减少其他信号对蓝牙 4.1 的干扰。这些改进提升了连接速度并且使设备更加智能化，比如减少了设备之间重新连接的时间，这意味着用户如果走出了蓝牙 4.1 的信号范围并且断开连接的时间不算很长，当用户再次回到信号范围中之后设备将自动连接，反应时间要比蓝牙 4.0 更短。最后一个改进之处是提高传输效率，如果用户连接的设备非常多，比如连接了多部可穿戴设备，彼此之间的信息都能即时发送到接收设备上。除此之外，蓝牙 4.1 也为开发人员增加了更多的灵活性，这个改变对普通用户没有很大影响，但是对于软件开发者来说是很重要的，因为为了应对逐渐兴起的可穿戴设备，蓝牙必须能够支持同时连接多个设备。

1.2.7 蓝牙 4.2 标准

2014 年 12 月 4 日，蓝牙 4.2 标准颁布。蓝牙 4.2 标准的公布，不仅提高了数据传输速度和隐私保护程度，而且使设备可直接通过 IPv6 和 6LoWPAN（IPv6 over IEEE 802.15.4）接入互联网。

首先，速度更快。尽管蓝牙 4.1 版本已在之前的基础上提升了不少，但远远不能满足用户的需求，同 WiFi 相比，显得优势不足。而蓝牙 4.2 标准提高了蓝牙智能（Bluetooth Smart）数据包的容量，其可容纳的数据量相当于此前的 10 倍左右，两部蓝牙设备之间的数据传输速度提高了 2.5 倍。

其次，隐私保护程度的加强也获得众多用户的好评。我们知道，蓝牙 4.1 以及其之前的版本在隐私安全上存在一定的隐患，连接一次之后无需再确认便自动连接，这容易造成隐私泄露。而在蓝牙 4.2 新的标准下，蓝牙信号想要连接或者追踪用户设备必须经过用户许可，否则蓝牙信号将无法连接和追踪用户设备。

当然，最令人期待的还是通过 IPv6 和 6LoWPAN 接入互联网的功能。早在蓝牙 4.1 版本时，蓝牙技术联盟便已经开始尝试接入，但由于之前版本传输率的限制以及网络芯片的不兼容性，并未完全实现这一功能。而据蓝牙技术联盟称，蓝牙 4.2 标准已可直接通过 IPv6 和 6LoWPAN 接入互联网。相信在此基础上，一旦 IPv6 和 6LoWPAN 可广泛运用，此功能将会吸引更多的关注。

另外不得不提的是，对较老的蓝牙适配器来说，蓝牙 4.2 的部分功能将可通过软件升级的方式获得，但并非所有功能都可获取。蓝牙技术联盟称："隐私功能或可通过固件升级的方式获得，但要视制造商的安装启用而定。速度提升和数据包扩大的功能则将要求硬件升级才能做到。"而到目前为止，蓝牙 4.0 仍是消费者设备最常用的标准，不过 Android 等移动平台已经实现对蓝牙 4.1 标准和蓝牙 4.2 标准的原生支持。

1.2.8　蓝牙 5.0 标准

美国时间 2016 年 6 月 16 日，蓝牙 SIG 在华盛顿正式发布了第五代蓝牙技术（简称蓝牙 5.0）。

性能方面，蓝牙 5.0 标准 LE 传输速度是之前蓝牙 4.2 LE 版本的两倍，有效距离则是上一版本的 4 倍，即蓝牙发射和接收设备之间的理论有效工作距离增至 300 米。

另外，蓝牙 5.0 还允许无需配对就能接受信标的数据，比如广告、Beacon、位置信息等，传输率提高了 8 倍。同时，蓝牙 5.0 标准还针对 IoT 物联网进行底层优化，更快更省电，力求以更低的功耗和更高的性能为智能家居服务。蓝牙 5.0 标准蓝牙芯片已经被一些旗舰手机使用。

蓝牙 5.0 标准的新特性如下。
- 2 倍 BLE 带宽提升：在 BLE4.2 的 1Mbit/s 的 PHY 增加可选的 LE Coded 调制解调方式，支持 125Kbit/s 和 500Kbit/s，同时增加一个可选的 2Mbit/s 的 PHY。
- 4 倍通信距离提升：通过上述降低带宽、提升通信距离，同时保持功耗不变，且允许的最大输出功率从之前的 10 毫瓦提升至 100 毫瓦。
- 8 倍广播数据容量提升：从 BLE4.2 的 31 字节提升至 255 字节，并且可以将原有的 3 个广播信道扩展到 37 个广播通道。增加通道选择算法#2。
- BR/EDR 时间槽可用掩码：检测可用的发送接收的时间槽并通知其他蓝牙设备。

1.2.9　蓝牙 2016 年技术蓝图

蓝牙联盟在 2016 年的主要方针集中在以蓝牙低功耗为首的物联网布局，主要有 3 大方向，包括使蓝牙低功耗的传输距离提高 4 倍、蓝牙传输提升到 2Mbit/s，以及支持物联网行业期待已久的蓝牙网状网络（Mesh）。

其中延伸蓝牙低功耗以及支持蓝牙 Mesh 对于物联网都是相当重大的布局。距离延伸的优点使自动化、工业控制、智慧家庭等应用变得更实用。支持 Mesh 最大的优点就是使蓝牙设备与终端不再仅有点对点以及延伸模式，而是使各个蓝牙设备之间可彼此相连，同时也可借此网络模式延伸蓝牙管理的距离。而提升 100%的传输速度，不仅增加频宽，同时使蓝牙也能用于重视延迟的应用，例如医疗设备等领域。蓝牙新标准的颁布使信息传输以及管理更及时。

除了物联网以及用于连接设备等应用外，蓝牙技术在近年也有更多的的应用，尤其是信标（Beacon）技术正在改变定位与服务，藉由 Beacon 技术取代条码，使用者可轻松地获取相关信息，且能进行室内的定位服务，如百货或是车站的室内导航，百货商品业者的找寻柜位等应用。另外，通过距离的拓展以及即将导入的 Mesh，蓝牙也可为自动化解决方案带来更多的变化以及弹性。

在上述的新发展目标之外，蓝牙联盟也公布了一项新的技术——传输发现技术（TDS）。通过蓝牙搜寻启动范围内的可用无线链路，借此侦测附近的无线装置与服务，并且使用者可以关闭设备中功耗较高的技术，并于需要时再开启。蓝牙联盟希望借此技术能够在物联网的环境中使能源管理变得更好。

1.2.10 蓝牙版本演进编年史

蓝牙版本的编年史如表 1.1 所示。

表 1.1　　　　　　　　　　　蓝牙版本编年史

版本	发布日期	速率	增加功能
0.7	1998.10.19		Baseband、LMP
0.8	1999.1.12		HCL、L2CAP、RFCOMM
0.9	1999.4.30		OBEX 和 IrDA 的互通性
1.0 Draft	1999.7.5		SDP、TCS
1.0 A	1999.7.26		第一个正式版本发布
1.0 B	2000.10.1		安全性、设备间连接兼容性
1.1	2001.2.22	748~810kbit/s	IEEE 802.15.1
1.2	2003.11.5	748~810kbit/s	快速连接、自适应跳频、错误监测和流程控制、同步能力
2.0+EDR	2004.11.9	1.8~3Mbit/s	EDR 速率提升到 1.8~3Mbit/s
2.1+EDR	2007.7.26	3Mbit/s	扩展查询响应、简单安全配对、暂停与继续加密、Sniffer 省电
3.0+HS	2009.4.21	24Mbit/s	交替射频技术、802.11 协议适配层、电源管理、取消 UMB 的应用
4.0+BLE	2010.6.30	24Mbit/s	低功耗物理层和链路层、AES 加密、ATT、GATT、SM
4.1	2013.12.6	24Mbit/s	与 4G 不构成干扰、IPV6 联网、可同时发射接收
4.2	2014.12.4	4.1 LE 的 2.5 倍	FIPS 加密、安全连接、物联网
5.0	2016.6.16	4.2 LE 的 2 倍	室内定位、物联网

1.3 蓝牙 4.0 概述

1.3.1 什么是蓝牙 4.0

蓝牙 4.0 为蓝牙 3.0 的升级标准。蓝牙 4.0 实际是三位一体的蓝牙技术，它将 3 种规格合而为一，分别是传统蓝牙、低功耗蓝牙和高速蓝牙技术，这 3 个规格可以组合或者单独使用。蓝牙 4.0 最重要的特性是省电，极低的运行和待机功耗使得设备使用一粒纽扣电池即可工作数年之久。

1.3.2 蓝牙 4.0 的架构

蓝牙 4.0 加入了 LE 控制器模块，允许多种构架共存。蓝牙 4.0 版本分为两种模式：单模式和双模式。单模式面向高度集成、紧凑的设备，采用一个轻量级连接层（Link Layer）提供超低功耗的待机模式操作、简单设备恢复和稳定可靠的点对多点数据传输，同时还有高效节能和安全加密连接。双模式是将低功耗蓝牙功能集成在现有的经典蓝牙控制器中，包含低功耗部分和经典蓝牙部分。双模式里面的低功耗性能没有单模式出色，它在现有经典蓝牙技术（2.1+EDR/3.0+HS）芯片上增加低功耗堆栈，整体架构基本不变，成本增加有限。

1.3.3 蓝牙 4.0 协议增加的新特性

蓝牙核心规范 V4.0 版本的几个新特点如下所示，改进的主要领域是：
- 包含蓝牙低功耗；
- 低功耗物理层；
- 低功耗链路层；
- 低功耗增强 HCI 层；
- 低功耗直接测试模式；
- 高级加密标准；
- 为低功耗增强；
- 为低功耗增强；
- 属性协议（Attribute Protocol，ATT）；
- 通用属性配置文件（Generic Attribute Profile，GATT）。

- 安全管理（Security Manager，SM）。

1.4 蓝牙 4.0 核心架构分析

1.4.1 低功耗蓝牙概述

蓝牙 4.0 版本有两种形式的蓝牙无线技术系统：
- 基本速率（Basic Rate，BR）。
- 低功耗（Low Energy，LE）。

两种系统都包含设备发现、建立连接和连接通信的机制。

基本速率系统（Basic Rate System）包括可选的增强数据速率（EDR）交替媒体访问控制（MAC）和物理（PHY）层的扩展。基本速率系统提供同步和异步连接，数据速率包括 721.2kbit/s 的基本速率、2.1Mbit/s 的增强速率和高达 24Mbit/s 的高速速率（由 802.11 AMP 射频技术来实现）。

LE 系统包含很多旨在满足极低功耗要求的产品所期望的特征，比 BR/EDR 复杂度低且成本低。LE 系统也是为低数据速率的用例和应用程序设计的，并且具有较低的占空比。根据用例或应用程序，相较于其他系统，这个系统所选择的部件要更优化，更合适。

实现这两种系统的设备都可以与实现这两个系统的其他设备以及实现这两个系统的任何一个设备进行通信。一些配置文件（Profile）和用例可能只得到了一个系统的支持，因此，实现了这两个系统的设备支持的用例会更多。

蓝牙核心系统由主机和一个或多个控制器组成。主机是一个逻辑实体，它定义为非核心配置文件（Profile）之下，并且位于主控制器接口（HCI）之上。控制器是一个逻辑实体，定义为 HCI 下面的所有层。主机和控制器的实现可以包含 HCI 的各个部分。在这个版本的核心规范中定义了两种类型的控制器：

- 主控制器（Primary Controller）；
- 辅助控制器（Secondary Controller）。

蓝牙核心的实现只有一个主控制器，它可能是以下配置之一：
- BR/EDR 控制器包含射频、基带、链路管理和可选的 HCI 层；
- LE 控制器包含 LE 物理层、链路层和可选的 HCI 层；
- 一个组合的 BR/EDR 控制器和一个 LE 控制器组合成一个单独的控制器后，这种控制器的 BR/EDR 部分和 LE 部分共享一个蓝牙设备地址。

蓝牙核心系统还可以具有由以下配置描述的一个或多个辅助控制器，如图1.1和图1.2所示。

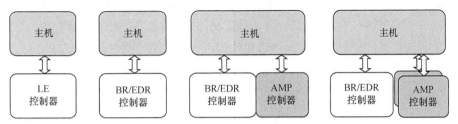

图1.1　蓝牙主机和控制器组合（从左至右）：LE 单模主控制器、BR/EDR 主控制器、BR/EDR 主控制器加 AMP 辅助控制器、BR/EDR 主控制器加多个 AMP 辅助控制器

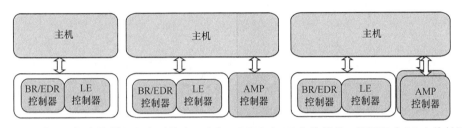

图1.2　蓝牙主机和控制器组合（从左至右）：BR/EDR 和 LE 主控制器、BR/EDR 和 LE 主控制器加一个 AMP 辅助控制器、BR/EDR 和 LE 主控制器加多个 AMP 辅助控制器

AMP 控制器包含 802.11 协议适配层（Protocol Adaptation Layer，PAL）、802.11 MAC 层和物理层以及可选的 HCI 层。

LE 蓝牙操控射频的方式和 BR/EDR 射频操控的方式一样。LE 射频工作在免牌照的 2.4GHz 工业/科学/医疗频段。LE 系统采用了跳频传输来抗干扰和衰落，提供了许多跳频展频（Frequency-Hopping Spread Spectrum，FHSS）技术载体。LE 无线电操作使用一种简单的二进制频率调制，即高斯频移键控（Gauss Frequency Shift Keying，GFSK）来最小化收发器的复杂度，并支持 1Mbit/s 的比特率。蓝牙 5.0 可选支持 2Mbit/s，空中速率提升了 1 倍。

LE 采用了两种复用方法：频分多址（FDMA）和时分多址（TDMA）。LE 具有 40 个物理信道，每个信道 2M 的频宽，用于频分多址方案。其中 3 个信道（37、38、39）用作广播通道，其余 37 个信道用作数据通道。基于 TDMA 的轮询方案采用的机制是：某一个设备在一个预定的时间间隔发送一个数据包给相应的设备；相应的设备在预定的时间间隔之后收包和响应。

物理信道被分为时间单元，也称为事件。在这些事件中，LE 设备之间的数据以包的形式，以协议指定的传输方法进行传输。LE 设备有两种类型的事件：广播事件和连接事件。

在广播物理信道上传输广播数据包的设备称为广播主。在广播信道上接收广播而不打算连接广播设备的设备称为扫描器。广播物理信道上的传输发生在广播事件中。在每个广播事件开始时，广播者发送对应于广播事件类型的广播分组。根据广播分组的类型,扫描器可以在同一广播物理信道上向广播者发出请求,然后广播者在同一广播物理信道上响应来自扫描器的请求,并决定是否需要回应。在同一广播事件中由广播者发送的下一个广播分组会发生广播物理信道的变化(37、38 和 39 信道轮流发送广播消息分组)。广播者可在事件期间随时结束广播。第一个广播物理信道(信道 37)在下一个广播事件开始时使用。

LE 和 2.4G WiFi 的物理信道分布如图 1.3 所示。LE 的广播信道选取了两边和中间的 3 个信道,用于减少 3 个信道都受到干扰的可能性。如果广播信道是连续的 3 个信道且受到较强干扰,有可能导致接收方无法侦听到广播,从而遭遇无法通信的问题。

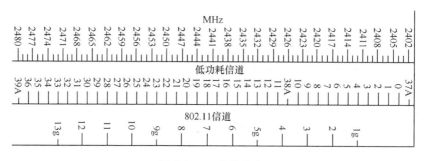

图 1.3　LE 信道分布

1.4.2　核心系统架构

蓝牙核心系统由主机、主控制器和零个或多个辅助控制器组成。

实现蓝牙 BR/EDR 的最小核心系统涵盖 4 个底层和蓝牙规范定义的相关协议,以及一个公共服务层协议。服务发现协议(SDP)和所有必要的配置文件在通用访问配置文件(Generic Access Profile,GAP)中定义。BR/EDR 核心系统包括对 MAC/PHY(AMP)的支持以及 AMP 管理协议(AMP Manager Protocol)和协议适配层(Protocol Adaptation Layer,PAL),也支持相应的外部 MAC/PHY。

实现蓝牙 LE 的最小核心系统涵盖 4 个底层和蓝牙规范定义的相关协议,以及两个公共服务层协议;安全管理(Security Manager,SM)、属性协议(Attribute Protocol,ATT)与所有必要的配置文件定义在通用属性配置文件(Generic Attribute Profile,GATT)和通用访问配置文件。

实现蓝牙 BR/EDR 及 LE 的核心系统包含上述两个最小要求。

核心系统构架如图 1.4 所示。

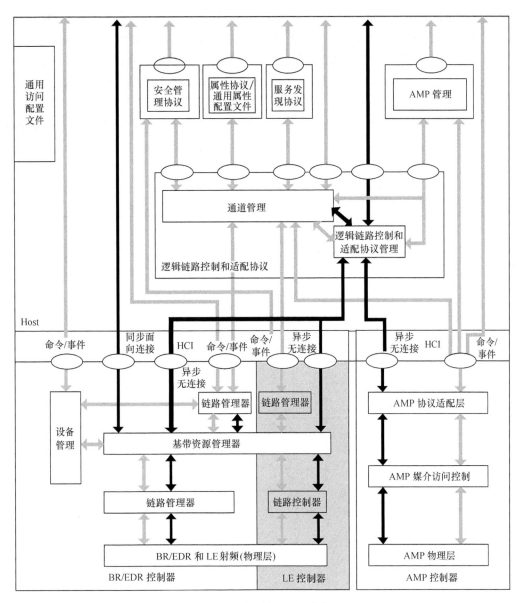

图 1.4 蓝牙核心系统构架

图 1.4 显示了核心块,每个块都有相关的通信协议。链路管理器、链路控制器和 BR/EDR 射频物理层组成一个 BR/EDR 控制器。AMP 协议适配层、AMP 媒介访问控制和 AMP 物理层组成一个 AMP 控制器。链路管理器、链路控制器和 LE 射频物理层组成一个 LE 控制器。逻辑链路控制和适配协议(L2CAP)、服务发现协议和通用访问配置文件组成 BR/EDR Host(在图 1.4 中未标示)。

逻辑链路控制和适配协议、安全管理协议、属性协议、通用访问配置文件和通用属性配置文件组成一个 LE Host（在图 1.4 中未标识）。一个 BR/EDR/LE Host 结合了各自的主机模块。这是一个常见的实现，包含涉及控制器和主机之间的标准物理通信接口。虽然这个接口是可选的，但架构是为了允许它的存在和特性而设计的。蓝牙规范通过定义等价层之间交换的协议消息和独立蓝牙子系统之间的互操作性，定义蓝牙控制器和蓝牙主机之间的通用接口，从而实现独立蓝牙系统之间的互操作性。

图 1.4 中显示了许多功能块和它们之间的服务和数据的路径。其中显示的功能块是描述性的，一般来说，蓝牙规范不定义实现的细节，除非这是互操作性所需要的。因此，图 1.4 中所示的功能块是为了帮助描述系统行为，实现可能不同于其中所示的系统。

蓝牙 4.0 核心系统架构的另一种观点如图 1.5 所示。

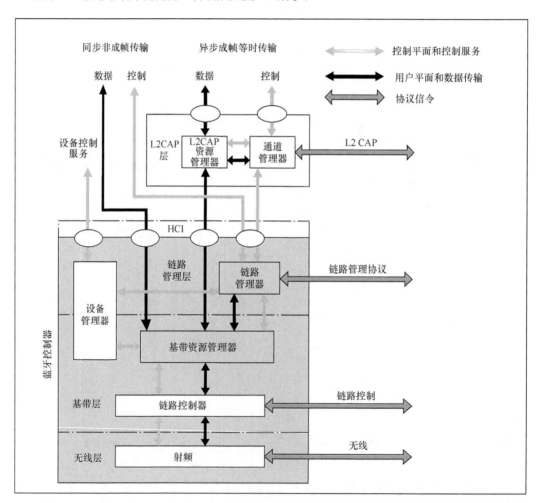

图 1.5　蓝牙 4.0 核心系统构架

1.4.3 核心构架模块介绍

1. 信道管理器

信道管理器负责创建、管理和结束用于服务协议和应用数据流传输的 L2CAP 信道。信道管理器通过 L2CAP 与远程（对等）设备上的信道管理器交互，以创建这些 L2CAP 信道并将它们的端点连接到对应的实体。信道管理器与本地链路管理器交互来创建新的逻辑链路（如有此需要）和配置这些链路，以提供被传输数据类型要求的质量服务（Quality of Service，QoS）。

2. L2CAP 资源管理器

L2CAP 资源管理器负责管理发送至基带的协议数据单元（Protocol Data Unit，PDU）片段的提交顺序以及信道间的相关调度，以确保不会因为 Bluetooth 控制器资源耗尽而导致带有 QoS 承诺的 L2CAP 信道对物理信道的访问被拒绝。这是必须的，因为架构模型不会假设 Bluetooth 控制器拥有无限大缓冲，也不会假设 HCI 是具有无限大带宽的管道。

L2CAP 资源管理器也可以执行通信量符合性管制功能，以确保这些应用在它们协商好的 QoS 设置的限制范围内提交 L2CAP 服务数据单元（Service Data Unit，SDU）。一般的 Bluetooth 数据传输模型会假设每项应用都符合相关要求，而不会定义某项具体实施应如何处理此类问题。

3. 设备管理器

设备管理器是基带的功能块，用于控制启用 Bluetooth 的设备的一般行为。它负责 Bluetooth 系统所有与数据传输无直接关系的操作，例如查询附近是否有其他启用 Bluetooth 的设备，连接到其他启用 Bluetooth 的设备，或使本地启用 Bluetooth 的设备可被其他设备发现或连接。

设备管理器请求从基带资源控制器访问传输媒体，以执行它的功能。

设备管理器还控制多个 HCI 命令指示的本地设备行为，例如管理设备本地名称、任何已存储的链路密钥和其他功能。

4. 链路管理器

链路管理器负责创建、修改和释放逻辑链路（以及与这些链路关联的逻辑传输，如有需要），还可以更新与设备之间的物理链路有关的参数。链路管理器通过使用链路管理协议（LMP）与远程 Bluetooth 设备通信实现此功能。

LMP 可以根据需要在设备之间创建新逻辑链路和逻辑传输，并进行对链路和传输特性的总体控制，例如启用逻辑传输加密、调节物理链路上的传输功率或调整逻辑链路的 QoS 设置。

5. 基带资源管理器

基带资源管理器负责对无线媒介的所有访问。它主要有两项功能。它的核心功能是一个调度程序，用于将物理信道上的时间授予所有已协商达成访问协定的实体。另一个主要功能是与这些实体协商访问协定。访问协定实际上是一项承诺，提供必要的特定 QoS，以为用户应用提供期望的性能。

访问协定和调度功能必须考虑所有需要使用 Bluetooth 无线电的行为。例如，这包括已连接设备之间通过逻辑链路和逻辑传输进行正常数据交换，以及使用无线电媒介实现查询、建立连接、变为可发现或可连接，或者在使用 AFH 模式过程中从未使用的载波中获取的读数。

在某些情况下，逻辑链路调度会导致从先前使用的物理信道更换为另一物理信道。这可能是因为涉及散射网、定期查询功能或寻呼扫描等。如果物理信道未按时隙对齐，则资源管理器还会考虑原物理信道上的时隙和新物理信道上的时隙之间的重新对齐时间。某些情况会自动对齐时隙，这是因为两个物理信道使用相同的设备时钟作为参考。

6. 链路控制器

链路控制器负责 Bluetooth 数据包与数据净荷及物理信道、逻辑传输和逻辑链路相关参数的编码和解码操作。

链路控制器发出链路控制协议信令（与资源管理器的调度功能紧密结合），用于传达流控制及确认和重新传输请求信号。对这些信号进行翻译是与基带数据包相关联的逻辑传输的特征。链路控制信令的翻译和控制通常与资源管理器的调度程序相关联。

7. 射频

射频块负责在物理信道上传输和接收数据包。基带和射频块之间的控制通道让基带功能块可以控制射频功能块的时间和频率载波。射频块可将物理信道和基带上传输的数据流转换成所需格式。

1.5 基于 Bluetooth 4.0 的新应用

蓝牙 SIG 官网公布，所有基于 Bluetooth 4.0 LE 技术新增加的应用如表 1.2 所示。

表 1.2　　　　　　　　　　　　　基于 GATT 的 Profile

基于 GATT 定义	中文全称	版本
ANP（Alert Notification Profile）	警报通知配置	1.0
ANS（Alert Notification Service）	警报通知服务	1.0
BAS（Battery Service）	电池服务	1.0
BLP（Blood Pressure Profile）	血压配置	1.0

续表

基于 GATT 定义	中文全称	版本
BLS（Blood Pressure Service）	血压服务	1.0
CTS（Current Time Service）	当前时间服务	1.0
DIS（Device Information Service）	设备信息服务	1.0
FMP（Finde Me Profile）	Find Me 配置	1.0
GLP（Glucose Profile）	血糖配置	1.0
GLS（Glucose Service）	血糖服务	1.0
HIDS（HID Service）	HID 服务	1.0
HOGP（HID Over Gatt Service）	基于 GATT 的 HID 配置	1.0
HTP（Health Thermometer Profile）	健康体温计配置	1.0
HTS（Health Thermometer Service）	健康体温计服务	1.0
HRP（Heart Rate Profile）	心率配置	1.0
HRS（Heart Rate Service）	心率服务	1.0
IAS（Immediate Alert Service）	即使报警服务	1.0
LLS（Link Lost Service）	链路丢失服务	1.0
NDCS（Next DST Change Service）	下个日光节约时间更改服务	1.0
PASP（Phone Alert Status Profile）	电话报警状态配置	1.0
PASS（Phone Alert Status Service）	电话报警状态服务	1.0
PXP（Proximity Profile）	近距传感配置	1.0
RTUS（Reference Time Update Service）	参考时间更新服务	1.0
SCPP（Scan Parameters Profile）	扫描参数配置	1.0
SCPS（Scan Parameters Service）	扫描参数服务	1.0
TIP（Time Profile）	时间配置	1.0
TPS（Tx Power Service）	射频功率服务	1.0

1.6 BLE、ZigBee 和 WiFi 的介绍和选择

表 1.3 列出了 BLE、ZigBee 和 WiFi（B/G）的一些主要的参数指标，供读者参考。

表 1.3　　　　　　　　　　无线技术比较

名称	BLE	ZigBee	WiFi（B/G）
传输速率	125 kbit/s ~ 2Mbit/s	100~250kbit/s	5.5~54Mbit/s
通信距离（最高）	300 米	200 米	400 米
频段	2.4GHz	2.4GHz	2.4GHz
安全性	高	中	低
工作电流	<10 毫安	5 毫安	10~50 毫安
应用领域	通信、汽车、IT、多媒体、工业、医疗、教育等	无线传感器、医疗	无线上网、PC、PDA

注：表 1.3 的参数仅作为参考，实际参数由设备的设定和使用环境来决定。通信距离视发射功率、天线性能和物体隔挡程度而定；实际速率受发射功率、天线性能、距离、设备间的协商速率、无线环境和数据报文的有效载荷比例等影响；工作电流视设备的使用状态而定。

1.6.1 ZigBee 技术介绍

ZigBee 具有近距离、低复杂度、自组织、低功耗、低数据速率、低成本等特点，可以嵌入各种设备，主要适用于自动控制和远程控制领域。

ZigBee 的技术优势如下所示。

- 低功耗。两节 5 号电池支持长达 6 个月到两年左右的使用时间。
- 低成本。ZigBee 数据传输速率低、协议简单，所以大大降低了成本，且免收专利费。
- 可靠。ZigBee 采用了碰撞避免机制，同时为需要固定带宽的通信业务预留了专用时隙，避免了发送数据时的竞争和冲突；节点模块之间具有自动动态组网的功能，信息在整个 ZigBee 网络中通过自动路由的方式进行传输，从而保证了信息传输的可靠性。
- 网络容量大。ZigBee 具有大规模的组网能力，每个网络达 60 000 个节点。
- 安全保密。ZigBee 提供了一套基于 128 位 AES 算法的安全类和软件，并集成了 IEEE 802.15.4 的安全元素。
- 工作频段灵活。ZigBee 使用频段为 2.4GHz、868MHz 及 915MHz，均为免执照频段。

ZigBee 的不足之处如下所示。
- 传输范围小。在不使用功率放大器的前提下，ZigBee 节点的有效传输范围一般为 10～75 米，仅能覆盖普通的家庭和办公场所。
- 数据传输速率低。ZigBee 的传输速率在 2.4GHz 的频段只有 250kbit/s，而且这只是链路上的速率，除掉帧头开销、信道竞争、应答和重传，真正能被应用所利用的速率可能不足 100kbit/s，并且这余下的速率也可能要被邻近多个节点和同一个节点的多个应用所瓜分。
- 时延不易确定。由于 ZigBee 采用随机接入 MAC 层，且不支持时分复用的信道接入方式，因此不能很好地支持一些实时的业务，而且由于发送冲突和多跳，使得时延变成一个不易确定的因素。

1.6.2 WiFi 技术介绍

无线保真技术（Wireless Fidelity，WiFi）即 IEEE 802.11 协议，是一种短程无线传输技术，能够在数百英尺范围内支持互联网接入的无线电信号。WiFi 的第一个版本发表于 1997 年，其中定义了介质访问接入控制层（MAC 层）和物理层，规定了无线局域网的基本网络结构和基本传输介质，规范了物理层（PHY）和介质访问层（MAC）的特性。物理层采用红外、直接序列扩频（DSSS）或调频扩频（FSSS）技术。1999 年又增加了 IEEE 802.11a 和 IEEE 802.11g 标准，其传输速率最高可达 54Mbit/s，能够广泛支持数据、图像、语音和多媒体等业务。
- WiFi 的优势：WiFi 的半径可达 100m，甚至可以覆盖整栋大楼。传输速度很快，802.11G 最高可达 54Mbit/s，符合个人和社会信息化的需求。在网络覆盖范围内，允许用户在任何时间、任何地点访问网络。WiFi 在手机、电脑、互联网电视/OTT 盒子等设备上已经成为了标准配置。
- WiFi 的不足：相比蓝牙和 ZigBee，WiFi 高速和高性能带来的缺陷是功耗高、芯片价格贵。而且 WiFi 设备多了后，无线路由器的负载会加大。

1.6.3 BLE、ZigBee 和 WiFi 的选择

本节借用小米生态链部门孙鹏总监的一段话来讲述小米生态链的产品是如何在 BLE、ZigBee 和 WiFi 之间做选择的。

现在越来越多的设备开始使用无线协议来通信。无线相对于有线有很多优点，缺点也解决得差不多了，就不展开了。很多人做智能硬件的时候会考虑用什么协议，是用 WiFi 呢，还是 ZigBee 呢，还是 BLE？甚至还有人考虑用私有协议或者 433/868MHz 的射频协议。这里面有成本的考虑，有功耗的考虑，有"穿墙"效果的考虑，还有和其他硬件的互通等考虑。

经过很多轮的尝试，我们最终确定了一个选择协议的原则，必须使用标准协议，优先级如下所示。

- 插电的设备，用 WiFi。
- 需要和手机交互的设备，用 BLE。
- 传感器用 ZigBee。

按照这个原则，小米手环使用 BLE，绿米的传感器使用 ZigBee，摄像头和净化器使用 WiFi。这里面也会有重叠，比如插电又要和手机交互的如美的空调使用 WiFi+BLE。有几个立项比较早的产品，没有按照这个原则来执行，比如床头灯现在用 BLE，其实应该用 WiFi 或者 WiFi+BLE；灯泡现在用 ZigBee，其实应该用 WiFi，将来都会改正。

为什么插电的设备都用 WiFi？

因为这样对于用户最方便，对于厂商来说可直达云端。目前用户的家里还没有太多智能设备，我们的产品可能是用户的第一个智能设备。WiFi 相对于蓝牙最大的缺点是设置起来麻烦，但一旦设置成功，就会感觉好用多了。蓝牙的优势是和手机的互通很方便，但是 WiFi 更方便，只要手机能上网的地方就可以互通，就算是走本地网络协议，路由器的覆盖范围也更大，不在同一个房间里面也可以联通。WiFi 可以做到随时随地连接人和设备、云和设备或者是设备和设备，甚至不同平台之间的对接都很方便，所以也最普适。

WiFi 也有如下缺点。

- 功耗高。不插电的设备使用 WiFi 很难坚持很长时间，需要频繁充电或者换电池，给用户带来了困扰。而 BLE 和 ZigBee 可以持续工作几个月、一年甚至几年都不用换电池。所以现在可穿戴设备都用 BLE 协议。传感器使用 ZigBee 协议是因为目前只有 ZigBee 联盟有传感器的标准协议，蓝牙联盟还没有，如果蓝牙联盟也有了传感器的标准协议，就很难说了。不过对于标准协议，很多人都不遵守。总之，低功耗这一领域目前还比较混乱，不同厂家的设备互通很难。
- 成本高。我们一直在推动 WiFi 芯片降价。如果成本能做到 10 元以下，成本的问题就不明显了。只是因为成本的问题放弃 WiFi，其实是得不偿失的。
- WiFi 设备多了之后，路由器负载会很大，从而使星型架构的效率不高。如果智能家居发展顺利，若干年之后家里可能有几十个灯、几百个传感器，那么现在的 WiFi 协议就撑不住了。很多人建议在有很多个同类设备的时候使用 ZigBee 或者 BLE Mesh 取代 WiFi。这个趋势目前还不明显，而且 WiFi 也会有自己的 Mesh 协议，但是不一定会被取代。
- WiFi 没有标准的应用层协议，容易造成大厂商的垄断，不同厂商的设备能否互通就看厂商之间的博弈。

说了这么多，都是目前的想法。坚持 WiFi 不是因为我们也做路由器，而是相信 WiFi 更适合现在的市场。也许将来国家会出无线协议的强行标准，每个标准设备都有标准无线接口，就和现在的插座标准一样，不论什么牌子的插头都可以插在任意牌子的插座上。到时候选择什么协议就不需要想了。

第 2 章

Android 蓝牙系统框架和代码结构

2.1 概述

在 Android 4.2 版本中,谷歌公司和博通合作,引入了博通的 BTE/BTA 协议栈,重构了蓝牙子系统。新的蓝牙协议栈被命名为:BlueDroid。它包含了两层:BTE(完成蓝牙核心功能)和 BTA(与 Android 蓝牙服务层进行通信)。蓝牙服务层与 Bluedroid(封装了 BTIF 层)通过 JNI 进行通信,与上层应用通过 Binder IPC 进行通信。BlueZ 及配套框架在 Android 系统上被移除。

图 2.1 所示为 Bluez 和 Bluedroid 的架构对比,从中可以看出 Bluedroid 有以下优点。

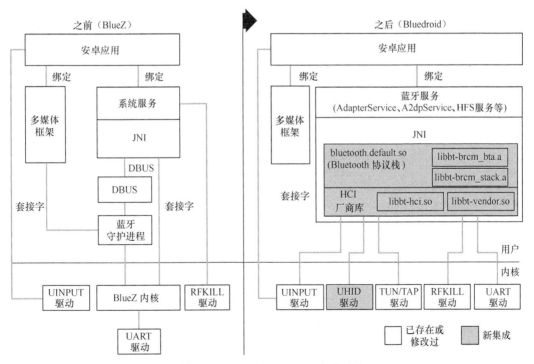

图 2.1 BlueZ 和 BlueDroid 架构对比

- 层次结构清晰。各个 Profile 对上层接口统一，便于增加新的 Profile；增加了 HAL 层和 GKI（内核接口），便于移植。
- 移除 DBus，应用层的 Java 代码直接调用到 Bluedroid 的 Native 代码。
- 协议栈运行在用户空间，不再出现 BlueZ 时代因协议栈问题导致内核出问题的事情（如崩溃）。编译和调试协议栈的代码也变得相对容易些。

图 2.2 所示为 Android 的蓝牙子系统的层次分布图，从中可以看出蓝牙系统结构层次清晰、模块化强，有利于从上到下扩展新的功能。

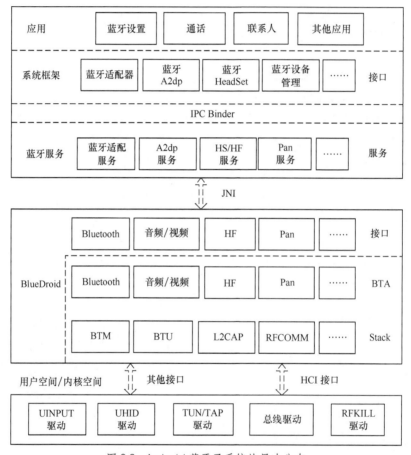

图 2.2　Android 蓝牙子系统的层次分布

2.2　Application Framework

该层代码主要是利用 android.bluetooth APIS 和蓝牙进程（Bluetooth Process）进行交互，

也就是通过 Binder IPC 机制调用了蓝牙进程的各个服务（Service）封装的接口。

代码位于 frameworks/base/core/java/android/bluetooth 下。

2.3　Bluetooth Process

该层代码主要是在 Bluetooth Process 里实现各种 Bluetooth Service 和各种配置文件（Profile），Service 通过 JNI 调用到硬件抽象（HAL）层。代码最后编译形成一个 Android Application 包（Bluetooth.apk）。代码位于 package/apps/Bluetooth 下。

2.4　Bluetooth JNI

该层代码位于 packages/apps/bluetooth/jni 下，定义了蓝牙适配层和协议层对应的 JNI 服务，直接调用 HAL 层并给 HAL 层提供相应的回调。

2.5　Bluetooth HAL

该层代码定义了 android.bluetooth APIs 和 Bluetooth Process 调用的标准接口，通过调用这些接口使得硬件（Hardware）运行正常。代码位于 hardware/libhardware/include/hardware 下。

- bluetooth.h：包含蓝牙硬件操作、设备管理和设备操作抽象接口。
- bt_av.h：包含 advanced audio profile 的抽象接口。
- bt_hf.h：包含 handsfree profile 的抽象接口。
- bt_hh.h：包含 hid host profile 的抽象接口。
- bt_hl.h：包含 health profile 的抽象接口。
- bt_pan.h：包含 pan profile 的抽象接口。
- bt_sock.h：包含 socket 操作的抽象接口。

在 HAL 层并没有实现定义的蓝牙协议与属性，默认实现在 Bluedroid 中，位于 external/Bluetooth/bluedroid 下，用户可以根据自己的需求增加属性。

2.6　Bluedroid Stack

该层代码实现了 HAL 层中的定义，可以通过扩展和改变配置来自定义。代码位于 external/Bluetooth/bluedroid 下。Bluedroid 分为以下 4 个主要部分。

- Bluetooth Embedded System（BTE），即蓝牙嵌入系统。它实现了 BT 的核心功能，通过 HCI 与蓝牙芯片交互实现蓝牙协议栈的通用功能和相关协议。BTE 还包括一个统一内核接口（GKI），蓝牙芯片厂商可通过 GKI 快速、轻松地移植蓝牙协议栈到其他操作系统或手机平台上。
- Bluetooth Application Layer（BTA），即蓝牙应用层。它用于和 Android Bluetooth Service（Android 蓝牙服务）层交互，实现蓝牙设备管理、状态管理以及一些应用规范。
- Bluetooth Interface Layer（BTIF），即蓝牙接口层。它是 Android Bluetooth Service 层和 BTA 层的 Profile 接口层，相当于桥接的作用。此外它还提供协议栈和内核（Kernel）之间的交互的桥接。
- HCI 层，位于蓝牙系统的 L2CAP 层和 LMP 层之间的一层封装，为上层协议提供了进入 LM 的统一接口和进入基带的统一方式，同时也是蓝牙芯片向协议栈报告事件的通道。HCI 层其实不包含在协议栈里，提供 so 库供协议栈加载和使用。

2.7 Bluedroid 的代码结构分析

external/Bluetooth/bluedroid 的主要文件结构及相应功能介绍如下。

2.7.1 MAIN

1. Bte_main.c

该功能涉及 BTE 核心栈的初始化和卸载。

- bte_main_in_hw_init：负责芯片硬件的初始化。
- bte_main_boot_entry：调用 GKI_init、bte_main_in_hw_init 和 bte_load_conf。
- bte_main_shutdown：调用 GKI_shutdown。
- bte_main_enable：创建所有的 BTE task，调用 BTE_Init（初始化 BTE control block），创建 btu_task，调用 bte_hci_enable（初始化 HCI 和 Vendor 模块），btsnoop_open（创建 btsnoop_thread）。
- bte_main_disable：销毁所有的 BTE task。调用 bte_hci_disable（销毁 HCI 和 Vendor 模块），销毁 btu_task，GKI_freeze（冻结 GKI），btsnoop_close（关闭 btsnoop_thread）。
- bte_main_postload_cfg：stack 加载配置。
- bte_main_enable_lpm：enable/disable 低功耗模式选项。
- bte_main_lpm_allow_bt_device_sleep：允许 BT controller 快速进入 sleep 模式。
- bte_main_lpm_wake_bt_device：将 BT controller 从 sleep 模式唤醒。

- bte_main_hci_send：上层 stack 用来发送 HCI 消息。
- bte_main_post_reset_init：调用 BTM_ContinueReset，BTE 在 HCI_Reset 后自动调用。
- hc_callbacks：libbt-hci 的回调函数表。

2. Bte_init.c

BTE_InitStack：初始化 BTE 控制块，如 RFCOMM、DUN、SPP、HSP2 和 HFP 等。核心 stack 必须在创建 BTU task（任务）前调用。

2.7.2　BTA

BTA 用于和 Bluetooth Process 层交互，实现蓝牙设备管理、状态管理以及一些 Profile 的 Bluedroid 实现。BTA 的主要组件如下所示。

- AG，实现 BTA 音频网关（audio gateway）。
- AR，负责 Audio/video 注册。
- AV，实现 BTA advanced audio/video。
- DM，实现 BTA 设备管理。
- GATT，实现通用属性配置文件（Generic Attribute Profile），此模块是 Bluetooth 4.0 新增加的核心协议。
- HL，实现 HDP（Health Device Profile）协议，此协议主要用于与健康设备的蓝牙连接，比如心率监护仪、血压测量仪、体温计等。
- PAN，实现 PAN（蓝牙个人局域网）协议，使得设备可以连接以下设备：个人区域网用户（PANU）设备、组式临时网络（GN）设备或网络访问点（NAP）设备。
- HH，实现 HID（Human Interface Device）协议，典型的应用包括蓝牙遥控器、蓝牙鼠标、蓝牙键盘、蓝牙游戏手柄等。
- PBAP，实现 PBAP（Phone Book Access Profile）协议，用于从电话薄交换服务器上获取电话薄内容。
- SYS，主要实现 BTA 系统管理。

2.7.3　BTIF

Bluetooth Interface：提供所有 Bluetooth Process 需要的 API。

1. src/Bluetooth.c

HAL 层定义数组和函数体的实现。

- init。

HAL 层接口，里面会调用 bt_utils_init()、btif_init_bluetooth()。

- bluetoothInterface。

bt_interface_t 类型的数组定义，这个结构体是 JNI 上层调用到 Bluedroid 层的函数接口。

- HAL_MODULE_INFO_SYM。

实例化 hardware/libhardware/include/Bluetooth.c 中定义的 hw_module_t。

- bt_stack_module_methods。

实现 hw_module_t 中的 methods。

- open_bluetooth_stack。

实现 bt_stack_module_methods 中的 open。

2. src/btif_av.c

Bluedroid 上 AV 的实现，主要结构和功能函数如下。

- btif_av_state_t。

枚举型，定义了 av 的状态。

- btif_av_state_handlers。

数组，定义了各状态的处理函数。

- init。

初始化 AV 接口，调用 btif_av_init。

- btif_av_init。

调用 btif_enable_service(BTA_A2DP_SERVICE_ID)，将服务开启，加入到 module_mask，并初始化 AV 状态机。

- connect。

通过调用 btif_queue_connect(UUID_SERVCLASS_AUDIO_SOURCE，bd_addr，connect_ int) 与远端设备建立 AV 信道链路。

- disconnect。

通过调用 btif_transfer_context(btif_av_handle_event，BTIF_AV_DISCONNECT_ REQ_EVT，(char*)bd_addr，sizeof(bt_bdaddr_t)，NULL)关闭与远端耳机的 AV 信令信道。

- cleanup。

通过调用 btif_disable_service(BTA_A2DP_SERVICE_ID)、btif_sm_shutdown (btif_av_cb.sm_handle)关闭 AV 接口和 AV 状态机。

- bt_av_interface。

bt_av_interface_t 类型的数组，JNI 层调用 Bluedroid 层的函数接口。

3. src/btif_core.c

该功能包含 HAL 层和 BTE 核心协议栈的核心接口函数。

- btif_transfer_context。

  用于转变 context 到 btif task 中。

- btif_task。

  管理所有从 Bluetooth HAL 层和 BTA 层来的消息。

- btif_init_bluetooth。

  调用 src/btif_config.c 中的 btif_config_init()初始化配置，bt_main.c 中的 bte_main_boot_entry()准备打开蓝牙的时序。调用 GKI_create_task(btif_task, BTIF_TASK, BTIF_TASK_STR, (UINT16 *)((UINT8 *)btif_task_stack + BTIF_TASK_STACK_SIZE), sizeof(btif_task_stack))，启动 btif_task，第 1 个参数 btif_task 是任务处理函数，第 2 个参数是 task id，第 3 个参数是对应 string 的表示形式，第 4 个参数是任务列表的起始指针，第 5 个参数是任务栈最大深度。

- btif_enable_bluetooth。

  调用 bte_main.c 中的 bte_main_enable()初始化 BTE 控制块，给 bt 设备上电，启动 BTU 任务。

- btif_enable_bluetooth_evt。

  调用 btif_av_init()、btif_sock_init()、btif_pan_init()等。

- btif_shutdown_bluetooth。

  调用 bte_main_disable()等结束 BTIF task，关闭 BT 时序。

4. src/btif_dm.c

该功能实现设备管理（Device Manage）相关的功能。

5. src/btif_gatt.c

实现 gatt 相关的接口。

- bt gatt Interface。

  btgatt_interface_t 类型的数组，实现 JNI 层调用 Bluedroid 层的接口。

6. src/btif_hf.c

该功能实现 handsfree 协议的接口。

- btif_hf_upstreams_evt。

  执行 btif context 中 hf upsteam 事件。

- init。

  初始化 hf 接口，通过判断服务类型确定开启 hfp 服务或 hsp 服务，并初始 phone 状态。
- bt hf Interface。

  bthf_interface_t 类型的数组，实现 HAL 层调用 bluedroid 层的函数接口。

7. src/btif_hh.c

该功能实现 HID Host 的蓝牙接口。

- bt hh Interfac。

  bthh_interface_t 类型的数组，实现 HAL 层调用 bluedroid 层的函数接口。
- btif_hh_upstreams_evt。

  完成 btif context 中 HID Host upstream 的事件处理。
- init。

  通过调用 btif_enable_service(BTA_HID_SERVICE_ID)开启服务。

8. src/btif_hl.c

该功能实现健康设备（Health Device）的蓝牙接口。

- bt hl Interface。

  bthl_interface_t 类型的数组，实现 HAL 层调用 bluedroid 的函数接口。
- btif_hl_upstreams_evt。

  处理 HL upstream 事件。

  btif_hl_upstreams_ctrl_evt 处理 BTIF task 中 HL control 事件。

9. src/btif_media_task.c

BTIF 中的多媒体模块处理，AV（Audio Video）、HS（Headset）、HF（Handsfree）中的 audio 和 video 任务的处理。

- btif_recv_ctrl_data。

  a2dp control 数据的处理。
- btif_a2dp_ctrl_cb。

  a2dp control channel 的处理。
- btif_a2dp_data_cb。

  a2dp media data 的处理。

10. src/btif_pan.c

该功能实现 PAN 的蓝牙接口。

- pan_if。

  btpan_interface_t 类型的数组，实现 HAL 层调用 bluedroid 的函数接口。
- bta_role_to_btpan。

  将 bta 中的 pan 角色转换成对应的角色 NAP 或 PANU。

11. src/btif_rc.c

AVRCP 的实现，完成蓝牙耳机对音乐播放的控制。

- init_uinput。

  通过调用 uinput_create(name) 创建 AVRCP 对应的 input 设备节点。
- handle_rc_features。

  通过 btif_rc_cb 的 feature 获取远端设备的 feature 配置。
- handle_rc_connect。

  创建 AVRCP 连接，初始化 btif_rc_cb，并调用 handle_rc_features()、init_uinput()。
- handle_rc_passthrough_cmd。

  远端控制命令处理，第 1 个参数是控制命令的 ID，第 2 个参数是按键的状态。
- btif_rc_handler。

  AVRCP 事件的处理。
- bt_rc_interface。

  btrc_interface_t 类型的数组，是 HAL 层调用 bluedroid 的函数接口。

12. src/btif_rc.c

关于 BTIF 中状态机的处理。

13. src/btif_sock.c

Socket 相关接口。通过 btsock_listen 和 btsock_connect 来处理 SCO、L2CAP 和 RFCOMM 的监听与连接的建立。

- sock_if。

  btsock_interface_t 类型的数组，是 HAL 层调用 bluedroid 的函数接口。

2.7.4 HCI

HCI library 的实现，主要内容包括 HCI 接口的打开和收/发控制、Vendor 的 so 的打开和回调函数的注册、LPM 的实现、btsnoop 的抓取等。

1. src/bt_hci_bdroid.c

该功能主要处理 Bluedroid 中 Host/Controller 接口（HCI）的实现。

- init。

  首先通过 bt_hc_cbacks = (bt_hc_callbacks_t *) p_cb 保存回调函数；然后调用 init_vnd_if(local_bdaddr)厂商库里面的 bt_vendor_interface_t *接口，初始化蓝牙设备；接着通过 p_hci_if = &hci_h4_func_table 调用 hci H4 接口回调，p_hci_if->init()调用 hci_h4_func_ table 的 init 方法，初始化 H4 模块；最后调用 userial_init()初始化 uart 数据结构，lpm_init() 初始化低功耗模块，utils_queue_init() 初始化发送队列，pthread_create(&hc_cb.worker_thread, &thread_attr, bt_hc_worker_thread, NULL) 开启工作线程。

- bluetoothHCLibInterface。

  bt_hc_interface_t 类型的数组，HAL 层调用 Bluedroid 的函数接口。

2. src/vendor.c

该功能定义了 vendor 的调用函数，加载 libbt-vendor.so 库（由 vendor 提供的 libbt 文件夹里面的代码生成），初始化 vendor_interface，注册 vendor 需要的回调函数。

- vnd_callbacks。

  bt_vendor_callbacks_t 类型的数组。

- vendor_interface。

  初始化 vendor lib interface，通过 vendor_interface = (bt_vendor_interface_t *) dlsym (lib_handle, "BLUETOOTH_VENDOR_LIB_INTERFACE")初始化 vendor_interface，vendor_interface ->init(&vnd_callbacks, local_bdaddr)将 bluedroid 的回调函数传过去。

3. src/hci_h4.c

该功能包含 HCI 传送/接收处理。

- 主要数组/类型定义。

  hci_preamble_table：不同 HCI 消息的 preamble 大小；
  msg_evt_table：不同的数据类型定义；
  tHCI_H4_CB：HCI_H4 的控制块定义。

- 主要函数定义。

  acl_rx_frame_buffer_alloc：收到 HCI ACL 数据调用申请 buffer 空间；
  acl_rx_frame_end_chk：收到 HCI ACL 最后一个字节时调用，检查 L2CAP 消息是否完成；
  hci_h4_init：初始化 H4 模块；

hci_h4_cleanup：清除 H4 模块；

hci_h4_send_msg：lpm_wake_assert()唤醒 bt 设备，确定发送 msg 的类型等；

hci_h4_receive_msg：构建 event/hci 数据并发送到 stack。

4. src/hci_mct.c

该功能处理多链路的 HCI 发送和接收。

5. src/lpm.c

低功耗模式（Low Power Mode，LPM）用于完成低功耗模式相关的处理。

- 主要数组定义。

    bt_lpm_cb_t：低功耗模式控制块定义。

- 主要函数定义。

    lpm_vnd_cback：通过 bt_hc_cbacks->lpm_cb 调用 vendor 中的对应的 lpm 处理；

    lpm_init：通过 bt_vnd_if->op 的调用 vendor 中 bt_vendor_xxx.c 的 op 函数。

2.7.5　STACK

STACK 主要用于完成各协议在 Bluedroid 中的实现，协议包含 a2dp、avctp、avdtp、avrcp、bnep、gap、gatt、hid、l2cap、pan、rfcomm、sdp、macp（Multi-Channel Adaptation Protocol，多通道适配协议）、smp（用于生成对等协议的加密密钥和身份密钥），还包含几个其他模块。

1. BTM

BTM 主要涉及 Bluetooth Manager。

- btm_main.c。

    btm_init：通过调用 btm_inq_db_init()初始化 inquiry 数据库和结构，btm_acl_init()初始化 acl 数据库和结构，btm_sec_init(BTM_SEC_MODE_SP)初始化 security manager 数据库和结构，btm_sco_init()初始化 SCO 数据库和结构，btm_dev_init()初始化 device manager 结构和 hci reset。

- btm_ble.c：主要用于 Low Energy 的设备处理。

2. BTU

该功能主要用于核心协议层之间的事件处理与转换。

- btu_init.c。

    btu_init_core：通过调用 btm_init()、l2c_init()、sdp_init()、gatt_init()、SMP_Init()、

btm_ble_init()初始化各协议控制块。
- btu_hcif.c。
  btu_hcif_send_cmd：发送命令给 host/controller；
  btu_hcif_store_cmd：保存发出去的消息，用于超时机制；
  btu_hcif_process_event：处理来自底层的事件上报，会取出 event code，不同的 event code 调用不同的函数来处理。

第 3 章 GKI 模块简介

3.1 概述

GKI 模块负责系统消息管理、内存管理、timer 管理和任务（TASK）管理。该模块编译成 libbt-brcm_gki.a 静态库，供 Bluedroid 使用。

该层是一个适配层，适配了 OS 相关的进程、内存相关的管理，在线程间传递消息，通过变量 gki_cb 实现对进程的统一管理。

借助 GKI 可快速移植 Bluedroid 到其他 OS。

3.2 GKI 事件的原理

通过 GKI_send_event()/GKI_send_msg()发送事件，接收线程通过 GKI_wait()可检测事件的发生，并对不同的事件进行不同的处理。事件可以发往其他线程，也可以发往本线程。每个线程都有 4 个 MBox。

事件有 16 个(evt：0~15)，可依次由 EVENT_MASK(evt)得到。
- 4 个保留事件用于 Mailbox 消息的接收 evt：0~3。
- 4 个保留事件用于超时 evt：4~7。
- 8 个通用事件共 APP 使用 evt：8~15。

3.3 GKI 主要数据结构

GKI 主要数据结构为：tGKI_CB gki_cb。代码如下。
```
typedef struct {
    tGKI_OS     os;//线程访问控制结构体
    tGKI_COM_CB com;//内存池、消息池、timer池、线程状态
} tGKI_CB;
```

```c
    typedef struct {
        pthread_mutex_t     GKI_mutex;//互斥访问变量，保护数据结构防止重入操作
        pthread_t           thread_id[GKI_MAX_TASKS];//3个task的线程号记录
        pthread_mutex_t     thread_evt_mutex[GKI_MAX_TASKS];//task消息读写互斥锁
        pthread_cond_t      thread_evt_cond[GKI_MAX_TASKS];//task条件变量锁
        pthread_mutex_t     thread_timeout_mutex[GKI_MAX_TASKS];//没有使用
        pthread_cond_t      thread_timeout_cond[GKI_MAX_TASKS]; //没有使用
#if (GKI_DEBUG == TRUE)
        pthread_mutex_t     GKI_trace_mutex;
#endif
    } tGKI_OS;
    //所有GKI变量放入一个控制块
    typedef struct {
    //任务管理变量
    //栈和栈大小在Windows上没使用
    // btla-specific ++
    #if (!defined GKI_USE_DEFERED_ALLOC_BUF_POOLS && (GKI_USE_DYNAMIC_BUFFERS == FALSE))
    // btla-specific --
    #if (GKI_NUM_FIXED_BUF_POOLS > 0)
        UINT8 bufpool0[(ALIGN_POOL(GKI_BUF0_SIZE) + BUFFER_PADDING_SIZE) * GKI_BUF0_MAX];//内存池
    #endif
    #if (GKI_NUM_FIXED_BUF_POOLS > 1)
        UINT8 bufpool1[(ALIGN_POOL(GKI_BUF1_SIZE) + BUFFER_PADDING_SIZE) * GKI_BUF1_MAX];
    #endif
    #if (GKI_NUM_FIXED_BUF_POOLS > 2)
        UINT8 bufpool2[(ALIGN_POOL(GKI_BUF2_SIZE) + BUFFER_PADDING_SIZE) * GKI_BUF2_MAX]; //内存池
    #endif
    #if (GKI_NUM_FIXED_BUF_POOLS > 3)
        UINT8 bufpool3[(ALIGN_POOL(GKI_BUF3_SIZE) + BUFFER_PADDING_SIZE) * GKI_BUF3_MAX]; //内存池
    #endif
    //此处省略了POOL 4~14的定义
    ..................................................................................
    #if (GKI_NUM_FIXED_BUF_POOLS > 15)
        UINT8 bufpool15[(ALIGN_POOL(GKI_BUF15_SIZE) + BUFFER_PADDING_SIZE) *
```

```c
GKI_BUF15_MAX];
    #endif
    #else
    /* Definitions for dynamic buffer use */   //动态内存池定义
    #if (GKI_NUM_FIXED_BUF_POOLS > 0)
        UINT8 *bufpool0;
    #endif
    #if (GKI_NUM_FIXED_BUF_POOLS > 1)
        UINT8 *bufpool1;
    #endif
    //此处省略了bufpool 2~14 的指针定义
    ......................................................................................................
    #if (GKI_NUM_FIXED_BUF_POOLS > 15)
        UINT8 *bufpool15;
    #endif
    #endif
        UINT8   *OSStack[GKI_MAX_TASKS];/*每个TASK的栈的起始指针*/
        UINT16  OSStackSize[GKI_MAX_TASKS];/*每个TASK的可用栈的大小*/
        INT8    *OSTName[GKI_MAX_TASKS];/*每个TASK的名字*/
        UINT8   OSRdyTbl[GKI_MAX_TASKS];/*每个TASK的当前状态*/
        UINT16  OSWaitEvt[GKI_MAX_TASKS]; /*每个TASK需要处理的events*/
        UINT16  OSWaitForEvt[GKI_MAX_TASKS];/*每个TASK正在等待的events*/
        UINT32  OSTicks; /* system开始启动时的ticks计数*/
        UINT32  OSIdleCnt; /*系统idle counter*/ //系统idle计数
    /* counter to keep track of interrupt disable nesting */ //未使用
        INT16   OSDisableNesting;
    /* counter to keep track of sched lock nesting */ //未使用
        INT16   OSLockNesting;
    /* counter to keep track of interrupt nesting */ //未使用
        INT16   OSIntNesting;
        /* Timer相关变量*/
        //下一个timer到期的ticks计数
        INT32   OSTicksTilExp; /* Number of ticks till next timer expires */
        //上一个timer到下一个timer的tick计数
        INT32   OSNumOrigTicks;/* Number of ticks between last timer expiration to
                                the next one */
        //TASK等待特定事件发生需要等候的ticks计数
        INT32   OSWaitTmr   [GKI_MAX_TASKS];  /* ticks the task has to wait, for
                                                specific events */
```

```c
        /* Only take up space timers used in the system
           (GKI_NUM_TIMERS defined in target.h) */
        //只接受系统使用的空余timer（target.h中定义的GKI_NUM_TIMER）
#if (GKI_NUM_TIMERS > 0)
    INT32    OSTaskTmr0  [GKI_MAX_TASKS];
    INT32    OSTaskTmr0R [GKI_MAX_TASKS];
#endif
#if (GKI_NUM_TIMERS > 1)
    INT32    OSTaskTmr1  [GKI_MAX_TASKS];
    INT32    OSTaskTmr1R [GKI_MAX_TASKS];
#endif
#if (GKI_NUM_TIMERS > 2)
    INT32    OSTaskTmr2  [GKI_MAX_TASKS];
    INT32    OSTaskTmr2R [GKI_MAX_TASKS];
#endif
#if (GKI_NUM_TIMERS > 3)
    INT32    OSTaskTmr3  [GKI_MAX_TASKS];
    INT32    OSTaskTmr3R [GKI_MAX_TASKS];
#endif
    //buffer相关变量
    //在TASK邮箱里每一个TASK的每一种类型的第1个事件的指针记录数组
    BUFFER_HDR_T    *OSTaskQFirst[GKI_MAX_TASKS][NUM_TASK_MBOX];
    //在TASK邮箱里每一个TASK的每一种类型的最后一个事件的指针记录数组
    BUFFER_HDR_T    *OSTaskQLast [GKI_MAX_TASKS][NUM_TASK_MBOX];
    //内存池管理变量定义
    FREE_QUEUE_T    freeq[GKI_NUM_TOTAL_BUF_POOLS];
    UINT16   pool_buf_size[GKI_NUM_TOTAL_BUF_POOLS];
    UINT16   pool_max_count[GKI_NUM_TOTAL_BUF_POOLS];
    UINT16   pool_additions[GKI_NUM_TOTAL_BUF_POOLS];
    //内存池起始地址定义
    //每一个内存池的起始指针数组
    UINT8    *pool_start[GKI_NUM_TOTAL_BUF_POOLS];
     //每一个内存池的末尾指针数组
    UINT8    *pool_end[GKI_NUM_TOTAL_BUF_POOLS];
    /* actual size of the buffers in a pool */  //每一个内存池的真实内存大小记录
    UINT16   pool_size[GKI_NUM_TOTAL_BUF_POOLS];
    //内存池访问控制变量定义
    void *p_user_mempool;  /* User O/S memory pool */  //用户、系统内存池
    UINT16    pool_access_mask;//如果相应内存池是一个受限内存池就设置相应的位
```

```
    //内存池按单元大小整理排序
    UINT8    pool_list[GKI_NUM_TOTAL_BUF_POOLS];
    //当前内存池的总的计数，固定大小的数量加上动态内存池数量
    UINT8    curr_total_no_of_pools;
    //防止 timer 中断嵌套标志
    BOOLEAN  timer_nesting;  /* flag to prevent timer interrupt nesting */
#if (GKI_DEBUG == TRUE)
    //已发生的 GKI 异常的计数
    UINT16   ExceptionCnt;   /* number of GKI exceptions that have happened */
    EXCEPTION_T Exception[GKI_MAX_EXCEPTION];
#endif
} tGKI_COM_CB;
#define GKI_MAX_TASKS    3 //BTU、BTIF、A2DP_MEDIA 3 个 task
#define NUM_TASK_MBOX    4
//邮箱定义。每个 task 有 4 个邮箱用于向 task 发送消息/事件
#define TASK_MBOX_0      0
#define TASK_MBOX_1      1
#define TASK_MBOX_2      2//BTA 接收此 mailbox 的消息进行处理
#define TASK_MBOX_3      3
#define NUM_TASK_MBOX    4
```

OSTaskQFirst [GKI_MAX_TASKS][NUM_TASK_MBOX]和 OSTaskQLast [GKI_MAX_TASKS][NUM_TASK_MBOX]提供 3 个 Task 使用的消息队列的头和尾指针，每个 Task 有 4 个消息 MBox。如 BTIF TASK 使用了两个 MBOX，MBOX_0 用于 HCI 层上报的消息的存储，MBOX_1 用于 BTIF TASK 系统内部的消息存储。参考如下宏定义。

```
#define BTU_HCI_RCV_MBOX    TASK_MBOX_0   /*来自 HCI 的消息*/
#define BTU_BTIF_MBOX       TASK_MBOX_1   /*发送给 BTI 的消息*/
```

BTA 接收 mailbox2 的消息进行处理，参考 Bta_sys_cfg.c (bluedroid\bta\sys)文件的如下定义。

```
#define BTA_MBOX    TASK_MBOX_2
```

3.4　GKI 管理的线程

GKI 管理的线程有如下 3 个。

- BTU_TASK：分发消息给 Profile。
- BTIF_TASK：处理来自 HAL 层和 BTA 的消息。
- A2dp_MEDIA_TASK：A2dp 相关的处理。

3.5 线程相关主要函数

线程相关主要函数有如下 3 个。
- void GKI_init(void)：初始化变量 gki_cb、内存池初始化、timer 初始化、alarm 服务初始化。
- UINT8 GKI_create_task (TASKPTR task_entry, UINT8 task_id, INT8 *taskname, INT16 *stack, UINT16 stacksize)：创建线程并执行调用者注册进来的 loop 程序。
- void GKI_exit_task(UINT8 task_id)：销毁线程。

GKI_create_task()函数

GKI_create_task()函数记录传入的线程主体 loop 函数（task_entry）、task_id，并将线程状态置为 ready。初始化消息读取相关的互斥锁。通过调用 pthread_create()函数创建线程，由创建的线程执行函数 gki_task_entry()。gki_task_entry()函数获取传入参数里的 loop 程序执行。loop 程序指的是 btu_task()和 btif_task()两个消息循环处理函数。

BTU TASK 和 BTIF TASK 的消息循环处理函数的注册，如下所示。

```
GKI_create_task((TASKPTR)btu_task, BTU_TASK, BTE_BTU_TASK_STR,
            (UINT16 *) ((UINT8 *)bte_btu_stack + BTE_BTU_STACK_SIZE),
            sizeof(bte_btu_stack));
GKI_create_task(btif_task, BTIF_TASK, BTIF_TASK_STR,
            (UINT16 *) ((UINT8 *)btif_task_stack + BTIF_TASK_STACK_SIZE),
            sizeof(btif_task_stack));
UINT8 GKI_create_task (TASKPTR task_entry, UINT8 task_id, INT8 *taskname,
                UINT16 *stack, UINT16 stacksize) {
    UINT16  i;
    UINT8   *p;
    struct sched_param param;
    int policy, ret = 0;
    pthread_attr_t attr1;
    UNUSED(stack);
    UNUSED(stacksize);

    if (task_id >= GKI_MAX_TASKS) {
        return (GKI_FAILURE);//task 线程不能超过 3 个
    }

    gki_cb.com.OSRdyTbl[task_id] = TASK_READY;    //task 状态置为就绪
```

```c
    gki_cb.com.OSTName[task_id] = taskname;    //记录task名字
    gki_cb.com.OSWaitTmr[task_id] = 0;
    gki_cb.com.OSWaitEvt[task_id] = 0;    //相关task有事件的标志清零

    //初始化事件和超时相关的互斥锁和条件变量
    pthread_condattr_t cond_attr;
    pthread_condattr_init(&cond_attr);
    pthread_condattr_setclock(&cond_attr, CLOCK_MONOTONIC);
    pthread_mutex_init(&gki_cb.os.thread_evt_mutex[task_id], NULL);
    pthread_cond_init(&gki_cb.os.thread_evt_cond[task_id], &cond_attr);
    pthread_mutex_init(&gki_cb.os.thread_timeout_mutex[task_id], NULL);
    pthread_cond_init(&gki_cb.os.thread_timeout_cond[task_id], NULL);
    pthread_attr_init(&attr1);

    //缺省创建可结合的线程
#if ( FALSE == GKI_PTHREAD_JOINABLE )
    pthread_attr_setdetachstate(&attr1, PTHREAD_CREATE_DETACHED);
    GKI_TRACE("GKI creating task %i\n", task_id);
#else
    GKI_TRACE("GKI creating JOINABLE task %i\n", task_id);
#endif
    //在安卓上,新任务在"gki_cb.os.thread_id[task_id]"初始化前就已经运行
    //传递task_id给新任务,当它调用GKI_wait时能初始化"gki_cb.os.thread_id[task_id]"
    gki_pthread_info[task_id].task_id = task_id;//记录线程Id
    //记录调用者注册进来的loop函数主体
    gki_pthread_info[task_id].task_entry = task_entry;
    gki_pthread_info[task_id].params = 0;

    ret = pthread_create(&gki_cb.os.thread_id[task_id],//传入参数集合
                    &attr1,
                    (void *)gki_task_entry, //利用此函数执行注册进来的loop程序
                    &gki_pthread_info[task_id]);//创建task

    if (ret != 0) {
        return GKI_FAILURE;
    }

    if (pthread_getschedparam(gki_cb.os.thread_id[task_id],
        &policy, &param)==0) {
#if (GKI_LINUX_BASE_POLICY!=GKI_SCHED_NORMAL)
#if defined(PBS_SQL_TASK)
        if (task_id == PBS_SQL_TASK) {
```

```c
                    GKI_TRACE("PBS SQL lowest priority task");
                    policy = SCHED_NORMAL;
            } else
#endif
#endif
            {
                    //检查gki_int.h中对这个编译环境的定义是否正确
                    policy = GKI_LINUX_BASE_POLICY;
#if (GKI_LINUX_BASE_POLICY != GKI_SCHED_NORMAL)
                    param.sched_priority = GKI_LINUX_BASE_PRIORITY - task_id - 2;
#else
                    param.sched_priority = 0;
#endif
            }
            pthread_setschedparam(gki_cb.os.thread_id[task_id],
                                    policy, &param);
        }

    return (GKI_SUCCESS);
}
static void gki_task_entry(UINT32 params) {
    /得到参数
    gki_pthread_info_t *p_pthread_info = (gki_pthread_info_t *)params;
    //重新获得task id
    gki_cb.os.thread_id[p_pthread_info->task_id] = pthread_self();
    prctl(PR_SET_NAME,
            (unsigned long)gki_cb.com.OSTName[p_pthread_info->task_id],
            0, 0, 0);
    ALOGI("gki_task_entry task_id=%i [%s] starting\n",
            p_pthread_info->task_id,
            gki_cb.com.OSTName[p_pthread_info->task_id]);
    /* Call the actual thread entry point */
    if (p_pthread_info->task_entry != NULL) {
        //执行loop函数主体,即btu_task()、btif_task()函数
        (p_pthread_info->task_entry)(p_pthread_info->params);
        ALOGI("gki_task task_id=%i [%s] terminating\n",
                p_pthread_info->task_id,
                gki_cb.com.OSTName[p_pthread_info->task_id]);
    } else {
        ALOGE("gki_task task_id=%i [%s] terminating\n",
                p_pthread_info->task_id,
                gki_cb.com.OSTName[p_pthread_info->task_id]);
```

    }
    pthread_exit(0);   //GKI task 没有返回值
}

3.6 消息相关主要函数介绍

消息相关主要函数有如下 7 个。
- UINT16 GKI_wait (UINT16 flag, UINT32 timeout)：等待并获取本线程的事件。
- void GKI_send_msg (UINT8 task_id, UINT8 mbox, void *msg)：往指定线程的消息队列插入消息，并向线程发送事件。
- UINT8 GKI_send_event (UINT8 task_id, UINT16 event)：往指定线程发送事件。
- void *GKI_read_mbox (UINT8 mbox)：读取指定 mbox 内的消息。
- void GKI_init_q (BUFFER_Q *p_q)：协议栈内部功能模块自己的消息队列初始化。
- void GKI_enqueue (BUFFER_Q *p_q, void *p_buf)：功能模块消息入队列。
- void *GKI_dequeue (BUFFER_Q *p_q)：获取消息。

3.6.1 GKI_wait()函数

该函数得到 task id，并用互斥锁锁住函数防止重入。根据 task id 查看是否有关心的事件，如果没有就等待其他线程发送事件。得到事件后解锁之前的互斥锁，返回事件。

```
UINT16 GKI_wait (UINT16 flag, UINT32 timeout) {
    UINT16 evt;
    UINT8 rtask;
    struct timespec abstime = { 0, 0 };
    int sec;
    int nano_sec;

    rtask = GKI_get_taskid();//根据线程号得到 task id
    gki_cb.com.OSWaitForEvt[rtask] = flag;

    //保护 OSWaitForEvt[rtask],防止别的线程修改
    //锁住互斥锁防止代码重入
    thread_mutex_lock(&gki_cb.os.thread_evt_mutex[rtask]);

    if (!(gki_cb.com.OSWaitEvt[rtask] & flag)) {//如果没有事件就等待
        if (timeout) {//timeout 变量在 bluedroid 里都设置成 0,以下代码不会执行
```

```
        clock_gettime(CLOCK_MONOTONIC, &abstime);

        //添加超时
        sec = timeout / 1000;
        nano_sec = (timeout % 1000) * NANOSEC_PER_MILLISEC;
        abstime.tv_nsec += nano_sec;

        if (abstime.tv_nsec > NSEC_PER_SEC) {
            abstime.tv_sec += (abstime.tv_nsec / NSEC_PER_SEC);
            abstime.tv_nsec = abstime.tv_nsec % NSEC_PER_SEC;
        }
        abstime.tv_sec += sec;

        pthread_cond_timedwait(&gki_cb.os.thread_evt_cond[rtask],
                    &gki_cb.os.thread_evt_mutex[rtask], &abstime);
    } else {
        //条件等待，等待其他线程发事件激活
        pthread_cond_wait(&gki_cb.os.thread_evt_cond[rtask],
                    &gki_cb.os.thread_evt_mutex[rtask]);
    }

    /*查看task对应的MBOX是否有消息，有就置上相应掩码，MBOX的标号越低优先
       级越高。对于BTU_TASK来说，hci层的数据优先级最高。一次只获取一个事件。*/
    if (gki_cb.com.OSTaskQFirst[rtask][0])
        gki_cb.com.OSWaitEvt[rtask] |= TASK_MBOX_0_EVT_MASK;
    if (gki_cb.com.OSTaskQFirst[rtask][1])
        gki_cb.com.OSWaitEvt[rtask] |= TASK_MBOX_1_EVT_MASK;
    if (gki_cb.com.OSTaskQFirst[rtask][2])
        gki_cb.com.OSWaitEvt[rtask] |= TASK_MBOX_2_EVT_MASK;
    if (gki_cb.com.OSTaskQFirst[rtask][3])
        gki_cb.com.OSWaitEvt[rtask] |= TASK_MBOX_3_EVT_MASK;

    if (gki_cb.com.OSRdyTbl[rtask] == TASK_DEAD) {
        gki_cb.com.OSWaitEvt[rtask] = 0;
        //解锁thread_evt_mutex，因为pthread_cond_wait()函数在条件满足时
        //自动上锁了
        pthread_mutex_unlock(&gki_cb.os.thread_evt_mutex[rtask]);
        //互斥锁解锁    return (EVENT_MASK(GKI_SHUTDOWN_EVT));
    }
```

```
    }         //清除等待事件的掩码

    gki_cb.com.OSWaitForEvt[rtask] = 0;
    evt = gki_cb.com.OSWaitEvt[rtask] & flag; //只需要调用者关心的事件
    gki_cb.com.OSWaitEvt[rtask] &= ~flag;  //清空调用者关心的事件区域
    /* unlock thread_evt_mutex as pthread_cond_wait()
       does auto lock mutex when cond is met */
    pthread_mutex_unlock(&gki_cb.os.thread_evt_mutex[rtask]);//互斥锁解锁
    GKI_TRACE("GKI_wait %d %x %d %x done", (int)rtask, (int)flag,
              (int)timeout, (int)evt);

    return (evt); //返回事件
}
```

3.6.2　GKI_send_event()函数

该函数向 task_id 对应的线程发送 event，用 pthread_cond_signal()函数激活等待的线程。

```
UINT8 GKI_send_event (UINT8 task_id, UINT16 event) {
    GKI_TRACE("GKI_send_event %d %x", task_id, event);

    if (task_id < GKI_MAX_TASKS) {
        //锁住OSWaitEvt[task_id],防止来自GKI_wait()函数的操控
        //锁住 event 操作防止重入
        pthread_mutex_lock(&gki_cb.os.thread_evt_mutex[task_id]);
        //设置 event 位
        gki_cb.com.OSWaitEvt[task_id] |= event; //写入 event
        //激活等待线程
        pthread_cond_signal(&gki_cb.os.thread_evt_cond[task_id]);
        pthread_mutex_unlock(&gki_cb.os.thread_evt_mutex[task_id]); //解锁
        GKI_TRACE("GKI_send_event %d %x done", task_id, event);
        return ( GKI_SUCCESS );
    }

    GKI_TRACE("############# GKI_send_event FAILED!! #################");
    return (GKI_FAILURE);
}
```

3.6.3　GKI_send_msg()函数

该函数向 task_id 对应的线程发送消息。首先由 msg 的地址减去 BUFFER_HDR_SIZE，将指针偏移到内存块的最前面，然后将偏移后的指针放入由 task_id 和 mbox 指定的消息队列，最后调用 GKI_send_event()向线程发送事件。

```
void GKI_send_msg (UINT8 task_id, UINT8 mbox, void *msg) {
    BUFFER_HDR_T    *p_hdr;
    tGKI_COM_CB *p_cb = &gki_cb.com;
    //如果 task 不存在或没启动，则释放消息
    if ((task_id >= GKI_MAX_TASKS) || (mbox >= NUM_TASK_MBOX) ||
                    (p_cb->OSRdyTbl[task_id] == TASK_DEAD)) {
        GKI_exception(GKI_ERROR_SEND_MSG_BAD_DEST,
                    "Sending to unknown dest");
        GKI_freebuf (msg);
        return;
    }

#if (GKI_ENABLE_BUF_CORRUPTION_CHECK == TRUE)
    if (gki_chk_buf_damage(msg))  {
        GKI_exception(GKI_ERROR_BUF_CORRUPTED, "Send - Buffer corrupted");
        return;
    }
#endif
    //偏移到内存块的最前面
    p_hdr = (BUFFER_HDR_T *) ((UINT8 *) msg - BUFFER_HDR_SIZE);
    if (p_hdr->status != BUF_STATUS_UNLINKED) {
        GKI_exception(GKI_ERROR_SEND_MSG_BUF_LINKED, "Send - buffer linked");
        return;
    }

    GKI_disable();//锁住队列防止重入
    //将消息插入队列
    if (p_cb->OSTaskQFirst[task_id][mbox])
        p_cb->OSTaskQLast[task_id][mbox]->p_next = p_hdr;//插入队列
    else
        p_cb->OSTaskQFirst[task_id][mbox] = p_hdr;//空队列，放在开始位置

    GKI_enable();//解锁队列
    // #define EVENT_MASK(evt)    ((UINT16)(0x0001 << (evt)))
    GKI_send_event(task_id, (UINT16)EVENT_MASK(mbox)); //发送事件
}
```

3.6.4 GKI_read_mbox()函数

该函数得到 task id,并根据 task id 和 mbox 参数去消息队列取出消息,然后返回消息的有效数据地址指针。需注意取得的消息的地址加上 BUFFER_HDR_SIZE 后才是真实的消息的地址,因为 GKI_send_msg()将消息地址函数减去了 BUFFER_HDR_SIZE 后放入消息队列。

```
void *GKI_read_mbox (UINT8 mbox) {
    UINT8 task_id = GKI_get_taskid();
    void *p_buf = NULL;
    BUFFER_HDR_T *p_hdr;

    if ((task_id >= GKI_MAX_TASKS) || (mbox >= NUM_TASK_MBOX))
        return (NULL);

    GKI_disable(); //锁住防止重入
    if (gki_cb.com.OSTaskQFirst[task_id][mbox]) {
        p_hdr = gki_cb.com.OSTaskQFirst[task_id][mbox]; //获取消息
        gki_cb.com.OSTaskQFirst[task_id][mbox] = p_hdr->p_next;//移出队列
        p_hdr->p_next = NULL;//清空 next 指针
        p_hdr->status = BUF_STATUS_UNLINKED;
        p_buf = (UINT8 *)p_hdr + BUFFER_HDR_SIZE;//偏移到真实数据位置
    }
    GKI_enable(); //解锁

    return (p_buf);
}
```

3.6.5 pthread_cond_wait()函数

线程条件等待函数有两个:
- `int pthread_cond_wait(pthread_cond_t *cond, pthread_mutex_t *mutex)`
- `int pthread_cond_timedwait(pthread_cond_t *cond, pthread_mutex_t *mutex, const struct timespec *abstime)`

等待条件有两种方式:条件等待 pthread_cond_wait()和计时等待 pthread_cond_timedwait()。其中计时等待方式如果在给定时刻前条件没有满足,则返回 ETIMEDOUT,结束等待,其中 abstime 以与 time()。系统调用相同意义的绝对时间形式出现,0 表示格林尼治时间 1970年1月1日0时0分0秒。

无论哪种等待方式,都必须和一个互斥锁配合,以防止多个线程同时请求 pthread_cond_wait()

（或 pthread_cond_timedwait()，下同）的竞争条件（Race Condition）。mutex 互斥锁必须是普通锁（PTHREAD_MUTEX_TIMED_NP）或者适应锁（PTHREAD_MUTEX_ADAPTIVE_NP），且在调用 pthread_cond_wait()前必须由本线程加锁（pthread_mutex_lock()）。而在更新条件等待队列以前，mutex 保持锁定状态，并在线程挂起进入等待前解锁。在条件满足从而离开 pthread_cond_wait()之前，mutex 将被重新加锁，以与进入 pthread_cond_wait()前的加锁动作对应。

激发条件有两种形式：pthread_cond_signal()激活一个等待该条件的线程，存在多个等待线程时按入队顺序激活其中一个；而 pthread_cond_broadcast()则激活所有等待线程。

3.7　动态内存池管理主要函数

动态内存池管理主要函数有如下 3 个。
- void gki_buffer_init(void)：动态内存池初始化。
- void *GKI_getbuf (UINT16 size)：获取>=size 的动态内存。
- void GKI_freebuf (void *p_buf)：释放动态内存。

第 4 章
Bluedroid 的消息传递机制

4.1 概述

Bluedroid 的内存管理单元在初始化的时候，预先分配了多个内存池，每个内存池对应一个固定大小的内存单元集合。每一个内存单元由一个头（BUFFER_HDR_T）和真实大小（Size）的内存组成，用于协议栈代码申请各种大小的内存单元。如果被申请的内存单元的大小所适合的内存池的内存单元都已经被申请完毕，就转向更大 Size 的内存池申请内存单元。如表 4.1 所示。

表 4.1 内存池结构表

Pool1	BUFFER_HDR_T	Size1	BUFFER_HDR_T	Size1	……	BUFFER_HDR_T	Size1
Pool2	BUFFER_HDR_T	Size2	BUFFER_HDR_T	Size2	……	BUFFER_HDR_T	Size2
……	BUFFER_HDR_T	……	BUFFER_HDR_T	……	……	BUFFER_HDR_T	……
PoolN	BUFFER_HDR_T	SizeN	BUFFER_HDR_T	SizeN	……	BUFFER_HDR_T	SizeN

BUFFER_HDR_T 用于内存池的动态内存管理和 TASK 消息队列的消息管理。

当 BUFFER_HDR_T 结构体用于动态内存管理时，p_next 指针用作内存链表串联指针；q_id 成员用于对应 size 的内存池编号；status 成员用于内存块的使用状态标签，当内存块在未分配队列里时，状态为 FREE，当被分配出去时，标记为 UNLINKED 状态；task_id 成员用于标记分配到内存的线程。

当 BUFFER_HDR_T 用于 TASK 消息队列的消息管理时，p_next 指针用作消息链表串联指针。消息入队列时，将消息插入消息队列的结尾，当读取消息时，从消息队列的头上拿到消息，队列里的每一个消息用 p_next 指针串联起来。status 成员用于标记内存使用状态，消息入队列时标记为 QUEUED 状态，消息出对列时标记为 UNLINKED 状态。

这种巧妙的设计使得 TASK 之间消息传递的消息结构设计和动态内存管理机制有机结合，简化了消息管理相关的程序设计。下面以 BTIF TASK 的消息处理为例，来说明 Bluedroid 的消息传递机制。

4.2 消息传递相关结构体的定义

```
/***************************************************************
** Buffer Management Data Structures //内存管理数据结构
***************************************************************/
typedef struct _buffer_hdr {
    struct _buffer_hdr *p_next;   //队列中的下一个 buffer
    UINT8   q_id;     //队列的 id
    UINT8   task_id;     //分配了这个 buffer 的 task 的 id
    UINT8   status;     //buffer 的 3 种状态的记录
    UINT8   Type;
} BUFFER_HDR_T;
 //协议栈使用的内存头定义
typedef struct {
    uint16_t event;
    uint16_t len;
    uint16_t offset;
    uint16_t layer_specific;
    uint8_t  data[];
} BT_HDR;
//这个结构定义能处理所有 BTU 和 HAL 之间的上下文切换
typedef struct {
    BT_HDR  hdr;//放在最前面有利于不同使用者对结构的格式化和访问
    tBTIF_CBACK*  p_cb;   //上下文切换回调
  //传给回调的参数
    UINT16  event;   //消息、事件 id
    char   p_param[0];    //参数区需要放到最后
} tBTIF_CONTEXT_SWITCH_CBACK;
```

4.3 消息的动态内存的获取

Bluedroid 的程序通过 GKI_getbuf() 函数获得动态内存，返回的内存首地址是在内存单元真实地址的基础上加上了偏移量 BUFFER_HDR_SIZE，即将指针偏移到了从内存池获取的内存单元的由应用程序控制的内存部分。预留字节中的前面部分给消息传递系统当作消息头使用（即作为 BUFFER_HDR_T 的结构变量），预留字节后面的 4 个字节的部分作为魔数。魔数的作用是用来判断是否魔数部分被别的程序改写，改写意味着内存被非法越界操作。BUFFER_HDR_T 的结构变量会记录分配这块内存的 TASK 的 ID 及标注为移出内存管理链表。GKI_getbuf()函数实现如下。

```c
#define BUFFER_HDR_SIZE        (sizeof(BUFFER_HDR_T))
void *GKI_getbuf (UINT16 size) {//size是调用程序真实需要的内存大小
    UINT8           i;
    FREE_QUEUE_T    *Q;
    BUFFER_HDR_T    *p_hdr;
    tGKI_COM_CB *p_cb = &gki_cb.com;

    if (size == 0) {
        GKI_exception (GKI_ERROR_BUF_SIZE_ZERO, "getbuf: Size is zero");
        return (NULL);//size不合法就返回
    }
    /* Find the first buffer pool that is public that can hold the
       desired size */
    //找到公用内存池里能满足需要大小第 1 个内存池
    for (i=0; i < p_cb->curr_total_no_of_pools; i++) {
        if ( size <= p_cb->freeq[p_cb->pool_list[i]].size )
            break;//获得合适的size的内存池编号，有可能是保留的内存池
    }
    if(i == p_cb->curr_total_no_of_pools) {
        GKI_exception (GKI_ERROR_BUF_SIZE_TOOBIG,
                       "getbuf: Size is too big");
        return (NULL);//没有找到能满足size的内存池，返回空
    }
    //确保buffer不被扰乱，直到分配完成
    GKI_disable();//锁住代码防止重入
    //搜索能满足大小需要的公共内存池，直到找到一个有内存的内存池
    for ( ; i < p_cb->curr_total_no_of_pools; i++) {
        /* Only look at PUBLIC buffer pools (bypass RESTRICTED pools) */
        if (((UINT16)1 << p_cb->pool_list[i]) & p_cb->pool_access_mask)
            continue;//忽略保留的内存池
        if ( size <= p_cb->freeq[p_cb->pool_list[i]].size )
            //找到合适的有剩余内存的内存池
            Q = &p_cb->freeq[p_cb->pool_list[i]];
        else
```

```
                continue;//没找到，继续循环
            if(Q->cur_cnt < Q->total) {//还有剩余内存
// btla-specific ++
#ifdef GKI_USE_DEFERED_ALLOC_BUF_POOLS
            if(Q->p_first == 0 && gki_alloc_free_queue(i) != TRUE) {
                GKI_enable();
                return NULL;
            }
#endif
// btla-specific --
            p_hdr = Q->p_first;//取得内存
            if (p_hdr != NULL) {
                Q->p_first = p_hdr->p_next;//更新内存池链表索引
                if (!Q->p_first)
                    Q->p_last = NULL;
                if(++Q->cur_cnt > Q->max_cnt)
                    Q->max_cnt = Q->cur_cnt;
                GKI_enable();//释放锁
                p_hdr->task_id = GKI_get_taskid();//记录获取内存的task id
                //标记为移出内存队列的状态
                p_hdr->status  = BUF_STATUS_UNLINKED;
                p_hdr->p_next  = NULL;
                p_hdr->Type    = 0;
                //返回取得的内存
                return ((void *) ((UINT8 *)p_hdr + BUFFER_HDR_SIZE));
            }
        }
    }
    GKI_enable();///没有内存，返回空
    GKI_exception (GKI_ERROR_OUT_OF_BUFFERS, "getbuf: out of buffers");
    return (NULL);
}
```

在内存池初始化的时候，Bluedroid 已经为内存池的每个内存单元多分配了 BUFFER_PADDING_SIZE 字节的内存,其中的 Header 部分用于 TASK 之间的消息传递时的消息头的填充。内存初始化可参考函数：void gki_buffer_init(void)。

```
//头+魔数
#define  BUFFER_PADDING_SIZE   (sizeof(BUFFER_HDR_T) + sizeof(UINT32))
```

4.4 消息的初始化及发送

如图 4.1 所示，这是上层发送绑定设备的消息到 BTIF Task 的消息队列、BTIF Task 获取消息并进行处理的整体流程示例。左半部分是消息发送过程，右半部分是消息获取和处理过程。由 BTIF Task 进行任务处理，避免由上层直接处理繁重任务而造成上层阻塞。

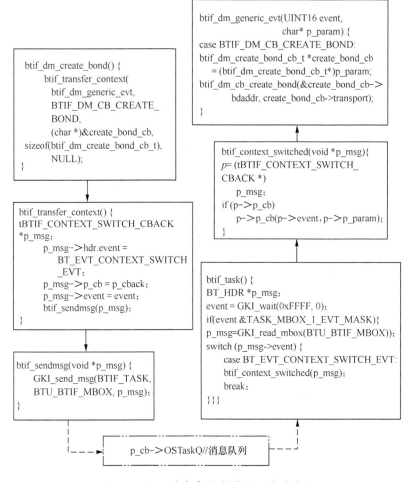

图 4.1　BTIF 消息发送/接收调用关系举例

发往 BTIF Task 的消息的发送及函数调用关系请参考图 4.1 的左半部分。

每个使用消息的函数都有自己的结构化数据需要通过消息发送出去，驱动所希望的 TASK 进行任务处理。故各个函数所携带的数据的大小都不一样，需要申请合适大小的动态内存来存放数据和事件参数。如下以绑定设备的函数调用过程来举例说明消息的传递。

```
bt_status_t btif_dm_create_bond(const bt_bdaddr_t *bd_addr, int transport) {
    btif_dm_create_bond_cb_t create_bond_cb;//设备绑定函数自己关心的数据结构体
    create_bond_cb.transport = transport;//设备端口，0=Unknown，1=BR/EDR，2=LE
    bdcpy(create_bond_cb.bdaddr.address, bd_addr->address);//记录设备地址

    bdstr_t bdstr;
    BTIF_TRACE_EVENT("%s: bd_addr=%s, transport=%d", __FUNCTION__,
           bd2str((bt_bdaddr_t *) bd_addr, &bdstr), transport);
    if (pairing_cb.state != BT_BOND_STATE_NONE)
        return BT_STATUS_BUSY;
    //切换上下文，转交 BTIF TASK 处理。传入回调函数、event、数据和数据长度
    btif_transfer_context(btif_dm_generic_evt, BTIF_DM_CB_CREATE_BOND,
        (char *)&create_bond_cb, sizeof(btif_dm_create_bond_cb_t), NULL);
    return BT_STATUS_SUCCESS;
}
```

btif_transfer_context()函数申请动态内存，对自己的回调函数关心的 tBTIF_CONTEXT_SWITCH_CBACK 结构体的 event 填充的是 BTIF_DM_CB_CREATE_BOND。而 BTIF TASK 关心的 hdr 部分的 event 填充的是 BT_EVT_CONTEXT_SWITCH_EVT。记录回调函数和参数，并向 BTIF TASK 发出消息。最终由 BTIF TASK 进行消息处理。

```
bt_status_t btif_transfer_context (tBTIF_CBACK *p_cback, UINT16 event,
        char* p_params, int param_len, tBTIF_COPY_CBACK *p_copy_cback) {
    tBTIF_CONTEXT_SWITCH_CBACK *p_msg;

    BTIF_TRACE_VERBOSE("btif_transfer_context event %d,
                       len %d", event, param_len);
        //分配和发送将在 btif 上下文执行的消息，所分配的内存结构是:
    //BUFFER_HDR_T+Mgic Number+ tBTIF_CONTEXT_SWITCH_CBACK+ param_len
    if ((p_msg = (tBTIF_CONTEXT_SWITCH_CBACK *)
                 GKI_getbuf(sizeof(tBTIF_CONTEXT_SWITCH_CBACK)
                 + param_len)) != NULL) {
        //记录 BTIF TASK 关心的事件
        p_msg->hdr.event = BT_EVT_CONTEXT_SWITCH_EVT; //内部事件
        p_msg->p_cb = p_cback;//记录回调函数
        p_msg->event = event;   //记录回调事件
        if (p_copy_cback) {//如果注册了拷贝回调函数，就进行拷贝处理
            p_copy_cback(event, p_msg->p_param, p_params);
        } else if (p_params) {
```

```
            //拷贝参数
            memcpy(p_msg->p_param, p_params, param_len); //回调参数数据
        }
        btif_sendmsg(p_msg);//向 BTIF TASK 发出消息
        return BT_STATUS_SUCCESS;
    } else {
        //让调用者处理分配失败
        return BT_STATUS_NOMEM;//没有内存
    }
}
void btif_sendmsg(void *p_msg) {
    GKI_send_msg(BTIF_TASK, BTU_BTIF_MBOX, p_msg);//向 BTIF TASK 发出消息
}
```

GKI_send_msg()函数将消息填入了指定 TASK 的指定 Box 队列，通知相应的 TASK 接收消息。

```
void GKI_send_msg (UINT8 task_id, UINT8 mbox, void *msg) {
    //只列出了需要关心的代码，具体参考 Bluedroid 实现
    BUFFER_HDR_T    *p_hdr;
    //关键部分，将指针前移 BUFFER_HDR_SIZE，用于 TASK 消息传递队列的索引建立
    p_hdr = (BUFFER_HDR_T *) ((UINT8 *) msg - BUFFER_HDR_SIZE);
    //初始化头信息，将消息入队列
    if (p_cb->OSTaskQFirst[task_id][mbox])//消息队列不空
        p_cb->OSTaskQLast[task_id][mbox]->p_next = p_hdr;
    else//消息队列为空
        p_cb->OSTaskQFirst[task_id][mbox] = p_hdr;
    //发送事件唤醒指定 task 接收消息
    GKI_send_event(task_id, (UINT16)EVENT_MASK(mbox));
}
```

4.5　消息的读取和处理

BTIF Task 消息的读取及函数的调用关系请参考图 4.1 的右半部分。

GKI_read_mbox 读取到消息后，又将指针挪回 TASK 关心的真实消息的位置。

```
void *GKI_read_mbox (UINT8 mbox) {
    //只列出了需要关心的代码，具体参考 Bluedroid 实现
    UINT8 task_id = GKI_get_taskid();
    void *p_buf = NULL;
    BUFFER_HDR_T *p_hdr;
```

```
        p_hdr = gki_cb.com.OSTaskQFirst[task_id][mbox]; //获取消息
        //指针位置偏移回 TASK 关心的消息位置
        p_buf = (UINT8 *)p_hdr + BUFFER_HDR_SIZE;

        return (p_buf);
}
```

故当 btif_task()函数在对 p_msg->event 的访问时得到的 evnet 是 BT_EVT_CONTEXT_SWITCH_EVT。因为取得的方式是：((BT_HDR*)p_msg)->event。btif_dm_generic_evt()函数执行时得到的 event 是 BTIF_DM_CB_CREATE_BOND。因为 btif_context_switched()函数取 event 时用的方式是：((tBTIF_CONTEXT_SWITCH_CBACK *) p_msg)->event。

```
static void btif_task(UINT32 params) {
    UINT16    event;
    BT_HDR    *p_msg;
    UNUSED(params);

    BTIF_TRACE_DEBUG("btif task starting");
    btif_associate_evt();
    for(;;) {
        //等待特定事件
        event = GKI_wait(0xFFFF, 0);//接收事件
        //等待触发来初始化芯片和协议栈。当串口打开和准备好后, 这个触发会被btu_task 收到
        if (event == BT_EVT_TRIGGER_STACK_INIT) {
            BTIF_TRACE_DEBUG("btif_task: received trigger stack
                              init event");
#if (BLE_INCLUDED == TRUE)
            btif_dm_load_ble_local_keys();
#endif
            BTA_EnableBluetooth(bte_dm_evt);
        }
        //初始化控制器硬件失败, 重置状态和关闭线程
        if (event == BT_EVT_HARDWARE_INIT_FAIL) {
            BTIF_TRACE_DEBUG("btif_task: hardware init failed");
            bte_main_disable();
            btif_queue_release();
            GKI_task_self_cleanup(BTIF_TASK);
            bte_main_shutdown();
            btif_dut_mode = 0;
```

```
                btif_core_state = BTIF_CORE_STATE_DISABLED;
                HAL_CBACK(bt_hal_cbacks,adapter_state_changed_cb,
                        BT_STATE_OFF);
                break;
        }

        if (event & EVENT_MASK(GKI_SHUTDOWN_EVT))
            break;
        if (event & TASK_MBOX_1_EVT_MASK) {//只接收Mbox 1的事件
            //得到消息
            while((p_msg = GKI_read_mbox(BTU_BTIF_MBOX)) != NULL) {
                BTIF_TRACE_VERBOSE("btif task fetched event %x",
                                    p_msg->event);
                switch (p_msg->event) {//p_msg->event是BT_HDR格式的event
                    case BT_EVT_CONTEXT_SWITCH_EVT:
                        btif_context_switched(p_msg);//得到消息进行处理
                        break;
                    default:
                        BTIF_TRACE_ERROR("unhandled btif event (%d)",
                                        p_msg->event & BT_EVT_MASK);
                        break;
                }
                GKI_freebuf(p_msg);
            }
        }
    }
    btif_disassociate_evt();
    BTIF_TRACE_DEBUG("btif task exiting");
}
static void btif_context_switched(void *p_msg) {
    tBTIF_CONTEXT_SWITCH_CBACK *p;
    BTIF_TRACE_VERBOSE("btif_context_switched");
    //p_msg用tBTIF_CONTEXT_SWITCH_CBACK格式化
    p = (tBTIF_CONTEXT_SWITCH_CBACK *) p_msg;
    //每一个回调知道如何解析数据
    //调用回调函数进行处理,对4.4节来说就是回调btif_dm_generic_evt()函数
    if (p->p_cb)
        //是tBTIF_CONTEXT_SWITCH_CBACK结构的event
        p->p_cb(p->event, p->p_param);
}
```

4.6 消息的完整数据结构剖析

以 BTIF TASK 消息传递的数据结构举例，结构分布如图 4.2 所示。

对于整个消息传递子系统来说，前面部分结构（即 BUFFER_HDR_T、Mgic Number 和 BT_HDR）都是一样的，用于内存管理和消息管理。后面的部分跟具体的使用场景相关，因使用场景需要而不同。对 4.5 节来说，((tBTIF_CONTEXT_SWITCH_CBACK *) p_msg)->event 和 ((BT_HDR *) p_msg)->event 所得到的 event 是不同的。前者是应用上下文的 event 类型，后者是消息的 event 类型。tBTIF_CONTEXT_SWITCH_CBACK 结构体中，除了 BT_HDR 部分都是私有数据部分。

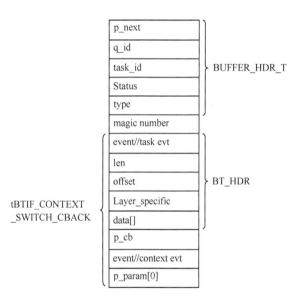

图 4.2　BTIF 消息数据结构

Magic Number 在内存中位于 BUFFER_HDR_T 之后，具体可以参考内存池初始化的函数。

```
static void gki_init_free_queue (UINT8 id, UINT16 size,
                    UINT16 total, void *p_mem) {
    UINT16          i;
    UINT16           act_size;
    BUFFER_HDR_T    *hdr;
    BUFFER_HDR_T    *hdr1 = NULL;
    UINT32          *magic;
```

```
    INT32              tempsize = size;
    tGKI_COM_CB        *p_cb = &gki_cb.com;

    //确保一个偶数长字节
    tempsize = (INT32)ALIGN_POOL(size);//字节对齐，避免出现奇地址
    //加上 BUFFER_HDR_T 的大小
    act_size = (UINT16)(tempsize + BUFFER_PADDING_SIZE);
    //记录内存池的起始和结束地址
// btla-specific ++
    if(p_mem) {
        p_cb->pool_start[id] = (UINT8 *)p_mem;//起始内存块
        //最后内存块
        p_cb->pool_end[id]   = (UINT8 *)p_mem + (act_size * total);
    }
// btla-specific --
    p_cb->pool_size[id] = act_size;//记录物理大小，加上了 BUFFER_HDR_T 的大小
    p_cb->freeq[id].size = (UINT16) tempsize;  //记录真实可用的大小
    p_cb->freeq[id].total = total;//内存池总的未使用内存块数量
    p_cb->freeq[id].cur_cnt = 0;
    p_cb->freeq[id].max_cnt = 0;
    /* Initialize   index table */ //初始化索引表
// btla-specific ++
    if(p_mem) {
        hdr = (BUFFER_HDR_T *)p_mem;//指向内存池起始位置
        p_cb->freeq[id].p_first = hdr;
        for (i = 0; i < total; i++) {//开始建立未使用的内存块链表
            hdr->task_id = GKI_INVALID_TASK;
            hdr->q_id = id;
            hdr->status = BUF_STATUS_FREE;
            //魔数位置
            magic = (UINT32 *)((UINT8 *)hdr + BUFFER_HDR_SIZE + tempsize);
            *magic = MAGIC_NO;//魔数赋值，#define MAGIC_NO    0xDDBADDBA
            hdr1 = hdr;
            //指向下一个内存块
            hdr = (BUFFER_HDR_T *)((UINT8 *)hdr + act_size);
            hdr1->p_next = hdr;//建立链表元素指向关系
        }
        hdr1->p_next = NULL;
        p_cb->freeq[id].p_last = hdr1;
```

```
        }
// btla-specific --
}
```

第 5 章

TASK 简介

5.1 概述

如图 5.1 所示,Bluedroid 代码在以下 3 种 TASK 代表的上下文(context)中运行。
- BTIF_TASK。
- BTU_TASK。
- A2DP_MEDIA_TASK。

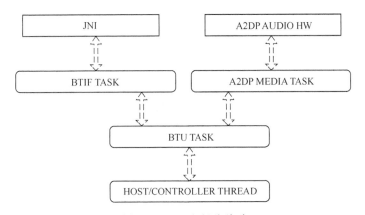

图 5.1 TASK 之间的关系

5.1.1 TASK 之间的消息传递

TASK 之间通过消息来传递信息。
- JNI 层调用到的 API 函数会通过消息转发机制,并在 BTIF_TASK 中执行。
- JNI,HAL 回调在 BTIF_TASK 中执行。
- AUDIO HW 和 MEDIA TASK 之间通过 socket 通信。
- BTIF_TASK 中的调用可切换到 BTU_TASK 中执行。

- 蓝牙规范（Profiles）和协议的实现代码在 BTU_TASK 中执行。
- HC THREAD 负责通过驱动接口发送/接收数据，是驱动和协议栈之间的桥梁，用 "Host Controller Interface" 来定义更合适，简称 HCI。

5.1.2 事件的类型

事件的分类如下所示。

```
#define BT_EVT_MASK      0xFF00   //主类型掩码
#define BT_SUB_EVT_MASK  0x00FF   //子类型掩码
```

列举部分事件的主类型区间分布如下所示。

```
#define BT_EVT_TO_BTU_L2C_EVT    0x0900   //L2CAP 事件
#define BT_EVT_TO_BTU_HCI_EVT    0x1000   //HCI 事件
#define BT_EVT_TO_BTU_HCI_ACL    0x1100   //来自 HCI 的 Acl 数据
#define BT_EVT_TO_BTU_HCI_SCO    0x1200   //来自 HCI 的 Sco 数据
#define BT_EVT_TO_BTU_HCIT_ERR   0x1300   //HCI 传输错误
#define BT_EVT_TO_BTU_HCI_CMD    0x1600   //HCI 命令主事件类型。来自上层的 HCI 命令


//BTIF 事件
#define BT_EVT_BTIF              0xA000
//BTIF TASK 事件流程很简单，就如下一个 Event 用于驱动 TASK 执行指令
#define BT_EVT_CONTEXT_SWITCH_EVT  (0x0001 | BT_EVT_BTIF)
```

5.2　TASK 处理消息的流程

下面以上层调用 BTIF TASK 发起配对举例，说明消息处理的流程。上层及 BTIF TASK 对发起配对的处理过程可以参考图 4.1。

btif_dm.c 中发起配对请求，请求来自 JNI 层，如下所示。

```
bt_status_t btif_dm_create_bond(const bt_bdaddr_t *bd_addr, int transport) {
    btif_dm_create_bond_cb_t create_bond_cb;
    create_bond_cb.transport = transport;
    bdcpy(create_bond_cb.bdaddr.address, bd_addr->address);

    bdstr_t bdstr;
    BTIF_TRACE_EVENT("%s: bd_addr=%s, transport=%d", __FUNCTION__,
            bd2str((bt_bdaddr_t *) bd_addr, &bdstr), transport);

    if (pairing_cb.state != BT_BOND_STATE_NONE)
```

```
        return BT_STATUS_BUSY;

    //内部消息子类型是 BTIF_DM_CB_CREATE_BOND，并注册回调函数
    //btif_dm_generic_evt()，此回调函数是功能函数，由 BTIF_TASK 执行
    btif_transfer_context(btif_dm_generic_evt, BTIF_DM_CB_CREATE_BOND,
                          (char *)&create_bond_cb,
                          sizeof(btif_dm_create_bond_cb_t), NULL);

    return BT_STATUS_SUCCESS;
}
bt_status_t btif_transfer_context (tBTIF_CBACK *p_cback, UINT16 event,
                                    char* p_params, int param_len,
                                    tBTIF_COPY_CBACK *p_copy_cback) {
    tBTIF_CONTEXT_SWITCH_CBACK *p_msg;
    BTIF_TRACE_VERBOSE("btif_transfer_context event %d, len %d", event,
                       param_len);

    //分配和发送将在 btif 上下文执行的消息
    if ((p_msg = (tBTIF_CONTEXT_SWITCH_CBACK *)
        GKI_getbuf(sizeof(tBTIF_CONTEXT_SWITCH_CBACK) + param_len))
             != NULL) {
        //主消息类型
        p_msg->hdr.event = BT_EVT_CONTEXT_SWITCH_EVT; //内部事件
        p_msg->p_cb = p_cback;//回调函数注册
        //子消息类型
        p_msg->event = event;  //回调事件
        if (p_copy_cback) {//如果注册了拷贝回调函数，就进行拷贝处理
            p_copy_cback(event, p_msg->p_param, p_params);
        } else if (p_params) {
            //回调参数数据
            memcpy(p_msg->p_param, p_params, param_len); //拷贝参数
        }

        //发送消息，JNI 层快速返回，将任务交给 BTIF TASK 处理
        btif_sendmsg(p_msg);
        return BT_STATUS_SUCCESS;
    } else {
        //让调用者处理分配失败
        return BT_STATUS_NOMEM;
```

```c
        }
    }
#define BTU_TASK    0
#define BTIF_TASK   1
#define BTU_HCI_RCV_MBOX    TASK_MBOX_0   //来自HCI层的消息
#define BTU_BTIF_MBOX       TASK_MBOX_1   //发送给BTIF的消息
void btif_sendmsg(void *p_msg) {
    //往BTIF TASK的MBOX1发送了一个消息
    GKI_send_msg(BTIF_TASK, BTU_BTIF_MBOX, p_msg);
}
    BTIF TASK获取消息后调用btif_context_switched()处理消息
static void btif_task(UINT32 params) {
    UINT16   event;
    BT_HDR   *p_msg;
    UNUSED(params);

    BTIF_TRACE_DEBUG("btif task starting");
    btif_associate_evt();

    for (;;) {
        //等待特定事件
        /*BTU TASK在蓝牙firmware加载完毕（或加载失败），底层协议栈初始化完成，
          会给BTIF TASK发BT_EVT_TRIGGER_STACK_INIT或
          BT_EVT_HARDWARE_INIT_FAIL消息。BTIF TASK在此等待通知 */
        event = GKI_wait(0xFFFF, 0);
        /*等待触发来初始化芯片和协议栈。当串口打开和准备好后，这个触发会被btu_task
          收到*/
        //参考btu_task()函数发出的event
        GKI_send_event(BTIF_TASK, BT_EVT_TRIGGER_STACK_INIT) */
        if (event == BT_EVT_TRIGGER_STACK_INIT) {
            BTIF_TRACE_DEBUG("btif_task: received trigger
                            stack init event");
#if (BLE_INCLUDED == TRUE)
            //从bt_config.xml加载IR、IRK、DHK key
            btif_dm_load_ble_local_keys();
#endif
            BTA_EnableBluetooth(bte_dm_evt);//开始上层协议栈初始化
        }
        //初始化controller硬件失败，重置状态和关闭线程
```

```
        if (event == BT_EVT_HARDWARE_INIT_FAIL) {
            //加载蓝牙firmware失败,执行关闭流程
            BTIF_TRACE_DEBUG("btif_task: hardware init failed");
            bte_main_disable();
            btif_queue_release();
            GKI_task_self_cleanup(BTIF_TASK);
            bte_main_shutdown();
            btif_dut_mode = 0;
            btif_core_state = BTIF_CORE_STATE_DISABLED;
            //通知上层蓝牙关闭
            HAL_CBACK(bt_hal_cbacks,adapter_state_changed_cb,BT_STATE_OFF);
            break;
        }

        if (event & EVENT_MASK(GKI_SHUTDOWN_EVT))
            break;
        if(event & TASK_MBOX_1_EVT_MASK) {//是MBOX1的消息
            //读取BTIF TASK的MBOX1的消息
            while((p_msg = GKI_read_mbox(BTU_BTIF_MBOX)) != NULL) {
                BTIF_TRACE_VERBOSE("btif task fetched event %x",
                                    p_msg->event);
                switch (p_msg->event) {
                    case BT_EVT_CONTEXT_SWITCH_EVT:
                        //获取消息,开始执行回调函数
                        btif_context_switched(p_msg);
                        break;
                    default:
                            BTIF_TRACE_ERROR("unhandled btif event (%d)",
                                        p_msg->event & BT_EVT_MASK);
                        break;
                }
                GKI_freebuf(p_msg);
            }
        }
    }

btif_disassociate_evt();
BTIF_TRACE_DEBUG("btif task exiting");
```

```
    }
    static void btif_context_switched(void *p_msg) {
        tBTIF_CONTEXT_SWITCH_CBACK *p;
        BTIF_TRACE_VERBOSE("btif_context_switched");
        p = (tBTIF_CONTEXT_SWITCH_CBACK *) p_msg;
        //每个回调函数都知道如何解析数据
        if (p->p_cb)
            p->p_cb(p->event, p->p_param); //调用注册的回调函数
    }
    //由 p->p_cb(p->event, p->p_param)调用此函数
    static void btif_dm_generic_evt(UINT16 event, char* p_param) {
        BTIF_TRACE_EVENT("%s: event=%d", __FUNCTION__, event);
        switch(event) {
            case BTIF_DM_CB_DISCOVERY_STARTED: {
                HAL_CBACK(bt_hal_cbacks, discovery_state_changed_cb,
                        BT_DISCOVERY_STARTED);
            }
            break;
            case BTIF_DM_CB_CREATE_BOND: {
                pairing_cb.timeout_retries = NUM_TIMEOUT_RETRIES;
                btif_dm_create_bond_cb_t *create_bond_cb =
                                (btif_dm_create_bond_cb_t*)p_param;
                //开始配对
                btif_dm_cb_create_bond(&create_bond_cb->bdaddr,
                                    create_bond_cb->transport);
            }
            break;
        //本函数后面的部分省略,不贴出
    }
```

针对传统蓝牙设备,btif_dm_cb_create_bond()函数调用了 BTA_DmBondByTransport()函数,并向 BTU TASK 发出了绑定设备的请求。BTU TASK 会根据 BTA_DM_API_BOND_EVT 事件调用设备管理模块的状态机处理函数进行处理,处理过程如图 5.2 所示。

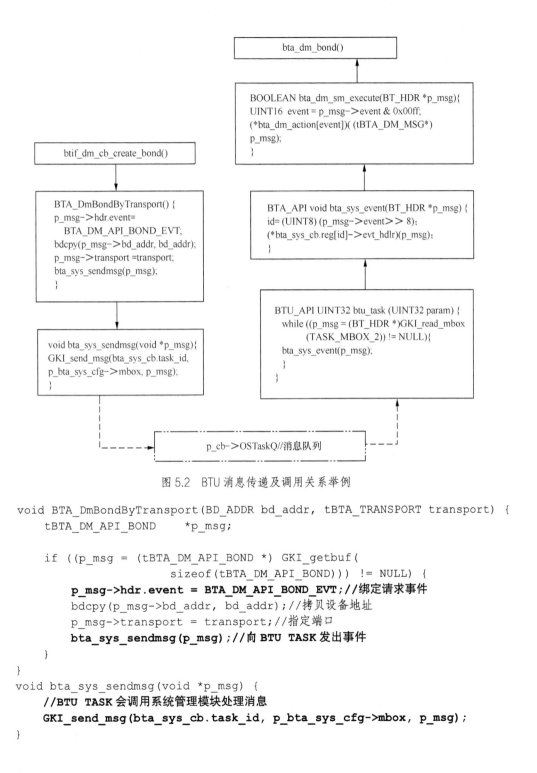

图 5.2 BTU 消息传递及调用关系举例

```
void BTA_DmBondByTransport(BD_ADDR bd_addr, tBTA_TRANSPORT transport) {
    tBTA_DM_API_BOND    *p_msg;

    if ((p_msg = (tBTA_DM_API_BOND *) GKI_getbuf(
                sizeof(tBTA_DM_API_BOND))) != NULL) {
        p_msg->hdr.event = BTA_DM_API_BOND_EVT;//绑定请求事件
        bdcpy(p_msg->bd_addr, bd_addr);//拷贝设备地址
        p_msg->transport = transport;//指定端口
        bta_sys_sendmsg(p_msg);//向 BTU TASK 发出事件
    }
}
void bta_sys_sendmsg(void *p_msg) {
    //BTU TASK 会调用系统管理模块处理消息
    GKI_send_msg(bta_sys_cb.task_id, p_bta_sys_cfg->mbox, p_msg);
}
```

BTU TASK 的功能如下所示。
- 处理来自上层的 HCI 命令，通过 HCI 层发送命令。接收来自 HCI 层的命令处理结果并回调相应的函数。
- 接收来自 HCI 层的 acl、sco 数据，调用回调函数进行处理。
- timer 相关处理。
- 系统事件处理。

```
BTU_API UINT32 btu_task (UINT32 param) {
//省略了很多代码，只列出系统模块相关的消息处理代码
#if (defined(BTU_BTA_INCLUDED) && BTU_BTA_INCLUDED == TRUE)
        if (event & TASK_MBOX_2_EVT_MASK) {//是系统模块的事件
            while ((p_msg = (BT_HDR *) GKI_read_mbox(TASK_MBOX_2)) != NULL) {
                bta_sys_event(p_msg);//将消息交给系统模块处理
            }
        }
        if (event & TIMER_1_EVT_MASK) {
            bta_sys_timer_update();
        }
#endif
}
BTA_API void bta_sys_event(BT_HDR *p_msg) {
    UINT8       id;
    BOOLEAN     freebuf = TRUE;

    APPL_TRACE_EVENT("BTA got event 0x%x", p_msg->event);
    //从 event 得到子系统 id
    id = (UINT8) (p_msg->event >> 8);//得到在系统模块里注册的子模块的 id
    //区分 id 和调用子系统事件处理函数
    if ((id < BTA_ID_MAX) && (bta_sys_cb.reg[id] != NULL)) {
        //调用对应子模块的处理函数
        freebuf = (*bta_sys_cb.reg[id]->evt_hdlr)(p_msg);
    } else {
        APPL_TRACE_WARNING("BTA got unregistered event id %d", id);
    }

    if (freebuf) {
        GKI_freebuf(p_msg);//释放内存
    }
}
```

对于设备绑定请求来说，BTA_DM_API_BOND_EVT 的值是 0x010B，id 值是 1，bta_sys_cb.reg[id]->evt_hdlr 得到的函数是 bta_dm_sm_execute()。bta_dm_sm_execute()

函数得到的 event 是 11，从 bta_dm_action[]列表得到 bta_dm_bond()函数并执行。

```
BOOLEAN bta_dm_sm_execute(BT_HDR *p_msg) {
    UINT16   event = p_msg->event & 0x00ff;//得到事件
    APPL_TRACE_EVENT("bta_dm_sm_execute event:0x%x", event);
    /* execute action functions */  //执行事件处理函数
    if (event < BTA_DM_NUM_ACTIONS) {
        (*bta_dm_action[event])( (tBTA_DM_MSG*) p_msg);//执行事件处理函数
    }
    return TRUE;
}
```

第 6 章

Bluedroid 状态机简介

6.1 Profile 状态机介绍

状态机就是一个有着不同状态的盒子。我们可以看到它的状态，也可以改变它的状态，无论是从内部还是从外部。当然，我们希望能根据它不同的状态来做一些设置或操作。根据时机的需要，我们可能也希望能在它转换状态之前或之后做一些操作。状态机是一种对可变模型的抽象，实际上几乎没有不变的模型。从状态机的视角，我们可以站在更高层面观察问题。而且很可能你在无意中就已经在使用状态机的视角，只不过没有太明确而已。虽然很多时候你不会面临很复杂的情况，但懂一些状态机的知识可以让你写出更易读的代码，维护代码也更加轻松。

有限状态机是一种模型，用来模拟事物。事物一般有以下特点。

- 可以用状态来描述事物，并且任一时刻，事物总是处于一种状态。
- 事物拥有的状态总数是有限的。
- 通过触发事物的某些行为，可以导致事物从一种状态过渡到另一种状态。
- 事物状态变化是有规则的，A 状态可以变换到 B，B 可以变换到 C，A 却不一定能变换到 C。
- 同一种行为，可以将事物从多种状态变成同种状态，但是不能从同种状态变成多种状态。

状态机的重点：状态、状态变迁关系和回调函数。

Bluedroid 定义了一个系统管理（System Manager）模块，它把协议栈分成了多个子模块（包含蓝牙的各个 Profile 的各种状态处理）。在蓝牙启动时，会往系统管理模块注册设备管理和设备搜索子模块的状态机处理函数。在各个 Profile 得到初始化时，会相应地往系统管理模块注册各自的状态机处理函数，如 AG、AV、GATTC、HH、PAN 等 Profile。Bluedroid 有很多的状态机，弄清楚一个之后，其他的都可一样理解。

各个 Profile 根据自身需要定义了一个或多个状态机。状态机包含一个或多个子状态、状态变迁关系及状态处理函数，并提供出统一的状态机入口函数并注册到系统管理模块。BTU TASK 是各个 Profile 的状态机的执行者，通过事件的掩码来调用注册在系统管理模块的相应的状态机处理函数，并通过子掩码来调用相应的处理函数进行处理和状态变更。

如图 6.1 所示，这是发送消息、BTU TASK 调用 Profile 状态机处理函数进行消息处理的一个流程，状态机的具体实现在 BTA_ProfileXXX_Main.c 文件中。后面会举例说明整体的运行机制。

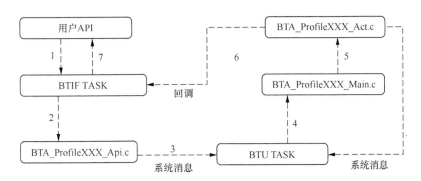

图 6.1　Bluedroid 状态机流程

6.2　Profile 状态机的结构设计

Profile 状态机的结构设计的总体思路如下。

- BTA_profilexxx_act.c，含对应 Profile 的 Action 函数，由 Profile 状态机调用。在需要返回事件时调用上层注册的回调函数并返回 Event。
- BTA_profilexxx_api.c，对应 Profile 的 API 的具体实现，通常提供给用户使用，进行功能函数的执行和运行结果回调。
- BTA_profilexxx_ci.c，对应 Profile 的 call-in 函数的实现，提供给 Profile 以外的模块调用。
- BTA_profilexxx_co.c，对应 Profile 的 call-out 函数的实现，调用 Profile 以外的模块。
- BTA_profilexxx_main.c，对应 Profile 的状态机和处理协议栈上传消息的具体实现。它主要负责维护 Profile 状态的变化及调用相应的 BTA_profilexxx_act.c 里的 Action。有的状态机还有 ACTION2，执行完第 1 个后还需要接着执行第 2 个。

Bluedroid 协议栈被分成了很多个子模块（也可以说是 Profile），每个模块都有自己的一个或多个状态机。状态机的状态变迁和功能函数的执行依赖于具体的 Profile 的功能需求。由系统设备管理模块来统一管理运行各个子模块，设备管理模块运行在 BTU TASK 中。从 bta/sys/bta_sys.h 摘出的模块定义如下：

```
//软件子系统
#define BTA_ID_SYS    0   //系统管理
/* BLUETOOTH PART - from 0 to BTA_ID_BLUETOOTH_MAX */
```

```
#define BTA_ID_DM           1      //设备管理
#define BTA_ID_DM_SEARCH    2      //设备搜索
#define BTA_ID_DM_SEC       3      //设备安全
#define BTA_ID_DG           4      //数据网关
#define BTA_ID_AG           5      //音频网关
#define BTA_ID_OPC          6      //对象推送客户端
#define BTA_ID_OPS          7      //对象推送服务端
#define BTA_ID_FTS          8      //文件传输服务端
#define BTA_ID_CT           9      //无绳电话终端
#define BTA_ID_FTC          10     //文件传输客户端
#define BTA_ID_SS           11     //同步服务器
#define BTA_ID_PR           12     //打印机服务客户端
#define BTA_ID_BIC          13     //基本图像传输客户端
#define BTA_ID_PAN          14     //个人局域网
#define BTA_ID_BIS          15     //基本图像传输服务端
#define BTA_ID_ACC          16     //高级照相机客户端
#define BTA_ID_SC           17     //SIM 卡访问服务端
#define BTA_ID_AV           18     //高级音视频
#define BTA_ID_AVK          19     //音/视频 sink 端
#define BTA_ID_HD           20     //Hid 设备
#define BTA_ID_CG           21     //无绳网关
#define BTA_ID_BP           22     //基本打印客户端
#define BTA_ID_HH           23     //Hid 主机
#define BTA_ID_PBS          24     //电话本访问服务端
#define BTA_ID_PBC          25     //电话本访问客户端
#define BTA_ID_JV           26     /* Java */
#define BTA_ID_HS           27     //耳麦
#define BTA_ID_MSE          28     //消息服务端设备
#define BTA_ID_MCE          29     //消息客户端设备
#define BTA_ID_HL           30     //健康设备配置文件
#define BTA_ID_GATTC        31     //GATT 客户端
#define BTA_ID_GATTS        32     //GATT 服务端
#define BTA_ID_BLUETOOTH_MAX 33    //最大值定义
```
每个子模块根据 ID 定义来确定自己模块内部的 Event 的起始数值,具体如下。
```
//计算 event 枚举的起始部分,id 是 event 的高 8 比特所在的部分
#define BTA_SYS_EVT_START(id)    ((id) << 8)
```
模块内部的 Event 定义在各个模块的一个内部头文件中,可以查看 bta/XXX/bta_XXX_int.h。模块内部的事件数量不能超过 256 个。如 Hid Host 的在 bta/hh/bta_hh.int.h 中。以此文件中的事件为例,代码如下。
```
//状态机事件,这些事件被状态机处理
Enum {
```

```
    BTA_HH_API_OPEN_EVT = BTA_SYS_EVT_START(BTA_ID_HH),
    BTA_HH_API_CLOSE_EVT,
    BTA_HH_INT_OPEN_EVT,
    BTA_HH_INT_CLOSE_EVT,
    BTA_HH_INT_DATA_EVT,
    BTA_HH_INT_CTRL_DATA,
    BTA_HH_INT_HANDSK_EVT,
    BTA_HH_SDP_CMPL_EVT,
    BTA_HH_API_WRITE_DEV_EVT,
    BTA_HH_API_GET_DSCP_EVT,
    BTA_HH_API_MAINT_DEV_EVT,
    BTA_HH_OPEN_CMPL_EVT,
#if (defined BTA_HH_LE_INCLUDED && BTA_HH_LE_INCLUDED == TRUE)
    BTA_HH_GATT_CLOSE_EVT,
    BTA_HH_GATT_OPEN_EVT,
    BTA_HH_START_ENC_EVT,
    BTA_HH_ENC_CMPL_EVT,
    BTA_HH_GATT_READ_CHAR_CMPL_EVT,
    BTA_HH_GATT_WRITE_CHAR_CMPL_EVT,
    BTA_HH_GATT_READ_DESCR_CMPL_EVT,
    BTA_HH_GATT_WRITE_DESCR_CMPL_EVT,
    BTA_HH_API_SCPP_UPDATE_EVT,
    BTA_HH_GATT_ENC_CMPL_EVT,
#endif
    //不被执行状态机处理
    BTA_HH_API_ENABLE_EVT,
    BTA_HH_API_DISABLE_EVT,
    BTA_HH_DISC_CMPL_EVT
};
```

6.3 状态机的注册

以 Hid Host 举例，当 HH 被开启时调用 bta_sys_register()函数注册，代码如下。

```
static const tBTA_SYS_REG bta_hh_reg = {
    bta_hh_hdl_event,//执行主体
    BTA_HhDisable
};
void BTA_HhEnable(tBTA_SEC sec_mask, tBTA_HH_CBACK *p_cback) {
    tBTA_HH_API_ENABLE *p_buf;
    //往 BTA 系统管理模块注册
```

```
        bta_sys_register(BTA_ID_HH, &bta_hh_reg);
        APPL_TRACE_ERROR("Calling BTA_HhEnable");
        p_buf = (tBTA_HH_API_ENABLE*)
                    GKI_getbuf((UINT16)sizeof(tBTA_HH_API_ENABLE));
        if (p_buf != NULL) {
            memset(p_buf, 0, sizeof(tBTA_HH_API_ENABLE));
            p_buf->hdr.event = BTA_HH_API_ENABLE_EVT; //发送 Profile 启动消息
            p_buf->p_cback = p_cback;//记录回调函数
            p_buf->sec_mask = sec_mask;
            bta_sys_sendmsg(p_buf); //往 BTU TASK 的 MBOX2 发消息
        }
    }
    void bta_sys_register(UINT8 id, const tBTA_SYS_REG *p_reg) {
        //记录各个 Profile 的 Event 执行主体
        bta_sys_cb.reg[id] = (tBTA_SYS_REG *) p_reg;
        bta_sys_cb.is_reg[id] = TRUE;//标记注册成功
    }
```

6.4 状态机的驱动力来源

各个 Profile 的状态机处理函数都注册在系统管理层。Profile 的 API 层或 ACTION 层向 BTU TASK 发出事件，BTU TASK 接收和解析事件。调用相应的 Profile 的状态机处理函数进行处理。

事件发送函数举例如下。

```
    void BTA_HhOpen(BD_ADDR dev_bda, tBTA_HH_PROTO_MODE mode, tBTA_SEC sec_mask) {
        tBTA_HH_API_CONN *p_buf;
        p_buf = (tBTA_HH_API_CONN *)GKI_getbuf((UINT16)sizeof(tBTA_HH_API_CONN));
        if (p_buf!= NULL) {
            memset((void *)p_buf, 0, sizeof(tBTA_HH_API_CONN));
            p_buf->hdr.event = BTA_HH_API_OPEN_EVT;//指定事件
            p_buf->hdr.layer_specific = BTA_HH_INVALID_HANDLE;
            p_buf->sec_mask = sec_mask;
            p_buf->mode = mode;
            bdcpy(p_buf->bd_addr, dev_bda);//拷贝地址
            bta_sys_sendmsg((void *)p_buf);//发往 BTU TASK 处理
        } else {
            APPL_TRACE_ERROR("No resource to send HID host Connect request.");
        }
    }
```

BTU TASK 接收事件并进行处理，代码如下。

```
BTU_API UINT32 btu_task (UINT32 param) {
    //只摘出相关代码，请参考具体函数实现
    if (event & TASK_MBOX_2_EVT_MASK) {
        //系统管理和Profile管理的Event都放在MBOX2中
        while ((p_msg = (BT_HDR *) GKI_read_mbox(TASK_MBOX_2)) != NULL) {
            bta_sys_event(p_msg);  //执行系统Event处理函数
        }
    }
}
BTA_API void bta_sys_event(BT_HDR *p_msg) {
    UINT8       id;
    BOOLEAN     freebuf = TRUE;

    APPL_TRACE_EVENT("BTA got event 0x%x", p_msg->event);
    /* get subsystem id from event */ //从Event中得到子模块id
    id = (UINT8) (p_msg->event >> 8); //得到具体的Profile的ID
    /* verify id and call subsystem event handler */
    //已经注册且没有越界
    if ((id < BTA_ID_MAX) && (bta_sys_cb.reg[id] != NULL)) {
        //执行对应的Profile的处理函数，如在Hid Host模块里状态机
        //执行bta_hh_sm_excute()
        freebuf = (*bta_sys_cb.reg[id]->evt_hdlr)(p_msg);
    } else {
        APPL_TRACE_WARNING("BTA got unregistered event id %d", id);
    }

    if (freebuf) {
        GKI_freebuf(p_msg);//处理完后释放内存，不需要各个模块处理
    }
}
```

6.5 Action 函数列表

状态机负责状态的变迁和 Action 的执行。Profile 的功能函数都在 Action 函数列表里。每一个 Action 都有一个索引 ID，由状态机里的 Action ID 指定调用。下列是 Hid 主机的 Action 函数列表。

```
//动作函数
const tBTA_HH_ACTION bta_hh_action[] = {
    bta_hh_api_disc_act,
    bta_hh_open_act,
    bta_hh_close_act,
    bta_hh_data_act,
```

```
        bta_hh_ctrl_dat_act,
        bta_hh_handsk_act,
        bta_hh_start_sdp,
        bta_hh_sdp_cmpl,
        bta_hh_write_dev_act,
        bta_hh_get_dscp_act,
        bta_hh_maint_dev_act,
        bta_hh_open_cmpl_act,
        bta_hh_open_failure
#if (defined BTA_HH_LE_INCLUDED && BTA_HH_LE_INCLUDED == TRUE)
        ,bta_hh_gatt_close
        ,bta_hh_le_open_fail
        ,bta_hh_gatt_open
        ,bta_hh_w4_le_read_char_cmpl
        ,bta_hh_le_read_char_cmpl
        ,bta_hh_w4_le_read_descr_cmpl
        ,bta_hh_le_read_descr_cmpl
        ,bta_hh_w4_le_write_cmpl
        ,bta_hh_le_write_cmpl
        ,bta_hh_le_write_char_descr_cmpl
        ,bta_hh_start_security
        ,bta_hh_security_cmpl
        ,bta_hh_le_update_scpp
        ,bta_hh_le_notify_enc_cmpl
#endif
};
```

6.6 状态机的状态集合

以 Hid 主机的状态机的子状态集合举例，一共有 4 种状态（如果没有 BLE 那就只有 3 种），每种状态下都有多个 Action 和 Next state 集合，供 bta_hh_sm_excute()函数调用，如下所示。

```
//状态表
const tBTA_HH_ST_TBL bta_hh_st_tbl[] = {
    bta_hh_st_idle,
    bta_hh_st_w4_conn,//w4_conn 的含义: wait for connection
    bta_hh_st_connected
#if (defined BTA_HH_LE_INCLUDED && BTA_HH_LE_INCLUDED == TRUE)
    ,bta_hh_st_w4_sec
#endif
};
```

列出 Action 内部索引和 idle 状态的状态表，如下所示。

```
//状态机动作枚举列表
enum {
    BTA_HH_API_DISC_ACT,          //Hid 主机处理 API 关闭动作
    BTA_HH_OPEN_ACT,              //Hid 主机处理 BTA_HH_EVT_OPEN
    BTA_HH_CLOSE_ACT,             //Hid 主机处理 BTA_HH_EVT_CLOSE
    BTA_HH_DATA_ACT,    //Hid 主机收到数据报告
    BTA_HH_CTRL_DAT_ACT,
    BTA_HH_HANDSK_ACT,
    BTA_HH_START_SDP,   //Hid 主机查询
    BTA_HH_SDP_CMPL,
    BTA_HH_WRITE_DEV_ACT,
    BTA_HH_GET_DSCP_ACT,
    BTA_HH_MAINT_DEV_ACT,
    BTA_HH_OPEN_CMPL_ACT,
    BTA_HH_OPEN_FAILURE,
#if (defined BTA_HH_LE_INCLUDED && BTA_HH_LE_INCLUDED == TRUE)
    BTA_HH_GATT_CLOSE,
    BTA_HH_LE_OPEN_FAIL,
    BTA_HH_GATT_OPEN,
    BTA_HH_W4_LE_READ_CHAR,
    BTA_HH_LE_READ_CHAR,
    BTA_HH_W4_LE_READ_DESCR,
    BTA_HH_LE_READ_DESCR,
    BTA_HH_W4_LE_WRITE,
    BTA_HH_LE_WRITE,
    BTA_HH_WRITE_DESCR,
    BTA_HH_START_SEC,
    BTA_HH_SEC_CMPL,
    BTA_HH_LE_UPDATE_SCPP,
    BTA_HH_GATT_ENC_CMPL,
#endif
    BTA_HH_NUM_ACTIONS
};

//idle 状态的状态表
const UINT8 bta_hh_st_idle[][BTA_HH_NUM_COLS] = {
/* Event                      Action                Next state */
/* BTA_HH_API_OPEN_EVT*/  {BTA_HH_START_SDP, BTA_HH_W4_CONN_S },
/* BTA_HH_API_CLOSE_EVT*/ {BTA_HH_IGNORE, BTA_HH_IDLE_ST},
/* BTA_HH_INT_OPEN_EVT*/  {BTA_HH_OPEN_ACT, BTA_HH_W4_CONN_ST},
/* BTA_HH_INT_CLOSE_EVT*/ {BTA_HH_CLOSE_ACT, BTA_HH_IDLE_ST},
```

```
/* BTA_HH_INT_DATA_EVT*/      {BTA_HH_IGNORE, BTA_HH_IDLE_ST},
/* BTA_HH_INT_CTRL_DATA */    {BTA_HH_IGNORE, BTA_HH_IDLE_ST},
/* BTA_HH_INT_HANDSK_EVT*/    {BTA_HH_IGNORE, BTA_HH_IDLE_ST},
/* BTA_HH_SDP_CMPL_EVT*/      {BTA_HH_IGNORE, BTA_HH_IDLE_ST},
/* BTA_HH_API_WRITE_DEV_EVT*/ {BTA_HH_IGNORE, BTA_HH_IDLE_ST},
/* BTA_HH_API_GET_DSCP_EVT*/  {BTA_HH_IGNORE, BTA_HH_IDLE_ST},
/* BTA_HH_API_MAINT_DEV_EVT*/ {BTA_HH_MAINT_DEV_ACT, BTA_HH_IDLE_ST},
/* BTA_HH_OPEN_CMPL_EVT*/     {BTA_HH_OPEN_CMPL_ACT, BTA_HH_CONN_ST}
#if (defined BTA_HH_LE_INCLUDED && BTA_HH_LE_INCLUDED == TRUE)
/* BTA_HH_GATT_CLOSE_EVT*/,   {BTA_HH_IGNORE, BTA_HH_IDLE_ST}
/* BTA_HH_GATT_OPEN_EVT*/,    {BTA_HH_GATT_OPEN, BTA_HH_W4_CONN_ST}
/* BTA_HH_START_ENC_EVT*/,    {BTA_HH_IGNORE, BTA_HH_IDLE_ST}
/* BTA_HH_ENC_CMPL_EVT*/,     {BTA_HH_IGNORE, BTA_HH_IDLE_ST}
/* READ_CHAR_CMPL_EVT*/,      {BTA_HH_IGNORE, BTA_HH_IDLE_ST}
/* BTA_HH_GATT_WRITE_CMPL_EVT*/, {BTA_HH_IGNORE, BTA_HH_IDLE_ST}
/* READ_DESCR_CMPL_EVT*/,     {BTA_HH_IGNORE, BTA_HH_IDLE_ST}
/* WRITE_DESCR_CMPL_EVT*/,    {BTA_HH_IGNORE, BTA_HH_IDLE_ST}
/* SCPP_UPDATE_EVT */,        {BTA_HH_IGNORE, BTA_HH_IDLE_ST}
/* BTA_HH_GATT_ENC_CMPL_EVT */, {BTA_HH_IGNORE, BTA_HH_IDLE_ST}
#endif
};
```

6.7 Event 处理函数介绍

下面以 Hid Host 的状态机执行过程举例说明。

```
void bta_hh_sm_execute(tBTA_HH_DEV_CB *p_cb, UINT16 event,
                       tBTA_HH_DATA * p_data) {
    //只摘出了关键部分，具体请参考原始代码
    state_table = bta_hh_st_tbl[p_cb->state - 1];//根据当前 state 拿到状态表
    event &= 0xff;//获取表内 Action 索引 ID，最多支持 256 个 ID
    // #define BTA_HH_NEXT_STATE   1 /* position of next state */
    p_cb->state = state_table[event][BTA_HH_NEXT_STATE] ;//切到下一个状态
    //得到当前 Action
    if ((action = state_table[event][BTA_HH_ACTION]) != BTA_HH_IGNORE) {
        (*bta_hh_action[action])(p_cb, p_data); //执行相应的 Action 函数
    }
}
```

注：bta_hh_api_enable()函数会将设备相关的初始 state 置为 IDLE（值为 1），bta_hh_cb.kdev[xx].state = BTA_HH_IDLE_ST;//值为 1。

举例说明执行流程。假设当前状态是 IDLE，即 p_cb->state 是 1，如果收到 Event 是 BTA_HH_GATT_OPEN_EVT（0x170D），那从 bta_hh_st_idle[]数组找到第 0X0D（值是十进制的 13）行，即 "/* BTA_HH_GATT_OPEN_EVT*/, {BTA_HH_GATT_OPEN, BTA_HH_W4_CONN_ST}"，p_cb->state 将被赋值为 BTA_HH_W4_CONN_ST，状态机进入等待连接状态。执行的 action 是 BTA_HH_GATT_OPEN（值是十进制的 15），并从 bta_hh_action[]函数列表找到函数 bta_hh_gatt_open()执行。

bta_hh_gatt_open()的功能是判断 Gatt 层有没有错误（意味着之前已经连接上），如有就开始执行加密流程，否则返回 BTA_HH_ERR 错误。

第 7 章

HCI 接口层简介

7.1 概述

蓝牙的常用数据总线有 UART、SDIO、USB，目前 SPI 总线的蓝牙芯片已经较少见了。对于各种总线类型的蓝牙芯片，协议栈需要屏蔽硬件差异。为了隐藏芯片驱动细节，Linux 操作系统集成相应的芯片的驱动，将驱动细节进行封装，提供设备操作接口给协议栈使用。具体设备驱动接口的打开和关闭实现在蓝牙芯片对应的 libbt-vendor 中，由 HCI 层调用。

HCI 层作为协议栈和芯片之间的桥梁，提供收/发线程工作队列，实现对命令和数据的收发操作。

蓝牙芯片的 Firmware 的加载依赖于 HCI 层提供的接口，由此接口实现整个加载过程。不同厂家的芯片的 Firmware 加载实现方法都不一致，但是总体上都利用现有的 HCI 接口框架来实现加载过程。

7.2 接口间的函数调用关系

如图 7.1 所示，这是 Bluedroid、libbt-hci、libbt-vendor 之间的函数接口调用关系。后面几节会有接口之间的调用关系的详细介绍。需要注意的是 libbt-vendor 调用 Bluedroid 注册的发送数据的回调函数，通过 HCI 层发送 Firmware 数据给蓝牙芯片。

第 7 章 ■ HCI 接口层简介

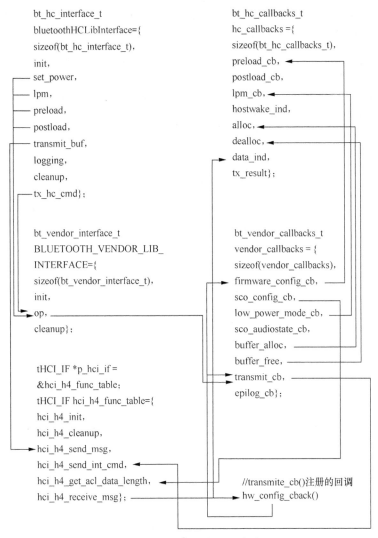

图 7.1 接口间的调用关系

7.3 bt_hc_if 接口的定义和获取

7.3.1 bt_hc_if 接口定义

Bt_hc_if 是 Bluedroid 进行 HCI 初始化、通过 HCI 层控制蓝牙芯片上下电、加载 Firmware、

低功耗模式控制、发送命令和数据给蓝牙芯片和日志使能的接口。它位于 bt_hci_bdroid.c（编译在 libbt-hci.a 中）中，举例如下。

```
static const bt_hc_interface_t bluetoothHCLibInterface = {
    sizeof(bt_hc_interface_t),
    init,//hci interface 初始化，获取 libbt-vendor.so 的 vendor_interface set_power,
//Controller reset，调用 vendor_interface->op(BT_VND_OP_POWER_ CTRL,STATE)
lpm,//low power mode，调用 vendor_interface->op(BT_VND_OP_LPM_SET_ MODE,mode)
    preload,//加载 Firmware 命令，调用 vendor_interface->op(BT_VND_OP_FW_CFG, NULL)
    //加载 Firmware 完毕后由 bte_main_postload_cfg()调用。最终调用了
    //vendor_interface->op(BT_VND_OP_SCO_CFG, NULL)进行 SCO 配置
    postload,
    transmit_buf,//发送命令/数据
    logging,//hcidump 日志使能接口
    cleanup,//调用了 p_hci_if->cleanup()
    tx_hc_cmd/* Audio Gate 用于设置 SCO 的状态。调用了
              vendor_interface->op(BT_VND_OP_SET_AUDIO_STATE, data) */
};
```

7.3.2　bt_hc_if 接口的获取

协议栈初始化的时候从 libbt-hci.a 中得到 bt_hc_if 接口，举例如下。

```
static void bte_main_in_hw_init(void) {
    if ((bt_hc_if = (bt_hc_interface_t *)bt_hc_get_interface()) == NULL) {
        APPL_TRACE_ERROR("!!! Failed to get BtHostControllerInterface !!!");
    }
    memset(&preload_retry_cb, 0, sizeof(bt_preload_retry_cb_t));
}
```

7.4　hc_callbacks 函数集合的定义和注册

7.4.1　hc_callbacks 函数集合的定义

该函数集合位于 bte_main.c 中，举例如下。

```
static const bt_hc_callbacks_t hc_callbacks = {
    sizeof(bt_hc_callbacks_t),
    preload_cb,//加载蓝牙 Firmware
```

```
    postload_cb,
    lpm_cb,//低功耗设置的回调
    hostwake_ind,//未用到
    alloc,//提供给 libbt-vendor 调用的内存分配函数
    dealloc, //提供给 libbt-vendor 调用的内存释放函数
    data_ind,//向 BTU TASK 发送消息
    tx_result//返回发送结果
};
static int data_ind(TRANSAC transac, char *p_buf, int len) {
    BT_HDR *p_msg = (BT_HDR *) transac;
    //向 BTU TASK 发送收到的消息
    GKI_send_msg (BTU_TASK, BTU_HCI_RCV_MBOX, transac);
    return BT_HC_STATUS_SUCCESS;
}
```

7.4.2 hc_callbacks 函数集合的注册

bte_hci_enable()在协议栈初始化过程中得到调用,开始 HCI 层的初始化和 Firmware 的加载过程,并决定是否启用 btsnoop 记录 HCI 上行和下行的二进制数据,举例如下。

```
static void bte_hci_enable(void) {
    preload_start_wait_timer();//加载 Firmware 的超时 timer 启动
    if (bt_hc_if) {
        //初始化 HCI 层, hc_callbacks 回调函数集合的 data_ind()函数非常重要,
        //用于向 BTU TASK 发送从 HCI 层收到的消息
        int result = bt_hc_if->init(&hc_callbacks,
                                    btif_local_bd_addr.address);
        assert(result == BT_HC_STATUS_SUCCESS);
        if (hci_logging_enabled == TRUE || hci_logging_config == TRUE)
            bt_hc_if->logging(BT_HC_LOGGING_ON,
                              hci_logfile, hci_save_log);

#if (defined (BT_CLEAN_TURN_ON_DISABLED) && BT_CLEAN_TURN_ON_DISABLED == TRUE)
        APPL_TRACE_DEBUG("%s  Not Turninig Off the BT before Turninig ON",
                         __FUNCTION__);
#else
        //在前一个协议栈关闭动作没有优雅地完成的情况下,切换芯片电源确保重置芯片
        bt_hc_if->set_power(BT_HC_CHIP_PWR_OFF);//关闭 Controller
#endif
        bt_hc_if->set_power(BT_HC_CHIP_PWR_ON);//启动 Controller
        bt_hc_if->preload(NULL);//加载 Frimware
```

           }
       }

7.5 bluetoothHCLibInterface 的 init()函数介绍

  bt_hci_bdroid.c（编译在 libbt-hci.a 中）的 init()函数主要功能如下。

  1. 用 bt_hc_cbacks 变量记录通过 bte_hci_enable()函数调用 init()函数注册进来的 hc_callbacks 结构体，用于回调。参考 7.4.1 节和 7.4.2 节。

  2. 打开 libbt-vendor-xxx.so，获取 BLUETOOTH_VENDOR_LIB_INTERFACE 接口，并调用此接口的 init() 函数将 vendor_callbacks 函数集合注册进 libbt-vendor。BLUETOOTH_VENDOR_LIB_INTERFACE 接口用于获取总线接口句柄和加载 Firmware、设置总线速率、配置 SCO 等。

  3. 获取 HCI 层接口函数集合 hci_h4_func_table，用于发送/接收数据和 hci 命令。

  4. 创建 HCI 工作线程"bt_hc_worker"，用于后台执行发送/接收数据和命令。

  5. 一些初始化工作。

init()函数解读如下。

```
static int init(const bt_hc_callbacks_t* p_cb, unsigned char *local_bdaddr) {
    int result;

    if (p_cb == NULL) {
        ALOGE("init failed with no user callbacks!");
        return BT_HC_STATUS_FAIL;
    }

    hc_cb.epilog_timer_created = false;
    fwcfg_acked = false;
    has_cleaned_up = false;
    pthread_mutex_init(&hc_cb.worker_thread_lock, NULL);

    /* store reference to user callbacks */ //存储用户相关回调
    bt_hc_cbacks = (bt_hc_callbacks_t *) p_cb;//记录注册进来的 hc_callbacks
    vendor_open(local_bdaddr);//打开 libbt-vendor.so，获取 vendor_interface
    utils_init();
#ifdef HCI_USE_MCT //此宏没有定义
```

```
        extern tHCI_IF hci_mct_func_table;
        p_hci_if = &hci_mct_func_table;
#else
        extern tHCI_IF hci_h4_func_table;
        p_hci_if = &hci_h4_func_table;　//获取 H4 packet 发送/接收接口
#endif
        p_hci_if->init();//H4 层初始化，包括 acl 消息接收队列
        userial_init();//串口 fd 清零
        lpm_init();
        utils_queue_init(&tx_q);

        if (hc_cb.worker_thread) {
            ALOGW("init has been called repeatedly without calling cleanup ?");
        }

        //在这里设置优先级并让 hci 工作线程继承优先级
        //一旦有了新的线程 api 就移除（thread_set_priority()？）
        //能切换优先级
        raise_priority_a2dp(TASK_HIGH_HCI_WORKER);

        hc_cb.worker_thread = thread_new("bt_hc_worker");//创建工作队列线程
        if (!hc_cb.worker_thread) {
            ALOGE("%s unable to create worker thread.", __func__);
            return BT_HC_STATUS_FAIL;
        }

        return BT_HC_STATUS_SUCCESS;
}
```

7.6　libbt-vendor 接口的获取、初始化和使用

7.6.1　libbt-vendor 的接口函数集合

在 bt_vendor_xxx.c（编译在 libbt-vendor_xxx.so 中）文件中，解读如下。

```
const bt_vendor_interface_t BLUETOOTH_VENDOR_LIB_INTERFACE = {
    sizeof(bt_vendor_interface_t),
    init,//初始化函数
    op,//操作函数
    cleanup
```

```
};
```

7.6.2 libbt-vendor 接口的获取和使用

在 vendor.c（编译在 libbt-hci.a 中）文件中，解读如下。

```
bool vendor_open(const uint8_t *local_bdaddr) {
    assert(lib_handle == NULL);
    lib_handle = dlopen(VENDOR_LIBRARY_NAME, RTLD_NOW);//打开libbt-vendor-xxx.so
    if (!lib_handle) {
        ALOGE("%s unable to open %s: %s",
              __func__, VENDOR_LIBRARY_NAME, dlerror());
        goto error;
    }

    vendor_interface = (bt_vendor_interface_t *)dlsym(lib_handle,
                        VENDOR_LIBRARY_SYMBOL_NAME);//获得操作接口
    if (!vendor_interface) {
        ALOGE("%s unable to find symbol %s in %s: %s", __func__,
              VENDOR_LIBRARY_SYMBOL_NAME, VENDOR_LIBRARY_NAME, dlerror());
        goto error;
    }
    //操作接口初始化，并注册回调函数集合 vendor_callbacks
    int status = vendor_interface->init(&vendor_callbacks,
                                         (unsigned char *)local_bdaddr);
    if (status) {
        ALOGE("%s unable to initialize vendor library: %d",
              __func__, status);
        goto error;
    }

    return true;
error:
    vendor_interface = NULL;
    if (lib_handle)
            dlclose(lib_handle);
    lib_handle = NULL;
    return false;
}
```

加载 Controller 的 Firmware 时，通过 transmit_cb()函数来回调 Hci Interface 的 send_int_cmd()发送接口来执行发送 HCI Cmd。

vendor_callbacks 在 vendor.c（编译在 libbt-hci.a 中）文件中定义，解读如下。

```
static const bt_vendor_callbacks_t vendor_callbacks = {
```

```
        sizeof(vendor_callbacks),
        firmware_config_cb, //Firmware 加载成功/失败的回调
        sco_config_cb, //获取 Acl 链路最大包长
        low_power_mode_cb,//low power mode 设置成功/失败通知
        sco_audiostate_cb,
        buffer_alloc,
        buffer_free,
        //加载 Firmware 时的命令回调，用于通过 p_hci_if->send_int_cmd()层发送命令
        transmit_cb,
        epilog_cb
};
static uint8_t transmit_cb(uint16_t opcode, void *buffer,
                           tINT_CMD_CBACK callback) {
    assert(p_hci_if != NULL);
    return p_hci_if->send_int_cmd(opcode, (HC_BT_HDR *)buffer, callback);
}
```

libbt-vendor 的接口的 op()函数提供 Controller 的 reset 操作接口、Firmware 加载的入口、Sco 的配置入口、总线接口的打开/关闭接口、LPM 模式的操作接口、Sco Codec 的设置入口。上层通过指定命令来执行相应功能。举例如下。

```
vendor_send_command(BT_VND_OP_USERIAL_OPEN, &fd_array);//打开驱动接口得到句柄
int vendor_send_command(bt_vendor_opcode_t opcode, void *param) {
    return vendor_interface->op(opcode, param);
}
```

7.6.3　libbt-vendor 的初始化

解读如下。

```
static int init(const bt_vendor_callbacks_t* p_cb, unsigned char *local_bdaddr) {
    ALOGI("init");
    if (p_cb == NULL) {
        ALOGE("init failed with no user callbacks!");
        return -1;
    }

    userial_vendor_init();//驱动接口句柄清零
    upio_init();
    vnd_load_conf(VENDOR_LIB_CONF_FILE);//加载 bt_vendor.conf

    //保存用户相关回调
    //保存注册进来的 vendor_callbacks 供回调使用如加载 Firmware
    bt_vendor_cbacks = (bt_vendor_callbacks_t *) p_cb;
```

```
    //这是来自协议栈的移交
    memcpy(vnd_local_bd_addr, local_bdaddr, 6); //保存来自协议栈的蓝牙地址

    return 0;
}
```

7.7 命令和数据的发送与接收

7.7.1 命令和数据的发送接口

位于 bt_target.h 中,解读如下。
```
//BR/EDR Acl 数据发送接口
#define HCI_ACL_DATA_TO_LOWER(p) \
                bte_main_hci_send((BT_HDR *)(p), BT_EVT_TO_LM_HCI_ACL);
// LE Acl 数据发送接口
#define HCI_BLE_ACL_DATA_TO_LOWER(p)  bte_main_hci_send((BT_HDR *)(p), \
                (UINT16)(BT_EVT_TO_LM_HCI_ACL|LOCAL_BLE_CONTROLLER_ID));
// SCO 数据发送接口
#define HCI_SCO_DATA_TO_LOWER(p) \
                bte_main_hci_send((BT_HDR *)(p), BT_EVT_TO_LM_HCI_SCO);
// HCI Cmd命令发送接口
#define HCI_CMD_TO_LOWER(p) \
                bte_main_hci_send((BT_HDR *)(p), BT_EVT_TO_LM_HCI_CMD);
//链路层管理命令发送接口
#define HCI_LM_DIAG_TO_LOWER(p) \
                bte_main_hci_send((BT_HDR *)(p), BT_EVT_TO_LM_DIAG);
//容许 Controller 进入低功耗的接口
#define HCI_LP_ALLOW_BT_DEVICE_SLEEP()  bte_main_lpm_allow_bt_device_sleep()
```
所有的发送接口都是调用了 bt_hc_if 的 transmit_buf()函数,以 HCI Cmd 的发送举例:
```
void bte_main_hci_send (BT_HDR *p_msg, UINT16 event) {
    UINT16 sub_event = event & BT_SUB_EVT_MASK;  /* local controller ID */
    p_msg->event = event;
    if((sub_event == LOCAL_BR_EDR_CONTROLLER_ID) || \
        (sub_event == LOCAL_BLE_CONTROLLER_ID)) {
      if (bt_hc_if)
         bt_hc_if->transmit_buf((TRANSAC)p_msg,
                                (char *) (p_msg + 1), p_msg->len);
      else
         GKI_freebuf(p_msg);
    } else {
```

```
            APPL_TRACE_ERROR("Invalid Controller ID. Discarding message.");
            GKI_freebuf(p_msg);
    }
}
```

由于发送接口比较简单，作者就不详细讲述了，请读者自行分析。列出函数调用栈如下。
transmit_buf()->bthc_tx()->event_tx()->hci_h4_send_msg()->userial_write()
其中 event_tx()在线程工作队列执行，达到不阻塞上层和按先进先出的顺序发送的效果。命令发送过程的函数调用关系如图 7.2 所示。

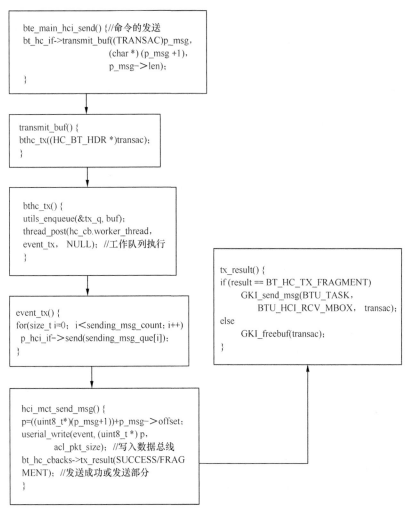

图 7.2　HCI 层命令的发送过程

7.7.2 命令处理结果和数据的接收接口

图 7.3 所示为数据接收处理流程。HCI 发现 Kernel 层有数据上报时，调用 HCI 层的线程工作队列，并执行 hci_h4_receive_msg() 函数进行数据接收处理。hci_h4_receive_msg() 函数将数据组包后调用 data_ind() 函数将数据通过消息发送给 BTU TASK 进行处理。

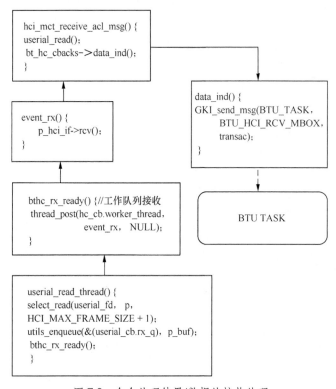

图 7.3 命令处理结果/数据的接收处理

在加载 Firmware 时，会调用 preload() 函数打开总线接口获取句柄，然后创建接收线程。参考 userial.c 文件中的 userial_open() 函数，举例如下。

```
bool userial_open(userial_port_t port) {
    if (port >= MAX_SERIAL_PORT) {
        ALOGE("%s serial port %d > %d (max).",
            __func__, port, MAX_SERIAL_PORT);
        return false;
    }
```

```c
    if (userial_running) {
        userial_close();
        utils_delay(50);
    }

    // 调用厂商指定库打开串口
    int fd_array[CH_MAX];
    for (int i = 0; i < CH_MAX; i++)
        fd_array[i] = -1;

    //调用 libbt-vendor 的 op()函数获取总线接口句柄
    int num_ports = vendor_send_command(BT_VND_OP_USERIAL_OPEN, &fd_array);

    if (num_ports != 1) {
        ALOGE("%s opened wrong number of ports: got %d, expected 1.",
              __func__, num_ports);
        goto error;
    }

    userial_cb.fd = fd_array[0];//保存句柄
    if (userial_cb.fd == -1) {
        ALOGE("%s unable to open serial port.", __func__);
        goto error;
    }
    userial_cb.port = port;
    //创建接收数据的线程
    if (pthread_create(&userial_cb.read_thread, NULL,
                       userial_read_thread, NULL)) {
        ALOGE("%s unable to spawn read thread.", __func__);
        goto error;
        }
    return true;
error:
    vendor_send_command(BT_VND_OP_USERIAL_CLOSE, NULL);
    return false;
}
```

此接收线程的意义在于快速读取驱动接口的数据，将数据处理、缓存并交给别的线程去处理，使得驱动接口的数据 buffer 不至于因接收线程要处理数据导致线程繁忙而来不及接收驱动接口的数据从而导致数据溢出。线程执行主体函数如下。

```
static void *userial_read_thread(void *arg) {
    int rx_length = 0;
    HC_BT_HDR *p_buf = NULL;
    uint8_t *p;

    USERIALDBG("Entering userial_read_thread()");
    prctl(PR_SET_NAME, (unsigned long)"userial_read", 0, 0, 0);

    userial_running = 1;
    raise_priority_a2dp(TASK_HIGH_USERIAL_READ);

    while (userial_running) {
        if (bt_hc_cbacks) {
            /* H4 HDR = 1 */
            p_buf = (HC_BT_HDR *) bt_hc_cbacks->alloc(
                        BT_HC_HDR_SIZE + HCI_MAX_FRAME_SIZE + 1);
        } else
            p_buf = NULL;

        if (p_buf != NULL) {
            p_buf->offset = 0;
            p_buf->layer_specific = 0;
            p = (uint8_t *) (p_buf + 1);
            int userial_fd = userial_cb.fd;//得到句柄
            if (userial_fd != -1)
                //读取数据
                rx_length = select_read(userial_fd, p,
                                HCI_MAX_FRAME_SIZE + 1);
            else
                rx_length = 0;
        } else {
            rx_length = 0;
            utils_delay(100);
            ALOGW("userial_read_thread() failed to gain buffers");
            continue;
        }

        if (rx_length > 0) {
            p_buf->len = (uint16_t)rx_length;//记录数据长度
            utils_enqueue(&(userial_cb.rx_q), p_buf);//数据存入接收队列
            //调度工作队列执行 event_rx()函数处理数据，最终执行 Hci Interface
```

```
                //注册的 hci_h4_func_table[]的 hci_h4_receive_msg()函数
                //之后 event_rx()函数还会调用 event_tx()函数去尝试发送数据
                bthc_rx_ready();
            } else /* either 0 or < 0 */ {
                ALOGW("select_read return size <=0:%d, 
                    exiting userial_read_thread", rx_length);
                //运行到这里，一定有 buffer
                bt_hc_cbacks->dealloc(p_buf);
                //非法值意味着退出线程
                break;
            }
    } /* for */

    userial_running = 0;
    USERIALDBG("Leaving userial_read_thread()");
    pthread_exit(NULL);
    return NULL; // Compiler friendly
}
void bthc_rx_ready(void) {
    pthread_mutex_lock(&hc_cb.worker_thread_lock);
    if (hc_cb.worker_thread)
        thread_post(hc_cb.worker_thread, event_rx, NULL);
    pthread_mutex_unlock(&hc_cb.worker_thread_lock);
}
static void event_rx(UNUSED_ATTR void *context) {
#ifndef HCI_USE_MCT
    p_hci_if->rcv();//调用了 hci_h4_receive_msg()函数
    if (tx_cmd_pkts_pending && num_hci_cmd_pkts > 0) {
        /* 得到了来自控制器的信任，发送在 tx 队列的已有的任何数据，这里能直接调用
            event_tx，因为已经在工作队列线程了 */
        event_tx(NULL); //调度发送命令或数据
    }
#endif
}
```

7.7.3　H4 层接收解析函数的分析

本函数不断读取来自驱动层的数据，判断类型、长度、分段等信息，组成一个完整的数据包，然后上报给 BTU TASK。举例如下。

```
    uint16_t hci_h4_receive_msg(void) {
```

```c
            uint16_t    bytes_read = 0;
            uint8_t     byte;
            uint16_t    msg_len, len;
            uint8_t     msg_received;
            tHCI_H4_CB  *p_cb=&h4_cb;

    while (TRUE) {
        //读一个字节,看看是否有需要读取的任何东西
        //首次进本函数时读取一个字节的包类型,用于确定是ACL、SCO和EVENT中的哪一
        //种。以后执行时用于读取数据
        // HCI Cmd 的执行结果也返回EVENT
        if (userial_read(0 /*dummy*/, &byte, 1) == 0) {
            break;
        }

        bytes_read++;//读到的字节数加一
        msg_received = FALSE;//清掉接收标志
        //h4_cb在hci_h4_init()函数执行时已经清零,故最先初始值是0。每次执行完本函
        //数整体循环退出时一定将rcv_state的置为H4_RX_MSGTYPE_ST(值是0)
        switch (p_cb->rcv_state) {
        case H4_RX_MSGTYPE_ST://首次进本函数一定是执行这个case
            //新消息的开始
            if ((byte < H4_TYPE_ACL_DATA) || (byte > H4_TYPE_EVENT)) {
                //未知hci消息类型,丢弃
                ALOGE("[h4] Unknown HCI message type drop
                        this byte 0x%x", byte);
                break;//判断包类型,不符合就break
            }
            //初始化rx参数
            p_cb->rcv_msg_type = byte;//包类型赋值
            /* 用于确定对应的包类型接下来需要读取的长度,如Acl包需要读取4个字节
               前2字节是handle和别的信息,如acl包的性质(是起始包还是分段包)
               后2字节是Acl包的后续数据的长度
               如果是起始包,后续2字节是PDU长度
               对EVENT数据,第1字节是EVENT类型,第2字节是包的长度
               SCO包,作者本人也没有去研究,留给读者 */
            //记录将要接收的数据的长度
            p_cb->rcv_len = hci_preamble_table[byte-1];
            memset(p_cb->preload_buffer, 0, 6);//buffer清掉6字节
```

```c
            p_cb->preload_count = 0;//计数清0
        //切换状态到H4_RX_LEN_ST收数据，等待长度到来
            p_cb->rcv_state = H4_RX_LEN_ST;
            break;
    case H4_RX_LEN_ST:
        //接收前导码
        //存储收到的1字节的数据，将buffer指针加1
            p_cb->preload_buffer[p_cb->preload_count++] = byte;
            p_cb->rcv_len--;//还需将接收的数据减1
        //检查是否已经接收了整个前导码
            if (p_cb->rcv_len == 0) {//已经接收完毕
                if (p_cb->rcv_msg_type == H4_TYPE_ACL_DATA) {
                    //针对Acl数据处理
                    //后2字节组成的16位的数据为消息长度，字节序是
                    //little endian需要反序排列得到消息长度
                    msg_len = p_cb->preload_buffer[3];
                    msg_len = (msg_len << 8) + p_cb->preload_buffer[2];

                    //读到长度是4时需要根据内容决定是否还需继续读取2字节
                    if (msg_len && (p_cb->preload_count == 4)) {
                        //检查是不是起始包
                        byte = ((p_cb->preload_buffer[1] >> 4) & 0x03);

                        if (byte == ACL_RX_PKT_START) {
                            //是个起始包，需要继续读取2字节的PDU长度数据
                            p_cb->rcv_len = 2;
                            break;//继续读取2字节
                        }
                    }

                    //根据是起始包还是分段包来决定是开新buffer还是用原来的
                    p_cb->p_rcv_msg = acl_rx_frame_buffer_alloc();
                } else {//针对EVENT和SCO处理接收整个后续内容，长度在最后的字节
                    msg_len = byte;
                    p_cb->rcv_len = msg_len;//最后收到的字节就是消息长度
                    //为消息分配缓冲区
                    if (bt_hc_cbacks) {
                        len = msg_len + p_cb->preload_count
                                    + BT_HC_HDR_SIZE;
```

```
                    p_cb->p_rcv_msg = \
                            (HC_BT_HDR *) bt_hc_cbacks->alloc(len);
        }

        if (p_cb->p_rcv_msg) {
            //用预加载数据初始化 buffer
            p_cb->p_rcv_msg->offset = 0;
            p_cb->p_rcv_msg->layer_specific = 0;
            //消息类型转换为 H4 的类型
            p_cb->p_rcv_msg->event = \
                        msg_evt_table[p_cb->rcv_msg_type-1];
            p_cb->p_rcv_msg->len = p_cb->preload_count;
            memcpy((uint8_t *)(p_cb->p_rcv_msg + 1), \
                p_cb->preload_buffer, p_cb->preload_count);
        }
    }

    if (p_cb->p_rcv_msg == NULL) {
        //不能得到需要的消息 buffer
        ALOGE( \
          "H4: Unable to acquire buffer for incoming HCI
           message." \
          );
        if (msg_len == 0) {
            //等待下一个消息
            p_cb->rcv_state = H4_RX_MSGTYPE_ST;
        } else {
            //忽略剩下的 packet
            p_cb->rcv_state = H4_RX_IGNORE_ST;
        }
        break;
    }

    //消息长度有效
    if (msg_len) {
        //读取余下的消息
        p_cb->rcv_state = H4_RX_DATA_ST;//转为数据接收状态
    } else {
        //消息没有额外参数，整个消息已经接收
```

```c
            if (p_cb->rcv_msg_type == H4_TYPE_ACL_DATA)
                acl_rx_frame_end_chk(); /* to print snoop trace */
            msg_received = TRUE;//没有数据,直接转为接收完毕
            //下一步,等待下一个消息
            p_cb->rcv_state = H4_RX_MSGTYPE_ST;//恢复状态机
        }
    }
    break;
case H4_RX_DATA_ST:
    *((uint8_t *)(p_cb->p_rcv_msg + 1) +
                p_cb->p_rcv_msg->len++)= byte;
    p_cb->rcv_len--;//读到 1 字节数据,记录

    if (p_cb->rcv_len > 0) {
        //读取消息余下的部分
        //嫌一个个字节读取太慢,一次读取剩余字节,也许没有一次全读完
        //但是没关系,读取循环还会继续下去
        len = userial_read(0 /*dummy*/, \
                ((uint8_t *)(p_cb->p_rcv_msg+1)
                + p_cb->p_rcv_msg->len), p_cb->rcv_len);
        p_cb->p_rcv_msg->len += len;
        p_cb->rcv_len -= len;
        bytes_read += len;
    }
    //检查是否读完了整个消息
    if (p_cb->rcv_len == 0) {
        //接收了整个包,检查分段 l2cap 包
        if ((p_cb->rcv_msg_type == H4_TYPE_ACL_DATA) &&
                //ACL 包完整性校验,有分段就再读
                !acl_rx_frame_end_chk()) {
            //packet 还没有结束,下一步继续等待消息
            p_cb->rcv_state = H4_RX_MSGTYPE_ST;
        } else {
            msg_received = TRUE;
            //下一步,等待下一个消息
            p_cb->rcv_state =H4_RX_MSGTYPE_ST;//读取完毕,恢复状态机
        }
    }
    break;
```

```c
            case H4_RX_IGNORE_ST:
                //忽略包的剩下部分
                p_cb->rcv_len--;
                //检查是否已经读取了整个包
                if (p_cb->rcv_len == 0) {
                    //下一步,等待下一个消息
                    p_cb->rcv_state = H4_RX_MSGTYPE_ST;
                }
                break;
        }

        //如果已经接收整个消息,就发送给task
        if (msg_received) {
            uint8_t intercepted = FALSE;
            //产生snoop跟踪信息
            //Acl包跟踪已经在acl_rx_frame_end_chk()做完
            if (p_cb->p_rcv_msg->event != MSG_HC_TO_STACK_HCI_ACL)
                btsnoop_capture(p_cb->p_rcv_msg, true);//存入btsnoop

            if (p_cb->p_rcv_msg->event == MSG_HC_TO_STACK_HCI_EVT)
                //内部命令处理,加载Firmware的命令回调到libbt-vendor注册
                //的回调函数
                intercepted = internal_event_intercept();

            if ((bt_hc_cbacks) && (intercepted == FALSE)) {
                //上报数据给BTU TASK
                bt_hc_cbacks->data_ind((TRANSAC) p_cb->p_rcv_msg, \
                        (char *) (p_cb->p_rcv_msg + 1), \
                        p_cb->p_rcv_msg->len + BT_HC_HDR_SIZE);
            }
            p_cb->p_rcv_msg = NULL;
        }
    }

    return (bytes_read);//返回读取到的长度
}
```

7.8 HCI 裸数据的分析

下面列出一个广播包和一个 Acl 数据包的裸数据，有助于对 7.7.3 节的接收函数的理解。
LE 遥控器的广播数据包（Event，后续会有章节分析广播包）如下。
04 3e 26 02 01 00 00 e5 ae 40 29 eb 08 1a 02 01 05 03 ff 00
00 06 08 4d 49 20 52 43 03 02 12 18 04 0d 04 05 00 02 0a 00 c9
LE 遥控器按键数据包（Acl）如下。
02 02 20 0f 00 0b 00 04 00 1b 2f 00 00 00 4f 00 00 00 00 00
Acl 数据包分析如下。

- 第 1 个字节"02"表示是 Acl data。具体定义参考如下。

    ```
    #define H4_TYPE_COMMAND        1
    #define H4_TYPE_ACL_DATA       2
    #define H4_TYPE_SCO_DATA       3
    #define H4_TYPE_EVENT          4
    ```

- 第 1、3 个字节联合起来组成"20 02"（反序排列），再与上"0X0FFF"得到 handle。本来 handle 定义是从 1 到 65 535 的，但是实际上用不了那么多，且传很大值的 handle 的话，就需要完整的 2 字节，加大了空中传输，故只用了 1.5 字节，还有 0.5 字节用于标示是起始包还是分段。第 3 字节"20"右移 4 位再与上"0X03"得到"2"。"2"表示是一个起始包，如果不是起始包，那就是上一个包的分段。

- 第 4、5 字节联合起来是"000f"（反序组合），表示后面数据总长度是 15。

- 如果是起始包，第 6、7 字节表示 PDU 的长度（是分段就不需要这 2 字节了，因为之前的起始包已经得到长度了）。本图是"0b 00"，反序组合得到"00 0b"，代表 PDU 长度是 11，没有超过最大长度，故不会有分段。

- 第 8、9 字节组合起来是 Channel Id，"00 04"表示是 ATT 通道数据，参考 l2defs.h 如下定义。

    ```
    //L2CAP 预定义 CID,（0x0004-0x003E）保留
    #define L2CAP_SIGNALLING_CID            1
    #define L2CAP_CONNECTIONLESS_CID        2
    #define L2CAP_AMP_CID                   3
    #define L2CAP_ATT_CID                   4
    #define L2CAP_BLE_SIGNALLING_CID        5
    #define L2CAP_SMP_CID                   6
    #define L2CAP_AMP_TEST_CID              0x003F
    #define L2CAP_BASE_APPL_CID             0x0040
    ```

- 第 10 字节的 "1b" 是操作码，表示是 GATT 的通知，参考 gatt_api.h 如下定义。

```
#define GATT_RSP_ERROR                       0x01
#define GATT_REQ_MTU                         0x02
#define GATT_RSP_MTU                         0x03
#define GATT_REQ_FIND_INFO                   0x04
#define GATT_RSP_FIND_INFO                   0x05
#define GATT_REQ_FIND_TYPE_VALUE             0x06
#define GATT_RSP_FIND_TYPE_VALUE             0x07
#define GATT_REQ_READ_BY_TYPE                0x08
#define GATT_RSP_READ_BY_TYPE                0x09
#define GATT_REQ_READ                        0x0A
#define GATT_RSP_READ                        0x0B
#define GATT_REQ_READ_BLOB                   0x0C
#define GATT_RSP_READ_BLOB                   0x0D
#define GATT_REQ_READ_MULTI                  0x0E
#define GATT_RSP_READ_MULTI                  0x0F
#define GATT_REQ_READ_BY_GRP_TYPE            0x10
#define GATT_RSP_READ_BY_GRP_TYPE            0x11
#define GATT_REQ_WRITE           0x12        /*0001-0010 (写)*/
#define GATT_RSP_WRITE                       0x13
#define GATT_CMD_WRITE           0x52  /* 在蓝牙 4.0 规范中改变 01001-0010(写命令)*/
#define GATT_REQ_PREPARE_WRITE               0x16
#define GATT_RSP_PREPARE_WRITE               0x17
#define GATT_REQ_EXEC_WRITE                  0x18
#define GATT_RSP_EXEC_WRITE                  0x19
#define GATT_HANDLE_VALUE_NOTIF              0x1B
#define GATT_HANDLE_VALUE_IND                0x1D
#define GATT_HANDLE_VALUE_CONF               0x1E
/* 在蓝牙 4.0 规范中改变 1101-0010 (签名写)  看上面的写命令*
#define GATT_SIGN_CMD_WRITE                  0xD2 /
#define GATT_OP_CODE_MAX GATT_HANDLE_VALUE_CONF + 1 /* 0x1E = 30+1=31*/
```

- 第 11、12 字节组合起来是 ATT handle，值是 "00 2f"。从第 13 字节开始是 ATT 数据。

7.9　本章总结

　　Bluedroid、HCI、libbt-vendor 三者之间相互依存，在各有自己功能的前提下进行三方合作，达到正常运转蓝牙协议栈的目的。

　　Bluedroid 负责整体事务，是核心；HCI 是传输层，是 Bluedroid、libbt-vendor 和 Controller

之间的桥梁，负责数据的发送和接收；libbt-vendor 主要用于加载 Firmware，也包括一些其他的功能，如 Reset、Audio 状态控制、总线接口的控制、LPM 的控制等。

  本章的分析过程看上去太抽象，各种接口的注册和调用让读者看得眼花缭乱。读者可以参考 9.5 节"蓝牙 Firmware 的加载过程"来加深理解。协议栈通过 HCI 发送和接收数据（包括命令执行结果）的过程和 Firmware 加载过程类似，只不过发送动作来源于协议栈，调用了 HCI 接口提供的 transmit_buf()函数。HCI 从 Kernel 总线驱动层接收到的数据经组包后再发往 BTU TASK 进行进一步处理。

第 8 章

L2CAP 简介

8.1 概述

逻辑链路控制和适配协议（Logical Link Control and Adaptation Protocol，L2CAP）是蓝牙的核心协议，负责适配基带中的上层协议。它同链路管理器并行工作，向上层协议提供定向连接的和无连接的数据业务。这个上层具有 L2CAP 的分割和重组功能，使更高层次的协议和应用能够以 64KB 的长度发送和接收数据包。它还能够处理协议的多路复用，以提供多种连接和多个连接类型（通过一个空中接口），同时提供服务质量支持和成组通信。L2CAP 在协议栈中的结构和位置如图 8.1 所示。

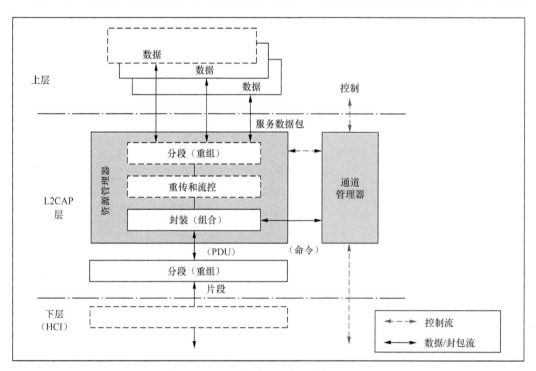

图 8.1　L2CAP 在协议栈中的结构和位置

8.2 L2CAP 的组成部分和功能

8.2.1 L2CAP 的两个组成部分

在 L2CAP 中包含了信道管理（Channel Manager）和资源管理（Resource Manager）两个组成部分。两个组成部分介绍如下。

- L2CAP 信道管理器负责创建、管理和结束用于服务协议和应用数据流传输的 L2CAP 信道。信道管理器通过 L2CAP 与远程（对等）设备上的信道管理器交互，以创建这些 L2CAP 信道并将它们的端点连接到对应的实体。信道管理器与本地链路管理器交互来创建新的逻辑链路（如有此需要）和配置这些链路，以提供被传输数据类型要求的质量服务（Quality of Service，QoS）。
- L2CAP 资源管理器块负责管理发送至基带的协议数据单元（Protocol Data Unit，PDU）片段的提交顺序以及信道间的相关调度，以确保不会因为 Bluetooth 控制器资源耗尽而导致带有 QoS 承诺的 L2CAP 信道对物理信道的访问被拒绝。这是必须的，因为架构模型不会假设 Bluetooth 控制器拥有无限大缓冲，也不会假设 HCI 是具有无限大带宽的管道。
L2CAP 资源管理器也可以执行通信量符合性管制功能，以确保这些应用在它们协商好的 QoS 设置的限制范围内提交 L2CAP 服务数据单元（Service Data Unit，SDU）。一般的 Bluetooth 数据传输模型会假设每项应用都符合相关要求，而不会定义某项具体实施应如何处理此类问题。

8.2.2 L2CAP 的功能

L2CAP 的功能包括协议/信道多路复用、分段和重组（SAR）与服务质量 3 个组成部分。

- 协议/信道复用：L2CAP 应支持协议复用，因为基带协议不支持任何"类型"域，而这些类型域则用于标识要复用的更高层协议。L2CAP 必须能够区分高层协议，例如服务搜索协议、RFCOMM 和电话控制等。
- 分段与重组：与其他有线物理介质相比，由基带协议定义的分组在大小上受到限制。输出与最大基带有效载荷（DH5 分组中的 341 字节）关联的最大传输单位（MTU）限制了更高层协议带宽的有效使用，而高层协议要使用更大的分组。大 L2CAP 分组必须在无线传输前分段成为多个小基带分组。同样，收到多个小基带分组后也可以重新组装成大的、单一的 L2CAP 分组。在使用比基带分组更大的分组协议时,必须使用分段与重组功能。
- 服务质量：L2CAP 连接建立过程，允许交换有关两个蓝牙单元之间服务质量的信息。每个

L2CAP 设备必须监视由协议使用的资源并保证服务质量的完整实现。

8.3 设备间的操作

8.3.1 操作模式

L2CAP Channels 可运行在以下模式之一中。
- 基本 L2CAP 模式（Basic L2CAP Mode）。
- 流量控制模式（Flow Control Mode）。
- 重传模式（Retransmission Mode）。
- 加强版重传模式（Enhanced Retransmission Mode）。
- 流模式（Streaming Mode）。
- LE 流量控制模式（LE Credit Based Flow Control Mode）。

8.3.2 L2CAP 连接类型

L2CAP 具有 4 种连接类型，如下所示。
- 面向连接，采用基本 L2CAP 模式（Connection-oriented Channels in Basic L2CAP mode）。
- 无连接，采用基本 L2CAP 模式（Connectionless Data Channel in Basic L2CAP mode）。
- 面向连接，重传/流量控制/流模式（Connection-oriented Channel in Retransmission/Flow Control/Streaming Mode）。
- 面向连接，LE 流量控制模式（Connection-oriented Channels in LE Credit Based Flow Control Mode）。

面向连接的数据信道提供了两个设备间的连接，绑定逻辑链路的 CID 则用于标识信道的每一端。对于无连接的数据信道，当用于广播传输时限制了传输的方向；当用于单播传输时则没有限制。部分信道都保留用作特殊目的。

8.4 L2CAP 数据包

L2CAP 的数据包称为数据包数据单元，是以一个或多个基带数据包的形式并介由 ACL 链路来传输的。对于第一个数据包其净荷（Payload）头部的逻辑信道（L_CH）比特位要被置为 102，而其后的数据包要置为 012。

8.4.1　L2CAP 数据包格式

对于不同的连接类型，数据包格式是不同的，且信息载荷（Information payload）是基于小字节序（Little Endian byte order）。

- B-FRAME。
  - Length：2 字节，信息载荷的字节数（0~65 535）。
  - Channel ID：2 字节，对端目的信道。
  - Information payload：0~65 535 字节。
- G-FRAME。
  - Length：2 字节，信息载荷和 PSM 的字节数（0~65 535）。
  - Channel ID：2 字节，对于无连接传输使用固定值 0x0002。
  - PSM：>=2 字节，Protocol/Service Multiplexer。
- S-FRAME/I-FRAME。
  - I-Frame 用于在 L2CAP 实体间进行信息传输。S-Frame 则用于确认 I-Frame 和 I-Frame 的重传请求。
  - Length：2 字节，除 Basic L2CAP 外的总字节数。
  - Channel ID：2 字节，对端目的信道。
  - L2CAP SDU Length：2 字节，只出现在 Start I-Frame（SAR=0x01）中，表示总的 SDU 长度。
  - FCS：2 字节，帧检验序列（Frame Check Sequence）。
  - Control Field 有 3 种模式。

  （1）Standard Control Field：用于流控/重传模式（Retransmission Mode and Flow Control Mode）。

  （2）Enhanced Control Field：用于加强重传合流模式（Enhanced Retransmission Mode and Streaming Mode）。

  （3）Extended Control Field：用于加强重传合流模式（Enhanced Retransmission Mode and Streaming Mode）。
- LF-FRAME：略过。

8.4.2　信号包格式

信号包格式（Signaling Packet Format）：在对端设备上两个 L2CAP 实体间传递的信号命令

（Signaling Commands），这些信号命令通过信令通道（Signaling Channel）来传输，对于 ACL-U 逻辑链路应该使用 CID 0x0001，而对于 LE-U 则应该使用 CID 0x0005。

信号包格式如图 8.2 所示。

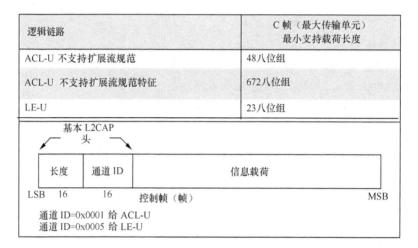

图 8.2　信号包格式

8.5　L2CAP 的使用

L2CAP 是基带的上层协议，可以认为它与 LMP 并行工作，它们的区别在于当业务数据不经过 LMP 时，L2CAP 为上层提供服务。L2CAP 向上层提供面向连接的和无连接的数据服务，它采用了多路技术、分割和重组技术、群提取技术。L2CAP 允许高层协议以 64K 字节收发数据分组。虽然基带协议提供了 SCO 和 ACL 两种连接类型，但 L2CAP 只支持 ACL。

8.6　LE 数据包格式分析

下面分析一个来自 Le 从机（Slave）的更新连接参数请求的数据包，如图 8.3 所示。
- 第 1 字节 "02" 标示是 ACL 数据包。
- 第 2、3 字节组合起来是 "2002"，最高 4bit 的 "2" 标示是个起始包，后 12bit 用于标示 Handle，值是 "0002"。
- 第 4、5 字节组合起来是 "0010"，标示 HCI 数据的总长度，即 16。
- 第 6、7 字节组合起来是 "000c"，标示 L2CAP PDU 的长度，即 12。CID 的长度没有计入。

- 第 8、9 字节组合起来是 "0005"，标示 CID，即 5，代表 BLE SIGNALLING CID。
- 第 10 字节的 12 是 L2CAP 信令码。
- 之后的是具体的命令相关的参数了。这段 ACL 数据是 SLAVE 端更新设备连接参数的请求。

图 8.3　更新连接参数请求的数据包

通道标识和信令标识参考 stack/include/l2cdefs.h 的如下定义。

```
//预定义 CID,(0x0004-0x003E 保留)
#define L2CAP_SIGNALLING_CID              1
#define L2CAP_CONNECTIONLESS_CID          2
#define L2CAP_AMP_CID                     3
#define L2CAP_ATT_CID                     4
#define L2CAP_BLE_SIGNALLING_CID          5//L2CAP BLE 信令通道标识
#define L2CAP_SMP_CID                     6
#define L2CAP_AMP_TEST_CID                0x003F
#define L2CAP_BASE_APPL_CID               0x0040
/* L2CAP command codes*/
#define L2CAP_CMD_REJECT                  0x01
#define L2CAP_CMD_CONN_REQ                0x02
#define L2CAP_CMD_CONN_RSP                0x03
#define L2CAP_CMD_CONFIG_REQ              0x04
#define L2CAP_CMD_CONFIG_RSP              0x05
```

```
#define L2CAP_CMD_DISC_REQ              0x06
#define L2CAP_CMD_DISC_RSP              0x07
#define L2CAP_CMD_ECHO_REQ              0x08
#define L2CAP_CMD_ECHO_RSP              0x09
#define L2CAP_CMD_INFO_REQ              0x0A
#define L2CAP_CMD_INFO_RSP              0x0B
#define L2CAP_CMD_AMP_CONN_REQ          0x0C
#define L2CAP_CMD_AMP_CONN_RSP          0x0D
#define L2CAP_CMD_AMP_MOVE_REQ          0x0E
#define L2CAP_CMD_AMP_MOVE_RSP          0x0F
#define L2CAP_CMD_AMP_MOVE_CFM          0x10
#define L2CAP_CMD_AMP_MOVE_CFM_RSP      0x11
#define L2CAP_CMD_BLE_UPDATE_REQ        0x12//更新连接参数请求信令
#define L2CAP_CMD_BLE_UPDATE_RSP        0x13
```

8.7　L2CAP 的 CSM（Channel State Machine）介绍

状态机共有 9 种子状态机，任意时刻只能处于其中一种。最先是 CLOSED 状态，随着 Channel 的建立、加密、配置，最终处于 OPEN 状态。状态机最多的时候是在 OPEN 状态下收、发 ACL 数据并进行处理，其他子状态机都只是短暂运行。状态机之间会有状态切换。举例如下。

```
typedef enum {
    CST_CLOSED,  //关闭状态
    CST_ORIG_W4_SEC_COMP, //发起者（应用）发起连接建立，等待 security

    CST_TERM_W4_SEC_COMP,//接收者等待 security
    CST_W4_L2CAP_CONNECT_RSP,   //等待 peer connect 的回应
    CST_W4_L2CA_CONNECT_RSP,    //等待上层 connect 回应
    CST_CONFIG,    //商讨配置过程
    CST_OPEN,     //open 状态，收发 acl 数据
    CST_W4_L2CAP_DISCONNECT_RSP, //等待 peer 断连接回应
    CST_W4_L2CA_DISCONNECT_RSP //等待上层断连接回应
} tL2C_CHNL_STATE;
//处理机 9 种状态根据 ccb 的 channel state 来确定执行执行哪种状态
void l2c_csm_execute (tL2C_CCB *p_ccb, UINT16 event, void *p_data) {
    switch (p_ccb->chnl_state) {
```

```
        case CST_CLOSED:
            l2c_csm_closed (p_ccb, event, p_data);
            break;
        case CST_ORIG_W4_SEC_COMP:
            l2c_csm_orig_w4_sec_comp (p_ccb, event, p_data);
            break;
        case CST_TERM_W4_SEC_COMP:
            l2c_csm_term_w4_sec_comp (p_ccb, event, p_data);
            break;
        case CST_W4_L2CAP_CONNECT_RSP:
            l2c_csm_w4_l2cap_connect_rsp (p_ccb, event, p_data);
            break;
        case CST_W4_L2CA_CONNECT_RSP:
            l2c_csm_w4_l2ca_connect_rsp (p_ccb, event, p_data);
            break;
        case CST_CONFIG:
            l2c_csm_config (p_ccb, event, p_data);
            break;
        case CST_OPEN:
            l2c_csm_open (p_ccb, event, p_data);
            break;
        case CST_W4_L2CAP_DISCONNECT_RSP:
            l2c_csm_w4_l2cap_disconnect_rsp (p_ccb, event, p_data);
            break;
        case CST_W4_L2CA_DISCONNECT_RSP:
            l2c_csm_w4_l2ca_disconnect_rsp (p_ccb, event, p_data);
            break;
        default:
            break;
    }
}
```

8.7.1 子状态机介绍

子状态机的状态共有 35 种。前述的 9 种子状态机中的每一种在内部都有不同数量的状态，每一个子状态机的内部状态都是这 35 种的子集。

```
//定义 L2CAP 连接输入事件和 CSM 的事件，事件名字看上去有点奇怪，但来自于蓝牙 SPEC
//底层连接确认
#define L2CEVT_LP_CONNECT_CFM    0
//底层连接确认失败
```

```c
#define L2CEVT_LP_CONNECT_CFM_NEG    1
//底层连接通知
#define L2CEVT_LP_CONNECT_IND        2
//底层断连接通知
#define L2CEVT_LP_DISCONNECT_IND     3
//底层 QOS 确认
#define L2CEVT_LP_QOS_CFM            4
//底层 QOS 确认失败
#define L2CEVT_LP_QOS_CFM_NEG        5
//底层 QOS 不合规指示
#define L2CEVT_LP_QOS_VIOLATION_IND  6
//security 清除成功
#define L2CEVT_SEC_COMP              7
//security 失败
#define L2CEVT_SEC_COMP_NEG          8
//peer 连接请求
#define L2CEVT_L2CAP_CONNECT_REQ     10
//peer 连接回应
#define L2CEVT_L2CAP_CONNECT_RSP     11
//peer 连接挂起回应
#define L2CEVT_L2CAP_CONNECT_RSP_PND 12
//peer 连接失败回应
#define L2CEVT_L2CAP_CONNECT_RSP_NEG 13
//peer 配置请求
#define L2CEVT_L2CAP_CONFIG_REQ      14
//peer 配置回应
#define L2CEVT_L2CAP_CONFIG_RSP      15
//peer 配置失败回应
#define L2CEVT_L2CAP_CONFIG_RSP_NEG  16
//peer 断连接请求
#define L2CEVT_L2CAP_DISCONNECT_REQ  17
//peer 断连接回应
#define L2CEVT_L2CAP_DISCONNECT_RSP  18
//peer 信息回应
#define L2CEVT_L2CAP_INFO_RSP        19
//peer 的数据
#define L2CEVT_L2CAP_DATA            20
//上层连接请求
#define L2CEVT_L2CA_CONNECT_REQ      21
//上层连接回应
#define L2CEVT_L2CA_CONNECT_RSP      22
```

```
//上层连接失败
#define L2CEVT_L2CA_CONNECT_RSP_NEG     23
//上层配置请求
#define L2CEVT_L2CA_CONFIG_REQ          24
//上层配置回应
#define L2CEVT_L2CA_CONFIG_RSP          25
//上层配置失败回应
#define L2CEVT_L2CA_CONFIG_RSP_NEG      26
//上层断连接请求
#define L2CEVT_L2CA_DISCONNECT_REQ      27
//上层断连接回应
#define L2CEVT_L2CA_DISCONNECT_RSP      28
//上层数据读取
#define L2CEVT_L2CA_DATA_READ           29
//上层数据写入
#define L2CEVT_L2CA_DATA_WRITE          30
//上层数据刷新
#define L2CEVT_L2CA_FLUSH_REQ           31
//超时
#define L2CEVT_TIMEOUT                  32
//有大量安全相关的信息需要处理
#define L2CEVT_SEC_RE_SEND_CMD          33
//Round Robin 超时
#define L2CEVT_ACK_TIMEOUT              34
```

8.7.2 OPEN 子状态机处理函数

OPEN 子状态机需要处理 10 种状态，有些状态处理时还会切换到其他状态机。10 种状态处理说明如下。

- 收到 L2CEVT_LP_DISCONNECT_IND 事件时，清掉链路上跟本 CCB 相关的安全和认证相关的 flag；清掉 CCB 上保持队列挂载的还没有发送的消息；清掉 FCR 的 ack、hold、retrans 队列上的消息；清空并回收 CCB；判断链路上是否还有逻辑通道，有就重新进行 QoS 调整，没有就执行断链处理。然后向上层 Pfofile 注册的回调函数报告逻辑链路断开通知。

- 收到 L2CEVT_LP_QOS_VIOLATION_IND 时，表示 QoS 不合规，回调上层处理。但是没有上层 Profile 实现这个函数。

- 收到 L2CEVT_L2CAP_CONFIG_REQ 时，外部设备请求配置 CCB 参数，包括配置 FCR mode、mtu、flush timeout 和 QoS。如果配置成功，通知上层 Profile 进行记录并回复对方配置成功，状态机进入 CST_CONFIG 状态；如果配置就告知对方失败并附送自己的配置清单,状态机保持 CST_OPEN 状态;如果是其他情况就断掉逻辑链路并回收 CCB 资源,状态机进入 CST_CONFIG 状态。

- 收到 L2CEVT_L2CAP_DISCONNECT_REQ 时,来自外部设备的断逻辑链路的断连请求就进入 ACTIVE mode(即退出 HOLD、SNIFF、PARK 中的一个),通知上层 Profile 执行断逻辑链路的处理和回复,进入 CST_W4_L2CA_DISCONNECT_RSP 状态。
- 收到 L2CEVT_L2CAP_DATA 时,这是来自外部设备的数据,将数据发往上层 Profile 处理。
- 收到 L2CEVT_L2CA_CONFIG_REQ 时,来自上层 Profile 的请求生成和发出断逻辑链路的请求,将状态机切换到 CST_W4_L2CAP_DISCONNECT_RSP。
- 收到 L2CEVT_L2CA_DATA_WRITE 时,上层 Profile 想发数据,就需要将数据存入 CCB 的 xmit_hold_q 队列,调度 l2c_link_check_send_pkts() 函数进行数据发送。
- 收到 L2CEVT_L2CA_CONFIG_REQ 时,记录配置然后生成和发送配置请求,将状态机切换到 CST_CONFIG。
- 收到 L2CEVT_TIMEOUT 时,如果是在 L2CAP_FCR_ERTM_MODE 模式下,重传次数过多就执行断逻辑链路的请求,否则再尝试重传 S frame。
- 收到 L2CEVT_ACK_TIMEOUT 时,尝试重传 S frame。

```
//open 子状态机处理函数
static void l2c_csm_open (tL2C_CCB *p_ccb, UINT16 event, void *p_data) {
    UINT16                  local_cid = p_ccb->local_cid;
    tL2CAP_CFG_INFO         *p_cfg;
    tL2C_CHNL_STATE         tempstate;
    UINT8                   tempcfgdone;
    UINT8                   cfg_result;

#if (L2CAP_UCD_INCLUDED == TRUE)//未定义此宏,略过
    if ( local_cid == L2CAP_CONNECTIONLESS_CID ) {
        //尝试 ucd 状态机是否可处理
        if ( l2c_ucd_process_event (p_ccb, event, p_data) ) {
            return//事件已经被 ucd 状态机处理,返回
        }
    }
#endif

    switch (event) {
        case L2CEVT_LP_DISCONNECT_IND: //断连接通知
            l2cu_release_ccb (p_ccb);//释放资源、从队列移除未发送的数据
            if (p_ccb->p_rcb)//通知上层 Profile
```

```c
                    (*p_ccb->p_rcb->api.pL2CA_DisconnectInd_Cb)(local_cid, FALSE);
                break;
            case L2CEVT_LP_QOS_VIOLATION_IND://QoS 不合规
                //通知上层
                if (p_ccb->p_rcb->api.pL2CA_QoSViolationInd_Cb)
                    (*p_ccb->p_rcb->api.pL2CA_QoSViolationInd_Cb)(
                            p_ccb->p_lcb->remote_bd_addr);//回调
                break;
            case L2CEVT_L2CAP_CONFIG_REQ: //peer 配置请求
                p_cfg = (tL2CAP_CFG_INFO *)p_data;

                tempstate = p_ccb->chnl_state;//临时记录当前状态
                tempcfgdone = p_ccb->config_done;
                p_ccb->chnl_state = CST_CONFIG;//状态切换
                p_ccb->config_done &= ~CFG_DONE_MASK;

                btu_start_timer (&p_ccb->timer_entry, BTU_TTYPE_L2CAP_CHNL,
                                L2CAP_CHNL_CFG_TIMEOUT);//设置处理超时

                //处理配置请求，看是否匹配
                if ((cfg_result = l2cu_process_peer_cfg_req (p_ccb, p_cfg))
                            == L2CAP_PEER_CFG_OK) {
                    (*p_ccb->p_rcb->api.pL2CA_ConfigInd_Cb)
                            (p_ccb->local_cid, p_cfg);
                }
                //参数配置错误，重置状态和标志
                else if (cfg_result == L2CAP_PEER_CFG_UNACCEPTABLE) {
                    btu_stop_timer(&p_ccb->timer_entry);//停止 timer
                    p_ccb->chnl_state = tempstate;//恢复当前状态
                    p_ccb->config_done = tempcfgdone;
                    l2cu_send_peer_config_rsp (p_ccb, p_cfg);//回复外部设备成功配置
                } else /* L2CAP_PEER_CFG_DISCONNECT */ {
                    l2cu_disconnect_chnl (p_ccb);//断逻辑链路
                }
                break;
            case L2CEVT_L2CAP_DISCONNECT_REQ:  //peer 断连请求
// btla-specific ++
                //保证不在 sniff 模式
#if BTM_PWR_MGR_INCLUDED == TRUE//此宏有定义
                {
```

```
                    tBTM_PM_PWR_MD settings;
                    memset((void*)&settings, 0, sizeof(settings));
                    settings.mode = BTM_PM_MD_ACTIVE;//进active mode方便快速沟通
                    BTM_SetPowerMode(BTM_PM_SET_ONLY_ID,p_ccb->p_lcb->remote_bd_addr,
                    &settings);
                }
#else
                BTM_CancelSniffMode (p_ccb->p_lcb->remote_bd_addr);
#endif
// btla-specific --
                p_ccb->chnl_state = CST_W4_L2CA_DISCONNECT_RSP;
                btu_start_timer (&p_ccb->timer_entry, BTU_TTYPE_L2CAP_CHNL,
                    L2CAP_CHNL_DISCONNECT_TOUT);//启动超时timer
                //回调上层Profile发起response
                (*p_ccb->p_rcb->api.pL2CA_DisconnectInd_Cb)(p_ccb->local_cid, TRUE);
                break;
            case L2CEVT_L2CAP_DATA: //接收到peer的数据包
                //收到外部设备数据，由上层Profile处理
                (*p_ccb->p_rcb->api.pL2CA_DataInd_Cb)(p_ccb->local_cid, (BT_HDR *)p_data);
                break;
            case L2CEVT_L2CA_DISCONNECT_REQ: //上层想断连
                //确保不在sniffer mode
#if BTM_PWR_MGR_INCLUDED == TRUE
                {
                    tBTM_PM_PWR_MD settings;
                    memset((void*)&settings, 0, sizeof(settings));
                    settings.mode = BTM_PM_MD_ACTIVE;//进active mode方便快速沟通
                    BTM_SetPowerMode (BTM_PM_SET_ONLY_ID,
                                    p_ccb->p_lcb->remote_bd_addr, &settings);
                }
#else
                BTM_CancelSniffMode (p_ccb->p_lcb->remote_bd_addr);
#endif

                l2cu_send_peer_disc_req (p_ccb);//发起断逻辑链路请求
                p_ccb->chnl_state = CST_W4_L2CAP_DISCONNECT_RSP;//切换状态机
                btu_start_timer (&p_ccb->timer_entry, BTU_TTYPE_L2CAP_CHNL,
```

```
                                    L2CAP_CHNL_DISCONNECT_TOUT);//起超时timer
            break;
        case L2CEVT_L2CA_DATA_WRITE:    //上层发送数据
            l2c_enqueue_peer_data (p_ccb, (BT_HDR *)p_data);//数据入队列
            //发送数据，不一定能马上发出
            l2c_link_check_send_pkts (p_ccb->p_lcb, NULL, NULL);
            break;
        case L2CEVT_L2CA_CONFIG_REQ:   //上层配置请求
            p_ccb->chnl_state = CST_CONFIG;//切换状态机
            p_ccb->config_done &= ~CFG_DONE_MASK;
            //生成配置请求
            l2cu_process_our_cfg_req (p_ccb, (tL2CAP_CFG_INFO *)p_data);
            //发送配置请求
            l2cu_send_peer_config_req (p_ccb,(tL2CAP_CFG_INFO *)p_data);
            btu_start_timer (&p_ccb->timer_entry, BTU_TTYPE_L2CAP_CHNL,
                            L2CAP_CHNL_CFG_TIMEOUT);//启动超时timer
            break;
        case L2CEVT_TIMEOUT:
            //处理流量控制/重传模式下的监控/重传超时
            if (p_ccb->peer_cfg.fcr.mode == L2CAP_FCR_ERTM_MODE)
                //重传次数过多就发起断逻辑链路，否则尝试重传
                l2c_fcr_proc_tout (p_ccb);
            break;
        case L2CEVT_ACK_TIMEOUT:
            l2c_fcr_proc_ack_tout (p_ccb);//发送超时，尝试重传
            break;
    }
}
```

8.8　Profile 在 L2CAP 的注册和函数回调机制

8.8.1　Profile 的注册

在蓝牙打开时，Profile 启动，会往 L2CAP 层注册 PSM（Protocol/Service Multiplexer）和回调函数集合，使得能从 L2CAP 层获得逻辑通道的连接状态变化信息和数据接收通知并进行处理。下面以 AVCT Profile 的注册举例说明。

```c
//L2CAP 回调函数结构
const tL2CAP_APPL_INFO avct_l2c_appl = {//回调函数集合
    avct_l2c_connect_ind_cback,
    avct_l2c_connect_cfm_cback,
    NULL,
    avct_l2c_config_ind_cback,
    avct_l2c_config_cfm_cback,
    avct_l2c_disconnect_ind_cback,
    avct_l2c_disconnect_cfm_cback,
    NULL,
    avct_l2c_data_ind_cback,//L2CAP 数据通知处理函数
    avct_l2c_congestion_ind_cback,//L2CAP 层数据发送阻塞处理函数
    NULL /* tL2CA_TX_COMPLETE_CB */
};

void AVCT_Register(UINT16 mtu, UINT16 mtu_br, UINT8 sec_mask) {
    AVCT_TRACE_API("AVCT_Register");

    /往 L2CAP 注册 avct PSM
    L2CA_Register(AVCT_PSM, (tL2CAP_APPL_INFO *) &avct_l2c_appl);

    //设置安全级别
    BTM_SetSecurityLevel(TRUE,"", BTM_SEC_SERVICE_AVCTP,
                         sec_mask, AVCT_PSM, 0, 0);
    BTM_SetSecurityLevel(FALSE,"", BTM_SEC_SERVICE_AVCTP,
                         sec_mask, AVCT_PSM,0, 0);

    //初始化 avctp 数据结构
    memset(&avct_cb, 0, sizeof(tAVCT_CB));

#if (AVCT_BROWSE_INCLUDED == TRUE)
    //曲目浏览 Profile 注册
    L2CA_Register(AVCT_BR_PSM, (tL2CAP_APPL_INFO *) &avct_l2c_br_appl);

    BTM_SetSecurityLevel(TRUE, "", BTM_SEC_SERVICE_AVCTP_BROWSE, sec_mask,
AVCT_BR_PSM, 0, 0);
    BTM_SetSecurityLevel(FALSE, "", BTM_SEC_SERVICE_AVCTP_BROWSE, sec_mask,
AVCT_BR_PSM, 0, 0);

    if (mtu_br < AVCT_MIN_BROWSE_MTU)
```

```c
        mtu_br = AVCT_MIN_BROWSE_MTU;
    avct_cb.mtu_br = mtu_br; //mtu 赋值
#endif

#if defined(AVCT_INITIAL_TRACE_LEVEL)
    avct_cb.trace_level = AVCT_INITIAL_TRACE_LEVEL;
#else
    avct_cb.trace_level = BT_TRACE_LEVEL_NONE;
#endif

    if (mtu < AVCT_MIN_CONTROL_MTU)
        mtu = AVCT_MIN_CONTROL_MTU;
        avct_cb.mtu = mtu;//mtu 赋值
}

UINT16 L2CA_Register (UINT16 psm, tL2CAP_APPL_INFO *p_cb_info) {
    tL2C_RCB    *p_rcb;
    UINT16      vpsm = psm;

    //检查回调函数集合是否都有注册，需要注意回调函数是必需的且使用时没有检查，
    //因为它可能只是一个客户端或服务端
    if ((!p_cb_info->pL2CA_ConfigCfm_Cb)
        || (!p_cb_info->pL2CA_ConfigInd_Cb)
        || (!p_cb_info->pL2CA_DataInd_Cb)
        || (!p_cb_info->pL2CA_DisconnectInd_Cb)) {
        L2CAP_TRACE_ERROR ("L2CAP - no cb registering PSM: 0x%04x", psm);
        return (0);
    }

    //判断 PSM 的合法性
    if (L2C_INVALID_PSM(psm)) {
        L2CAP_TRACE_ERROR ("L2CAP - invalid PSM value, PSM: 0x%04x", psm);
        return (0);
    }

    //检查是否一个 outgoing 的动态 PSM 的连接注册，是的话就分配一个虚拟 PSM 给应用使用
    if ((psm >= 0x1001) && (p_cb_info->pL2CA_ConnectInd_Cb == NULL)) {
        for (vpsm = 0x1002; vpsm < 0x8000; vpsm += 2) {
```

```
                    if ((p_rcb = l2cu_find_rcb_by_psm (vpsm)) == NULL)
                        break;
            }
        }

        //如果已经注册过就覆盖
        if ((p_rcb = l2cu_find_rcb_by_psm (vpsm)) == NULL) {
            if ((p_rcb = l2cu_allocate_rcb (vpsm)) == NULL) {//分配 rcb
                return (0);
            }
        }

        p_rcb->api = *p_cb_info;//记录 Profile 的回调函数集合
        p_rcb->real_psm = psm;//记录 psm 到 rcb

        return (vpsm);
    }
```

8.8.2 Profile 的注册回调函数集合的回调机制

1. rcb 和 ccb 的关联方法

L2cap_main.c 的 process_l2cap_cmd()函数在执行 L2CAP_CMD_CONN_REQ 时会根据 psm 查找 p_rcb，并将得到的 p_rcb 记录到 ccb 中，使得 ccb 和 rcb 得到关联。

```
    static void process_l2cap_cmd (tL2C_LCB *p_lcb, UINT8 *p, UINT16 pkt_len) {
        //此函数省略了很多，只留下关心的部分
        switch (cmd_code) {
            case L2CAP_CMD_CONN_REQ:
                //根据 psm 找到 p_rcb
                if ((p_rcb = l2cu_find_rcb_by_psm (con_info.psm)) == NULL) {
                    //省略部分代码
                }
                //分配 ccb
                if ((p_ccb = l2cu_allocate_ccb (p_lcb, 0)) == NULL) {
                    //省略部分代码
                }
                p_ccb->p_rcb = p_rcb;//记录 rcb 到 ccb
                p_ccb->remote_cid = rcid;
```

```
            //执行连接请求
            l2c_csm_execute(p_ccb, L2CEVT_L2CAP_CONNECT_REQ, &con_info);
    }
}
```

2. 回调机制

在 L2CAP 的状态机中会调用 Profile 注册的回调函数集合。

以 l2c_csm_open() 函数举例，当收到 ACL 数据时，找到相应的 ccb 的 rcb，并调用回调函数执行数据处理。

```
    case L2CEVT_L2CAP_DATA:   //找到 ccb 对应的 rcb 执行回调函数
        (*p_ccb->p_rcb->api.pL2CA_DataInd_Cb)(p_ccb->local_cid, (BT_HDR *)p_data);
        break;
```

如果是 avctp 的数据，就会调用 avct_l2c_data_ind_cback() 函数来处理数据。

需要注意，对于固定 CID 的 Profile，收到数据后直接调用回调函数，不走 CSM 状态机。参考 l2c_main.c 中的 l2c_rcv_acl_data() 函数，摘出部分代码如下。

```
(*l2cb.fixed_reg[rcv_cid - L2CAP_FIRST_FIXED_CHNL].
                            pL2CA_FixedData_Cb)(p_lcb->remote_bd_addr, p_msg);
```

8.9 L2CAP 的数据的发送和接收过程

8.9.1 数据的发送

L2CAP 给上层提供了两个数据发送接口，第 1 个用于固定 CID 发送，第 2 个是其他数据发送接口。接口定义如下。

```
UINT16 L2CA_SendFixedChnlData (UINT16 fixed_cid, BD_ADDR rem_bda, BT_HDR *p_buf);
UINT8 L2CA_DataWrite (UINT16 cid, BT_HDR *p_data);
```

数据发送时，L2CAP 需要将数据入队列；检查 Channel 拥堵情况；如果当前 link 支持 RR，则还需要检查、修改 ACL 数据的权限；检查是否有发送窗口，如没有需将置上轮询调度（Round Robin, RR），下次时需要 RR；如果包的长度超过了 ACL 容许的最大值，那么 L2CAP 不用关心，HCI 层的 H4 层发送时会拆分出多个包发出去；发送过程还会查看 Link 和各个 Channel 上是否有包需要发送，需要的话继续调度发送。

发送过程比较复杂，因篇幅有限就不详细介绍代码了。在 CSDN 上的文章比较详细地分析了发送的过程，感兴趣的读者可以去看看。

8.9.2 数据的接收

1. 接收数据的来源

HCI 层收到数据，发送 msg 给 BTU TASK。BTU TASK 识别到是 ACL 数据后，调用 L2CAP 中的 l2c_rcv_acl_data()函数进行数据处理。

BTU TASK 处理函数如下所示。这个函数做了简化，请读者自行查看原始函数。

```
BTU_API UINT32 btu_task (UINT32 param) {
    while ((p_msg = (BT_HDR *) GKI_read_mbox (BTU_HCI_RCV_MBOX)) != NULL) {
        switch (p_msg->event & BT_EVT_MASK) {
            case BT_EVT_TO_BTU_HCI_ACL:
                //所有发往 L2CAP 的 acl 数据
                l2c_rcv_acl_data (p_msg);//调用 L2CAP 的数据处理函数
                break;
        }
    }
}
```

2. 接收数据的处理

判断数据包是否合法，如不合法就退出处理；根据 mode 和 CID 分别去调用不同的处理函数。这些处理函数本身也比较复杂，限于篇幅，请读者们自行对照查看。阅读下面的接收处理主函数时参考本章前面的信号数据包的分析，会有助于本函数的理解。分析如下。

```
void l2c_rcv_acl_data (BT_HDR *p_msg) {
    UINT8       *p = (UINT8 *)(p_msg + 1) + p_msg->offset;
    UINT16      handle, hci_len;
    UINT8       pkt_type;
    tL2C_LCB    *p_lcb;
    tL2C_CCB    *p_ccb = NULL;
    UINT16      l2cap_len, rcv_cid, psm;

    //提取 handle
    STREAM_TO_UINT16 (handle, p);//先将 2 字节读入
    pkt_type = HCID_GET_EVENT (handle);//从前 4 比特得到包的类型（起始包、分段包）
    handle = HCID_GET_HANDLE (handle);//从后 12 比特得到真实 handle

        //HCI 传输层已经将分段包组包，我们不可能得到一个 "continuation" 的包
    if (pkt_type != L2CAP_PKT_CONTINUE) {//HCI 层已经组包，不会存在分段包
//得到 lcb, 即链路控制块
        if ((p_lcb = l2cu_find_lcb_by_handle (handle)) == NULL) {
```

```c
        UINT8       cmd_code;

    //没有得到lcb才走到这里执行
    STREAM_TO_UINT16 (hci_len, p);//得到hci整包长度
    STREAM_TO_UINT16 (l2cap_len, p);//得到l2cap PDU长度
    STREAM_TO_UINT16 (rcv_cid, p);//得到cid
    STREAM_TO_UINT8  (cmd_code, p);//得到opcode

    //没有得到lcb，是BR/EDR信令信道、操作码还是两个命令请求中的一个
    // layer_specific 正常应该是一个handle，如下所示的例子处于不正
    // 常状态
    if ((p_msg->layer_specific == 0) &&
                (rcv_cid == L2CAP_SIGNALLING_CID)
                &&(cmd_code == L2CAP_CMD_INFO_REQ ||
                    cmd_code == L2CAP_CMD_CONN_REQ)) {
        L2CAP_TRACE_WARNING ("L2CAP - holding ACL for
            unknown handle:%d ls:%d cid:%d opcode:%d cur count:%d",
                handle, p_msg->layer_specific, rcv_cid, cmd_code,
                    l2cb.rcv_hold_q.count);

        p_msg->layer_specific = 2;//赋个基础handle值2
        //入队列缓存待timer到时再次接收处理
        GKI_enqueue (&l2cb.rcv_hold_q, p_msg);

        if (l2cb.rcv_hold_q.count == 1)//只有一个数据包
            btu_start_timer(&l2cb.rcv_hold_tle,BTU_TTYPE_L2CAP_HOLD,
                BT_1SEC_TIMEOUT);//起timer去超时处理保存的包
        return;
    } else {
        L2CAP_TRACE_ERROR ("L2CAP - rcvd ACL for unknown
            handle:%d ls:%d cid:%d opcode:%d cur count:%d",
                handle, p_msg->layer_specific, rcv_cid, cmd_code,
                    l2cb.rcv_hold_q.count);
    }
    GKI_freebuf (p_msg);
    return;
    }
} else {
    L2CAP_TRACE_WARNING ("L2CAP - expected pkt start or complete,
            got: %d",pkt_type);
    GKI_freebuf (p_msg);//是个分段包，异常了，抛弃并退出本函数
    return;
```

```c
        }

        //提取长度并更新 buffer 偏移
        STREAM_TO_UINT16 (hci_len, p);//得到 HCI 整包的长度
        p_msg->offset += 4;//跳过 handle 和 hci len 的各 2 字节共 4 字节的数据

#if (L2CAP_HOST_FLOW_CTRL == TRUE)//未定义此宏
        //如果达到了门限就发送 ack（确认）
        if (++p_lcb->link_pkts_unacked >= p_lcb->link_ack_thresh)
            btu_hcif_send_host_rdy_for_data();
#endif

        //提取长度和 cid
        STREAM_TO_UINT16 (l2cap_len, p);//得到 L2CAP PDU 的长度
        STREAM_TO_UINT16 (rcv_cid, p);//得到 CID

        //寻找 cid 对应的 ccb
        if (rcv_cid >= L2CAP_BASE_APPL_CID) {//app 层的 CID，大于等于 0x40
            //从 ccb_pool 查找 ccb
            if ((p_ccb = l2cu_find_ccb_by_cid (p_lcb, rcv_cid)) == NULL) {
                2CAP_TRACE_WARNING ("L2CAP - unknown CID: 0x%04x", rcv_cid);
                GKI_freebuf (p_msg);
                return;
            }
        }

        //#define L2CAP_PKT_OVERHEAD      4
        //必须至少接收 L2CAP 的长度和 CID 的长度
        if (hci_len >= L2CAP_PKT_OVERHEAD) {
            //消息长度为 hci 包长减去 4，去掉了 handle 和 hci len 的各 2 字节共 4 字节
            p_msg->len = hci_len - L2CAP_PKT_OVERHEAD;
            //消息偏移加 4，跳过 PDU len 和 CID 的各 2 字节共 4 个字节
            p_msg->offset += L2CAP_PKT_OVERHEAD;
        } else {
            L2CAP_TRACE_WARNING ("L2CAP - got incorrect hci header" );
            GKI_freebuf (p_msg);//包长度一定要大于等于 4，否则是个错包
            return;//错包返回
        }

        if (l2cap_len != p_msg->len) {//如果长度不一致就说明收到了错包，释放消息并返回
```

```
                L2CAP_TRACE_WARNING ("L2CAP - bad length in pkt. Exp: %d  Act: %d",
                                     l2cap_len, p_msg->len);
            GKI_freebuf (p_msg);
            return;
        }
                                  //通过CSM发送数据
        if (rcv_cid == L2CAP_SIGNALLING_CID) {//如果是BR/EDR的信令通道
            process_l2cap_cmd (p_lcb, p, l2cap_len);//调用CSM状态机进行处理
            GKI_freebuf (p_msg);
        } else if (rcv_cid == L2CAP_CONNECTIONLESS_CID) {//无连接通道
            /* process_connectionless_data (p_lcb); */
            STREAM_TO_UINT16 (psm, p);
            L2CAP_TRACE_DEBUG( "GOT CONNECTIONLESS DATA PSM:%d", psm );
#if (TCS_BCST_SETUP_INCLUDED == TRUE && TCS_INCLUDED == TRUE)//没有定义此宏
            if (psm == TCS_PSM_INTERCOM || psm == TCS_PSM_CORDLESS) {
                p_msg->offset += L2CAP_BCST_OVERHEAD;
                p_msg->len -= L2CAP_BCST_OVERHEAD;
                tcs_proc_bcst_msg( p_lcb->remote_bd_addr, p_msg ) ;
                GKI_freebuf (p_msg);
            } else
#endif
#if (L2CAP_UCD_INCLUDED == TRUE)  //没有定义此宏
            //如果不是广播，检查UCD注册
            if ( l2c_ucd_check_rx_pkts( p_lcb, p_msg ) ) {
            } else
#endif
                GKI_freebuf (p_msg);//直接释放，没有处理
        }
#if (BLE_INCLUDED == TRUE)
        else if (rcv_cid == L2CAP_BLE_SIGNALLING_CID) {//BLE信令通道
            l2cble_process_sig_cmd (p_lcb, p, l2cap_len);//进行处理
            GKI_freebuf (p_msg);
        }
#endif
#if (L2CAP_NUM_FIXED_CHNLS > 0)
        //如果是固定通道且注册了数据接收函数的话
        else if ((rcv_cid >= L2CAP_FIRST_FIXED_CHNL) &&
                 (rcv_cid <= L2CAP_LAST_FIXED_CHNL) &&
                 (l2cb.fixed_reg[rcv_cid - L2CAP_FIRST_FIXED_CHNL].
```

```c
                            pL2CA_FixedData_Cb != NULL) ) {
        //如果没有这个 channel 的 ccb, 就分配一个
        if (p_lcb &&
                //断连接时丢弃固定通道的数据
                (p_lcb->link_state != LST_DISCONNECTING) &&

            l2cu_initialize_fixed_ccb(p_lcb, rcv_cid,
                &l2cb.fixed_reg[rcv_cid - L2CAP_FIRST_FIXED_CHNL].
                        fixed_chnl_opts)) {
#if(defined BLE_INCLUDED && (BLE_INCLUDED == TRUE))
                //如果不是连接状态,就建立、转换为连接状态
                l2cble_notify_le_connection(p_lcb->remote_bd_addr);
#endif
            p_ccb = p_lcb->p_fixed_ccbs[rcv_cid - L2CAP_FIRST_FIXED_CHNL];

            if (p_ccb->peer_cfg.fcr.mode != L2CAP_FCR_BASIC_MODE)
                //流量控制模式、重传模式的处理
                l2c_fcr_proc_pdu (p_ccb, p_msg);
            else
                //基本 L2CAP 模式,调用上层注册的数据接收函数进行数据处理
                (*l2cb.fixed_reg[rcv_cid - L2CAP_FIRST_FIXED_CHNL].
                    pL2CA_FixedData_Cb)(p_lcb->remote_bd_addr, p_msg);
        } else
            GKI_freebuf (p_msg);//如果 lcb 为空或是断链状态,就丢弃并释放消息
    }
#endif
    else {
        if (p_ccb == NULL)
            GKI_freebuf (p_msg);//ccb 是空,释放消息
        else {//非固定通道数据处理
            //basic mode 的包直接给状态机处理
            if (p_ccb->peer_cfg.fcr.mode == L2CAP_FCR_BASIC_MODE)
                //基本 L2CAP 模式,调用 csm 状态机处理
                l2c_csm_execute(p_ccb, L2CEVT_L2CAP_DATA, p_msg);
            else {//流量控制模式、重传模式的处理
                //加强版重传模式和流模式,需要合法的状态
                //eRTM: Enhanced Retansmission Mode
                if ((p_ccb->chnl_state == CST_OPEN)
                        || (p_ccb->chnl_state == CST_CONFIG))
```

```
                    l2c_fcr_proc_pdu (p_ccb, p_msg);
            else
                //如果不是 OPEN 或 CONFIG 状态，就释放消息
                GKI_freebuf (p_msg);
        }
      }
    }
}
```

第 9 章

Bluedroid 的初始化流程

9.1 概述

Bluedroid 里的 bluetooth.c 提供了 bluetoothInterface 接口作为硬件抽象层，供蓝牙进程的 JNI 调用。其中就有蓝牙的打开/关闭接口，即 enable()/disable()函数。蓝牙的打开动作是蓝牙进程通过 JNI 调用 enable()函数执行的。蓝牙在打开过程中，会创建一些 TASK 和线程，初始化很多模块，加载蓝牙固件（Firmware），将消息/事件机制运转起来，并将 Bluedroid 和 Controller 引导到一个合适的状态。然后，蓝牙进程就可以控制协议栈并使用蓝牙了。本章主要介绍协议栈相关的蓝牙打开过程。

初始化过程分成 3 个阶段：前期准备阶段、加载蓝牙 Firmware 阶段和后期初始化阶段。

9.2 协议栈的 bluetoothInterface 接口的获取过程

com_android_bluetooth_btservice_AdapterService.cpp 的 classInitNative()函数执行 bluetooth.default.so 的打开和获取 bluetoothInterface 接口。举例如下。

```
#define BT_STACK_MODULE_ID "bluetooth"
static void classInitNative(JNIEnv* env, jclass clazz) {
    int err; hw_module_t* module;
    char value[PROPERTY_VALUE_MAX];

    //本函数没有列出 Java 层的回调函数的获取过程，详细请参考具体函数
    property_get("bluetooth.mock_stack", value, "");
    //得到字符串"bluetooth"赋值给 id 字符串

    const char *id = (strcmp(value, "1"))? BT_STACK_MODULE_ID :
```

```
                            BT_STACK_TEST_MODULE_ID);
    err = hw_get_module(id, (hw_module_t const**)&module);
    if (err == 0) {
        hw_device_t* abstraction;
        err = module->methods->open(module, id, &abstraction);
        if (err == 0) {
            bluetooth_module_t* btStack =
                        (bluetooth_module_t *)abstraction;
            //得到 Bluetooth.default.so 的操作接口，供 JNI 层使用
            sBluetoothInterface = btStack->get_bluetooth_interface();
        } else {
            ALOGE("Error while opening Bluetooth library");
        }
    } else {
        ALOGE("No Bluetooth Library found");
    }
}
```

在 AdapterService.java 初始化时，调用 initNative()函数，进行前期初始化。举例如下。

```
static bool initNative(JNIEnv* env, jobject obj) {
    sJniAdapterServiceObj = env->NewGlobalRef(obj);
    sJniCallbacksObj = env->NewGlobalRef(env->GetObjectField(obj,
                                            sJniCallbacksField));
    if (sBluetoothInterface) {
        //调用协议栈的 init()函数接口
        int ret = sBluetoothInterface->init(&sBluetoothCallbacks);
    //后面省略部分代码
}
```

9.3　打开蓝牙接口的调用

打开蓝牙接口的调用关系如下。

```
//本函数由 Java 层的打开蓝牙函数透过 JNI 层调用
static jboolean enableNative(JNIEnv* env, jobject obj) {
    jboolean result = JNI_FALSE;

    if (!sBluetoothInterface) return result;
    //调用 Bluedroid 协议栈的接口打开蓝牙
    int ret = sBluetoothInterface->enable();
    result = (ret == BT_STATUS_SUCCESS || ret == BT_STATUS_DONE) ?
                    JNI_TRUE : JNI_FALSE;
    return result;
}
```

9.4 第一阶段：前期准备阶段

下面是打开蓝牙的第一阶段的执行过程介绍，请以图 9.1 和图 9.2 作为参考。

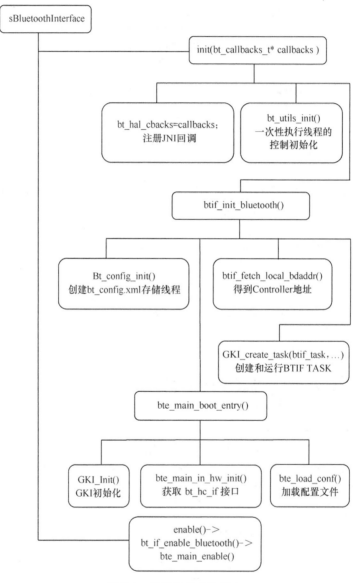

图 9.1 蓝牙初始化流程 1

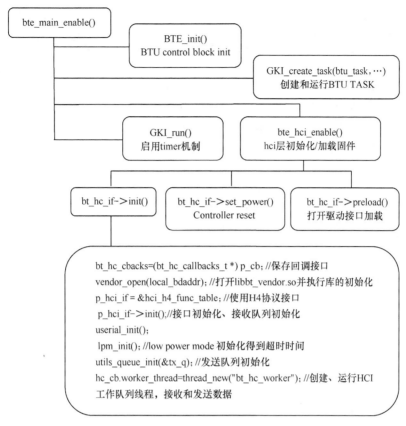

图 9.2　蓝牙初始化流程 2

1. 记录 JNI 层的回调函数，用于 JNI 层的功能调用和执行结果及通知的反馈。

2. 创建 bt_config.xml 存储线程，当得到保存通知时将文件存储和同步一次，防止数据丢失。执行 GKI 的初始化，初始化动态内存和建立分配机制、timer 初始化、GKI_mutex 锁的初始化。

从 libbt-hci.a 静态库里得到 HCI 层的接口，代码如下。

```
static const bt_hc_interface_t bluetoothHCLibInterface = {
    sizeof(bt_hc_interface_t),
    init, //HCI 传输层初始化
    set_power, //Controller 重置接口
    lpm, //low power mode 设置
    preload, //开始加载蓝牙 Firmware
    postload,
    transmit_buf, //命令/数据发送接口
```

```
        logging,
        cleanup,
        tx_hc_cmd  //libbt-vendor 内部操作接口函数，Audio Gate 用于设置 SCO 的状态
    };
```
3. 加载配置文件：bt_stack.conf、ble_stack.conf。

4. 获取 Controller 的 MAC 地址，如果本地和 bt_config.xml 里都没有获取到 MAC 地址，就生成一个以"0X22 和 0X22"开头、后 4 字节随机的 MAC 地址，最后将地址存入 bt_config.xml。当 libbt_vendor 加载完 firmware 后将蓝牙 MAC 地址写入 Controller。

5. 创建和运行 BTIF TASK，此时 TASK 会阻塞，等待 BT_EVT_TRIGGER_STACK_INIT 和 BT_EVT_HARDWARE_INIT_FAIL 事件来触发。BT_EVT_TRIGGER_STACK_INIT 由 BTU TASK 收到 BT_EVT_PRELOAD_CMPL（蓝牙 Firmware 加载完毕）事件后执行底层协议栈的初始化后发出，BTIF TASK 收到此事件后开始正常进入等待消息和执行消息指令的状态。BT_EVT_HARDWARE_INIT_FAIL 在固件加载超时后由 BTU TASK 发出，BTIF TASK 收到此事件后结束等待并通知上层 BTIF TASK 结束生命。

6. BTU 控制块（btu_cb）初始化，配置了 BR/EDR、BLE 的 Acl 链路包的大小，如 BLE 是 31 字节。

7. 创建和运行 BTU TASK，此时 BTU TASK 会阻塞等待 BT_EVT_PRELOAD_CMPL（Firmware 加载完毕的事件）、GKI_SHUTDOWN_EVT（关蓝牙）。当收到 BT_EVT_PRELOAD_CMPL 事件后，发出 BT_EVT_TRIGGER_STACK_INIT 事件通知 BTIF TASK，然后执行蓝牙底层协议栈的初始化并运行消息、事件处理的主循环。

8. 启动加载蓝牙 Firmware 的超时 timer（Bluedroid 缺省定义是 3 秒）。

9. 向 HCI 层注册回调函数。举例如下。

```
static const bt_hc_callbacks_t hc_callbacks = {
    sizeof(bt_hc_callbacks_t),
//Firmware 加载完毕的回调，此函数向 BTU TASK 发出 BT_EVT_PRELOAD_CMPL 事件
    preload_cb,
    postload_cb,
    lpm_cb,
    hostwake_ind,
    alloc,
    dealloc,
    data_ind,   //收到数据的通知回调
    tx_result   //发送数据的结果回调
};
```

10. 打开 libbt-vendor.so，获取 vendor Interfac（用于 Vendor 初始化和 Vendor 相关的特

定操作）。执行 Vendor 相关的初始化，即：

Vendor 库里记录 HCI 层注册进来的回调接口，使得 Vendor 层能通过 HCI 层往 Controller 发送命令（主要用于加载 Firmware、总线接口速率的设置等）；

加载 bt_vendor.conf 进行一些配置。

11. 使用 hci_h4_func_table 函数接口，用于在总线接口上收发数据。执行 H4 层初始化，初始化 acl rx queue、acl data、ble acl data 的大小。

12. 创建 bt_hc_worker，此工作队列线程用于收发数据。

13. 调用 bt_hc_if->logging(..., hci_save_log)，根据 bt_stack.conf 的设置来决定是否需要将 btsnoop 保存。

14. 调用 bt_hc_if->set_power(BT_HC_CHIP_PWR_ON)，给 Controller 做硬复位。

15. 调用 bt_hc_if->preload(NULL)，开始加载蓝牙 Firmware。

至此，第一个阶段完成。

9.5 第二阶段：蓝牙 Firmware 的加载阶段

本阶段以 Broadcom 的 UART 接口的 Controller 的 Firmware 加载过程为实例进行介绍。

9.5.1 Firmware 加载的总体思想

Firmware 加载的总体思想如下。

1. 蓝牙芯片 Reset 后，芯片的串口总线初始运行波特率是 115 200，此时主机也应该将自己的串口波特率设置为相同速率，才能跟蓝牙芯片通信。需要注意串口相关的其他参数设置也需要和蓝牙芯片匹配。

2. 主机开始通过更改波特率的 VSC 通知蓝牙芯片提高波特率（如 2Mbit/s），用于之后的 Firmware 快速传送。主机也需要将自己的串口波特率设为相应的速率，才能和蓝牙芯片通信。

3. 主机不断地读取存储器里的 Firmware 数据，通过发送 Firmware 的 VSC 将数据送给蓝牙芯片，直到发送完毕。完毕后发起 Hci Reset 命令让蓝牙芯片软重启，启用新的 Firmware。

4. 蓝牙软重启后，串口波特率又变回了初始速率 115 200。此时主机也应该将速率设为相同速率，这样才能和蓝牙芯片通信。然后再发起提速，参考第 2 步。

Firmware 的加载过程以 hw_config_cback()函数为执行主体，实现了一个注册回调函数（即 hw_config_cback()函数自身）、执行命令并回调注册的回调函数的循环加载过程。整个加载过程附着于 bt_hc_worker 线程的工作队列并得到执行，不会阻塞协议栈。

9.5.2 发起 Firmware 加载的入口

入口调用相关函数如下。

```
static void preload(UNUSED_ATTR TRANSAC transac) {
    BTHCDBG("preload");
    //调用线程执行 event_preload()函数
    thread_post(hc_cb.worker_thread, event_preload, NULL);
}
static void event_preload(UNUSED_ATTR void *context) {
    userial_open(USERIAL_PORT_1);//打开串口
    vendor_send_command(BT_VND_OP_FW_CFG, NULL);//发起 Firmware 加载命令
}
int vendor_send_command(bt_vendor_opcode_t opcode, void *param) {
    assert(vendor_interface != NULL);
    //转入 libbt-vendor.so 的加载循环

    return vendor_interface->op(opcode, param);
}
```

9.5.3 Firmware 加载的过程

Firmware 加载的详细过程如下。

1. BT_VND_OP_FW_CFG 参数在 int op(bt_vendor_opcode_t opcode, void *param) 函数中先调用 hw_config_start()函数。此函数将 hw_cfg_cb.state（下面简称 state）置为 HW_CFG_START，并向 Controller 发出 HCI_RESET 命令并注册命令执行结果的回调函数 hw_config_cback()。

2. HW_CFG_START 状态开始执行。Controller 返回 HCI_RESET 命令的结果后，使得 hw_config_cback()函数得到回调，根据 state 为 HW_CFG_START，执行相应的 swtich case 处理流程。此流程判断 Uart 的波特率，如果波特率大于 3M 的话，则向 Controller 发命令进行一些特殊处理，并将 state 置为 HW_CFG_SET_UART_CLOCK。实际上主机侧不会超过 3M 的速率，因为传统的 BR/EDR 和 BLE 空中传输根本达不到这个速率，而能超过这个速率的 AMP 根本没有芯片厂商去实现。故本 case 不会做任何事情且没有 break，直接顺序执行到下一个 case HW_CFG_SET_UART_CLOCK。

3. HW_CFG_SET_UART_CLOCK 开始执行。根据系统设置的 UART_TARGET_BAUD_RATE（如 2Mbit/s）的波特率发 HCI Cmd 给 Controller 去更改串口波特率。需要注意的是，初始双方的通信波特率是 115 200，Controller Reset 后默认就是这个波特率。Host 侧在打开

串口的时候，缺省也需要将 Host 的 Uart 波特率设置成 115 200。此时 hw_cfg_cb.f_set_baud_2 的值在 hw_config_start()函数调用时初始化成了 FALSE，故 state 的值被赋值为 HW_CFG_SET_UART_BAUD_1，参考如下代码。

```
hw_cfg_cb.state = (hw_cfg_cb.f_set_baud_2) ? \
                   HW_CFG_SET_UART_BAUD_2 : HW_CFG_SET_UART_BAUD_1;
```

向 Controller 设置波特率的命令发出后，hw_config_cback()转入 HW_CFG_SET_UART_BAUD_1 的状态。

如果蓝牙 Firmware 加载完毕后 f_set_baud_2 的值置为 TRUE，此时 state 会赋值为 HW_CFG_SET_UART_BAUD_2。向 Controller 设置波特率的命令发出后，hw_config_cback()转入 HW_CFG_SET_UART_BAUD_2 的状态。

4. HW_CFG_SET_UART_BAUD_1 状态开始执行，将 Host Uart 的串口速率设置为 UART_TARGET_BAUD_RATE 以和 Controller 保持同样的速率，使得双方可以通信。

发送 HCI_READ_LOCAL_NAME 的 HCI Cmd 去读取 Controller 的名字，此名字会用于从本地存储介质里去获取相应的 Controller 的 Firmware 文件。

将 state 置为 HW_CFG_READ_LOCAL_NAME。

5. HW_CFG_READ_LOCAL_NAME 状态开始执行，根据读取到的芯片名字去存储介质里找到对应的 Firmware 文件，具体函数为 uint8_t hw_config_findpatch(char *p_chip_id_str)。

如果找到 Firmware 文件，就打开文件获得文件句柄。

发 HCI_VSC_DOWNLOAD_MINIDRV 命令给 Controller，开始 download firmware 的流程。

state 转为 HW_CFG_DL_MINIDRIVER 状态。

如果 Firmware 加载完毕，就调用 hw_config_set_bdaddr()函数向 Controller 设置蓝牙地址。

6. HW_CFG_DL_MINIDRIVER 状态开始执行。

```
//延时 50 毫秒让 Controller 的加载 Firmware 状态就绪，各家的芯片延时时长可能不一样
ms_delay(50);
hw_cfg_cb.state = HW_CFG_DL_FW_PATCH;//state 状态改变。
```

7. HW_CFG_DL_FW_PATCH 得到执行。

读取 Firmware 文件的一段数据，即将发送 Firmware 相关的 HCI Cmd 读出，在发送时使用。

读取 Firmware 文件的一段数据，并结合发送命令发送给 Controller。

此时 state 不会变化，一直为 HW_CFG_DL_FW_PATCH。故此状态一直持续到 Firmware 发送完毕。

关闭 Firmware 文件句柄。

将 Host 的 uart 波特率切换为 115 200，因为 Controller 加载完 Firmware 后会重新初始化 Controller，波特率率又变为了 115 200 了。

hw_cfg_cb.f_set_baud_2 = TRUE;中的这个赋值很重要，在第3步中会用到delay 100毫秒，让Controller有时间完成初始化。各家的芯片的延时时间不一致。

发送HCI_RESET命令给Controller。根据调试经验来看，这一步在博通芯片上貌似多余，因为下完Firmware后Controller自己会做初始化。但是执行这个命令使得整个循环可以继续执行，因为不执行HCI Cmd就没法回调hw_config_cback()函数了。

state赋值为HW_CFG_START。从这开始转回到第2步。

8. HW_CFG_SET_UART_BAUD_2状态开始执行。

将Host Uart的波特率设置为UART_TARGET_BAUD_RATE。

Controller的蓝牙地址的处理如下。

- 如果使用Controller的地址，就发起读取Controller地址的命令，state置为HW_CFG_READ_BD_ADDR。
- 如果使用Host的蓝牙地址，就发起设置Controller地址的命令，state置为HW_CFG_SET_BD_ADDR。

我们以第二种情况来继续整体流程。

9. HW_CFG_SET_BD_ADDR状态得到执行。

回调上层通知蓝牙Firmware加载成功，参数为BT_VND_OP_RESULT_SUCCESS。

firmware_config_cb()函数得到执行后继续回调，参数为BT_HC_PRELOAD_SUCCESS。

最后执行函数，代码如下。

```
static void preload_cb(TRANSAC transac, bt_hc_preload_result_t result) {
    if (result == BT_HC_PRELOAD_SUCCESS) {
        //停止Firmware加载的超时timer，原生Android定义为3秒
        preload_stop_wait_timer();
        //向BTU TASK发出蓝牙Firmware加载完毕的事件
        GKI_send_event(BTU_TASK, BT_EVT_PRELOAD_CMPL);
    }
}
```

清除state状态，is_proceeding设置为TRUE，结束加载过程。

下面以蓝牙Frimware的加载过程的函数调用的关系（如图9.3所示）来表述bluetooth.default.so、libbt-hci.a和libbt-verndor.so之间的接口的调用关系，让读者理解和理清它们的关系。

从图9.3中可以看出，首先，由协议栈发起加载Firmware的请求,HCI层告知libbt-vendor开始加载Firmware。然后，libbt-vendor开启加载过程，不断调用HCI层注册的transmit_cb()函数进行通信参数的配置和Firmware的传输。最后，通知HCI层加载的结果，HCI层再将消息转发给BTU TASK。协议栈在收到消息后进行后续处理。图7.1对本节的理解有一定帮助。

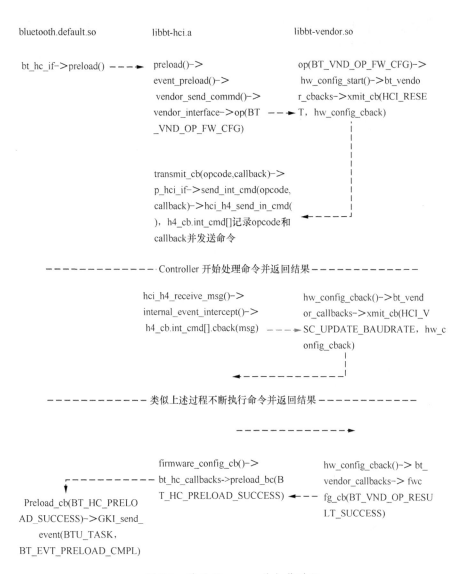

图 9.3　蓝牙 Firmware 的加载过程

9.6　第三阶段：后期初始化阶段

BTU TASK 在收到 BT_EVT_PRELOAD_CMPL 事件后，开始执行底层协议栈的初始化，完毕后向 BTIF TASK 发出 BT_EVT_TRIGGER_STACK_INIT，之后进入事件/消息接收和处理流程。BTIF TASK 收到 BTU TASK 发出的 BT_EVT_TRIGGER_STACK_INIT 事件后开始注册

设备管理状态机和设备搜索状态机，然后开始向 BTU TASK 发出开启蓝牙的消息 BTA_DM_API_ENABLE_EVT，进行最后的开启蓝牙的处理。

9.6.1 底层协议栈的初始化

底层协议栈的初始化由 BTU TASK 执行，具体过程如下所示。

1. 调用 btu_init_core()函数，执行 btm、l2cap、sdp、gatt、smp、btm 和 ble 的初始化。

```
void btm_init(void) {//btm 初始化
    memset(&btm_cb, 0, sizeof(tBTM_CB)); //BTM Control Block 清零
#if defined(BTM_INITIAL_TRACE_LEVEL)
    btm_cb.trace_level = BTM_INITIAL_TRACE_LEVEL;
#else
    btm_cb.trace_level = BT_TRACE_LEVEL_NONE;    /* No traces */
#endif
    //初始化 BTM 模块结构
    btm_inq_db_init();//Inquiry 数据库和结构初始化
    //acl 断链超时时间和断链原因赋初始值
    btm_acl_init(); //acl 数据库和结构初始化
    //安全管理数据库和结构初始化
    //初始化加密/认证时发生碰撞时的重试超时时间，传入参数赋给 security_mode
    btm_sec_init(BTM_SEC_MODE_SP);
#if BTM_SCO_INCLUDED == TRUE
    //sco 和 esco 的数据库和结构初始化
    btm_sco_init();#endif
    //acl 和 sco 支持的包类型（DM、DH、HV、EV）的赋值
    //没有定义 BTM_AUTOMATIC_HCI_RESET，不会向 Controller 发出 HCI RESET 命令
    btm_dev_init(); //设备管理器结构和 HCI_Reset
}
void l2c_init (void) {//l2cap 初始化
    INT16   xx;

    memset (&l2cb, 0, sizeof (tL2C_CB));//l2cap 的控制块清零
    l2cb.dyn_psm = 0xFFF;
    //l2cap 通道控制块队列衔接到空闲队列
    for (xx = 0; xx < MAX_L2CAP_CHANNELS - 1; xx++) {
        l2cb.ccb_pool[xx].p_next_ccb = &l2cb.ccb_pool[xx + 1];
    }

#if (L2CAP_NON_FLUSHABLE_PB_INCLUDED == TRUE)
    //如果 controller 支持，会被设成不可冲掉的模式
    l2cb.non_flushable_pbf = L2CAP_PKT_START << L2CAP_PKT_TYPE_SHIFT;
```

```
#endif
    //记录剩余 l2cap ccb 的头和尾
    l2cb.p_free_ccb_first = &l2cb.ccb_pool[0];
    l2cb.p_free_ccb_last  = &l2cb.ccb_pool[MAX_L2CAP_CHANNELS - 1];
//同意建链时的角色是 SLAVE
#ifdef L2CAP_DESIRED_LINK_ROLE
    l2cb.desire_role = L2CAP_DESIRED_LINK_ROLE;//SLAVE
#else
    l2cb.desire_role = HCI_ROLE_SLAVE;
#endif
    //设置缺省 idle 的超时时间
    l2cb.idle_timeout = L2CAP_LINK_INACTIVITY_TOUT;
#if defined(L2CAP_INITIAL_TRACE_LEVEL)
    l2cb.l2cap_trace_level = L2CAP_INITIAL_TRACE_LEVEL;
#else
    l2cb.l2cap_trace_level = BT_TRACE_LEVEL_NONE;  //无追踪
#endif
#if L2CAP_CONFORMANCE_TESTING == TRUE
    //一致性测试需要一个动态响应
    l2cb.test_info_resp = L2CAP_EXTFEA_SUPPORTED_MASK;
#endif
    //高优先级通道的 ACL buffer 的数量设置
#if (defined(L2CAP_HIGH_PRI_CHAN_QUOTA_IS_CONFIGURABLE) && \
    (L2CAP_HIGH_PRI_CHAN_QUOTA_IS_CONFIGURABLE == TRUE))
    l2cb.high_pri_min_xmit_quota = L2CAP_HIGH_PRI_MIN_XMIT_QUOTA;
#endif
}
void sdp_init (void) {//sdp 初始化
    //清零数据结构和本地 sdp 数据库
    memset (&sdp_cb, 0, sizeof (tSDP_CB));
    //初始化 l2cap 配置，只关心 MTU 和刷新
    sdp_cb.l2cap_my_cfg.mtu_present      = TRUE;
    sdp_cb.l2cap_my_cfg.mtu              = SDP_MTU_SIZE;
    sdp_cb.l2cap_my_cfg.flush_to_present = TRUE;
    sdp_cb.l2cap_my_cfg.flush_to         = SDP_FLUSH_TO;
    sdp_cb.max_attr_list_size            = SDP_MTU_SIZE - 16;
    sdp_cb.max_recs_per_search           = SDP_MAX_DISC_SERVER_RECS;
#if SDP_SERVER_ENABLED == TRUE
    //注册安全管理级别
    if (!BTM_SetSecurityLevel (FALSE, SDP_SERVICE_NAME,
        BTM_SEC_SERVICE_SDP_SERVER, SDP_SECURITY_LEVEL, SDP_PSM, 0, 0)) {
        SDP_TRACE_ERROR ("Security Registration Server failed");
```

```
            return;
        }
#endif
#if SDP_CLIENT_ENABLED == TRUE
        //注册安全管理器级别
        if (!BTM_SetSecurityLevel (TRUE, SDP_SERVICE_NAME,
            BTM_SEC_SERVICE_SDP_SERVER, SDP_SECURITY_LEVEL, SDP_PSM, 0, 0)) {
            SDP_TRACE_ERROR ("Security Registration for Client failed");
            return;
        }
#endif
#if defined(SDP_INITIAL_TRACE_LEVEL)
        sdp_cb.trace_level = SDP_INITIAL_TRACE_LEVEL;
#else
        sdp_cb.trace_level = BT_TRACE_LEVEL_NONE;       //无追踪
#endif
        //sdp 回调函数赋值
        sdp_cb.reg_info.pL2CA_ConnectInd_Cb = sdp_connect_ind;
        sdp_cb.reg_info.pL2CA_ConnectCfm_Cb = sdp_connect_cfm;
        sdp_cb.reg_info.pL2CA_ConnectPnd_Cb = NULL;
        sdp_cb.reg_info.pL2CA_ConfigInd_Cb  = sdp_config_ind;
        sdp_cb.reg_info.pL2CA_ConfigCfm_Cb  = sdp_config_cfm;
        sdp_cb.reg_info.pL2CA_DisconnectInd_Cb = sdp_disconnect_ind;
        sdp_cb.reg_info.pL2CA_DisconnectCfm_Cb = sdp_disconnect_cfm;
        sdp_cb.reg_info.pL2CA_QoSViolationInd_Cb = NULL;
        sdp_cb.reg_info.pL2CA_DataInd_Cb = sdp_data_ind;
        sdp_cb.reg_info.pL2CA_CongestionStatus_Cb = NULL;
        sdp_cb.reg_info.pL2CA_TxComplete_Cb       = NULL;
        //往 l2cap 注册 sdp 通道
        if (!L2CA_Register (SDP_PSM, &sdp_cb.reg_info)) {
            SDP_TRACE_ERROR ("SDP Registration failed");
        }
}
void gatt_init (void) {//gatt 初始化
    tL2CAP_FIXED_CHNL_REG   fixed_reg;

    GATT_TRACE_DEBUG("gatt_init()");
    memset (&gatt_cb, 0, sizeof(tGATT_CB));//清零 gatt 控制块
#if defined(GATT_INITIAL_TRACE_LEVEL)
    gatt_cb.trace_level = GATT_INITIAL_TRACE_LEVEL;
#else
```

```
            gatt_cb.trace_level = BT_TRACE_LEVEL_NONE;       //无追踪
    #endif
            gatt_cb.def_mtu_size = GATT_DEF_BLE_MTU_SIZE;//缺省23，有效数据只有20字节
            GKI_init_q (&gatt_cb.sign_op_queue);//初始化gatt内部队列
            //先给BLE之上的ATT注册固定L2CAP通道
            //FCR含义：FlowControl/Retransmission，即流控/重传
            fixed_reg.fixed_chnl_opts.mode = L2CAP_FCR_BASIC_MODE;
            fixed_reg.fixed_chnl_opts.max_transmit = 0xFF;
            fixed_reg.fixed_chnl_opts.rtrans_tout  = 2000;
            fixed_reg.fixed_chnl_opts.mon_tout    = 12000;
            fixed_reg.fixed_chnl_opts.mps = 670;
            fixed_reg.fixed_chnl_opts.tx_win_sz = 1;
            fixed_reg.pL2CA_FixedConn_Cb = gatt_le_connect_cback;
            fixed_reg.pL2CA_FixedData_Cb = gatt_le_data_ind;
            fixed_reg.pL2CA_FixedCong_Cb = gatt_le_cong_cback;  //拥塞回调
            fixed_reg.default_idle_tout  = 0xffff; // 0xffff缺省空闲超时
            //注册ATT CID固定通道
            L2CA_RegisterFixedChannel (L2CAP_ATT_CID, &fixed_reg);
            //往l2cap注册att通道
            if (!L2CA_Register (BT_PSM_ATT, (tL2CAP_APPL_INFO *) &dyn_info)) {
                GATT_TRACE_ERROR ("ATT Dynamic Registration failed");
            }
            BTM_SetSecurityLevel(TRUE, "", BTM_SEC_SERVICE_ATT, BTM_SEC_NONE,
                                 BT_PSM_ATT, 0, 0);
            BTM_SetSecurityLevel(FALSE, "", BTM_SEC_SERVICE_ATT, BTM_SEC_NONE,
                                 BT_PSM_ATT, 0, 0);
            gatt_cb.hdl_cfg.gatt_start_hdl = GATT_GATT_START_HANDLE;
            gatt_cb.hdl_cfg.gap_start_hdl  = GATT_GAP_START_HANDLE;
            gatt_cb.hdl_cfg.app_start_hdl  = GATT_APP_START_HANDLE;
            //gatt数据库初始化
            gatt_profile_db_init();
    }
```

因篇幅有限，此处略过SMP_Init()和btm_ble_init()。

2. 执行BTE_InitStack()函数，初始化各个Profile。列举一部分Profile：RFCOMM、SPP、DUN、HSP/HFP、OBEX、BIP、FTP、OPP、BNEP、PAN、A2DP、AVRC、GAP、HID HOST/DEVICE。这些Profile是否支持要看协议栈的相关宏定义是否开启。RFCOMM_Init()函数会注册PSM。

3. 调用bta_sys_init()函数，注册系统硬件事件处理函数和系统硬件状态变化的回调函数。举例如下。

```
    BTA_API void bta_sys_init(void) {
```

```
        memset(&bta_sys_cb, 0, sizeof(tBTA_SYS_CB));
        ptim_init(&bta_sys_cb.ptim_cb, BTA_SYS_TIMER_PERIOD, p_bta_sys_cfg->timer);
        bta_sys_cb.task_id = GKI_get_taskid();
        appl_trace_level = p_bta_sys_cfg->trace_level;

        //注册 BTA SYS 消息处理函数
        bta_sys_register( BTA_ID_SYS,   &bta_sys_hw_reg);//注册系统硬件状态机
        //注册 BTM 通知
        //注册硬件状态变化回调函数
        BTM_RegisterForDeviceStatusNotif
                    ((tBTM_DEV_STATUS_CB*)&bta_sys_hw_btm_cback);
#if( defined BTA_AR_INCLUDED ) && (BTA_AR_INCLUDED == TRUE)
        bta_ar_init();
#endif
    }
```

9.6.2　上层协议栈的初始化

BTIF TASK 收到了 BT_EVT_TRIGGER_STACK_INIT 后，执行 BTA_EnableBluetooth(bte_dm_evt)函数。举例如下。

```
    tBTA_STATUS BTA_EnableBluetooth(tBTA_DM_SEC_CBACK *p_cback) {
        tBTA_DM_API_ENABLE    *p_msg;

        //关闭蓝牙正在被处理
        if (bta_dm_cb.disabling)
            return BTA_FAILURE;

        memset(&bta_dm_cb, 0, sizeof(bta_dm_cb));
        //向系统管理模块注册设备管理状态机
        bta_sys_register (BTA_ID_DM, &bta_dm_reg );
        //向系统管理模块注册设备搜索状态机
        bta_sys_register (BTA_ID_DM_SEARCH, &bta_dm_search_reg );
        //注册 service 变更时的 eir（Extended Inquery Response）处理函数
        bta_sys_eir_register(bta_dm_eir_update_uuid);

        if ((p_msg = (tBTA_DM_API_ENABLE *)
                    GKI_getbuf(sizeof(tBTA_DM_API_ENABLE))) != NULL) {
            p_msg->hdr.event = BTA_DM_API_ENABLE_EVT;
            p_msg->p_sec_cback = p_cback;
            bta_sys_sendmsg(p_msg);//往 BTU TASK 发送消息
```

```
            return BTA_SUCCESS;
    }

    return BTA_FAILURE;
}
```
bta_dm_main.c 中的 bta_dm_sm_execute()函数收到消息后执行 bta_dm_enable()函数，此函数注册硬件状态变化的回调处理函数 bta_dm_sys_hw_cback，代码如下。

```
bta_sys_hw_register( BTA_SYS_HW_BLUETOOTH, bta_dm_sys_hw_cback );
```
之后发出 BTA_SYS_API_ENABLE_EVT 消息给系统管理模块。

bta_sys_main()中 bta_sys_sm_execute()函数收到消息后，此时状态机处于 hw off 状态，从 bta_sys_hw_off[][BTA_SYS_NUM_COLS]状态表中挑出第 1 项，取得 BTA_SYS_HW_API_ENABLE Action，得到 bta_sys_hw_api_enable()函数执行，并将 state 置为 hw starting 状态。bta_sys_hw_api_enable()函数调用 bta_sys_hw_co_enable ()函数发出 BTA_SYS_EVT_ENABLED_EVT 消息给系统管理模块。

bta_sys_main()中 bta_sys_sm_execute()函数收到消息后，此时状态机 state 处于 hw starting 状态，从 bta_sys_hw_starting[][BTA_SYS_NUM_COLS]状态表中挑出第 2 项，取得 BTA_SYS_HW_EVT_ENABLED Action，得到 bta_sys_hw_evt_enabled()函数执行 HCI RESET，并维持 state 为 hw starting 状态。举例如下。

```
void bta_sys_hw_evt_enabled(tBTA_SYS_HW_MSG *p_sys_hw_msg) {
    APPL_TRACE_EVENT("bta_sys_hw_evt_enabled for %i",
                     p_sys_hw_msg->hw_module);

#if ( defined BTM_AUTOMATIC_HCI_RESET &&  //此宏默认没有定义
            BTM_AUTOMATIC_HCI_RESET == TRUE )
    //如果设备起来了，就通过BTA系统状态及发送一个伪造的"BTM DEVICE UP"消息
    //如果是在设备的初始化过程中，一旦初始化完成，BTM就会处理 BTM_DEVICE_UP
    if (BTA_DmIsDeviceUp()) {
        bta_sys_hw_btm_cback (BTM_DEV_STATUS_UP);
    }
#else
    //如果hci reset在协议栈启动时没发送
    BTM_DeviceReset( NULL );//hci reset
#endif
}
```
HCI RESET 执行成功后会回调执行位于 btm_devctl.c 的 btm_reset_complete()函数。
```
static void btu_hcif_hdl_command_complete (UINT16 opcode, UINT8 *p,
                UINT16 evt_len, void *p_cplt_cback) {
    switch (opcode) {
        case HCI_RESET:
```

```
                btm_reset_complete ();    /* BR/EDR */
                break;
        //后面的代码省略,读者自行查阅
}
```

btm_reset_complete()函数调用 btm_after_reset_hold_complete()函数。btm_after_reset_hold_complete()调用到 btm_continue_reset()函数。

btm_continue_reset()函数调用 btm_get_hci_buf_size ()函数向 Controller 发起 Acl、Sco 缓冲区查询的 HCI Cmd。Controller 会回应,回应的数据解析如图 9.4 所示。

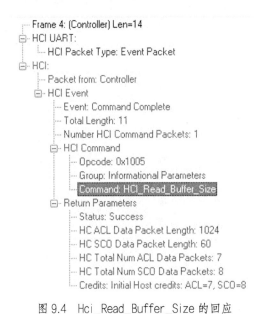

图 9.4　Hci_Read_Buffer_Size 的回应

Controller 返回 btm_get_hci_buf_size()的查询结果后,协议栈会首先调用 btm_read_hci_buf_size_complete()函数进行结果处理,如告知 L2cap 层 Acl 链路最多能传 7 包数据,且每包数据不能超过 1 024 字节。然后调用 btsnd_hcic_set_host_buf_size()函数告知 host 侧 Acl 和 Sco 的缓冲区设置。最后调用 btm_get_local_version()函数。

btm_get_local_version()函数先调用 btsnd_hcic_read_local_ver()函数查询 Controller 的制造商信息和 LMP 相关信息,然后调用 btsnd_hcic_read_bd_addr ()读取 Controller 的蓝牙地址。btm_read_local_version_complete()执行时调用 btm_read_local_supported_cmds()函数。btm_read_local_supported_cmds_complete()执行完毕后调用 btm_get_local_features()。由此开始不断地执行一条 HCI Cmd,然后在获取结果的 complete 函数进行命令执行结果处理后再调用另一条 HCI Cmd,如此不断地反复。如图 9.5 所示。

Frame#	H	S	Type	Opcode	Event	Opcode Command
1			Command	0x0c03		Reset
2			Event	0x0c03	Command Complete	Reset
3			Command	0x1005		Read_Buffer_Size
4			Event	0x1005	Command Complete	Read_Buffer_Size
5			Command	0x0c33		Host_Buffer_Size
6			Event	0x0c33	Command Complete	Host_Buffer_Size
7			Command	0x1001		Read_Local_Version_Information
8			Event	0x1001	Command Complete	Read_Local_Version_Information
9			Command	0x1009		Read_BD_ADDR
10			Event	0x1009	Command Complete	Read_BD_ADDR
11			Command	0x1002		Read_Local_Supported_Commands
12			Event	0x1002	Command Complete	Read_Local_Supported_Commands
13			Command	0x1004		Read_Local_Extended_Features
14			Event	0x1004	Command Complete	Read_Local_Extended_Features
15			Command	0x1004		Read_Local_Extended_Features
16			Command	0x1004		Read_Local_Extended_Features
17			Command	0x1004		Read_Local_Extended_Features
18			Event	0x1004	Command Complete	Read_Local_Extended_Features
19			Command	0x0c56		Write_Simple_Pairing_Mode
20			Event	0x0c56	Command Complete	Write_Simple_Pairing_Mode
21			Command	0x0c6d		Write_LE_Host_Support
22			Event	0x0c6d	Command Complete	Write_LE_Host_Support
23			Command	0x1004		Read_Local_Extended_Features
24			Event	0x1004	Command Complete	Read_Local_Extended_Features
25			Command	0x200f		HCI_LE_Read_White_List_Size
26			Event	0x200f	Command Complete	HCI_LE_Read_White_List_Size
27			Command	0x0c6d		Write_LE_Host_Support
28			Event	0x0c6d	Command Complete	Write_LE_Host_Support
29			Command	0x2002		HCI_LE_Read_Buffer_Size
30			Event	0x2002	Command Complete	HCI_LE_Read_Buffer_Size
31			Command	0x201c		HCI_LE_Read_Supported_State
32			Event	0x201c	Command Complete	HCI_LE_Read_Supported_State
33			Command	0x2003		HCI_LE_Read_Local_Supported_Features
34			Event	0x2003	Command Complete	HCI_LE_Read_Local_Supported_Features
35			Command	0x2001		HCI_LE_Set_Event_Mask
36			Event	0x2001	Command Complete	HCI_LE_Set_Event_Mask

图 9.5 HCI 命令交互

在不断调用某个命令执行函数、回调某个结果处理函数、再调用某个命令执行函数的循环过程的最后，调用了 btm_read_ble_local_supported_features_complete()函数去执行 btm_reset_ctrlr_commplete() 函 数 。 btm_reset_ctrlr_commplete() 函 数 执 行 btm_report_device_status(BTM_DEV_STATUS_UP)报告硬件已经正常启动，然后执行 hw btm 的回调函数，举例如下。

```
void bta_sys_hw_btm_cback( tBTM_DEV_STATUS status ) {
    tBTA_SYS_HW_MSG *sys_event;

    APPL_TRACE_DEBUG(" bta_sys_hw_btm_cback was called with parameter: %i" ,
                     status );
    //发送一个消息给 BTA 系统
    if ((sys_event = (tBTA_SYS_HW_MSG *)
                     GKI_getbuf(sizeof(tBTA_SYS_HW_MSG))) != NULL) {
        if (status == BTM_DEV_STATUS_UP)
            //协议栈初始化完成通知事件
```

```
                sys_event->hdr.event = BTA_SYS_EVT_STACK_ENABLED_EVT;/
            else if (status == BTM_DEV_STATUS_DOWN)
                sys_event->hdr.event = BTA_SYS_ERROR_EVT;
            else {
                //BTM_DEV_STATUS_CMD_TOUT 现在被忽略
                GKI_freebuf (sys_event);
                sys_event = NULL;
            }
            if (sys_event) {
                bta_sys_sendmsg(sys_event);//发出事件给 BTU TASK
            }
        } else {
            APPL_TRACE_DEBUG("ERROR bta_sys_hw_btm_cback couldn't send msg" );
        }
    }
```

bta_sys_main.c 中的状态机被 BTU TASK 调用，执行 bta_sys_sm_excute()函数。此时状态机处于 starting 状态，取得 BTA_SYS_HW_EVT_STACK_ENABLED 索引，并将状态机置为 hw on 状态，然后在 action[]数组中取得 bta_sys_hw_evt_stack_enabled()函数执行，此函数回调 bta_dm_sys_hw_cback(BTA_SYS_HW_ON_EVT)。举例如下。

```
    static void bta_dm_sys_hw_cback( tBTA_SYS_HW_EVT status ) {
        DEV_CLASS    dev_class;
        tBTA_DM_SEC_CBACK  *temp_cback;
#if BLE_INCLUDED == TRUE
        UINT8 key_mask = 0;
        BT_OCTET16   er;
        tBTA_BLE_LOCAL_ID_KEYS   id_key;
        tBT_UUID  app_uuid = {LEN_UUID_128,{0}};
#endif

        APPL_TRACE_DEBUG(" bta_dm_sys_hw_cback with event: %i" , status );
        //一旦有硬件错误事件时，报告给注册的设备管理应用的回调函数
        if (status == BTA_SYS_HW_ERROR_EVT) {
            if( bta_dm_cb.p_sec_cback != NULL )
                bta_dm_cb.p_sec_cback(BTA_DM_HW_ERROR_EVT, NULL);
            return;
        }

        if( status == BTA_SYS_HW_OFF_EVT ) {
            if( bta_dm_cb.p_sec_cback != NULL )
                bta_dm_cb.p_sec_cback(BTA_DM_DISABLE_EVT, NULL);
            //重置设备管理控制块
```

```
        memset(&bta_dm_cb, 0, sizeof(bta_dm_cb));
        //从系统管理注销
        bta_sys_hw_unregister( BTA_SYS_HW_BLUETOOTH);
        //标注 BTA 设备管理现在不可用
        bta_dm_cb.is_bta_dm_active = FALSE;
    } else if ( status == BTA_SYS_HW_ON_EVT) {
        //保存安全回调
        temp_cback = bta_dm_cb.p_sec_cback;
        //确保控制块被合适地初始化
        memset(&bta_dm_cb, 0, sizeof(bta_dm_cb));
        //重新取回回调
        bta_dm_cb.p_sec_cback=temp_cback;
        bta_dm_cb.is_bta_dm_active = TRUE;
        //硬件准备好了，继续 BTA DM 的初始化
        memset(&bta_dm_search_cb, 0x00, sizeof(bta_dm_search_cb));
        memset(&bta_dm_conn_srvcs, 0x00, sizeof(bta_dm_conn_srvcs));
        memset(&bta_dm_di_cb, 0, sizeof(tBTA_DM_DI_CB));

        memcpy(dev_class, bta_dm_cfg.dev_class, sizeof(dev_class));
        BTM_SetDeviceClass (dev_class);//设置设备类型

#if (defined BLE_INCLUDED && BLE_INCLUDED == TRUE)
        //如果有 ID keys、ER，就加载它们的 BLE 本地信息
        bta_dm_co_ble_load_local_keys(&key_mask, er, &id_key);
        if (key_mask & BTA_BLE_LOCAL_KEY_TYPE_ER) {

            BTM_BleLoadLocalKeys(BTA_BLE_LOCAL_KEY_TYPE_ER,
                        (tBTM_BLE_LOCAL_KEYS *)&er);
        }
        if (key_mask & BTA_BLE_LOCAL_KEY_TYPE_ID) {
            BTM_BleLoadLocalKeys(BTA_BLE_LOCAL_KEY_TYPE_ID,
                        (tBTM_BLE_LOCAL_KEYS *)&id_key);
        }
#if ((defined BTA_GATT_INCLUDED) && (BTA_GATT_INCLUDED == TRUE))
        bta_dm_search_cb.conn_id = BTA_GATT_INVALID_CONN_ID;
#endif
#endif
        //安全服务的回调注册
        BTM_SecRegister((tBTM_APPL_INFO*)&bta_security);
        //超时断链时间设定
        BTM_SetDefaultLinkSuperTout(bta_dm_cfg.link_timeout);
        BTM_WritePageTimeout(bta_dm_cfg.page_timeout);//page timeout 设定
```

```c
            bta_dm_cb.cur_policy = bta_dm_cfg.policy_settings;
            //缺省的 Role、Hold、Sniff、Park mode 是否启用链路策略设定
            BTM_SetDefaultLinkPolicy(bta_dm_cb.cur_policy);
#if (defined(BTM_BUSY_LEVEL_CHANGE_INCLUDED) &&
            BTM_BUSY_LEVEL_CHANGE_INCLUDED == TRUE)
            //acl链路状态变化的回调函数注册，处理包括连上、断开、碰撞、Role变化等通知
            BTM_RegBusyLevelNotif (bta_dm_bl_change_cback, NULL,
                    BTM_BL_UPDATE_MASK|BTM_BL_ROLE_CHG_MASK);
#else
            BTM_AclRegisterForChanges(bta_dm_acl_change_cback);
#endif
#if BLE_VND_INCLUDED == TRUE
            BTM_BleReadControllerFeatures (bta_dm_ctrl_features_rd_cmpl_cback);
#endif
            //读取Controller名字很重要，因为回调函数里面会调btif_dm_upstreams_evt()
            //函数去进行后续绑定设备的加载、Java层需要的所有Profile的开启工作
            BTM_ReadLocalDeviceNameFromController((tBTM_CMPL_CB*)
                                            bta_dm_local_name_cback);
            //role management，处理主/从角色变换的回调函数
            bta_sys_rm_register((tBTA_SYS_CONN_CBACK*)bta_dm_rm_cback);
            //初始化蓝牙低功耗管理
            bta_dm_init_pm();
            //链路策略变更处理函数注册
            bta_sys_policy_register((tBTA_SYS_CONN_CBACK*)bta_dm_policy_cback);
#if (BLE_INCLUDED == TRUE && BTA_GATT_INCLUDED == TRUE)
            memset (&app_uuid.uu.uuid128, 0x87, LEN_UUID_128);
            /* gatt client 服务注册，请关注
                bta_sys_register(BTA_ID_GATTC, &bta_ gattcf_reg) */
            bta_dm_gattc_register();
#endif
    } else
        APPL_TRACE_DEBUG(" --- ignored event");
}
static void btif_dm_upstreams_evt(UINT16 event, char* p_param) {
    tBTA_DM_SEC_EVT dm_event = (tBTA_DM_SEC_EVT)event;
    tBTA_DM_SEC *p_data = (tBTA_DM_SEC*)p_param;
    tBTA_SERVICE_MASK service_mask;
    uint32_t i;
    bt_bdaddr_t bd_addr;

    BTIF_TRACE_EVENT("btif_dm_upstreams_evt  ev: %s", dump_dm_event(event));
    switch (event) {
        case BTA_DM_ENABLE_EVT: {
```

```
            BD_NAME bdname;
            bt_status_t status;
            bt_property_t prop;

            prop.type = BT_PROPERTY_BDNAME;
            prop.len = BD_NAME_LEN;
            prop.val = (void*)bdname;
            //从bt_config.xml中获取Controller的名字
            status = btif_storage_get_adapter_property(&prop);
            if (status == BT_STATUS_SUCCESS) {
                //在存储里面存在一个名字，并把它设为设备名字
                BTA_DmSetDeviceName((char*)prop.val);//设定获取到的名字
            } else {
                //还没有存储名字，使用缺省名字，写入芯片
                BTA_DmSetDeviceName(btif_get_default_local_name());
            }
#if (defined(BLE_INCLUDED) && (BLE_INCLUDED == TRUE))
            //使能本地隐私
            BTA_DmBleConfigLocalPrivacy(BLE_LOCAL_PRIVACY_ENABLED);
#endif
            //使能每一个在掩码中开启的服务
            service_mask = btif_get_enabled_services_mask();
            for (i=0; i <= BTA_MAX_SERVICE_ID; i++) {
                if (service_mask &  (tBTA_SERVICE_MASK)
                        (BTA_SERVICE_ID_TO_SERVICE_MASK(i))) {
                    //循环开启上层注册使用的所有Profile
                    btif_in_execute_service_request(i, TRUE);
                }
            }

            //清零控制块
            memset(&pairing_cb, 0, sizeof(btif_dm_pairing_cb_t));
            //这函数也会触发dapter_properties_cb和and bonded_ devices_info_cb
            //读取所有已配对设备的信息并缓存，将相关信息调用JNI函数上报应用层
            btif_storage_load_bonded_devices();
            btif_storage_load_autopair_device_list();
            //设置low power mode; rfcomm socket初始化
            //pan service的注册和初始化
            //加载bt_did.conf,设置device info，包括Vid、Pid、Version等
            //通知Java层蓝牙已经打开
```

```
                    btif_enable_bluetooth_evt(p_data->enable.status,
                                              p_data->enable.bd_addr);
            }
            break;
        //后续代码省略,请读者自行查阅
}
```

btif_dm_upstreams_evt()函数会通知 Java 层蓝牙已经打开,参考函数执行如下这一行代码。

```
HAL_CBACK(bt_hal_cbacks, adapter_state_changed_cb, BT_STATE_ON);
```

至此,蓝牙已经打开,蓝牙初始化完成。

第10章

蓝牙设备的扫描流程

10.1 概述

Android 提供了两种扫描蓝牙设备的方法。第一种方法是 BluetoothAdapter.java 提供的 startDiscovery()方法，能够同时扫描经典蓝牙（BR/EDR）设备和 LE 设备；第二种方法是 BluetoothAdapter.java 提供的 startLeScan()方法，只能够扫描 LE 设备。本章只介绍第一种。

蓝牙设备的扫描过程分为 Inquiry 过程和 Discover 过程。Inquiry 过程主要获取蓝牙设备的设备类型、信号强度、EIR 数据（如设备名字、提供的服务）。Discover 过程主要获取蓝牙设备的名字，如果 Inquiry 过程已经获取了蓝牙设备名字，那么针对这个蓝牙设备就不需要 Discover 了。

扫描蓝牙设备的过程非常复杂，有很多的异常处理、交叉扫描处理、服务扫描（SDP），配对时获取蓝牙设备名字等，涉及的函数也存在一些对其他模块调用扫描过程的处理。本章只关注一个正常的扫描流程，选择性忽略了很多内容。

10.2 JNI 层扫描入口和协议栈回调机制

10.2.1 扫描入口

蓝牙应用层的 JNI 层（com_android_bluetooth_btservice_AdatperService.cpp）在蓝牙初始化时，打开 bluetooth.default.so 动态库获取协议栈提供的 bluetoothInterface，从而得到操作蓝牙的所有操作函数，其中包括扫描、开蓝牙、关蓝牙等函数。之后 JNI 通过 initNative()层调用协议栈提供的 init()函数，往协议栈注册回调函数集合。当协议栈发生状态变化和有消息需要通知上层时，会调用相应的注册回调函数。

startDiscoveryNative ()是 JNI 层调用的开始扫描的函数，由 Java 层调用。举例如下。

```
static jboolean startDiscoveryNative(JNIEnv* env, jobject obj) {
    jboolean result = JNI_FALSE;
```

```c
        if (!sBluetoothInterface) return result;
        //调用协议栈的bluetooth.c提供的函数
        int ret = sBluetoothInterface->start_discovery();
        result = (ret == BT_STATUS_SUCCESS) ? JNI_TRUE : JNI_FALSE;
        return result;
}
//JNI层从Java层获取回调函数,并从bluetooth.default.so中获取操作接口函数。此处省
//略了了很多内容,只摘取本章关心的内容。
static void classInitNative(JNIEnv* env, jclass clazz) {
        //从Java层获取蓝牙扫描状态变化的回调函数
        method_discoveryStateChangeCallback =
                                env->GetMethodID(jniCallbackClass,
                                "discoveryStateChangeCallback", "(I)V");
        //从Java层获取的扫到蓝牙设备的通知的回调函数
        method_deviceFoundCallback = env->GetMethodID(jniCallbackClass,
                                "deviceFoundCallback", "([B)V");
        const char *id = (strcmp(value, "1")?
                        BT_STACK_MODULE_ID : BT_STACK_TEST_MODULE_ID);
        //打开bluetooth.default.so
        err = hw_get_module(id, (hw_module_t const**)&module);

        if (err == 0) {
            hw_device_t* abstraction;
            err = module->methods->open(module, id, &abstraction);
            if (err == 0) {
                bluetooth_module_t* btStack =
                                (bluetooth_module_t *)abstraction;
                //获取蓝牙操作接口
                sBluetoothInterface = btStack->get_bluetooth_interface();
            }
        }
}
static const bt_interface_t bluetoothInterface = {
        sizeof(bluetoothInterface),
        init,
        enable,//开蓝牙
        disable,//关蓝牙
        …//省略一部分接口
        start_discovery,//扫描接口
        cancel_discovery,//取消扫描
        … //省略一部分接口
};
```

10.2.2 回调机制

JNI 层向协议栈注册回调函数，举例如下。

```
static bool initNative(JNIEnv* env, jobject obj) {
    //省略一部分代码
    if (sBluetoothInterface) {
        int ret = sBluetoothInterface->init(&sBluetoothCallbacks);
//注册回调函数集合
    }
static bt_callbacks_t sBluetoothCallbacks = {
    sizeof(sBluetoothCallbacks),
    adapter_state_change_callback,
    adapter_properties_callback,
    remote_device_properties_callback,
    device_found_callback,//扫描到设备通知接口
    discovery_state_changed_callback,//扫描状态变化通知接口
    ..........................................
};
```

当协议栈扫描到设备时会调用如下函数。

```
static void device_found_callback(int num_properties, bt_property_t *properties) {
    jbyteArray addr = NULL;
    int addr_index;
    //省略了部分代码
    remote_device_properties_callback(BT_STATUS_SUCCESS,
                    (bt_bdaddr_t *)properties[addr_index].val,
                    num_properties, properties);
    //调用 Java 层的 deviceFoundCallback()函数
    callbackEnv->CallVoidMethod(sJniCallbacksObj, method_deviceFoundCallback, addr);
    checkAndClearExceptionFromCallback(callbackEnv, __FUNCTION__);
    callbackEnv->DeleteLocalRef(addr);
}
```

10.3 蓝牙扫描流程的启动过程

上层先设置过滤条件和扫描参数，然后通过 search 消息将设置结果和回调函数发送给 BTU TASK；BTU TASK 收到消息后调用设备管理模块（DM）记录扫描参数、回调函数及上层关心的设备的服务，通过 HCI 层向蓝牙芯片发送过滤条件设置的 HCI 命令；蓝牙芯片返回过滤条件设置结

果，会根据过滤条件的 HCI Cmd 执行完后的 Event 通知来发起 Inquiry。蓝牙扫描的整体流程如图 10.1 所示。

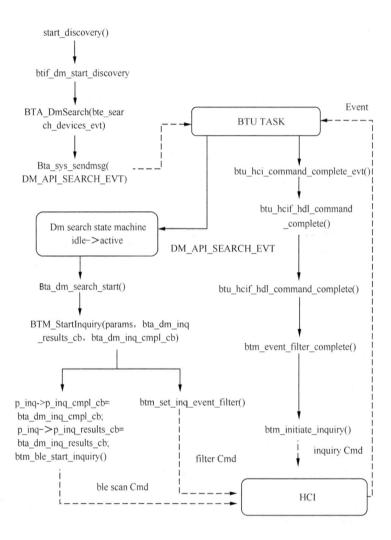

图 10.1　Inquiry 启动过程

入口函数执行时，主要是配置扫描参数，并发消息告知 BT DM search 模块参数和启动扫描过程。举例如下。

```
static int start_discovery(void) {
    if (interface_ready() == FALSE)
        return BT_STATUS_NOT_READY;
```

```
        return btif_dm_start_discovery();//调用 btif_dm.c 的扫描接口
    }
    bt_status_t btif_dm_start_discovery(UINT8 scan_mode) {
        tBTA_DM_INQ inq_params;
        tBTA_SERVICE_MASK services = 0;
        tBTA_DM_BLE_PF_FILT_PARAMS adv_filt_param;

        if (pairing_cb.state == BT_BOND_STATE_BONDING)
            return BT_STATUS_BUSY;//如果正在配对就退出
#if (defined(BLE_INCLUDED) && (BLE_INCLUDED == TRUE))
        memset(&adv_filt_param, 0, sizeof(tBTA_DM_BLE_PF_FILT_PARAMS));
        //清除遗留在索引 0 上的任何东西
        BTA_DmBleScanFilterSetup(BTA_DM_BLE_SCAN_COND_DELETE, 0, &adv_filt_param,
                                NULL, bte_scan_filt_param_cfg_evt, 0);

        //在索引 0 上添加允许所有的过滤器
        //BLE 的扫描过滤配置
        adv_filt_param.dely_mode = IMMEDIATE_DELY_MODE;
        adv_filt_param.feat_seln = ALLOW_ALL_FILTER;
        adv_filt_param.filt_logic_type = BTA_DM_BLE_PF_FILT_LOGIC_OR;
        adv_filt_param.list_logic_type = BTA_DM_BLE_PF_LIST_LOGIC_OR;
        adv_filt_param.rssi_low_thres = LOWEST_RSSI_VALUE;
        adv_filt_param.rssi_high_thres = LOWEST_RSSI_VALUE;
        //发消息给 BTA DM 模块进行；配置存储
        BTA_DmBleScanFilterSetup(BTA_DM_BLE_SCAN_COND_ADD, 0, &adv_filt_param,
                                NULL, bte_scan_filt_param_cfg_evt, 0);
        //扫描模式为 BR/EDR、BLE 全扫
        inq_params.mode = BTA_DM_GENERAL_INQUIRY|BTA_BLE_GENERAL_INQUIRY;
        //是否配置交叉扫描，如果宏放开，就会进行顺序和时间的分配，之后扫描时依据配置使
        //得传统蓝牙、BLE 交叉分时扫描
#if (defined(BTA_HOST_INTERLEAVE_SEARCH) && BTA_HOST_INTERLEAVE_SEARCH == TRUE)
        inq_params.intl_duration[0]= BTIF_DM_INTERLEAVE_DURATION_BR_ONE;
        inq_params.intl_duration[1]= BTIF_DM_INTERLEAVE_DURATION_LE_ONE;
        inq_params.intl_duration[2]= BTIF_DM_INTERLEAVE_DURATION_BR_TWO;
        inq_params.intl_duration[3]= BTIF_DM_INTERLEAVE_DURATION_LE_TWO;
#endif
#else
        inq_params.mode = BTA_DM_GENERAL_INQUIRY;
#endif
        //inquiry 时间设为 12.8 秒
        inq_params.duration = BTIF_DM_DEFAULT_INQ_MAX_DURATION; //宏定义是 10
```

```
            inq_params.max_resps = BTIF_DM_DEFAULT_INQ_MAX_RESULTS;
            inq_params.report_dup = TRUE;
            inq_params.filter_type = BTA_DM_INQ_CLR;    //清除查询过滤器
            //用地址过滤设备需要应用在这里，一旦收到查询繁忙级别，就能成 TRUE
            btif_dm_inquiry_in_progress = FALSE;
            //查找附近设备
            //向 BT DM 模块发出扫描消息、注册 inquery 和 discovery 的通知回调函数
            BTA_DmSearch(&inq_params, services, bte_search_devices_evt);
            return BT_STATUS_SUCCESS;
        }
        void BTA_DmSearch(tBTA_DM_INQ *p_dm_inq, tBTA_SERVICE_MASK services,
                          tBTA_DM_SEARCH_CBACK *p_cback) {
            tBTA_DM_API_SEARCH    *p_msg;

            if ((p_msg = (tBTA_DM_API_SEARCH *)
                    GKI_getbuf(sizeof(tBTA_DM_API_SEARCH))) != NULL) {
                memset(p_msg, 0, sizeof(tBTA_DM_API_SEARCH));
                p_msg->hdr.event = BTA_DM_API_SEARCH_EVT;
                memcpy(&p_msg->inq_params, p_dm_inq, sizeof(tBTA_DM_INQ));
                p_msg->services = services;
                p_msg->p_cback = p_cback;
                p_msg->rs_res  = BTA_DM_RS_NONE;
                bta_sys_sendmsg(p_msg);//向 BTU TASK 发送扫描消息，由 BT DM 模块处理
            }
        }
```

BTU TASK 收到消息后，调用 bta_dm_main.c 的 bta_dm_search_sm_execute()执行状态切换和 inquiry 流程。此时 search state machine 处于 idle 状态，从 idle_st_table[]中找到 BTA_DM_API_SEARCH 这个 ACTION，切换到 active 状态，去 bta_dm_search_action[]函数列表找到 bta_dm_search_start()并执行。

bta_dm_search_start()函数分析如下。

```
        void bta_dm_search_start (tBTA_DM_MSG *p_data) {
            tBTM_INQUIRY_CMPL result;
#if (BLE_INCLUDED == TRUE && BTA_GATT_INCLUDED == TRUE)
            UINT16 len = (UINT16)(sizeof(tBT_UUID) * p_data->search.num_uuid);
#endif

            APPL_TRACE_DEBUG("bta_dm_search_start avoid_scatter=%d",
                              bta_dm_cfg.avoid_scatter);
```

```c
    if (bta_dm_cfg.avoid_scatter &&
            (p_data->search.rs_res == BTA_DM_RS_NONE) &&
            bta_dm_check_av(BTA_DM_API_SEARCH_EVT)) {
        memcpy(&bta_dm_cb.search_msg, &p_data->search,
                        sizeof(tBTA_DM_API_SEARCH));
        return;
    }

    BTM_ClearInqDb(NULL);
    //保存搜索参数
    //记录上层注册的扫到设备的回调函数，扫到设备就回调此函数
    bta_dm_search_cb.p_search_cback = p_data->search.p_cback;
    //记录上层搜索关心的服务
    bta_dm_search_cb.services = p_data->search.services;

#if (BLE_INCLUDED == TRUE && BTA_GATT_INCLUDED == TRUE)
    utl_freebuf((void **)&bta_dm_search_cb.p_srvc_uuid);

    if ((bta_dm_search_cb.num_uuid = p_data->search.num_uuid) != 0 &&
            p_data->search.p_uuid != NULL) {
        if ((bta_dm_search_cb.p_srvc_uuid =
                        (tBT_UUID *)GKI_getbuf(len)) == NULL) {
            APPL_TRACE_ERROR("bta_dm_search_start no resources");
            result.status = BTA_FAILURE;
            result.num_resp = 0;
            bta_dm_inq_cmpl_cb ((void *)&result);
            return;
        }
        memcpy(bta_dm_search_cb.p_srvc_uuid, p_data->search.p_uuid, len);
    }
#endif
    //开始扫描并注册两个回调函数
    // bta_dm_inq_results_cb 用于回调p_search_cback
    // bta_dm_inq_cmpl_cb 用于发消息给 BT DM 告知 inquiry 完成
    result.status = BTM_StartInquiry((tBTM_INQ_PARMS*)&p_data->search.inq_params,
                        bta_dm_inq_results_cb,
                        (tBTM_CMPL_CB*) bta_dm_inq_cmpl_cb);

    APPL_TRACE_EVENT("bta_dm_search_start status=%d", result.status);
```

```
        if (result.status != BTM_CMD_STARTED) {
            result.num_resp = 0;
            bta_dm_inq_cmpl_cb ((void *)&result);//扫描失败，告知 BT DM 恢复 idle 状态
        }
    }
```

BTM_StartInquiry 函数非常复杂，此处只摘出了重点部分供参考。本函数记录了设置进来的参数并判断其是否符合条件；依据之前的状态记录来判断本函数需要执行的下一步动作，如交叉扫描的调度。本函数发起了 LE scan，但是并没有直接发起 BR/EDR 的 Inquiry，会根据 filter 的 HCI Cmd 执行完后的 Event 通知来发起 Inquiry。举例如下。

```
tBTM_STATUS BTM_StartInquiry (tBTM_INQ_PARMS *p_inqparms,
                              tBTM_INQ_RESULTS_CB *p_results_cb,
                              tBTM_CMPL_CB *p_cmpl_cb) {
    tBTM_STATUS   status = BTM_CMD_STARTED;
    if (p_inq->scan_type ==INQ_LE_OBSERVE && p_inq->p_inq_ble_results_cb!=NULL) {
        p_inq->scan_type = INQ_GENERAL;
        p_inq->inq_active = BTM_INQUIRY_INACTIVE;
        btm_cb.ble_ctr_cb.inq_var.scan_type = BTM_BLE_SCAN_MODE_NONE;
        btsnd_hcic_ble_set_scan_enable (BTM_BLE_SCAN_DISABLE,
                 BTM_BLE_DUPLICATE_ENABLE);//启动 ble scan
    }

    p_inq->p_inq_cmpl_cb = p_cmpl_cb;//记录 Inquiry 完毕的回调
    p_inq->p_inq_results_cb = p_results_cb;//记录扫到设备的回调

    //过滤条件为返回所有设备，可以参考 SPECIFICATION V5.0 Page 905
    if ((status = btm_set_inq_event_filter (p_inqparms->filter_cond_type,
                  &p_inqparms->filter_cond)) != BTM_CMD_STARTED)
        p_inq->state = BTM_INQ_INACTIVE_STATE;
}
```

btm_set_inq_event_filter()函数执行完毕后，HCI 层会返回执行结果的 Event，最终会调用 btm_event_filter_complete()处理函数。

btm_event_filter_complete()调用 btm_initiate_inquiry()函数。

btm_initiate_inquiry()函数调用 btsnd_hcic_inquiry()函数发出 HCI_INQUIRY 这个 HCI Cmd。

10.4 蓝牙设备的 Inquiry 过程

Inquiry 过程的整体机制和调用关系如图 10.2 所示。具体分析请看本节详细内容。

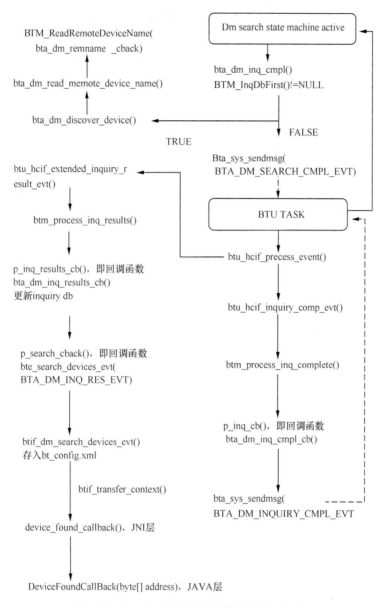

图 10.2　Inquiry 过程的整体机制和调用关系

Controller 查询到设备后，会发 Event 告知协议栈。HCI 层收到 Event 后发消息给 BTU TASK。BTU TASK 调用 btu_hcif_precess_event() 函数进行处理。btu_hcif_precess_event() 函数调用 btu_hcif_extended_inquiry_result_evt() 函数，btu_hcif_extended_inquiry_result_evt() 函数再调用 btm_precess_inq_results() 函数进行处理。

btm_precess_inq_results()函数代码量比较大，此处不贴出了，请读者自行翻阅代码。函数处理逻辑如下。

1. 根据 Event 得到蓝牙设备的数量，然后循环处理每一个设备。
2. 如果当前查询的全局变量记录的已查询设备数量大于等于最大限定数量（且此值不是 0），且当前处理蓝牙设备没在查询数据库（db）中或此设备在 db 中且是传统蓝牙设备，就退出函数结束处理函数。这意味着 BLE 设备还是会继续处理的。
3. 当前设备之前已经查询过的话：如果当前查询到的 rssi 比之前强，或者之前 rssi 是 0，或者此设备是 BR/EDR 设备，那就更新 rssi 并继续处理；如果当前是 Extended 查询结果且此设备已经在 db 中，则需要继续处理；如果是其他情况就忽略此设备，进行下一个设备的处理。
4. 如果上层设置了过滤设备的条件且当前设备不符合条件，就忽略此设备并进行下一个设备的处理。
5. 如果当前设备不在查询 db 中，就在 db 中创建和记录此设备。
6. 如果当前查询返回结果出现过此设备，就不更新设备信息。
7. 如果当前设备是个新设备，记录设备的 page scan mode、class、clock offset、device type 等信息。如果当前扫描到的设备数量已经达到最大容许扫描数量且是 BLE 扫描，就停止扫描。设置 appl_info_appl_knows_rem_name 为 FALSE，用于后续 discover 设备名字。
8. 如果当前蓝牙设备是新设备或需要更新的设备，且是 Extended Inquiry，记录设备的 UUID 集合。
9. 调用 p_inq_results_cb()回调函数，也即 bte_search_devices_evt()函数进行下一步处理，即记录设备到 bt_config.xml 和上报 JAVA 层。

bte_search_devices_evt()函数将数据转发给 BTIF TASK 调用 btif_dm_search_devices_evt()处理。这样 BTU TASK 可以转而去处理别的事情，BTIF TASK 将数据处理并回调 JNI 层，最终调用到 JAVA 层。

btif_dm_search_devices_evt()函数得到 cod、服务集合、rssi，并得到设备名字（如果有的话），将这些信息存入 bt_config.xml，并在执行下述语句时调用 JNI 层回调函数 device_found_cb()通知上层。

HAL_CBACK(bt_hal_cbacks, **device_found_cb**, num_properties, properties);

最终调到 Java 层的如下函数，发出找到设备的广播。

```
void deviceFoundCallback(byte[] address) {
    mRemoteDevices.deviceFoundCallback(address);
}
void deviceFoundCallback(byte[] address) {
    BluetoothDevice device = getDevice(address);
    DeviceProperties deviceProp = getDeviceProperties(device);
    if (deviceProp == null)
```

```
        return;

    Intent intent = new Intent(BluetoothDevice.ACTION_FOUND);
    intent.putExtra(BluetoothDevice.EXTRA_DEVICE, device);
    intent.putExtra(BluetoothDevice.EXTRA_CLASS,
            new BluetoothClass(Integer.valueOf(deviceProp.mBluetoothClass)));
    intent.putExtra(BluetoothDevice.EXTRA_RSSI, deviceProp.mRssi);
    intent.putExtra(BluetoothDevice.EXTRA_NAME, deviceProp.mName);
    //发出广播
    mAdapterService.sendBroadcast(intent, mAdapterService.BLUETOOTH_PERM);
}
```

当 Inquiry 时间到时（如 12.8 秒），Inquiry 过程结束，Controller 会上报 inquiry complete 事件。BTU TASK 调用 btu_hcif_process_event() 函数，执行 btu_hcif_inquiry_comp_evt()，再执行 btm_process_inq_complete() 函数。

Btm_process_inq_complete() 函数比较复杂，执行功能如下。

- 如果定义了交叉扫描的宏（BTA_HOST_INTERLEAVE_SEARCH），就进行交叉扫描的一些判断，确定下一步是执行 BLE 还是传统蓝牙的扫描，或者是已经交叉扫描执行完毕。如果需要继续扫描就开始扫描。
- 将扫描到的设备数据库（inquiry db）按 rssi 强度排序，有利于下一步的 discovery 过程按 rssi 强度顺序调用去查询设备名字。
- 调用 p_inq_cb() 函数即 bta_dm_inq_cmpl_cb() 函数向 BTU TASK 发出 BTA_DM_INQUIRY_CMPL_EVT 的消息。

BTU TASK 收到 BTA_DM_INQUIRY_CMPL_EVT 的消息后，调用 dm search state machine 进行处理，此时状态机处于 active 状态。search_active_table[] 拿到 BTA_DM_INQUIRY_CMPL Action，状态机状态还是 active，调用 action[] 列表的 bta_dm_inq_cmpl() 函数进行处理。

bta_dm_inq_cmpl() 函数判断一下 inquiry db 是否有设备信息，如果没有，就说明没有 inquiry 到任何设备，就直接向 BTU TASK 发送 BTA_DM_SERCH_CMPL_EVT。dm search state machine 由 active 状态切回 idle 状态，并调用 bta_dm_search_cmpl() 函数通知上层扫描结束。如果有设备信息，就说明需要进一步查询设备名字，调用函数 bta_dm_discovery_device() 开始执行 discover 流程。

bta_dm_discovery_device() 处理过程如下所示。

1. 如果没有扫描过名字或者 inq 信息是空或者 inq 信息不空但是上层不知道名字，就调用 bta_dm_read_remote_device_name() 函数发起 discover 动作，并退出函数。

2. 如果上层需要扫描服务的话，就发起服务扫描过程并退出函数。

3. 以上两种情况均不满足，说明这个蓝牙设备的名字已经有了，向 BTU TASK 发出 BTA_DM_DISCOVER_RESULT_EVT 去处理 discover 结果和启动下一个设备 discover。

10.5 蓝牙设备的 Discover 过程

Discover 过程的整体机制和调用关系如图 10.3 所示。具体分析请看本节详细内容。

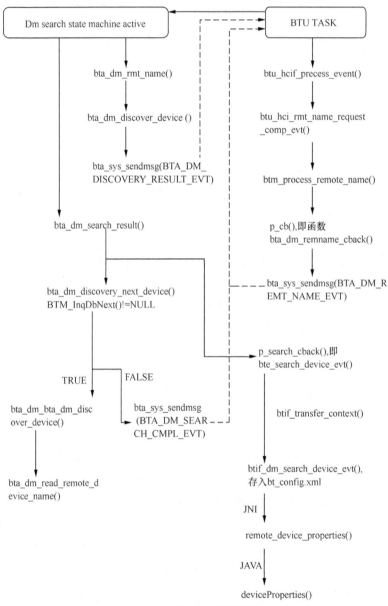

图 10.3 Discover 过程的整体机制和调用关系

当 Controller 得到一个蓝牙设备的名字后，会发送 Remote Name Request Complete 的 Event 给主机。HCI 层收到后发送消息给 BTU TASK。BTU TASK 收到消息后调用函数 btu_hcif_precess_event()，此函数再调用 btu_hcif_rmt_name_request_comp_evt()函数。

btu_hcif_rmt_name_request_comp_evt()函数调用 btm_process_remote_name()函数进行处理。这个函数还会调用 btm_sec_rmt_name_request_complete()函数，此函数在配对时才真正有用，用于配对时读取设备名字。

btm_process_remote_name()函数提取读取到的名字，调用 p_cb()函数即 bta_dm_remname_cback()函数进一步处理。由于协议栈定义 BTM_INQ_GET_REMOTE_NAME 的值为 FALSE，本函数后面被这个宏括住的一大段代码都不会运行。

bta_dm_remname_cback()函数将蓝牙设备地址和名字放入 msg，发出 BTA_DM_REM_NAME 消息给 BTU TASK。

BTU TASK 收到 BTA_DM_REM_NAME 消息后，调用 dm search state machine 进行处理。此时状态机处于 active 状态，从 search_active_st_table[]中拿到 BTA_DM_REMT_NAME 这个 Action，下一个 state 还是 active，从 Action[]表中获取 bta_dm_rmt_name()函数并执行。

bta_dm_rmt_name()函数将 appl_knows_rem_name 置为 TRUE，然后调用 bta_dm_discover_device()函数。

bta_dm_discover_device()函数由于 p_btm_inq_info 不为空且 appl_knows_rem_name 值为 TRUE，不会调用 bta_dm_read_remote_device_name()函数去执行 discover 动作，上层也没有指定要扫描服务，故最终会执行发送消息 BTA_DM_DISCOVERY_RESULT_EVT 给 BTU TASK，并携带设备地址、名字。

BTU TASK 收到 BTA_DM_DISCOVERY_RESULT_EVT 消息后，调用 dm search state machine 进行处理。此时状态机处于 active 状态，从 search_active_st_table[]中拿到 BTA_DM_SEARCH_RESULT 这个 Action，下一个 state 还是 active，从 Action[]表中拿到 bta_dm_search_result()函数执行。

bta_dm_search_result()函数得到调用，由于上层不查服务，故 p_search_cback()回调函数得到调用，即调用 bte_search_devices_evt()函数上报设备信息。然后调用 bta_dm_discover_next_device()去决定是继续 discover 下一个蓝牙设备还是需要结束 discover。

bte_search_devices_evt()函数调用 BTIF TASK 切换上下文，调用 btif_dm_search_devices_evt()函数执行上报消息。此时 BTU TASK 可以转而去处理别的事情。

btif_dm_search_devices_evt()函数得到蓝牙设备名字，将其存入 bt_config.xml，并调用如下函数通知 JNI 层设备属性发生改变。

```
HAL_CBACK(bt_hal_cbacks, remote_device_properties_cb,//JNI 层回调函数
```

```
                                             status, &bdaddr, 1, properties);
```
即 com_android_bluetooth_btservice_AdapterService.cpp 中的如下函数。
```
static void remote_device_properties_callback(bt_status_t status,
               bt_bdaddr_t *bd_addr, int num_properties,
               bt_property_t *properties) {
    //本函数只列出了关键代码
    callbackEnv->CallVoidMethod(sJniCallbacksObj,
           method_devicePropertyChangedCallback, addr, types, props);
}
```
最终调用了 JniCallbacks.java 中的如下函数。
```
void devicePropertyChangedCallback(byte[] address,
                               int[] types, byte[][] val) {
    mRemoteDevices.devicePropertyChangedCallback(address, types, val);
}
```
bta_dm_discover_next_device()函数执行时，先调用 BTM_InqDbNext()函数得到下一个需要 discover 的设备。如果有设备就说明需要继续执行 discover 过程，调用 bta_dm_discover_device()函数继续发起 discover 去获取下一个蓝牙设备的名字；如果没有蓝牙设备了，就向 BTU TASK 发出 BTA_DM_SEARCH_CMPL_EVT 结束整个扫描流程。

当 BTU TASK 收到 BTA_DM_SEARCH_CMPL_EVT 时，调用 dm search state machine 进行处理。此时状态机处于 active 状态，从 search_active_st_table[]中拿到 BTA_DM_SEARCH_CMPL 这个 Action，将状态机切到 idle 状态，从 action[]中拿到 bta_dm_search_cmpl()函数执行。

bta_dm_search_cmpl()函数调用 p_search_cback(BTA_DM_DISC_CMPL_EVT)，即函数 bte_search_device_evt()。bte_search_device_evt()函数切换上下文到 BTIF TASK 转而调用 btif_dm_search_devices_evt()函数。

btif_dm_search_devices_evt()函数调用 JNI 回调通知 Java 层扫描结束，代码如下。
```
HAL_CBACK(bt_hal_cbacks, discovery_state_changed_cb, BT_DISCOVERY_STOPPED);
```
至此，扫描蓝牙设备流程结束。

10.6 本章总结

扫描流程比较复杂，作者只是分析了一个正常的扫描流程，需要读者自行分析和完善对扫描流程的理解。

扫描过程不可避免地存在 Bug。作者举例说明如下。

小米生态链的 150 英寸激光投影电视（后文简称投影仪）支持蓝牙 A2dp Sink 的功能，即投影仪可以当蓝牙音箱使用。生态链的测试工程师在测试 A2dp Sink 的功能的时候，时不时反映手机连接投影仪播放歌曲，投影仪播放音频卡顿，并且出现这个问题时，总是卡顿，各种尝试（如重启手机、断开再连接等）都不能消除问题，只有重启投影仪才能恢复流畅播放。由于播放歌曲时日志比较多，出问题时抓日志已经晚了，因为有用的日志已经被冲掉，且 btsnoop 的 A2dp 数据庞大，导致无法用工具解析 btsnoop 进行有效分析。

作者亲自跑到生态链办公楼去查看 2.4GHz 无线环境，发现环境还可以，不太嘈杂，排除了投影仪受到 2.4GHz 复杂环境干扰造成播放卡顿的可能性。另外测试了几台不同品牌的手机，也无法复现卡顿的问题，只能作罢。

后来过了半个月，生态链测试工程师找到了出现卡顿问题的复现办法：即在用投影仪的 A2dp Sink 播放歌曲时只要去投影仪的蓝牙设置界面进行一次蓝牙设备扫描，就一定出现播歌卡顿问题。而作者本人所处的环境下按同样方法操作无法复现问题。

以此为线索，分析 btsnoop，发现在扫描蓝牙设备时，投影仪周边有苹果的 iMac 或 Mac Book Pro 设备（都支持 LE）的话，投影仪在查询它们的名字时，进行 LE 链路的连接再查询名字，查询过程中这两款设备还会反过来通过 LE 链路查询投影仪的信息，双方查询完后，谁都没有执行断连接操作。这导致投影仪维护了一条或多条 LE 链路（视投影仪的蓝牙能扫到的苹果这两款设备的数量而定），且通信间隔（Connection Interval）是 7.5ms，这些链路会分时调度蓝牙天线，直接导致 A2dp Sink 功能无法获得足够天线资源收发数据，从而播放卡顿。同样，扫描周边的苹果系列手机就没有引发类似问题，因为它会主动断链。在解决问题时，让生态链测试工程师不播放歌曲，只抓扫描设备时的 btsnoop 用于分析问题，此时没有 A2dp Sink 的庞大数据参和进来，比较容易看清楚整个扫描过程。

问题解决思路是，每次进行 LE 设备的 discover 时，设备 discover 完成时将 LE 链路断开。

读者可自行研究扫描流程，看看如何在扫描流程里添加断 LE 设备的连接的操作。

这个问题反映了不同蓝牙设备的软件兼容性、互通性做得不够好，蓝牙设备的互操作（IOT）任重而道远。

第 11 章

SMP 简介

11.1 什么是 SMP

SMP（Security Manager Protocol）即安全管理协议。SMP 是蓝牙用来进行安全管理的，其定义了配对和 Key（可以理解成密钥）的分发过程的实现，以及用于实现这些方法的协议和工具。SMP 的内容主要是配对和 Key 的分发，然后用 Key 对链路或数据进行加密。这个 Key 至关重要，怎么生成、怎么由通信的双方共享，关系到加密的成败。因此蓝牙协议定义了一系列的复杂机制，用于处理和加密 Key 有关的操作。SMP 被用在 LE 单模设备或蓝牙双模（BR/EDR/LE）设备中。LE 设备配对分为 LE 传统配对（LE Legacy Pairing）和 LE 安全连接配对（LE Secure Connection Pairing）两种方式。

LE 传统配对更关心的是在资源受限的设备里的安全特性。随着时间的推移，安全特性越来越重要，所以蓝牙 4.2 引入 LE 安全连接配对。两种配对方式的特点如下。

LE 传统配对的特点如下。

- SMP 针对资源（MIPS、RAM、Power consumption）非常受限的设备上的安全性问题，同时需要考虑灵活性问题。
- SMP 具有非对称性，Key 的安全性完全取决于分发 Key 的一方。
- SMP 是非对称的，想要高安全性的设备要实现更多的资源。

LE 安全连接配对的特点如下。

- 提供了与 BR/EDR 安全连接等同的安全级别。
- Key 生成方式和低功耗传统配对不同。BR/EDR 与 LE 可以相互借用配对的 Key。
- 配对双方不会分发长期 Key（Long Term Key，LTK）。

低功耗蓝牙 4.2 引入 LE 安全连接，采用符合联邦信息处理标准（FIPS）的 Elliptic Curve Diffie-Hellman（DCTH）算法生成 Key。该密钥用于生成其他密钥，如长期 Key 和 Differ-Hellman key exchange（DHKey），但其本身从不通过无线电共享。由于 DHKey 从不通过无线电交换，因此第三方监听设备很难猜出加密 Key。在蓝牙 4.0/4.1 中使用的 LE 传统配对，设备采用的是短期 Key（Short Term Key，STK）对连接进行首次加密，然后在此加密连接上分发长期 Key。因此，连接的安全性取决于生成短期 Key 的安全级别。相对于 LE 安全连接的配对方式，临时 Key 生成的算法的安全性较低。

11.2　SM 在 Host 侧的位置

如图 11.1 所示，安全管理（Security Manager，SM）位于逻辑链路控制和适配协议（Logic Link Control and Adaption Protocol，L2CAP）之上、通用访问配置文件（Generic Access Profile，GAP）之下。只有 LE 设备（包括 BR/EDR/LE 双模设备）之间建立 LE 连接之后，才能开始配对流程。安全管理的主要目的是为 LE 设备提供建立加密连接所需的 Key（STK/LTK），定义了如下几类规范。

- 生成加密 Key 的过程称为配对（Pairing），详细定义了配对的概念、操作步骤、实现细节等。
- 定义一个密码工具箱（Cryptographic Toolbox），其中包含了配对、加密等过程中所需的各种加密算法。
- 定义 SMP 协议，基于 L2CAP 建立连接，实现主设备和从设备之间的配对和 Key 传输等操作。

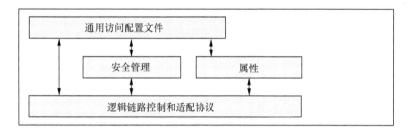

图 11.1　SM 的协议层位置

11.3　SMP 的流程介绍

如图 11.2 所示，SMP 的流程分为 3 个阶段。
- 第 1 阶段是建立连接后双方提配对的安全需求。
- 第 2 阶段是根据安全需求进行配对，其中传统配对和安全连接配对流程不一样。之后利用产生的 Key 进行链路加密。

- 第 3 阶段是在进行链路加密后，开始各种 Key 的分发。之后双方就可以传送私密信息了。第 3 阶段是可选的。

在第 3 阶段需要注意的是，LE 传统配对用的是短期 Key 对链路进行加密，加密后主设备（Master）/从设备（Slave）各自分发自己生成的长期 Key。蓝牙协议规范没规定 LE 传统配对的 LTK 怎么生成，主设备和从设备各自生成 LTK，值会不一样，故一定需要将 LTK 分发给对方。而对于 LE 安全连接配对，蓝牙协议规范明确规定了 LTK 的生成方法，故双方的 LTK 是一样的，不需要分发。

图 11.2 SMP 的 3 个阶段

11.3.1 SM 第 1 阶段——配对特征的交换

如图 11.3 所示，配对第 1 阶段的过程是发起者（Initiator，总是主设备）建立连接后以配对请求（Pairing Request）和配对回应（Pairing Response）的交互开始，通过这两个命令，配对的发起者和配对的回应者（Responder，总是从设备）可以交换足够的特征（Feature）信息，用于决定在阶段 2 使用哪种配对方法、哪种鉴权方式。交换双方的信息包括输入/输出能力（IO Capabilities）、是否有带外（Out Of Band，OOB）鉴权数据、安全需求和 Key 分发要求。这些交换的特征信息决定了阶段 2 采用的鉴权方式和配对方式。

图 11.3　SMP 的第 1 阶段

双方交互的主要内容如下。

- 是否有带外鉴权。
- 鉴权要求（包括 Bonding flag、MITM、SC、Keypress）。
- 最大加密 Key 的大小。
- 发起者/回应者 Key 的分发要求（包括 Enc key、Id key、Sign、Link key）。

SC 是否使用安全连接配对的标志，用于区分使用什么方法配对。MITM（Man-in-the-middle）即是否需要求能够抵御 MITM 攻击。按键确认（Keypress）在使用输入配对码（Passkey Entry）协议时使用，当配对双方的 Keypress 位置 1 时，配对双方界面都弹出一个按键提示。交换输入/输出能力、OOB 鉴权支持情况和鉴权要求用于决定第 2 阶段 Key 的生成方法。

配对特征字段分布如图 11.4 所示。操作码（Code）为"0x01"的是发起者，操作码为"0x02"的是回应者。

图 11.4　配对特征的字段分布

图 11.5 是进行 LE 传统配对时双方特征交互的详细内容，是来自于 Ellisys 蓝牙分析仪抓取的一张配对特征分析的截图。左半部分是发起者发起配对请求的详细内容，操作码是"0x01"；右半部分是回应者发起配对回应的详细内容，操作码是"0x02"。可以看出如下主要信息。

- 输入/输出能力：发起者支持键盘（Keyboard）和显示（Display）；回应者没有输入/输出能力。

- 双方都没有 OOB 数据信息。
- MITM：发起者请求 MITM 保护；回应者不需要。
- 安全连接配对标志（SC）：双方都不支持安全连接配对，只能使用传统配配对方式。只有双方都支持安全连接配对才会使用这种配对方式。
- 最大的加密 Key 的长度是 16。
- 加密 Key（Enc Key）：双方都必须分发 LTK、EDIV 和 Rand。
- Id Key：双方都必须分发 IRK 和地址。
- Sign：双方都必须分发 CSRK。

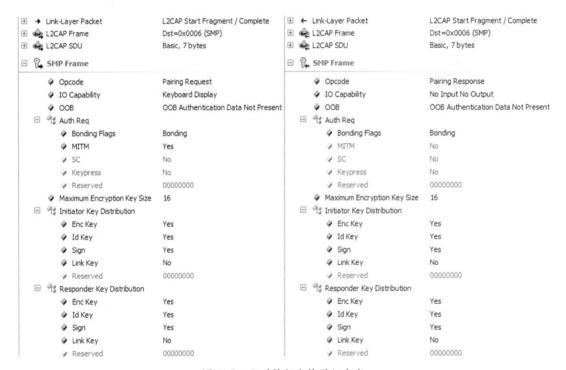

图 11.5　配对特征交换详细内容

Rand(Random Number)即随机数，是一个 64 位的随机数。EDIV(Encrypted Diversifier)，即加密分散者，是一个 16 位的 Diversifier。它们在 LE 传统配对中用于在多个 LTK 中标识某一个具体的 LTK，而在新的 LE 安全配对中不再使用（赋值为 0）。

IRK(Identity Resolving Key)，即身份解析 Key，为了保护 BLE 设备的隐私，受信任的 BLE 设备使用共享的身份解析 Key，生成和解析随机的可解析私有地址（ Resolvable Private Address，RPA ）。只有一台设备拥有另一台广播设备的 IRK 时，才能跟踪该广播设备的活动。

CSRK（Connection Signature Resolving Key），即连接签名解析 Key，用于对数据进行认证。签名是由签名算法和计数器产生的。计数器随各数据协议数据单元（Protocol Data Unit, PDU）递增，以避免任何重放攻击。数据签名并非用来防护被动窃听，而是为接收设备验证数据源的真实性。

11.3.2　第 2 阶段——根据特征信息配对

1. 安全特性的种类和级别

安全特性（Security Properties）的种类和级别如下。
- LE 安全连接配对（LE Secure Connection pairing），如果不支持就使用传统配对。
- 鉴权 MITM 保护（Authenticated MITM protection）。
- 不鉴权没有 MITM 保护（Unauthenticated no MITM protection）。
- 没有安全要求（No security requirement）。

2. 配对时的鉴权介绍

LE 配对有以下几种方式。
- LE 传统配对有直接使用（Just Work）、输入配对码（Passkey Entry）或 OOB 方式。
- LE 安全连接配对有直接使用（Just Work）、输入配对码、数值比较（Numeric Comparison）或 OOB 方式。

其中，下面几种方式可以实现 MITM 保护。
- LE 传统配对：输入配对码（Passkey Entry）或 OOB 方式。
- LE 安全连接配对：输入配对码、数值比较（Numeric Comparison）或 OOB 方式。

为了确保 MITM 启用，MITM 保护位必须在配对鉴权请求（AuthReq）和回应中被设置。在配对流程中，LE 传统配对不能防止监听，因为 TK 容易被预测或确定。而输入配对码的侦听要稍微难一些，因为 TK 是个 6 位数，监听设备需要遍历一遍才能猜出正确值。

如图 11.6 所示，介绍了利用第 1 阶段的交换信息选择鉴权方式。左图是 LE 传统配对的选择方法，右图是 LE 安全连接配对的选择方法，OOB 具有最高优先级。从图 11.5 的特征交换信息来看，需要从左图中选择使用输入/输出能力的鉴权方式。

鉴权（Authentication）就是要保证执行某一操作的双方（本章特指配对的双方）的身份的合法性，不能出现乱匹配的情况，从本质上来说就是通过一些额外的信息，告诉对方：我就是你想匹配的那位。

对低功耗蓝牙来说，主要有 4 类鉴权的方法。
- 直接工作（Just Work），提供最低级别的安全保护，这种配对在配对发起后不再需要用户参与。因此，这种配对不能提供 MITM 保护。这种方法在 LE 传统配对和 LE 安全配对中均有。
- 数值比较（Numeric Comparison），类似于 BR/EDR 中的 Simple pairing。两个设备会随机生成 6 个数字并显示出来，以便用户比较后进行确认。由于配对过程需要用户参与，所以这种配对可以提供 MITM 保护。这种方法只用于 LE 安全连接配对。
- 输入配对码（Passkey Entry），通过输入配对码的方式鉴权，有两种操作方法：用户在两个设备上输入相同的 6 个数字，后续配对过程会进行相应的校验；一个设备（A）随机生成并显示 6 个数字（要求该设备有显示能力），用户记下这个数字，并在另一个设备（B）上输入。设备 B 在输入的同时，会通过安全管理协议将输入的数字同步传输给设备 A，设备 A 会校验数字是否正确，以达到鉴权的目的。同样，这种配对方式提供 MITM 保护。
- 配对的双方在配对过程之外额外地交互一些信息，然后以这些信息为输入，进行后续的配对操作。这些额外信息称作 OOB、OOB 的交互过程由 OOB 协议来规范。

		发起者						发起者			
		OOB 设置	OOB 未设置	MITM 设置	MITM 未设置			OOB 未设置	OOB 设置	MITM 设置	MITM 未设置
回应者	带外设置	使用 OOB	核对 MITM			回应者	带外设置	使用 OOB	使用 OOB		
	OOB 未设置	核对 MITM	核对 MITM				OOB 未设置	使用 OOB	核对 MITM		
	中间人设置			使用 IO 能力	使用 IO 能力		中间人设置			使用 IO 能力	使用 IO 能力
	MITM 未设置			使用 IO 能力	直接工作		MITM 未设置			使用 IO 能力	直接工作
LE 传统配对使用 OOB 和 MITM 标志的规则						LE 安全连接使用 OOB 和 MITM 标志的规则					

图 11.6　鉴权方式选择

如图 11.7 所示，这是两个 BLE 设备配对时的鉴权方式的选择方法。从图 17.5 的配对特征交换的情况来看，发起者支持键盘和显示，而回应者没有输入和输出能力，这两个设备选择直接工作的方式。

3. 两种配对的异同

LE 传统配对和 LE 安全连接配对的异同如下。
- LE 传统中，各种配对方法的不同就在于临时 Key（TK）的不同。
  - 直接工作（Just Work），临时 Key 为 0。
  - 输入配对码（Passkey entry），两个设备分别输入或者一方显示另一方输入配对码，如 6 位数字。配对码作为临时 Key 使用。
  - OOB，通过 OOB 来传递临时 Key。

响应者	发起者				
	只显示	显示是/否	只有键盘	没有输入/输出	键盘和显示
只显示	直接工作 不需要认证	直接工作 不需要认证	输入配对码: responder displays, initiator inputs Authenticated	直接工作 不需要认证	输入配对码: responder displays, initiator inputs Authenticated
显示是/否	直接工作 不需要认证	直接工作 (For LE Legacy Pairing) Unauthenticated 数值比较 Comparison (For LE Secure Connections) Suthenticated	输入配对码: responder displays, initiator inputs Authenticated	直接工作 不需要认证	直接工作 (For LE Legacy Pairing): responder displays, initiator inputs 需要认证 数值比较 Comparison (For LE Secure Connections) Suthenticated
只有键盘	输入配对码: initiator displays, responder inputs Authenticated	输入配对码: initiator displays, responder inputs Authenticated	输入配对码: initiator displays, responder inputs Authenticated	直接工作 不需要认证	输入配对码: initiator displays, responder inputs Authenticated
没有输入/输出	直接工作 不需要认证	直接工作 不需要认证	直接工作 不需要认证	直接工作 不需要认证	直接工作 不需要认证
键盘和显示	输入配对码: initiator displays, responder inputs Authenticated	输入配对码: (For LE Legacy Pairing): initator displays, responder inputs Authenticated 数值比较 (For LE Secure Connections) Authenticated	输入配对码: initiator displays, responder inputs Authenticated	直接工作 不需要认证	输入配对码: (For LE Legacy Pairing): initator displays, responder inputs Authenticated 数值比较 (For LE Secure Connections) Authenticated

图 11.7　输入/输出能力和 Key 的生成方法的映射

- LE 安全连接配对。
  - 直接工作（Just work）和数值比较（Numeric Comparison），ra 和 rb 都为 0。
  - 输入配对码，ra 和 rb 是由两个设备分别输入或者一方显示另一方输入。然后每一个位都算一次 Ca 和 Cb，即 Cai 和 Cbi。这样来回 20 次（6 位十进制数最多 20 位）。下个阶段需要用到的 Na、Nb 就用 Na20 和 Nb20。
    Ca 和 Cb 分别是主设备和从设备的确认信息，Na 和 Nb 是主设备和从设备分别生成的非重复随机数。Cai 和 Cbi 是循环计算的临时确认信息。
  - OOB，通过 OOB 传 A、ra、Ca 或者 B、rb、Cb。其中 A,B 分别代表 A 设备和 B 设备的地址以及地址类型。

4. 配对交换的内容

LE 传统蓝牙配对交换内容如下。

- LE 传统配对时双方需要验证对方的确认信息，生成确认信息的公式如下。

  Mconfirm = c1(Tk, Mrand, Pairing Request command, Pairing Response command, initialting device address type, initialing device address, responding device address type, responding device address)

  Sconfirm = c1(Tk, Srand, Pairing Request command, Pairing Response command, initialting device address type, initialing device address, responding device address type, responding device address)

  其中的 M 是 Master 的意思，即主设备。S 是 Slave 的意思，即从设备。c1 是密码工具箱的一个算法。rand 是生成的随机数。

- 临时 Key 在用不同配对方式时的赋值方法在前面已有介绍，设备特征信息在配对前已经知道了，故需要通过 SMP 交换的就是 Xconfirm 和 Xrand 了。如果对方的 Xconfirm 和自己计算出来的是匹配的，那么配对就成功了。Xconfirm 指 Mconfirm 或者 Sconfirm。Xrand 指 Mrand 或者 Srand。

LE 安全连接配对分为两步，分别验证 Ca、Cb 相关值和 Ea、Eb。不同配对鉴权方法验证流程稍有差异，分为以下 3 个步骤。

- 第一个步骤交换 PK a 和 PK b。PK 即 Public Key。
- 第二个步骤各个配对方式不同。
  - 直接工作或数值比较，ra 和 rb 为 0，还要交换 Cb、Na、Nb，如果是数值比较，由用户确认由密码工具箱的 g2 算法生成的数字是否一样。
  - 输入配对码，ra、rb 是十进制的 6 位随机数，就是 20 位，一个位、一个位地验证。要交互 Cai、Cbi、Nai、Nbi。持续 20 轮，每轮都验证 Cai、Cbi 是否对，如果都对就说明 ra 等于 rb。Na20 和 Nb20 作为最后需要用到的 Na 和 Nb。
- OOB，通过 OOB 传递 A、ra、Ca 或者 B、rb、Cb。Ca 或者 Cb 验证对了后再通过 SMP 交换 Na 和 Nb。和 LE 传统配对有差别的地方在于这个只用传递一方信息就可以，即一方有 OOB 就行；LE 传统配对需要两方都有 OOB，才能用 OOB 方式。
- 第三个步骤就是交互和验证 Ea 和 Eb。

Ea 和 Eb 是双方将 DHKey、Na、Nb 等作为参数使用密码工具箱的 f3 算法计算出来，Ea 是主设备的，Eb 是从设备的。

5. LE 传统配对流程介绍

如图 11.8 所示，在主机和从机建立连接、交换完特征信息之后，两者选择了 LE 传统配对。主要过程如下：

- 鉴权方式选择了输入配对码，配对码赋值给 TK。如果是直接工作的鉴权方式，那么双方的 TK 都是 0。如果是 OOB 方式，那么 TK 是 OOB 携带的数据，并各自生成一个随机数(rand)。图 11.8 是输入配对码鉴权方式的流程。
- 双方使用密码工具箱的 c1 函数，将 TK、随机数、双方地址等作为 c1 函数的参数生成各自的 confirm 信息。
- 双方将自己的随机数和计算的 confirm 发送给对方，并根据 c1 函数计算、核对对方的 confirm 信息是否一致，不一致就中断配对过程。
- 双方使用密码工具箱的 s1 函数，用 TK、Srand、Mrand 作为参数，计算短期 Key(STK)。
- 使用短期 Key 加密链路。

6. LE 安全连接配对流程介绍

首先，两个设备交换公共 Key。主设备先发送自己的公共 Key 给从设备，然后从设备发送自己的公共 Key 给主设备，如图 11.9 所示。

接着，双方根据鉴权方法计算和比较确认信息。如图 11.10 所示，这是直接工作和数值比较的鉴权方式下生成并比较确认信息的过程。过程如下：

- 双方将 ra 和 rb 设置为 0，各自生成随机数，主设备的随机数是 Na，从设备的随机数是 Nb。
- 从设备计算确认信息（Confirm），并将确认信息发给主设备。
- 双方交换配对使用的随机数。
- 主设备计算自己的确认信息，并比较从设备的确认信息是否一致。需注意的是从设备并没有这个比较过程，由主设备根据比较结果决定配对是否继续。
- 双方计算用户确认信息，并将其显示给用户，由用户核对信息。

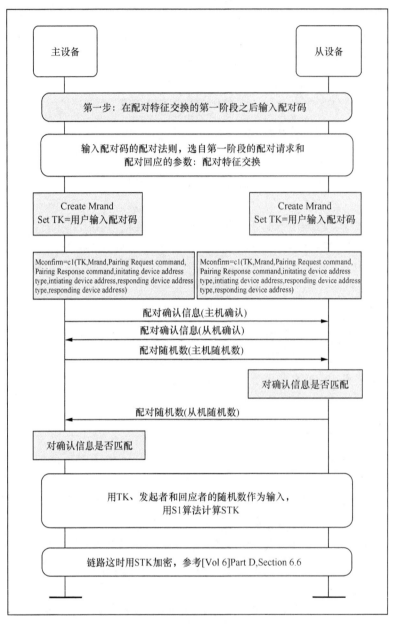

图 11.8 LE 传统配对输入配对码的配对过程

图 11.9 交换公共 Key 的过程

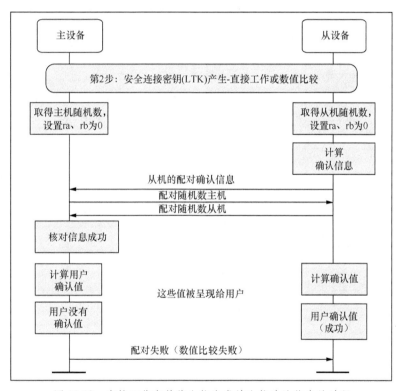

图 11.10 直接工作和数值比较生成并比较确认信息的过程

然后，双方计算 DHKey，并由 DHkey 计算长期 Key（LTK），如图 11.11 所示。

最后，双方根据计算出的 DHKey，使用密码工具箱的加密算法将 DHKey 作为参数之一进行运算，并计算出结果，之后交换双方的计算结果并检查是否一致。空中不会直接传递 DHKey 本身。如图 11.12 所示。

图 11.11　LTK 的生成

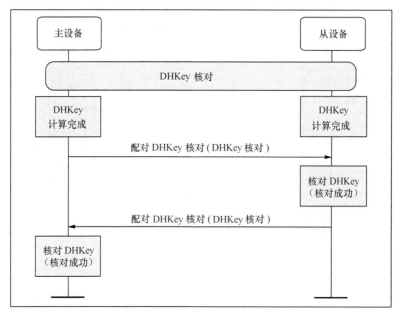

图 11.12　DHKey 检查

7. 加密连接

不论是 LE 传统配对还是 LE 安全连接配对，在阶段 2 结束后都要加密当前连接，然后在已加密的连接上分发各种 key。

- LE 传统配对在阶段 2 只是产生了短期 Key（STK），所以此时加密用 STK 加密。这时候 EDIV 和 Rand 也没有通过 SMP 传给对方，所以加密时的 EDIV 和 Rand 都设为 0。
- STK 计算公式：STK = s1(TK, Srand, Mrand)。
- LE 安全连接配对在阶段 2 就已经产生了长期 Key（LTK），所以可以直接用 LTK 来加密。

11.3.3 第 3 阶段——Key 的分发过程

如图 11.13 所示，这是加密完成后，双方根据配对请求里的 Key 的分发要求来分发 Key 的过程。对 LE 传统配对来说，双方都要分发 LTK、EVID、Rand、地址类型、地址和 CSRK。对 LE 安全连接配对来说，双方都要分发 IRK、地址类型、地址和 CSRK，不需要分发 LTK。

图 11.13 Key 的分发过程

11.4 SMP 协议包分析

图 11.14 是 LE 传统配对过程抓包展示，读者可以找份包看看其更详细的内容。抓包具体分析如下。

- Packet 142：从设备发出了多个非定向可连接广播包。
- Packet 197：主设备发起建立连接指示，之后双方连接成功。
- Packet 200：双方进行版本信息交换，不是本章重点。
- Packet 205：从设备发起 SMP 安全请求。

- Packet 204 和 209：主设备发起配对请求，从设备进行配对回应。双方交换特征信息。特征信息详细内容可查看图 11.5。
- Packet 210 和 213：双方进行支持功能的信息交换，两者会选择应用彼此的功能信息的交集。交换功能信息包括是否支持加密、连接参数更新请求的处理、Ping、LL Privacy、周期性广播等。这不是本章的重点。
- Packet 212~219：STK 的生成过程，双方传输确认信息（Confirm）和配对随机数，并检查确认信息是否一致。如果一致就各自生成 STK。
- Packet 220~231：双方进行链路层加密。
- Packet 233~254：双方分发 LTK、EVID、Rand、地址类型、地址和 CSRK。

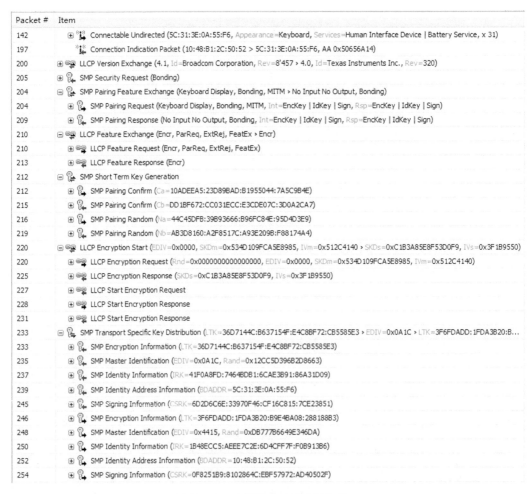

图 11.14　LE 传统配对过程抓包展示

11.5　问和答

- 输入输出能力如何影响配对方法？
  参考图 11.7。
- 输入配对码就是一边显示 6 个数，另外一边输入 6 个数，然后这 6 个数就是 TK？
  是的。也可以两边都输入 6 个数。
- Mconfirm，Sconfirm 什么时候传递？
  SMP 协议中有。通过配对时的确认信息来发。
- 感觉 Srand，也要发。Mrand 也要吗？
  都要发。
- 发起者有了 STK 后，响应者怎么知道？传给它还是它自己算？
  自己算，STK 计算公式：STK = s1(TK, Srand, Mrand)。
- 所谓的各种不同的方法，就是用不同的方式交换来验证对方的信息，然后基于这些信息来验证对方是不是可信的。
  对于 LE 传统配对，主要 TK 是一致的，然后各自有一个随机数（Mrand 或者 Srand），接着根据设备地址、设备地址类型、配对请求/响应内容就可以算 Mconfirm/Sconfirm 了。最后如果对就可以算 STK 了。
  ○ 直接工作（Just work），TK=0。
  ○ 输入配对码（Passkey Entry），一边生成一个 6 位（10 进值）随机数，另外一边输入。这个随机数作为 TK。
  ○ OOB，双方用 OOB 的方式交互 TK、设备类型之类的内容，Mrand 和 Srand 没说怎么交互，有可能是 OOB，有可能是通过 SMP 传。
  ○ 对于 LE 安全连接配对，交换的东西要多一些。
  ○ 直接工作方式和数值比较，ra=0，rb=0，Pka、Pkb、Na、Nb 都要交换，然后计算 Ca、Cb。如果 Ca、Ca 都正确，直接工作方式就认为正确了。而数值比较会让双方各自提示 Va、Vb，等用户确认。
  ○ 输入配对码，ra、rb 是一个比特、一个比特的验证。每次验证都来一个 Nai、Nbi，然后算一个 Cai、Cbi，一直循环 20 次，如果每次 Cai、Cbi 都正确，那么 ra、rb 就都认为正确了。最后，Na20、Nb20 作为最终的 Na、Nb（Na、Nb 后面计算 LTK 时要用）。
  ○ OOB 就是通过 OOB 方式交换 AB 设备信息（地址、地质类型）Ra、Ca、Rb、Cb、Na、Nb 之类的。

- 安全的目标是什么？如何衡量一种机制是否足够安全？
  - 目标有两个：防止侦听（Eavesdropper）和防止 MITM。
  - 防止侦听只有通过引入配对过程中的随机性来防止。这个随机性值是针对侦听者的。这个随机性通常拥有多个随机比特来衡量。拿 LE 传统配对来说，Just Work（直接工作）的时候 TK=0，那么就没有随机性。只要侦听者去听包就一定可以侦听到配对过程。输入配对码的时候，针对侦听的防御就要强一些。因为 TK 是 6 位数，有 20 比特的随机性。由于侦听者并不知道 TK 是什么值，它只能去听包，然后把 TK 值从 0~999 999 遍历一遍，看看哪个值带入上下文能够解析。这就需要侦听者有比较强的计算能力。相对而言，LE 安全连接配对的 P256 有 128 比特的随机性，所以防侦听就更强。
  - 防止 MITM 就需要人为干预。这是为什么直接工作方式不能防御 MITM 而数值比较可以。
- 生成 STK 的时候的 Security Properties 会被应用到 LTK。

第 12 章

LE 属性协议简介

12.1 概述

最近几年，智能硬件、物联网开始流行，其中有一个比较重要的方向就是设备的数据采集，如电量、温度、湿度、速度、压力、风速、地理位置、心率、血压、PM2.5 指数等。数据采集的方式分为询问和主动通知两种。询问是主设备发起信息查询请求，从设备根据请求应答主设备需要的数据；主动通知是从设备定时或当数据变化时向主设备上报信息（亦可广播信息），根据应用场景也可以定制从设备上报数据给主设备的规则。

如果对从设备的功耗有要求的话，那么从设备应当尽可能功耗低，这就促进了低功耗蓝牙的诞生。作者 5 年前主持了一个使用 220 毫安时纽扣电池的低功耗蓝牙遥控器（二代小米电视的标配遥控器）的开发，一颗纽扣电池需要支持用户正常使用一年以上，这是传统蓝牙遥控器所不能企及的。低功耗蓝牙适用于对功耗要求较高而对数据采集频率较低、数据量不大、实时性要求较高的应用场景。基于功能的需求，LE 抽象出了属性协议（Attribute Protocol），将设备的信息和功能以 Attribute 的形式抽象出来，并提供属性操作方法。属性是一条带有标签的、可被寻址的、有访问控制的定长数据。属性的操作采用 C/S 构架，以 Client、Server 的形式组成。Server 端提供属性数据库，供 Client 端查询和使用，并定义了属性的访问控制。Client 端将查询到的属性数据库存储在本地，以后就不需要再次读取。当 Server 发生了属性设定的变化（如属性数据库发生了改变从而修改软件、升级设备的固件），可以指示 Client 端重新读取属性数据库来更新 Client 本地存储的数据库信息，这样可以减少读取的频率从而减少 Server 端的电能消耗。ATT 是比较基础和抽象的概念，在 ATT 之上定义了 GATT 层（Generic Attribute Profile）来提供属性应用规范，使得应用程序可以通过 GATT 来使用 ATT，达到使用设备的目的。ATT 和 GATT 是 LE 的两个核心协议，也可以运行在传统蓝牙之上。

12.2 属性的构成

每个属性由 3 个元素构成。

- 一个 16 比特的 handle。
- 一个 UUID 定义的属性类型。
- 确定长度的属性值。

Handle 是唯一标示属性的数字标识，是属性数据库的属性索引，在信息交换时并不会在无线通道传输。Client 端在遍历 Server 端的属性数据库时，Server 端会告知 Client 端相应属性的 Handle。Handle 在 Server 端是从 1 开始的数值，最大值可以达到 65 535（实际不可能有这么多属性）。协议规范规定最后一个 Service 的 Handle 的最大值可以是 65 535。Handle 用来唯一标识属性，因为不同的属性可以有相同的 UUID。

属性分类由蓝牙标准组织规范，通过 128 比特的 UUID 来标示一个具体的属性。ATT 协议本身没有定义任何 UUID，这部分工作交给了 GATT 和上层协议。由于 LE 的 MTU 太小，不希望传输完整的 128 比特的 UUID，也不希望过多消耗电能，故对此进行了精简，只传输 16 比特的 UUID。

UUID 总体都是按下述格式定义，只是第 3、4 字节有所不同，用于区分不同的属性。

```
//GATT 配置
GAP 服务: 00001800-0000-1000-8000-00805F9B34FB
GATT: 00001801-0000-1000-8000-00805F9B34FB
IMMEDIATE ALERT: 00001802-0000-1000-8000-00805F9B34FB
LINK LOSS: 00001803-0000-1000-8000-00805F9B34FB
TX POWER: 00001804-0000-1000-8000-00805F9B34FB

// GAP 服务举例
HEALTH THERMOMETER: 00001809-0000-1000-8000-00805F9B34FB
DEVICE INFORMATION: 0000180A-0000-1000-8000-00805F9B34FB
HEART RATE: 0000180D-0000-1000-8000-00805F9B34FB
Phone Alert Status Service: 0000180E-0000-1000-8000-00805F9B34FB
Battery Service: 0000180F-0000-1000-8000-00805F9B34FB
Blood Pressure: 00001810-0000-1000-8000-00805F9B34FB
HOGP: 00001812-0000-1000-8000-00805F9B34FB

//GATT 属性类型
Primary Service（首要服务）: 00002800-0000-1000-8000-00805F9B34FB
Secondary Service（次要服务）: 00002801-0000-1000-8000-00805F9B34FB
Include（包含）: 00002802-0000-1000-8000-00805F9B34FB
Characteristic（特性）: 00002803-0000-1000-8000-00805F9B34FB

//GATT CHARACTERISTIC 描述符
Characteristic Extended Properties: 00002900-0000-1000-8000-00805F9B34FB
```

```
Characteristic User Description: 00002901-0000-1000-8000-00805F9B34FB
Characteristic Configuration: 00002902-0000-1000-8000-00805F9B34FB
Server Characteristic Configuration: 00002903-0000-1000-8000-00805F9B34FB
Characteristic Format: 00002904-0000-1000-8000-00805F9B34FB
Characteristic Aggregate Format: 00002905-0000-1000-8000-00805F9B34FB
Valid Range: 00002906-0000-1000-8000-00805F9B34FB
External Report Reference: 00002907-0000-1000-8000-00805F9B34FB
Report Reference: 00002908-0000-1000-8000-00805F9B34FB

//GATT CHARACTERISTIC 类型举例
Device Name: 00002A00-0000-1000-8000-00805F9B34FB
Appearance: 00002A01-0000-1000-8000-00805F9B34FB
Peripheral Privacy Flag: 00002A02-0000-1000-8000-00805F9B34FB
Reconnection Address: 00002A03-0000-1000-8000-00805F9B34FB
Peripheral Preferred Connection Parameters:
                           00002A04-0000-1000-8000-00805F9B34FB
Service Changed: 00002A05-0000-1000-8000-00805F9B34FB
Alert Level: 00002A06-0000-1000-8000-00805F9B34FB
Tx Power Level: 00002A07-0000-1000-8000-00805F9B34FB
Date Time: 00002A08-0000-1000-8000-00805F9B34FB
Day of Week: 00002A09-0000-1000-8000-00805F9B34FB
Day Date Time: 00002A0A-0000-1000-8000-00805F9B34FB
Exact Time 100: 00002A0B-0000-1000-8000-00805F9B34FB
Exact Time 256: 00002A0C-0000-1000-8000-00805F9B34FB
```

属性 UUID 由蓝牙标准组织进行了分类。

- 0x1800—0x26FF，用作标识服务类的通用唯一识别码。
- 0x2700—0x27FF，用于标识计量单位。
- 0x2800—0x28FF，用于区分属性类型。
- 0x2900—0x29FF，用作特性描述。
- 0x2A00—0x7FFF，用于区分特性类型。

属性类型主要用到 Primary Service（2800）和 Characteristic（2803），其他类型很少用到。

12.3　属性值的介绍

属性值长度最多可以达到 512 个字节，但是对于一个具体的属性，其长度是固定的。蓝牙标准规范里规定的 UUID 对应的属性，服务、特性、特性描述的长度是固定的，但是特性的值是不固定长度的，视具体的 UUID 而定，属性值也是不同的。ATT 协议不会发送属性值的长度，只能从 PDU 里获取长度，因此 Client 端需要获知某个 UUID 代表的属性的精确结构才能正确使用。对于通用的 UUID，可以查到它的定义并知晓它的属性值的构造，并得知如何获取和使用属性值。对于自定义的属性的值，除非你知道它的构成，否则无法解析，不过可以选择忽略。LE 的 MTU 比较小，对于较长的属性值来说，需要分段读取或写入，使用分段读取二进制大对象（Read Blob Request）操作码（Opcode）0C。

通用服务类可以通过 UUID 来标识一种明确的服务，如 0x1812 代表 HOGP（HID Over Gatt Profile），0x1802 代表心率，0x180F 代表电池电量服务。

计量单位类通过 UUID 来标识一种计量单位。

区分属性类型用于通过 UUID 来区分该属性是首要服务、次要服务、包含服务和特性。如 0x2800 代表 Primary Service。

特性描述除了提供性质外，还能提供订阅功能，使得信息能够主动通知（Notify）或指示（Indicate）对方，前提是对方需要订阅。如温度发生改变时，可以主动通知对方；遥控器有按键被按下，可以将按键发给对方。订阅功能使得客户端不需要轮询，从而降低了客户端的负载。

特性类型用于区分不同的特性，如 0x2A00 代表设备名字，0x2A19 代表电量数值。

特性性质是个八位字段，定义了特性数值属性对所能提供的操作的支持情况，包括读、写、通知、指示、广播、命令、签名认证。如果设置了其中的某一位，就能通过相应的规程来访问该特性数值。如果设置了指示或通知位，就必须声明特性配置描述符，供客户端设置。Bluedroid 协议栈里能看到 gatt_cl_start_config_ccc()函数会设置 service change 的指示，ccc 的英文全称是 Client Characteristic Configuration。

12.4 属性数据库的构建过程

12.4.1 Gatt Profile 分层设计

Gatt 的上层是 Profile，Profile 由一个或多个 Service 构成。一个 Service 包含一个或多个特性，也可以包含其他 Service。

Service 分类如下。

- Primary Service：有基本功能的服务，可以被其他服务引用。
- Secondary Service：用来被 Primary Service、Secondary Service 和高层协议使用的服务。

Include Service 是当前 Service 引用已经存在的 Service 的方法，能避免数据和功能的重复定义，这样使之成为当前 Service 的一部分。Include Service 很少被用到。

Characteristic 包含特性声明、特性值和特性描述（可选，不是必须）。

GATT Profile 的具体构造层次如图 12.1 所示。

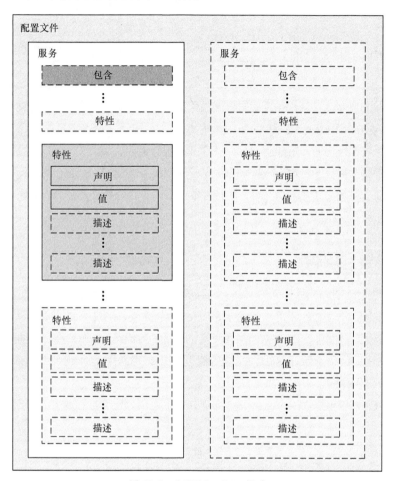

图 12.1　GATT Profile 层次

12.4.2　Gatt Service 的构建

Service 的属性类型是 UUID 为 0x2800 的属性类别，从这之后到下一个 0x2800 的声明之前的属性声明都属于这个 Service。一个 Profile 最少包含一个 Service。服务内的属性并不知道自己属于哪个服务，Gatt discover 过程中会以 0x2800 为界限，将两个 0x2800 中的所有属性划归为前一个以 0x2800 开始的 Service。GATTService 的构建如表 12.1 所示。

表 12.1　　　　　　　　　　GATTService 的构建

Handle	属性类型 UUID	描述	属性值
0x0010//参考值	0x2800	Service A 定义	Service A UUID
Service A 细节			
0x0020//参考值	0x2800	Service B 定义	Service B UUID
Service B 细节			

Handle（属性句柄）由属性数据库根据属性声明顺序自动定义，只是属性数据库的下标并不真实存在和存储，只能被程序所识别和使用。

属性类型是真实存在的，主要用到 0x2800 标识服务声明，0x2803 标识特性声明。

属性值也是真实存在的，对于服务来说，用于存储服务类型的 UUID；对于特性声明来说，存储特性类型 UUID 和特性值的 Handle；对特性数值来说，存储特性的数值；对于特性描述配置来说，存储订阅方的 Handle。

12.4.3　特性的构建

特性的属性类型 UUID 是 0x2803，一个服务可以包含一个或多个特性。特性的 Handle 值的区间介于当前服务的 Handle 和下一个服务的 Handle 之间。特性的属性值存储当前特性的类型 UUID 和特性数值的 Handle。特性数值从属于特性。特性数值用于存储特性的数据（如温度、湿度等），数据的格式由 UUID 决定。配置属性的属性类型是 0x2902，用于通知（Notify）和指示(Indicate) 的订阅配置，属性值存储订阅方的 Handle 值。

表 12.2 是特性的构建，表中第一个首要服务是电池服务，服务类别 UUID 是 0x180F，Handle 值是 0x0010。

表 12.2　　　　　　　　　　　特性的构建

	Handle	属性类型	性质	属性值	
首要服务	0x0010	0x2800	Read	0x180F	
特性声明	0x0011	0x2803	Read	0x0012	0x2A19
特性数值	0x0012	0x2A19	Read/Notify	数值长度	电池电量数值
特性描述配置	0x0013	0x2902	Read/Write	数值长度	订阅方 Handle
首要服务	0x0014	0x2800	Read	0x1800	
特性声明	0x0015	0x2803	Read	0x0016	0x2A00

续表

	Handle	属性类型	性质	属性值	
特性数值	0x0016	0x2A00	Read	数值长度	Device Name
特性描述配置	0x0017	0x2803	Read	0x0018	0x2A01
计量单位描述	0x0018	0x2A01	Read	数值长度	Apearance

电池服务的特性属性类型是 0x2803，对应的特性数值 Handle 是 0x0012，特性类别是 0x2A19，表示电量计数。

特性数值 Handle 是 0x0012，属性类型是 0x2A19，数值是电池的当前电量。特性声明里的属性值 Handle 和 UUID 值与特性数值的 Handle 及属性类型是相同的，这样特性和特性值能对应上。

特性描述配置的 Handle 是 0x0013，属性类型是 0x2902，这样客户端在 discover 时能知道这个特性描述配置是从属于当前特性的，两个特性之间的所有属性从属于前一个特性。特性配置描述支持客户端的订阅，并存储客户端的订阅 Handle。当特性值发生变化时，通知客户端的订阅者。针对电量服务来说，当电池电量发生改变时，通知客户端。

表中第二个首要服务是 GAP（Generic Access Profile）服务，服务类别是 0x1800，特性类别 0x2A00 是 Device Name。特性类别 0x2A01 是 Appearance。GAP 服务还包括其他特性，如设备期望的 Connection Parameter，此处没有一一列举出来。

12.5 获取属性数据库的过程

Bluedroid 在 LE 设备配对完成后，发起对设备的属性数据库的读取和配置过程。本节以小米蓝牙语音触控遥控器（以后简称遥控器）举例，来说明 Bluedroid 对遥控器的属性数据库的查询和配置过程。

12.5.1 GATT 服务的获取和设置过程

Bluedroid 首先发起从 Handle 0x0001 到 0xFFFF（即十进制的 65535）的针对服务类型为 0x1801 的 GATT Service 的主要服务的查找过程。如图 12.2 所示。

二进制数据中的"06"操作码表示按类型查找服务，"00 28"反过来就是 0x2800，表示主要服务。

```
02  02  00  0d  00  09  00  04  00  06  01  00  ff  ff  00  28  01  18
```

```
Frame 184: (Host) Len=18
HCI UART:
    HCI Packet Type: ACL Data Packet
HCI:
    Packet from: Host
    Handle: 0x0002
    Broadcast Flag: No broadcast, point-to-point
    Packet Boundary Flag: First non-automatically-flushable L2CAP packet
    Total Length: 13
    Credits: Available Host's ACL credits: 6
L2CAP:
    Role: Master
    Address: 2
    PDU Length: 9
    Channel ID: 0x0004 (Attribute Protocol)
ATT:
    Role: Master
    Signature Present: No
    PDU Type is Command: No
    Opcode: Find By Type Value Request
    *Database: 2(S)
    Starting Attribute Handle: 1
    Ending Attribute Handle: 65535
    Attribute Type(UUID): Primary Service
    Value to find: 0x1801
```

图 12.2　0x1801 主要服务查询

Controller 回应查找到 Gatt Service 服务的 Handle 区间是 10~13 之间。十六进制数据中的"07"表示 Find By Type 服务查找操作码的回应。如图 12.3 所示。

图 12.3　0x1801 主要服务查询的回应

后续 Bluedroid 还会去 0x000E 和 0xFFFF 区间查找 0x1801 的主要服务，并会返回失败，这个过程就不贴图了。Bluedroid 接着从 1~13 区间查找特性，由于 MTU 长度有限，在属性比较多的情况下，遥控器不会一次将此区间内的所有属性返回，而是分段返回。故 Bluedroid 得到一部分特性之后，再接着发命令读取后续区间的特性。

在遥控器报告 0x1801 的服务的 Handle 区间在 10 和 13 的区间内时，Bluedroid 读取特性的起始 Handle 应该是 10，而不是 1，这个算是 Bluedroid 的一个小 Bug 吧，但也不影响最终的读取过程。

之后开始查询 0x1801 服务的特性，如图 12.4 所示。0x2803 表示特性，08 操作码表示按类型查找特性，Handle 区间是 1~13。

图 12.4　0x1801 主要服务的特性查询

遥控器先返回了 Handle 1~7 之间的一些属性，这并不是 Gatt Service 所关心的，故此处没有贴图列出，随后 Bluedroid 再发起 8~13 之间的特性查询，返回了部分结果。其中特性 0x2AA6 是遥控器自定义的一个特性，需要由上层理解，上层也可以选择忽略，Bluedroid 属性数据库会将其记录，如图 12.5 所示。

特性 0x2A05 是服务变更的特性，提供了指示操作权限，并会在接下来的特性描述里提供指示（Indicate）功能。

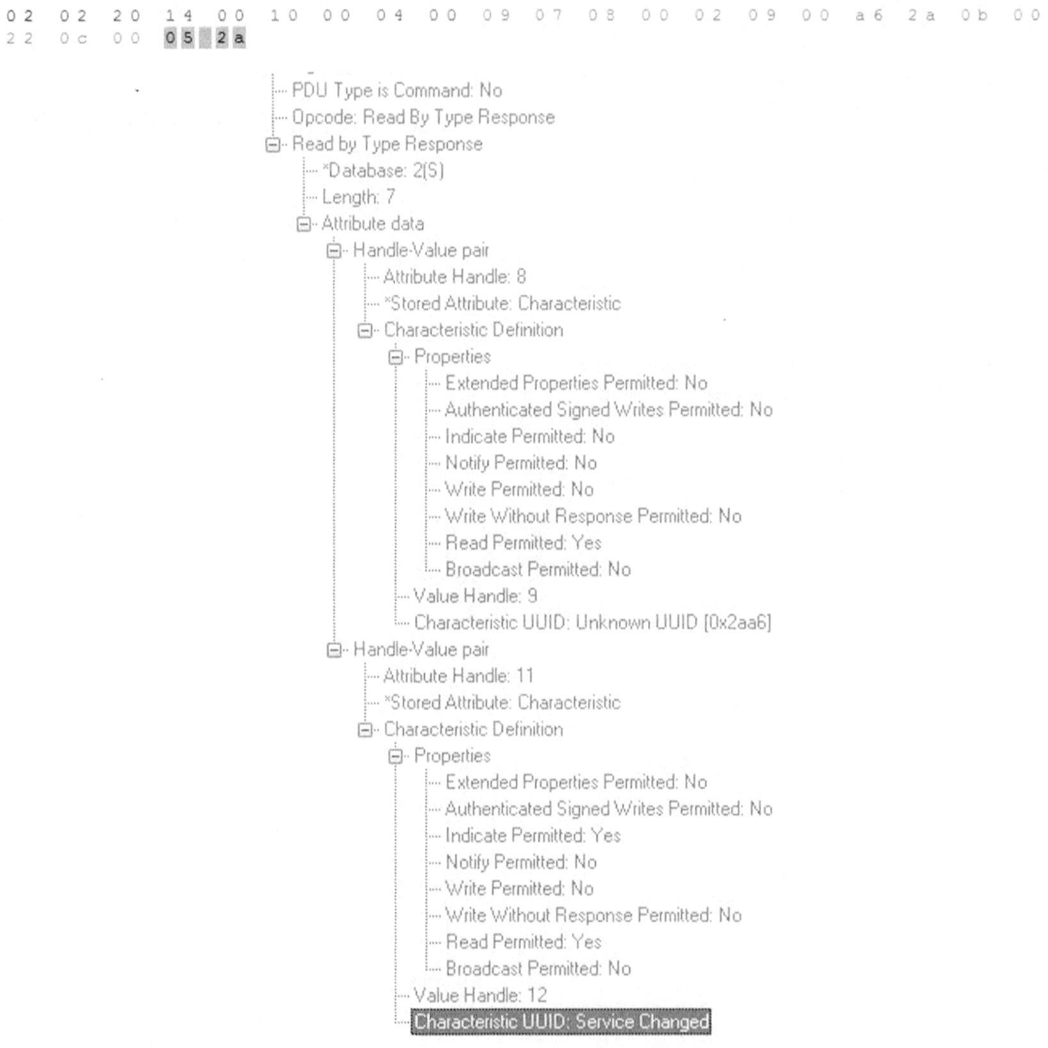

```
02 02 20 14 00 10 00 04 00 09 07 08 00 02 09 00 a6 2a 0b 00
22 0c 00 05 2a
```

```
···PDU Type is Command: No
···Opcode: Read By Type Response
⊟··Read by Type Response
    ···*Database: 2(S)
    ···Length: 7
    ⊟··Attribute data
        ⊟··Handle-Value pair
            ···Attribute Handle: 8
            ···*Stored Attribute: Characteristic
            ⊟··Characteristic Definition
                ⊟··Properties
                    ···Extended Properties Permitted: No
                    ···Authenticated Signed Writes Permitted: No
                    ···Indicate Permitted: No
                    ···Notify Permitted: No
                    ···Write Permitted: No
                    ···Write Without Response Permitted: No
                    ···Read Permitted: Yes
                    ···Broadcast Permitted: No
                ···Value Handle: 9
                ···Characteristic UUID: Unknown UUID [0x2aa6]
        ⊟··Handle-Value pair
            ···Attribute Handle: 11
            ···*Stored Attribute: Characteristic
            ⊟··Characteristic Definition
                ⊟··Properties
                    ···Extended Properties Permitted: No
                    ···Authenticated Signed Writes Permitted: No
                    ···Indicate Permitted: Yes
                    ···Notify Permitted: No
                    ···Write Permitted: No
                    ···Write Without Response Permitted: No
                    ···Read Permitted: Yes
                    ···Broadcast Permitted: No
                ···Value Handle: 12
                ···Characteristic UUID: Service Changed
```

图 12.5　0x1801 主要服务的特性查询的回应

接下来 Bluedroid 还会试图查询 12~13 之间的特性，遥控器会返回没有找到。此时 Bluedroid 将发起此区间的特性描述的查询，如图 12.6 所示。

发起特性描述查询，操作码是 04，起始 Handle 是 12，结束 Handle 是 13。

```
02  02  00  09  00  05  00  04  00  04  0c  00  0d  00
```

```
Frame 199: (Host) Len=14
HCI UART:
    HCI Packet Type: ACL Data Packet
HCI:
    Packet from: Host
    Handle: 0x0002
    Broadcast Flag: No broadcast, point-to-point
    Packet Boundary Flag: First non-automatically-flushable L2CAP packet
    Total Length: 9
    Credits: Available Host's ACL credits: 6
L2CAP:
    Role: Master
    Address: 2
    PDU Length: 5
    Channel ID: 0x0004 (Attribute Protocol)
ATT:
    Role: Master
    Signature Present: No
    PDU Type is Command: No
    Opcode: Find Information Request
    °Database: 2(S)
    Starting Attribute Handle: 12
    Ending Attribute Handle: 13
```

图 12.6　0x1801 主要服务的特性描述查询

遥控器返回了一个 CCC 的特性配置描述，描述符类型是 0x2902，如图 12.7 所示。Bluedroid 会打开指示（Indicate）功能。

```
02  02  20  0e  00  0a  00  04  00  05  01  0c  00  05  2a  0d  00  02  29
```

```
Frame 201: (Controller) Len=19
HCI UART:
    HCI Packet Type: ACL Data Packet
HCI:
    Packet from: Controller
    Handle: 0x0002
    Broadcast Flag: No broadcast, point-to-point
    Packet Boundary Flag: First automatically-flushable L2CAP packet
    Total Length: 14
L2CAP:
    Role: Slave
    Address: 2
    PDU Length: 10
    Channel ID: 0x0004 (Attribute Protocol)
ATT:
    Role: Slave
    Signature Present: No
    PDU Type is Command: No
    Opcode: Find Information Response
    °Database: 2(S)
    Format: Handle(s) and 16 bit bluetooth UUID(s)
    Attribute Handles
        Attribute Handle-Type(UUID) pair 1
            Attribute Handle: 12
            Attribute: Service Changed
        Attribute Handle-Type(UUID) pair 2
            Attribute Handle: 13
            Attribute: Client Characteristic Configuration
```

图 12.7　0x1801 主要服务的特性描述查询的回应

Bluedroid 打开了指示功能，如图 12.8 所示。遥控器会返回 Write Response。Service Change 指示功能的作用在于当 Bluedroid 获取了遥控器的属性数据库后存储在本地，以后就不需要再从遥控器获取属性数据库了。当遥控器固件升级后连接上 Controller 时，如果属性数据库发生了变化（如提供了新的服务），此时遥控器需要指示 Bluedroid 服务发生了变化，需要重新读取属性数据库，然后 Bluedroid 就发起重新读取属性数据库的流程并更新本地缓存。

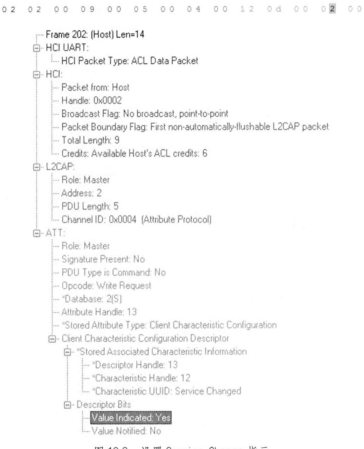

图 12.8　设置 Service Change 指示

12.5.2　服务的查询过程

Bluedroid 先发起整个 1~65 535 的 Handle 区间的主要服务的查询，如图 12.9 所示。遥控器根据 MTU 的大小先返回 Handle 靠前的部分 Service 的服务类型 UUID 及 Handle 区间。然后 Bluedroid 再根据本次返回的最后一个 Service 的结束 Handle 值加 1 作为起始 Handle 值再发起此

Handle 值到 65 535 区间的主要服务的查询，遥控器返回查询结果。如此反复，直到找不到更多服务或起始 Handle 值到达 65 535（实际不会有这么多 Service）。

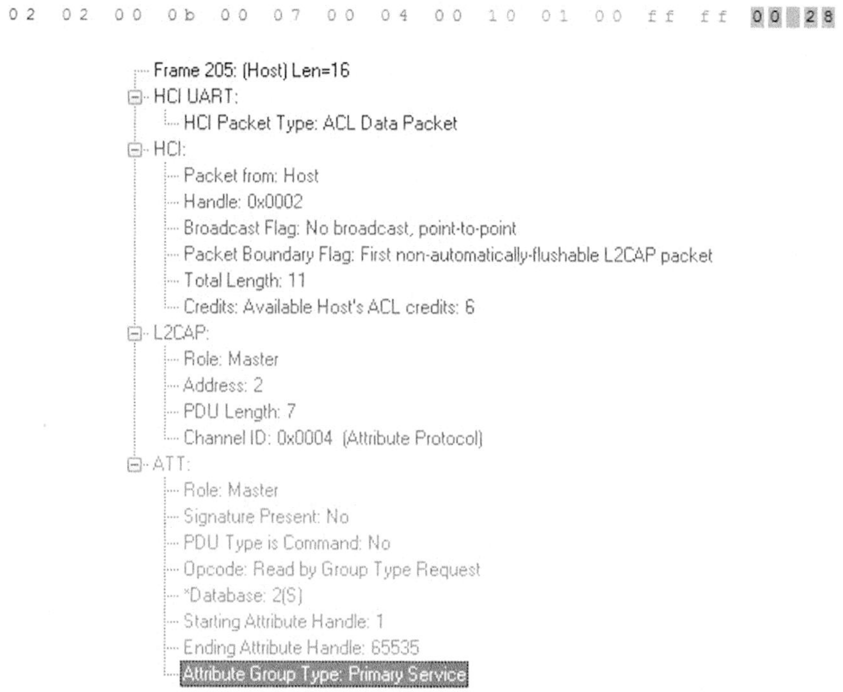

```
02 02 00 0b 00 07 00 04 00 10 01 00 ff ff 00 28
```

```
Frame 205: (Host) Len=16
HCI UART:
    HCI Packet Type: ACL Data Packet
HCI:
    Packet from: Host
    Handle: 0x0002
    Broadcast Flag: No broadcast, point-to-point
    Packet Boundary Flag: First non-automatically-flushable L2CAP packet
    Total Length: 11
    Credits: Available Host's ACL credits: 6
L2CAP:
    Role: Master
    Address: 2
    PDU Length: 7
    Channel ID: 0x0004 (Attribute Protocol)
ATT:
    Role: Master
    Signature Present: No
    PDU Type is Command: No
    Opcode: Read by Group Type Request
    *Database: 2(S)
    Starting Attribute Handle: 1
    Ending Attribute Handle: 65535
    Attribute Group Type: Primary Service
```

图 12.9　全 Handle 区间的主要服务的查询

本次查询返回了 3 个 Service 及它们的 Handle 区间，服务类型 UUID 分别是 0x1800（GAP 服务）、0x1801（GATT 服务）、0x180A（设备信息服务），如图 12.10 所示。其中 GATT 服务已经在上一节介绍过。

设备信息服务的结束 Handle 值是 28，故下一次主要服务查询的起始 Handle 值是 29，结束 Handle 值是 65 535。

图 12.11 列出 29~65 535 区间的主要服务查询结果，查询的发起就不贴图了。

找到了电池服务（UUID 0x180F）和 HOGP（Hid over Gatt，UUID 0x1812）服务及它们的 Handle 区间。其中 HOGP 是遥控器的核心服务，所有 Bluedroid 和 LE 遥控器之间的 Hid 交互都由这个服务完成，故包含在里面的特性和特性描述比较多。

之后从 132~65 535 之间的主要服务查询失败，遥控器没有更多服务了。

至此，主要服务查询结束。

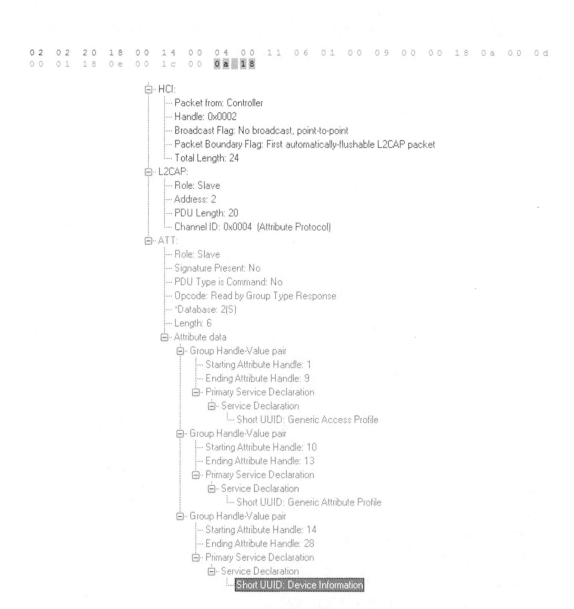

图 12.10 全 Handle 区间的主要服务的查询的回应

```
02 02 20 12 00 0e 00 04 00 11 06 1d 00 21 00 0f 18 22 00 83
00 12 18
```

```
Frame 210: (Controller) Len=23
HCI UART:
    HCI Packet Type: ACL Data Packet
HCI:
    Packet from: Controller
    Handle: 0x0002
    Broadcast Flag: No broadcast, point-to-point
    Packet Boundary Flag: First automatically-flushable L2CAP packet
    Total Length: 18
L2CAP:
    Role: Slave
    Address: 2
    PDU Length: 14
    Channel ID: 0x0004 (Attribute Protocol)
ATT:
    Role: Slave
    Signature Present: No
    PDU Type is Command: No
    Opcode: Read by Group Type Response
    *Database: 2(S)
    Length: 6
    Attribute data
        Group Handle-Value pair
            Starting Attribute Handle: 29
            Ending Attribute Handle: 33
            Primary Service Declaration
                Service Declaration
                    Short UUID: Battery
        Group Handle-Value pair
            Starting Attribute Handle: 34
            Ending Attribute Handle: 131
            Primary Service Declaration
                Service Declaration
                    Short UUID: Human Interface Device
```

图 12.11　部分 Handle 区间的主要服务的查询的回应

12.5.3　包含服务、特性和特性描述的查询过程

上节已知遥控器有 4 个主要服务，分别如下。

- Generic Access Profile，Handle 区间为 1～9。
- Generic Attribute Profile，即 Gatt Service，Handle 区间为 14～28。
- Battery Service，Handle 区间为 29～33。
- HOGP，即 Hid Over Gatt Profile，Handle 区间为 34～131。

Bluedroid 在知晓各个服务的 Handle 区间后，轮流查询每个服务的 Include 服务、特性和特性描述。Include 服务基本不会被用到，故针对每个服务的 Handle 区间的 Include 服务查询会返回无法找到。Bluedroid 接着查询本服务的整个 Handle 区间的特性，一次查询可能无法查询完所有的

特性。Bluedroid 接着用本次查询结果的最后的属性的 Handle 值作为下一个查询的起始 Handle 值，本服务的最后的 Handle 值作为结尾，继续查询特性，如此往复直至查询到最后的 Handle 时结束。然后根据查询到的特性在本服务 Handle 区间的 Handle 分布，去不断查询各个特性的特性描述。对于相邻的两个特性，如果前一个特性的结束 Handle 值比下一个特性的起始 Handle 值的相差值大于 1，这说明前一个特性有特性描述。

Gatt service 之前已经介绍过此服务的查询过程，此处不再复述。下面以电池服务的特性和特性描述的查询过程举例说明。

首先查找 29~33 区间的 Include Service，如图 12.12 所示。遥控器会返回 Not Found。

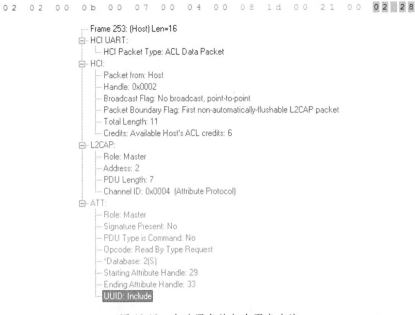

图 12.12　电池服务的包含服务查询

Bluedroid 接着查询 29~33 区间的特性，如图 12.13 所示。

遥控器返回电池服务特性，UUID 0x2A19，有 Notify 配置功能，如图 12.14 所示。Bluedroid 继续查询 31~33 之间是否还有特性，如果遥控器返回 Not Found（没有将图贴出），那么 31~33 之间一定有特性描述，故 Bluedroid 继续查询特性描述。作者认为 Handle 31 是已经探查到的电池服务特性值的 Handle 了，下一步查询的起始 Handle 应该是 32，不过也不影响查询结果。

特性描述是在特性查询完毕后才开始的，特性和特性之间空缺的 Handle 一定是特性描述，故 Bluedroid 可以根据特性的 Handle 分布知晓所有的特性描述的 Handle 分布区间，并一一查询所有分布区间的特性描述。

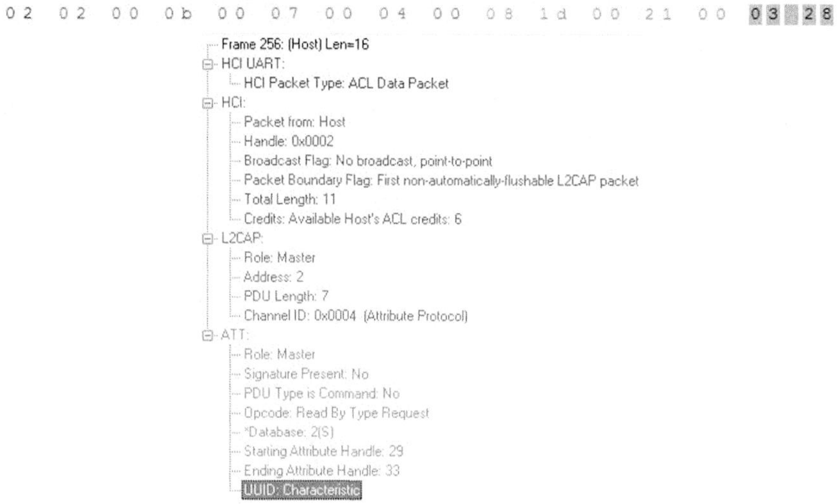

```
02 02 00 0b 00 07 00 04 00 08 1d 00 21 00 03 28
```
```
Frame 256: (Host) Len=16
HCI UART:
    HCI Packet Type: ACL Data Packet
HCI:
    Packet from: Host
    Handle: 0x0002
    Broadcast Flag: No broadcast, point-to-point
    Packet Boundary Flag: First non-automatically-flushable L2CAP packet
    Total Length: 11
    Credits: Available Host's ACL credits: 6
L2CAP:
    Role: Master
    Address: 2
    PDU Length: 7
    Channel ID: 0x0004 (Attribute Protocol)
ATT:
    Role: Master
    Signature Present: No
    PDU Type is Command: No
    Opcode: Read By Type Request
    *Database: 2(S)
    Starting Attribute Handle: 29
    Ending Attribute Handle: 33
    UUID: Characteristic
```

图 12.13　电池服务的所有特性查询

```
02 02 20 0d 00 09 00 04 00 09 07 1e 00 12 1f 00 19 2a
```
```
HCI UART:
    HCI Packet Type: ACL Data Packet
HCI:
    Packet from: Controller
    Handle: 0x0002
    Broadcast Flag: No broadcast, point-to-point
    Packet Boundary Flag: First automatically-flushable L2CAP packet
    Total Length: 13
L2CAP:
    Role: Slave
    Address: 2
    PDU Length: 9
    Channel ID: 0x0004 (Attribute Protocol)
ATT:
    Role: Slave
    Signature Present: No
    PDU Type is Command: No
    Opcode: Read By Type Response
    Read by Type Response
        *Database: 2(S)
        Length: 7
        Attribute data
            Handle-Value pair
                Attribute Handle: 30
                *Stored Attribute: Characteristic
                Characteristic Definition
                    Properties
                        Extended Properties Permitted: No
                        Authenticated Signed Writes Permitted: No
                        Indicate Permitted: No
                        Notify Permitted: Yes
                        Write Permitted: No
                        Write Without Response Permitted: No
                        Read Permitted: Yes
                        Broadcast Permitted: No
                    Value Handle: 31
                    Characteristic UUID: Battery Level
```

图 12.14　电池服务的所有特性查询的回应

Bluedroid 开始查询 32~33 之间的特性描述，如图 12.15 所示。

```
02 02 00 09 00 05 00 04 00 04 20 00 21 00
```

```
Frame 262: (Host) Len=14
HCI UART:
    HCI Packet Type: ACL Data Packet
HCI:
    Packet from: Host
    Handle: 0x0002
    Broadcast Flag: No broadcast, point-to-point
    Packet Boundary Flag: First non-automatically-flushable L2CAP packet
    Total Length: 9
    Credits: Available Host's ACL credits: 6
L2CAP:
    Role: Master
    Address: 2
    PDU Length: 5
    Channel ID: 0x0004 (Attribute Protocol)
ATT:
    Role: Master
    Signature Present: No
    PDU Type is Command: No
    Opcode: Find Information Request
    *Database: 2(S)
    Starting Attribute Handle: 32
    Ending Attribute Handle: 33
```

图 12.15　电池服务的特性的特性描述查询

遥控器返回电池电量特性的 CCC（Client Characteristic Configuration）配置，如图 12.16 所示。如果上层应用关心遥控电量变化，可以往遥控器的 Handle 33 配置 Notify 功能。当遥控器电量变化时，应用可以得到通知并在通知栏展示电量发生了变化（依据应用场景需求而定），从而使得用户知晓遥控器电量情况。

图 12.16　电池服务的特性的特性描述查询的回应

第13章

LE 属性数据库扫描过程的代码分析

13.1 Discover 过程的发起

本章以 Bluedroid 查询小米语音触控遥控器的属性数据库为例进行代码分析。

身份验证完毕后，会调用 btif_dm_ble_auth_cmpl_evt()函数，此函数调用 BTA_GATTC_Refresh()函数和 btif_dm_get_remote_services()函数。

BTA_GATTC_Refresh()函数向 BTU TASK 发出 BTA_GATTC_API_REFRESH_EVT 消息，消息内容携带遥控的 MAC 地址。BTU TASK 执行 bta_gattc_main.c 文件中的 bta_gattc_hdl_event()函数，调用 bta_gattc_process_api_refresh()函数进行处理。由于 Bluedroid 刚刚和遥控配对完成，没有遥控的服务信息，故 bta_gattc_process_api_refresh()函数调用 bta_gattc_co_cache_reset()函数将 "/data/misc/bluedroid/gatt_cache_xxxxxx" 文件删掉，用于清除此遥控之前配对后存储的 Gatt 信息（如果此前配对过且没有解除配对的话就会存在），路径中的 "xxxxxx" 代表遥控的 MAC 地址。

btif_dm_get_remote_services()函数向 BTU TASK 发出 BTA_DM_API_DISCOVER_EVT 消息，请求扫描遥控的所有服务。BTU TASK 调用 bta_dm_main.c 中的 bta_dm_search_sm_execute()函数开始执行状态机切换和 Action。此时状态机处于 Idle 状态，将状态机切换为 Active 状态，找到 BTA_DM_API_SEARCH Action，从 bta_dm_search_action[]函数列表中找到 bta_dm_discover()函数并执行。bta_dm_discover()函数进行扫描参数及回调函数的记录后调用 bta_dm_discover_device()函数。bta_dm_discover_device()函数进行一些设置和后调用 btm_dm_start_gatt_discovery()函数并退出当前函数。

由于当前扫描的 connection id 还没有被获取，故 btm_dm_start_gatt_discovery()调用 BTA_GATTC_Open()函数向 BTU TASK 发出 BTA_GATTC_API_OPEN_EVT 消息，消息内容携带客户端接口、连接方式、遥控地址、GATT 连接方式。需要注意的是，之前 Gatt Client 注册的时候已经获取到 Client Interface 并赋值给了 bta_dm_search_cb.client_if，故 BTA_GATTC_Open()函数就直接使用了此客户端接口。

BTU TASK 收到消息后，调用 bta_gattc_main.c 的 bta_gattc_sm_execute()函数执行 Gatt Client 的状态机切换及 Action 处理。此时状态机处于 Idle 状态，从 bta_gattc_st_idle[]表获取到 BTA_GATTC_OPEN Action，将状态机切换为 BTA_GATTC_W4_CONN_ST 状态（W4 的英文意思是 wait for），即等待连接状态，并在 bta_gattc_action[]函数列表找到 bta_gattc_open()函数执行。

由于当前 ACL 链路已经建立，在经过一些判断后，bta_gattc_open()函数认为 GATT 连接成功了，就直接调用 bta_gattc_sm_execute(p_clcb, BTA_GATTC_INT_CONN_EVT, &gattc_data)。

Gatt Client 状态机的当前状态是 BTA_GATTC_W4_CONN_ST 状态，从 bta_gattc_st_w4_conn[]表中获取到 BTA_GATTC_CONN Action，切换状态机到连接状态（BTA_GATTC_CONN_ST），从 bta_gattc_action[]函数列表中得到和执行 bta_gattc_conn()函数。bta_gattc_conn()函数经过一些判断后将 p_clcb->p_srcb->state 赋值为 BTA_GATTC_SERV_LOAD 并执行：bta_gattc_sm_execute(p_clcb, BTA_GATTC_START_CACHE_EVT, NULL)。

当前 Gatt Client 状态机处于连接状态，从 bta_gattc_st_connected[]表中得到 BTA_GATTC_CACHE_OPEN Action，将状态机状态切换到 discover 状态，即 BTA_GATTC_DISCOVER_ST，然后从 bta_gattc_action[]函数列表得到和执行 bta_gattc_cache_open()函数。bta_gattc_cache_open()函数执行的动作如下。

1. 调用 bta_gattc_set_discover_st()临时禁止遥控更新连接参数，因为 Bluedroid 在和遥控建立 Acl 连接的时候，连接参数很激进，双方通信非常快，有利于 Bluedroid 对遥控快速查询属性数据库和设置参数。待所有操作完毕，再恢复连接参数的更新，如果已经有更新连接参数请求，就予以执行。

2. 向 BTU TASK 发出 BTA_GATTC_CI_CACHE_OPEN_EVT 消息。

Gatt Client 状态机的当前状态是 discover 状态，从 bta_gattc_st_discover[]状态表中取得 BTA_GATTC_CI_OPEN Action，状态机维持 discover 状态，从 bta_gattc_action[]函数列表中得到 bta_gattc_ci_open()函数并执行。

在 bta_gattc_ci_open()函数执行时，p_clcb->p_srcb->state 的值是 BTA_GATTC_SERV_LOAD(前面有 bta_gattc_conn()函数赋此值)，此遥控之前没有配对过或者已经清除配对，故 bt_config.xml 里没有存储，故需调用 bta_gattc_start_discover() 函数并将 p_clcb->p_srcb->state 赋值为 BTA_GATTC_SERV_DISC。bta_gattc_start_discover()函数禁止连接参数更新并发起主要服务的 discover 过程。至此 discover 的发起过程已经分析完毕。bta_gattc_start_discover()函数调用了 bta_gattc_discover_pri_service()函数，代码如下。

```
bta_gattc_discover_pri_service(p_clcb->bta_conn_id,
                               p_clcb->p_srcb, GATT_DISC_SRVC_ALL
);//指定扫描所有服务
```

由 bta_gattc_discover_pri_service()函数调用 bta_gattc_discover_procedure()函数，代码如下。

```
tBTA_GATT_STATUS bta_gattc_discover_procedure(UINT16 conn_id,
         tBTA_GATTC_SERV *p_server_cb, UINT8 disc_type) {
    tGATT_DISC_PARAM param;
    BOOLEAN is_service = TRUE;

    memset(&param, 0, sizeof(tGATT_DISC_PARAM));

    // disc_type 传入参数值是 GATT_DISC_SRVC_ALL
    if (disc_type == GATT_DISC_SRVC_ALL || disc_type == GATT_DISC_SRVC_BY_UUID) {
        param.s_handle = 1;//指定扫描起始 Handle 值
        param.e_handle = 0xFFFF;//指定扫描结束 Handle 值
    } else {
        if (disc_type == GATT_DISC_CHAR_DSCPT)
            is_service = FALSE;

        //根据 p_server_cb 计算接下来需要扫描的 Handle 区间
        bta_gattc_get_disc_range(p_server_cb, &param.s_handle,
                                 &param.e_handle, is_service);

        if (param.s_handle > param.e_handle) {
            return GATT_ERROR;
        }
    }
    return GATTC_Discover (conn_id, disc_type, &param);//发起服务 discover
}
```

13.2 主要服务的 Discover 过程

主要服务的 Discover 过程的函数调用关系如图 13.1 所示。

上一节已经介绍主要服务的 Discover 的发起过程，contoller 会向遥控器请求查询 Handle 1~65 535 区间所有主要服务。遥控器向 controller 返回查询结果（Acl 数据），结果经 HCI 层后发消息通知 BTU TASK，BTU TASK 调用 l2c_rcv_acl_data()函数进行处理。Bluedroid 收到的遥控器第一次响应的数据如下。

```
02 02 20 18 00 14 00 04 00 11 06 01 00 09 00 00 18 0a 00 0d
00 01 18 0e 00 1c 00 0a 18
```

- 第 1 字节的"02"标示为 Acl 数据。

- 第2、3字节组合起来是"20 02",高4比特的"2"表示是起始包,"0002"是 handle。
- 第4、5字节的"00 18"是 HCI 层的总包长,即十进制的24。
- 第6、7字节的"00 14"是 L2CAP 的 PDU 长度,即十进制的20。注意 CID 的长度没有包含。
- 第8、9字节的"00 04"是 CID,"4"是 ATT 的 Channel ID。
- 第10字节的"11"是 Read By Group Type 操作码的返回值。
- 第11字节的"06"表示后面的数据按6为长度单元分组,每一组由各由2字节的起始 Handle、2字节的结束 Handle 和2字节的主要服务类别 UUID 组成。

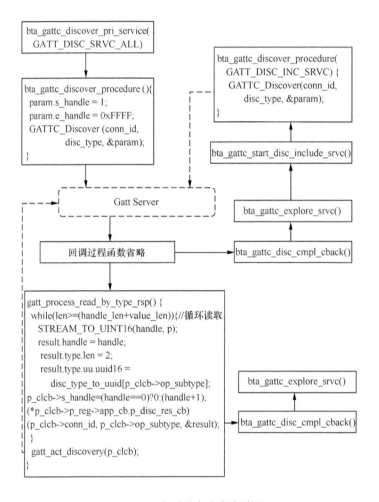

图 13.1 主要服务的查询过程

在 Gatt 初始化的时候会调用 gatt_main.c 中的 gatt_init()函数，往 L2CAP 层注册 ATT 的数据接收处理函数 gatt_le_data_ind()函数，当 ATT 数据上来时由 l2c_rcv_acl_data()函数调用此函数进行处理。注册过程如下（函数进行了删减）。

```
void gatt_init (void) {
    tL2CAP_FIXED_CHNL_REG   fixed_reg;

    memset (&gatt_cb, 0, sizeof(tGATT_CB));
    gatt_cb.def_mtu_size = GATT_DEF_BLE_MTU_SIZE;
    GKI_init_q (&gatt_cb.sign_op_queue);
    //先给 BLE 之上的 ATT 注册固定 L2CAP 通道
    //FCR 含义: FlowControl/Retransmission，即流控/重传
    fixed_reg.fixed_chnl_opts.mode = L2CAP_FCR_BASIC_MODE;
    fixed_reg.fixed_chnl_opts.max_transmit = 0xFF;
    fixed_reg.fixed_chnl_opts.rtrans_tout  = 2000;
    fixed_reg.fixed_chnl_opts.mon_tout     = 12000;
    fixed_reg.fixed_chnl_opts.mps          = 670;
    fixed_reg.fixed_chnl_opts.tx_win_sz    = 1;

    fixed_reg.pL2CA_FixedConn_Cb = gatt_le_connect_cback;
    fixed_reg.pL2CA_FixedData_Cb = gatt_le_data_ind;//数据处理函数注册
    fixed_reg.pL2CA_FixedCong_Cb = gatt_le_cong_cback;//阻塞型回调
    fixed_reg.default_idle_tout  = 0xffff;   //缺省超时时间
//往 L2CAP 注册，cid 是 4
    L2CA_RegisterFixedChannel (L2CAP_ATT_CID, &fixed_reg);
    //往传统蓝牙注册 ATT PSM
    //传统蓝牙注册方式，BLE 未用到
    if (!L2CA_Register (BT_PSM_ATT, (tL2CAP_APPL_INFO *) &dyn_info)) {
        GATT_TRACE_ERROR ("ATT Dynamic Registration failed");
    }
    gatt_profile_db_init();
}
```

l2c_rcv_acl_data()函数对 Acl 数据进行解析后，调用 gatt_le_data_ind()函数进行数据处理，函数主要逻辑调用如下（函数进行了删节）。

```
void l2c_rcv_acl_data (BT_HDR *p_msg) {
    else if ((rcv_cid >= L2CAP_FIRST_FIXED_CHNL) &&
             (rcv_cid <= L2CAP_LAST_FIXED_CHNL) &&
             (l2cb.fixed_reg[rcv_cid - L2CAP_FIRST_FIXED_CHNL].
                pL2CA_FixedData_Cb != NULL) ) {
        //如果没有这个 channel 的 ccb，就分配一个
        if (p_lcb &&
```

```
                        //断连接时丢弃固定通道的数据
                    (p_lcb->link_state != LST_DISCONNECTING) &&
                    l2cu_initialize_fixed_ccb (p_lcb, rcv_cid,
                        &l2cb.fixed_reg[rcv_cid - L2CAP_FIRST_FIXED_CHNL].
                                    fixed_chnl_opts)) {
#if(defined BLE_INCLUDED && (BLE_INCLUDED == TRUE))
                    l2cble_notify_le_connection(p_lcb->remote_bd_addr);
#endif
                    p_ccb = p_lcb->p_fixed_ccbs[rcv_cid - L2CAP_FIRST_FIXED_CHNL];

                    //ATT 注册时是 L2CAP_FCR_BASIC_MODE
                    if (p_ccb->peer_cfg.fcr.mode != L2CAP_FCR_BASIC_MODE)/
                        l2c_fcr_proc_pdu (p_ccb, p_msg);
                    else
                        (*l2cb.fixed_reg[rcv_cid - L2CAP_FIRST_FIXED_CHNL].
                        pL2CA_FixedData_Cb)
                        (p_lcb->remote_bd_addr, p_msg);//调用 gatt_le_data_ind()函数
                }
                else
                    GKI_freebuf (p_msg);
        }
}
```

gatt_le_data_ind()函数调用 gatt_data_process()函数进行处理，函数如下。

```
void gatt_data_process (tGATT_TCB *p_tcb, BT_HDR *p_buf) {
    UINT8    *p = (UINT8 *)(p_buf + 1) + p_buf->offset;
    UINT8    op_code, pseudo_op_code;
    UINT16   msg_len;

    if (p_buf->len > 0) {
        msg_len = p_buf->len - 1;
        STREAM_TO_UINT8(op_code, p);//得到操作码

        pseudo_op_code = op_code & (~GATT_WRITE_CMD_MASK);

        if (pseudo_op_code < GATT_OP_CODE_MAX) {
            if (op_code == GATT_SIGN_CMD_WRITE) {
                gatt_verify_signature(p_tcb, p_buf);
            } else {
                //来自客户端消息
```

```
                if ((op_code % 2) == 0) //双数是来自客户端的请求
                    gatt_server_handle_client_req (p_tcb, op_code,
                                                    msg_len, p);
                else //单数是来自服务端的响应
                    gatt_client_handle_server_rsp(p_tcb,op_code,
                                                    msg_len,p);//数据处理
            }
        }
    }

    GKI_freebuf (p_buf);
}
```
gatt_client_handle_server_rsp()函数是对来自服务器的所有数据的总的处理函数,包括客户端的命令处理结果的返回及服务器主动上报数据(指示和通知)的处理。主要服务的查询结果会调用 gatt_process_read_by_type_rsp()函数进行处理,分析如下。
```
void gatt_client_handle_server_rsp (tGATT_TCB *p_tcb, UINT8 op_code,
                                     UINT16 len, UINT8 *p_data) {
    tGATT_CLCB    *p_clcb = NULL;
    UINT8         rsp_code;

    if (op_code != GATT_HANDLE_VALUE_IND && op_code != GATT_HANDLE_VALUE_NOTIF) {
        p_clcb = gatt_cmd_dequeue(p_tcb, &rsp_code);
        rsp_code = gatt_cmd_to_rsp_code(rsp_code);
        if (p_clcb == NULL || (rsp_code != op_code && op_code != GATT_RSP_ERROR)) {
            GATT_TRACE_WARNING ("ATT - Ignore wrong response. Receives (%02x)
                                 Request(%02x) Ignored", op_code, rsp_code);
            return;//错误返回
        } else {
            btu_stop_timer (&p_clcb->rsp_timer_ent);//停止命令超时 timer
            p_clcb->retry_count = 0;//命令重试次数清零
        }
    } //消息的大小应该不大于本地最大的 PDU 大小
    //消息长度必须小于商定的 MTU,长度不包括 op_code(操作码)
    if (len >= p_tcb->payload_size) {
        GATT_TRACE_ERROR("invalid response/indicate pkt size: %d,
                 PDU size: %d", len + 1, p_tcb->payload_size);
        if (op_code != GATT_HANDLE_VALUE_NOTIF &&
                op_code != GATT_HANDLE_VALUE_IND)
            //对于 Notification 错误或未知操作码数据返回错误
```

```c
            gatt_end_operation(p_clcb, GATT_ERROR, NULL);
    } else {
        switch (op_code) {
            case GATT_RSP_ERROR://错误返回处理
                gatt_process_error_rsp(p_tcb, p_clcb, op_code, len, p_data);
                break;
            case GATT_RSP_MTU: //2字节mtu
                //mtu设置返回数据处理
                gatt_process_mtu_rsp(p_tcb, p_clcb, len ,p_data);
                break;
            case GATT_RSP_FIND_INFO://查找特性描述的返回处理
                gatt_process_read_info_rsp(p_tcb, p_clcb,
                                    op_code, len, p_data);
                break;
            case GATT_RSP_READ_BY_TYPE://读取特性值返回数据处理
            case GATT_RSP_READ_BY_GRP_TYPE://按属性类型读取的返回数据处理
                gatt_process_read_by_type_rsp(p_tcb, p_clcb,
                                    op_code,len, p_da ta);
                break;
            case GATT_RSP_READ://读取属性数据返回处理
            case GATT_RSP_READ_BLOB://读取部分属性数据返回处理
            case GATT_RSP_READ_MULTI://读取多个属性的数据返回处理
                //返回数据处理，如果数据达到最大包长，就在函数内部继续读取剩余数据
                gatt_process_read_rsp(p_tcb, p_clcb, op_code,
                                    len, p_data);
                break;
            case GATT_RSP_FIND_TYPE_VALUE: /* disc service with UUID */
                //按服务类型查找返回数据处理
                gatt_process_find_type_value_rsp(p_tcb, p_clcb,
                                    len, p_data);
                break;
            case GATT_RSP_WRITE:
                gatt_process_handle_rsp(p_clcb);//写数据返回处理
                break;
            case GATT_RSP_PREPARE_WRITE:
                gatt_process_prep_write_rsp(p_tcb, p_clcb,
                                    op_code, len, p_data);
                break;
            case GATT_RSP_EXEC_WRITE:
```

```
                    gatt_end_operation(p_clcb, p_clcb->status, NULL);
                    break;
                case GATT_HANDLE_VALUE_NOTIF://通知数据
                case GATT_HANDLE_VALUE_IND:// 指示数据
                    gatt_process_notification(p_tcb, op_code, len, p_data);
                    break;
                default:
                    GATT_TRACE_ERROR("Unknown opcode = %d", op_code);
                    break;
            }
        }

        if (op_code != GATT_HANDLE_VALUE_IND && op_code != GATT_HANDLE_VALUE_NOTIF) {
            gatt_cl_send_next_cmd_inq(p_tcb);//尝试再发送队列中缓存的 ATT 命令
        }
    }
```

gatt_process_read_by_type_rsp()函数的主要作用是将读取到的所有服务（或包含服务，或特性）循环获取起始 Handle、结束 Handle、主要服务（或包含服务，或特性）的类型 UUID，存入 result 结构体，并调用回调函数将结果记录进本地属性数据库，最后计算下一次的起始查询 Handle，再发起之后的还没有查询的主要服务（或包含服务，或特性）的查询。

```
void gatt_process_read_by_type_rsp (tGATT_TCB *p_tcb,
        tGATT_CLCB *p_clcb, UINT8 op_code, UINT16 len, UINT8 *p_data) {
    tGATT_DISC_RES      result;
    tGATT_DISC_VALUE    record_value;
    UINT8               *p = p_data, value_len, handle_len = 2;
    UINT16              handle = 0;

    //没有扫描流程且没有回调注册
    if ((((!p_clcb->p_reg) || (!p_clcb->p_reg->app_cb.p_disc_res_cb)) &&
            (p_clcb->operation == GATTC_OPTYPE_DISCOVERY))
        return;//Discover 过程没有注册回调函数就返回

    if (len < GATT_READ_BY_TYPE_RSP_MIN_LEN) {
        gatt_end_operation(p_clcb, GATT_INVALID_PDU, NULL);
        return;//PDU 过短非法，返回
    }

    STREAM_TO_UINT8(value_len, p);//得到单元数据长度，如主要服务的数据单元长度是 6
```

```
        if ((value_len > (p_tcb->payload_size - 2)) || (value_len > (len-1))) {
            gatt_end_operation(p_clcb, GATT_ERROR, NULL);
            return;//非法数据,返回
        }

        if (op_code == GATT_RSP_READ_BY_GRP_TYPE)
            handle_len = 4;//按属性类型查询的结果每一个数据单元包含两个handle

value_len -= handle_len;    //减去handle匹配的字节数
len -= 1;//单元数据长度已经获取,将总长度减1

while (len >= (handle_len + value_len)) {//循环处理单元数据
    STREAM_TO_UINT16(handle, p);//得到单元数据的起始handle

    if (!GATT_HANDLE_IS_VALID(handle)) {
        gatt_end_operation(p_clcb, GATT_INVALID_HANDLE, NULL);
        return;//非法handle,返回
    }

    memset(&result, 0, sizeof(tGATT_DISC_RES));
    memset(&record_value, 0, sizeof(tGATT_DISC_VALUE));

    result.handle = handle;//记录属性handle,是主要服务或包含服务或特性中的一个
    result.type.len = 2;//属性类型UUID长度是2
    //得到属性类型UUID
    result.type.uu.uuid16 = disc_type_to_uuid[p_clcb->op_subtype];

    //扫描所有服务
    if (p_clcb->operation == GATTC_OPTYPE_DISCOVERY &&
            p_clcb->op_subtype == GATT_DISC_SRVC_ALL &&
            op_code == GATT_RSP_READ_BY_GRP_TYPE) {//按类型查找所有主要服务
        STREAM_TO_UINT16(handle, p);//得到结束Handle

        if (!GATT_HANDLE_IS_VALID(handle)) {
            gatt_end_operation(p_clcb, GATT_INVALID_HANDLE, NULL);
            return;//非法handle,返回
        } else {
            record_value.group_value.e_handle = handle;//记录结束handle
```

```c
        //按 uuid 类型（16 位、32 位、128 位）得到主要服务的服务类型 UUID
        if (!gatt_parse_uuid_from_cmd(
                &record_value.group_value.service_type,
                value_len, &p)) {
            GATT_TRACE_ERROR("discover all service
                                    response parsing failure");
            break;
        }
    }
}
//扫描包含服务
else if (p_clcb->operation == GATTC_OPTYPE_DISCOVERY &&
        p_clcb->op_subtype == GATT_DISC_INC_SRVC) {//查找包含服务
    //得到包含服务的起始 Handle，即此包含服务的 Handle
    STREAM_TO_UINT16(record_value.incl_service.s_handle, p);
    //得到包含服务的结束 Handle
    STREAM_TO_UINT16(record_value.incl_service.e_handle, p);

    if (!GATT_HANDLE_IS_VALID(record_value.incl_service.s_handle) ||
            !GATT_HANDLE_IS_VALID(record_value.incl_service.e_handle)) {
        gatt_end_operation(p_clcb, GATT_INVALID_HANDLE, NULL);
        return;//非法返回
    }

    if (value_len == 6) {//PDU 长度是 6，意味着是 16 位的 UUID
        //得到服务类型 UUID
        STREAM_TO_UINT16(
            record_value.incl_service.service_type.uu.uuid16, p);
        record_value.incl_service.service_type.len =
                            LEN_UUID_16;//16 位 UUID
    } else if (value_len == 4) {//意味着没有携带 128 位 UUID，需要
        //发起 UUID 查询
        p_clcb->s_handle = record_value.incl_service.s_handle;
        p_clcb->read_uuid128.wait_for_read_rsp = TRUE;
        p_clcb->read_uuid128.next_disc_start_hdl = handle + 1;
        memcpy(&p_clcb->read_uuid128.result,
                &result, sizeof(result));
        memcpy(&p_clcb->read_uuid128.result.value, &record_value,
                    sizeof (result.value));
```

```c
                p_clcb->op_subtype |= 0x90;
                gatt_act_read(p_clcb, 0);//继续发起本包含服务的 UUID 的查询
                return;//返回
        } else {
            GATT_TRACE_ERROR("gatt_process_read_by_type_rsp
                INCL_SRVC failed with invalid data value_len=%d",
                value_len);
            gatt_end_operation(p_clcb, GATT_INVALID_PDU, (void *)p);
            return;//出错返回
        }
    }
    //按类型读取
    else if (p_clcb->operation == GATTC_OPTYPE_READ &&
                //按类型读取数据
                p_clcb->op_subtype == GATT_READ_BY_TYPE) {
        p_clcb->counter = len - 2;//计数需要去掉 handle 的长度
        p_clcb->s_handle = handle;//记录 handle
        //数据达到最大 PDU 长度，可能还有数据，需要继续读取
        if ( p_clcb->counter == (p_clcb->p_tcb->payload_size -4)) {
            //根据 handle 读取数据
            p_clcb->op_subtype = GATT_READ_BY_HANDLE;
            if (!p_clcb->p_attr_buf)
                p_clcb->p_attr_buf =
                        (UINT8 *)GKI_getbuf(GATT_MAX_ATTR_LEN);
            if (p_clcb->p_attr_buf &&
                    p_clcb->counter <= GATT_MAX_ATTR_LEN) {
                //存储数据
                memcpy(p_clcb->p_attr_buf, p, p_clcb->counter);
                //继续读取余下数据
                gatt_act_read(p_clcb, p_clcb->counter);
            } else //超过最大 MTU 长度，返回错误
                gatt_end_operation(p_clcb, GATT_INTERNAL_ERROR,
                                    (void *)p);
        } else {
            //读取完毕
            gatt_end_operation(p_clcb, GATT_SUCCESS, (void *)p);
        }
        return;//返回
    } else {//查询特性
```

```
            STREAM_TO_UINT8 (record_value.dclr_value.char_prop, p);//特性值prop
        //特性值handle
            STREAM_TO_UINT16(record_value.dclr_value.val_handle, p);
            if (!GATT_HANDLE_IS_VALID(record_value.dclr_value.val_handle)) {
                gatt_end_operation(p_clcb, GATT_INVALID_HANDLE, NULL);
                return;//错误返回
            }
            if (!gatt_parse_uuid_from_cmd(&record_value.dclr_value.char_uuid,
                 (UINT16)(value_len - 3), &p)) {//得到特性类型UUID
                gatt_end_operation(p_clcb, GATT_SUCCESS, NULL);
                //无效格式，忽略结果
                return;//错误返回
            }

             //uuid不匹配
            if (!gatt_uuid_compare(record_value.dclr_value.char_uuid,
                                   p_clcb->uuid)) {
                //uuid不匹配，忽略此特性，继续循环读取下一个
                len -= (value_len + 2);
                continue; //忽略结果，查找下一个
            } else if (p_clcb->operation == GATTC_OPTYPE_READ)//读取特性值
        //uuid匹配读取特性值
            {
                //只读取第一个uuid匹配的特性值，忽略其他
                //得到特性值handle
                p_clcb->s_handle = record_value.dclr_value.val_handle;
                p_clcb->op_subtype |= 0x80;
                gatt_act_read(p_clcb, 0);//发起特性值读取
                return;//退出
            }
        }
        len -= (value_len + handle_len);//总长度减去当前单元长度

    //结果是(handle, 16bits UUID)分组
        memcpy (&result.value, &record_value, sizeof (result.value));

    //是查询流程就回调
        if (p_clcb->operation == GATTC_OPTYPE_DISCOVERY &&
```

```
                                    p_clcb->p_reg->app_cb.p_disc_res_cb)
            //回调处理 discover 结果，即调用 bta_gattc_disc_res_cback()函数
            (*p_clcb->p_reg->app_cb.p_disc_res_cb)(p_clcb->conn_id,
                                    p_clcb->op_subtype, &result);
    } //继续循环

    //计算起始查询 Handle，在当前查询结果的最后一个单元数据的结束 Handle 结果基础
    //上加 1，于特性来说，是最后特性的 Handle 加 1，并没有使用特性值的 Handle 加 1
    p_clcb->s_handle = (handle == 0) ? 0 : (handle + 1);

    if (p_clcb->operation == GATTC_OPTYPE_DISCOVERY) {
        /* initiate another request */ //发起另一个请求
        //发起 discover，新的 Handle 区间的余下的服务/包含服务/特性的查询从这开始
        gatt_act_discovery(p_clcb);
    } else {//读取特性值
        gatt_act_read(p_clcb, 0);
    }
}

void bta_gattc_disc_res_cback (UINT16 conn_id, tGATT_DISC_TYPE disc_type,
                               tGATT_DISC_RES *p_data) {
    tBTA_GATTC_SERV * p_srvc_cb = NULL;
    BOOLEAN           pri_srvc;
    tBTA_GATTC_CLCB *p_clcb = bta_gattc_find_clcb_by_conn_id(conn_id);

    p_srvc_cb = bta_gattc_find_scb_by_cid(conn_id);

    //将查找到的服务、包含服务、特性、特性描述记录下来

    if (p_srvc_cb != NULL && p_clcb != NULL &&
        p_clcb->state == BTA_GATTC_DISCOVER_ST) {
        switch (disc_type) {
            case GATT_DISC_SRVC_ALL:
                //将服务添加到服务列表
                bta_gattc_add_srvc_to_list(p_srvc_cb, p_data->handle,
                        p_data->value.group_value.e_handle,
```

```
                p_data->value.group_value.service_type, TRUE);
        break;
    case GATT_DISC_SRVC_BY_UUID:
        bta_gattc_add_srvc_to_list(p_srvc_cb, p_data->handle,
                p_data->value.group_value.e_handle,
                p_data->value.group_value.service_type, TRUE);
        break;
    case GATT_DISC_INC_SRVC:
        //如果是第二服务或没被主要服务查询找到，就将包含服务放入服务列表
        pri_srvc = bta_gattc_srvc_in_list(p_srvc_cb,
                    p_data->value.incl_service.s_handle,
                    p_data->value.incl_service.e_handle,
                    p_data->value.incl_service.service_type);

        if (!pri_srvc)
            bta_gattc_add_srvc_to_list(p_srvc_cb,
                    p_data->value.incl_service.s_handle,
                    p_data->value.incl_service.e_handle,
                    p_data->value.incl_service.service_type,
                                        FALSE);
        //添加进数据库
        bta_gattc_add_attr_to_cache(p_srvc_cb,//存入文件
            p_data->handle,
            &p_data->value.incl_service.service_type,
            pri_srvc, BTA_GATTC_ATTR_TYPE_INCL_SRVC);
        break;
    case GATT_DISC_CHAR:
        //添加特性值到数据库
        bta_gattc_add_char_to_list(p_srvc_cb, p_data->handle,
                    p_data->value.dclr_value.val_handle,
                    p_data->value.dclr_value.char_uuid,
                    p_data->value.dclr_value.char_prop);
        break;
    case GATT_DISC_CHAR_DSCPT://特性描述存入文件
        bta_gattc_add_attr_to_cache(p_srvc_cb, p_data->handle,
```

```
                                                   &p_data->type, 0,
                                                   BTA_GATTC_ATTR_TYPE_CHAR_DESCR);
                        break;
                }
          }
    }
```

13.3　Discover 过程回调函数的注册过程

在 gatt client 注册的过程中，将 discover 相关的结果处理函数、discover 某一个属性类型（服务、包含服务、特性、特性描述）结束处理函数注册进 gatt 接口层，当收到 discover 结果时进行回调处理，存入属性数据库，分析如下。

```
static tGATT_CBACK bta_gattc_cl_cback = {
    bta_gattc_conn_cback,
    bta_gattc_cmpl_cback,
    bta_gattc_disc_res_cback,//discover 到服务、包含服务、特性的回调函数
    bta_gattc_disc_cmpl_cback,//discover 服务、包含服务、特性完成的回调
    NULL,
    bta_gattc_enc_cmpl_cback,
    bta_gattc_cong_cback
};
void bta_gattc_register(tBTA_GATTC_CB *p_cb, tBTA_GATTC_DATA *p_data) {
    //函数有删节
    for (i = 0; i < BTA_GATTC_CL_MAX; i ++) {
        if (!p_cb->cl_rcb[i].in_use) {
            //注册回调函数
            if ((p_app_uuid == NULL) || (p_cb->cl_rcb[i].client_if =
                GATT_Register(p_app_uuid, &bta_gattc_cl_cback)) == 0)
}
tGATT_IF GATT_Register (tBT_UUID *p_app_uuid128, tGATT_CBACK *p_cb_info) {
        tGATT_REG       *p_reg;
        UINT8           i_gatt_if=0;
        tGATT_IF        gatt_if=0;

        GATT_TRACE_API ("GATT_Register");
        gatt_dbg_display_uuid(*p_app_uuid128);

        for (i_gatt_if = 0, p_reg = gatt_cb.cl_rcb;
```

```
                    i_gatt_if < GATT_MAX_APPS;i_gatt_if++, p_reg++) {
        if (p_reg->in_use  && !memcmp(p_app_uuid128->uu.uuid128,
                    p_reg->app_uuid128.uu.uuid128, LEN_UUID_128)) {
            GATT_TRACE_ERROR("application already registered.");
            return 0;
        }
    }

    for (i_gatt_if = 0, p_reg = gatt_cb.cl_rcb;
                    i_gatt_if < GATT_MAX_APPS;i_gatt_if++, p_reg++) {
        if (!p_reg->in_use) {
            memset(p_reg, 0 , sizeof(tGATT_REG));
            i_gatt_if++; //一个基准数字
            p_reg->app_uuid128 = *p_app_uuid128;
            gatt_if = p_reg->gatt_if = (tGATT_IF)i_gatt_if;
            p_reg->app_cb = *p_cb_info;//记录回调函数
            p_reg->in_use = TRUE;
            break;
        }
    }
    return gatt_if;
}
```

gatt_process_read_by_type_rsp()函数会循环读取完整个1~65 535的Handle区间的所有主要服务，针对小米蓝牙语音触控遥控器的服务查询结果如下。

```
rec[1] uuid[0x1800] s_handle[1]  e_handle[9]   is_primary[1] //GAP 服务
rec[2] uuid[0x1801] s_handle[10] e_handle[13]  is_primary[1] //GATT 服务
rec[3] uuid[0x180a] s_handle[14] e_handle[28]  is_primary[1] //device info 服务
rec[4] uuid[0x180f] s_handle[29] e_handle[33]  is_primary[1] //电池服务
rec[5] uuid[0x1812] s_handle[34] e_handle[131] is_primary[1] //HOGP 服务
```

13.4　包含服务的 Discover 过程

在主要服务查询到最后，会在某一个起始 Handle（小米语音触控遥控器是 132）到 Handle 65535 之间的查询返回无法查询到服务的结果，根据这个返回结果再发起包含服务的 Discover 过程。无法查询到服务的返回数据包，如图 13.2 所示。

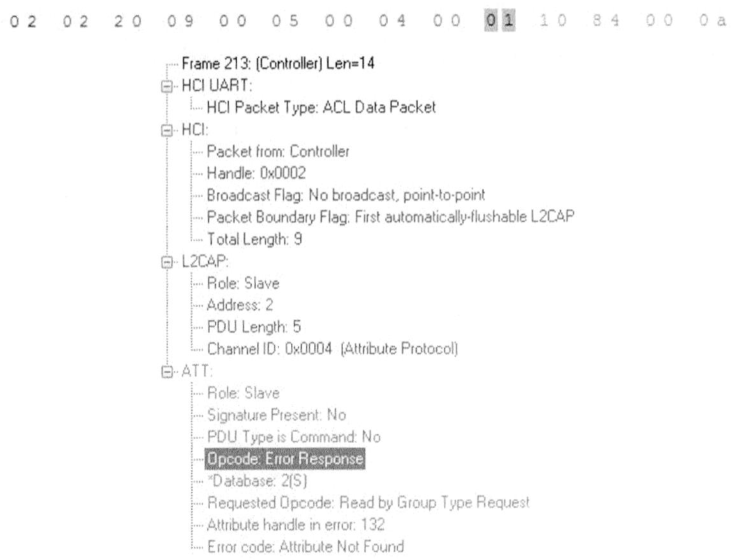

```
02 02 20 09 00 05 00 04 00 01 10 84 00 0a
```

```
Frame 213: (Controller) Len=14
HCI UART:
    HCI Packet Type: ACL Data Packet
HCI:
    Packet from: Controller
    Handle: 0x0002
    Broadcast Flag: No broadcast, point-to-point
    Packet Boundary Flag: First automatically-flushable L2CAP
    Total Length: 9
L2CAP:
    Role: Slave
    Address: 2
    PDU Length: 5
    Channel ID: 0x0004 (Attribute Protocol)
ATT:
    Role: Slave
    Signature Present: No
    PDU Type is Command: No
    Opcode: Error Response
    *Database: 2(S)
    Requested Opcode: Read by Group Type Request
    Attribute handle in error: 132
    Error code: Attribute Not Found
```

图 13.2 无法查询到包含服务

十六进制数据的最后 1 字节 0a 是错误码，第 10 字节的 01 代表 Gatt 返回错误的操作码，会调用函数 gatt_client_handle_server_rsp() 执行 case GATT_RSP_ERROR 的处理函数 gatt_process_error_rsp()，gatt_process_error_rsp() 函数调用 gatt_proc_disc_error_rsp() 函数。gatt_proc_disc_error_rsp() 函数再调用 gatt_end_operation() 函数。gatt_end_operation() 函数再调用 bta_gattc_cl_cback[] 回调函数列表里的第 4 个函数 bta_gattc_disc_cmpl_cback()。

```
void gatt_end_operation(tGATT_CLCB *p_clcb, tGATT_STATUS status,
                        void *p_data) {
    //此函数有删节
    tGATT_CMPL_CBACK    *p_cmpl_cb =
            (p_clcb->p_reg) ? p_clcb->p_reg->app_cb.p_cmpl_cb : NULL;
    tGATT_DISC_CMPL_CB  *p_disc_cmpl_cb =
            (p_clcb->p_reg) ? p_clcb->p_reg->app_cb.p_disc_cmpl_cb : NULL;
    if (p_disc_cmpl_cb && (op == GATTC_OPTYPE_DISCOVERY))
        //调用 bta_gattc_ disc_cmpl_cback()
        (*p_disc_cmpl_cb)(conn_id, disc_type, status);
    else if (p_cmpl_cb && op)
        // 调用 bta_gattc_ cmpl_ cback()
        (*p_cmpl_cb)(conn_id, op, status, &cb_data);
}
```

bta_gattc_disc_cmpl_cback() 实现了每个主要服务的包含服务、特性和特性描述的 Discover 过程的发起和状态的变迁。包含服务的查询过程如图 13.3 所示。主要逻辑如下：

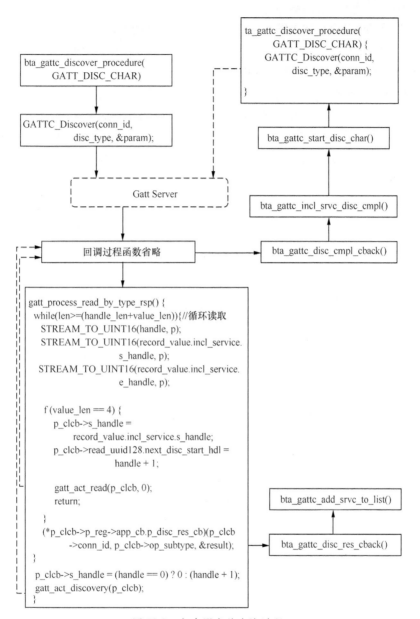

图 13.3 包含服务的查询过程

- 在主要服务集合查询完毕后，会回调到此函数，并发起第 1 个主要服务的包含服务的 Discover 过程。gatt_process_read_by_type_rsp()函数会循环读取当前主要服务的所有的包含服务。如果没有主要服务需要探查包含服务了，就结束流程，向 BTU TASK 发出消息 BTA_GATTC_ CI_CACHE_OPEN_EVT。

- 当前主要服务的包含服务查询完毕后，会回调此函数，发起当前服务的特性 Discover。gatt_process_read_by_type_rsp()函数会循环读取当前主要服务的所有的特性。如果没有特性，就进行下一个主要服务的包含服务的查询。
- 当前主要服务特性查询完毕后，会回调到此函数，发起当前服务的第 1 个特性的特性描述的 Discover。如果没有特性，就发起下一个主要服务的包含服务的 Discover。
- 当前主要服务的某个特性的特性描述查询完毕后，会回调此函数，如果当前还存在未查询特性描述的特性，就继续查询此特性的特性描述。如果已经查询完毕，就继续查询下一个主要服务的包含服务。
- 如果扫描正常完成，就将 Gatt Client 的状态机切换到连接状态，并相应做一些其他工作。

```
void bta_gattc_disc_cmpl_cback (UINT16 conn_id, tGATT_DISC_TYPE disc_type,
                                tGATT_STATUS status) {
    tBTA_GATTC_SERV * p_srvc_cb;
    tBTA_GATTC_CLCB *p_clcb = bta_gattc_find_clcb_by_conn_id(conn_id);

    if ( p_clcb && (status != GATT_SUCCESS || p_clcb->status != GATT_SUCCESS) ) {
        if (p_clcb->status == GATT_SUCCESS)
            p_clcb->status = status;
        //扫描正常完成，将 Gatt Client 状态机切换到连接状态，并恢复连接参数的更新
        bta_gattc_sm_execute(p_clcb, BTA_GATTC_DISCOVER_CMPL_EVT, NULL);
        return;
    }
    p_srvc_cb = bta_gattc_find_scb_by_cid(conn_id);
    if (p_srvc_cb != NULL) {
        switch (disc_type) {
            case GATT_DISC_SRVC_ALL://所有服务扫描
            case GATT_DISC_SRVC_BY_UUID://特定服务扫描
                //服务集合扫描完毕发起某个服务的包含服务扫描
                bta_gattc_explore_srvc(conn_id, p_srvc_cb);
                break;
            case GATT_DISC_INC_SRVC:
                //某个服务的包含服务扫描完毕，发起此服务的特性扫描
                bta_gattc_incl_srvc_disc_cmpl(conn_id, p_srvc_cb);
                break;
            case GATT_DISC_CHAR:
                //某个服务的特性扫描完毕，发起此服务的特性描述扫描
                bta_gattc_char_disc_cmpl(conn_id, p_srvc_cb);
                break;
            case GATT_DISC_CHAR_DSCPT:
                //某个服务的某个特性的特性描述扫描完毕，发起当前服务的下一个特性
                //的特性描述扫描，扫描完毕则发起下一个服务的包含服务的扫描
```

```
                    bta_gattc_char_dscpt_disc_cmpl(conn_id, p_srvc_cb);
                    break;
            }
        }
}
```
当前是第 1 个主要服务的包含服务 discover，调用如下函数。
```
static void bta_gattc_explore_srvc(UINT16 conn_id, tBTA_GATTC_SERV *p_srvc_cb) {
    //获取当前服务记录，cur_srvc_idx 初始值是 0
    tBTA_GATTC_ATTR_REC *p_rec = p_srvc_cb->p_srvc_list + p_srvc_cb->cur_srvc_idx;
    tBTA_GATTC_CLCB *p_clcb = bta_gattc_find_clcb_by_conn_id(conn_id);
    p_srvc_cb->cur_char_idx = p_srvc_cb->next_avail_idx = p_srvc_cb->total_srvc;

    if (p_clcb == NULL) {
        return;
    }
    //如果有服务没有被探查，开始探查
    if (p_srvc_cb->cur_srvc_idx < p_srvc_cb->total_srvc) {
        //将第 1 个服务加入缓存
        if (bta_gattc_add_srvc_to_cache (p_srvc_cb, //缓存当前服务
                    p_rec->s_handle, p_rec->e_handle,
                    &p_rec->uuid, p_rec->is_primary,
                    p_rec->srvc_inst_id) == 0) {
            //开始探查包含服务
            //查找当前服务的包含服务
            bta_gattc_start_disc_include_srvc(conn_id, p_srvc_cb);
            return;//退出函数
        }
    }
    //没有找到任何服务，到了服务器探查的结尾
    APPL_TRACE_ERROR("No More Service found");
    //保存到存储器
    //最后一个服务的特性描述扫描完成后，会继续调用本函数执行扫描包含服务
    //此时已经没有包含服务了，调用如下函数完成整个 Discover 过程
    p_clcb->p_srcb->state = BTA_GATTC_SERV_SAVE;//没有服务，发起信息保存
    bta_gattc_co_cache_open(p_srvc_cb->server_bda, BTA_GATTC_CI_CACHE_OPEN_EVT,
                    conn_id, TRUE);
}
```

13.5 特性的 Discover 过程

特性的 Discover 过程如图 13.4 所示。

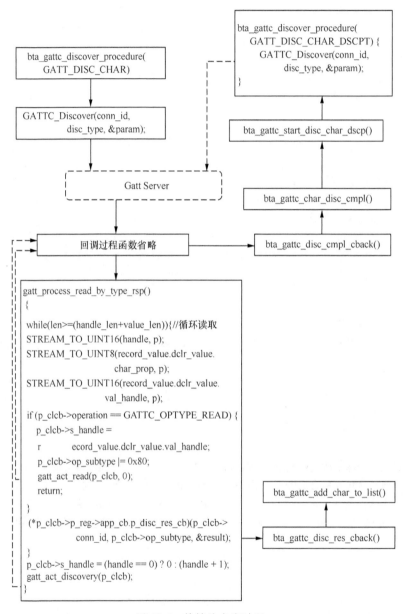

图 13.4 特性的查询过程

一般设备的属性数据库都没有服务使用包含服务，故当前服务的包含服务查询会马上结束。由 bta_gattc_disc_cmpl_cback()回调函数执行 case GATT_DISC_INC_SRVC，调用 bta_gattc_incl_srvc_disc_cmpl()函数。

```
static void bta_gattc_incl_srvc_disc_cmpl(UINT16 conn_id, tBTA_GATTC_SER
V *p_srvc_cb) {
    p_srvc_cb->cur_char_idx = p_srvc_cb->total_srvc;

    //开始查询特性
    bta_gattc_start_disc_char(conn_id, p_srvc_cb);//开始查询当前主要服务的特性
}
```

如果主要服务包含多个特性，那么 gatt_process_read_by_type_rsp()函数会不断地探查此服务的 Handle 区间内的所有特性，直到查完为止，即探查的起始 Handle 已经达到了此服务的结束 Handle 值。结束时会利用 bta_gattc_disc_cmpl_cback()回调函数继续发起特性的特性声明的探查过程。如果主要服务没有特性，就继续探查下一个主要服务的包含服务。

如下是针对小米蓝牙触控遥控器的 GAP 服务的特性查询结果，所列出的 Handle 是特性的特性值的 Handle，这些特性没有特性描述。

```
rec[6] uuid[0x2a00] s_handle[3] e_handle[3] is_primary[0] //Device Name
rec[7] uuid[0x2a01] s_handle[5] e_handle[5] is_primary[0] //Arrearance
//Connection Parameters
rec[8] uuid[0x2a04] s_handle[7] e_handle[7] is_primary[0]
rec[9] uuid[0x2aa6] s_handle[9] e_handle[9] is_primary[0] //未知特性
```

如下是针对小米蓝牙触控遥控器的 HOGP 服务的特性查询结果，所列出的 Handle 是特性的特性值的 Handle（即 s_handle）及当前特性的特性描述的 Handle（即 e_handle），特性 Handle（比特性值 Handle 小了1）没有列出。如果 s_handle 和 e_handle 的值相差 2，那么中间还有一个 Handle 是特性描述配置。

```
//如下 4 个特性没有特性描述
rec[6] uuid[0x2a4e] s_handle[36] e_handle[36] is_primary[0] //Protocol Mode
rec[7] uuid[0x2a4b] s_handle[38] e_handle[38] is_primary[0] //Report Map
rec[8] uuid[0x2a4a] s_handle[40] e_handle[40] is_primary[0] //Hid Infomation
//Hid Control Point
rec[9] uuid[0x2a4c] s_handle[42] e_handle[42] is_primary[0]
//从这开始的特性有特性描述
//Boot Keyboard Input Report
rec[10] uuid[0x2a22] s_handle[44] e_handle[45] is_primary[0]
rec[11] uuid[0x2a4d] s_handle[47] e_handle[49] is_primary[0] //Report 服务
rec[12] uuid[0x2a4d] s_handle[51] e_handle[52] is_primary[0] //特性 Handle 是 50
//特性 Handle 是 53，有 CCC 配置
```

```
rec[13] uuid[0x2a4d] s_handle[54] e_handle[56] is_primary[0]
rec[14] uuid[0x2a4d] s_handle[58] e_handle[59] is_primary[0]
rec[15] uuid[0x2a4d] s_handle[61] e_handle[62] is_primary[0]
rec[16] uuid[0x2a4d] s_handle[64] e_handle[65] is_primary[0]
rec[17] uuid[0x2a4d] s_handle[67] e_handle[68] is_primary[0]
rec[18] uuid[0x2a4d] s_handle[70] e_handle[71] is_primary[0]
rec[19] uuid[0x2a4d] s_handle[73] e_handle[74] is_primary[0]
rec[20] uuid[0x2a4d] s_handle[76] e_handle[77] is_primary[0]
```
//从这开始属于小米自定义 Report 特性及特性描述，用于 BLE 遥控器固件的空中升级
```
rec[21] uuid[0x2a4d] s_handle[79] e_handle[80] is_primary[0]  //特性 Handle 是 78
rec[22] uuid[0x2a4d] s_handle[82] e_handle[83] is_primary[0]  //特性 Handle 是 81
rec[23] uuid[0x2a4d] s_handle[85] e_handle[86] is_primary[0]
rec[24] uuid[0x2a4d] s_handle[88] e_handle[89] is_primary[0]
rec[25] uuid[0x2a4d] s_handle[91] e_handle[92] is_primary[0]
rec[26] uuid[0x2a4d] s_handle[94] e_handle[95] is_primary[0]
rec[27] uuid[0x2a4d] s_handle[97] e_handle[98] is_primary[0]
rec[28] uuid[0x2a4d] s_handle[100] e_handle[101] is_primary[0]
rec[29] uuid[0x2a4d] s_handle[103] e_handle[104] is_primary[0]
rec[30] uuid[0x2a4d] s_handle[106] e_handle[107] is_primary[0]
rec[31] uuid[0x2a4d] s_handle[109] e_handle[110] is_primary[0]
rec[32] uuid[0x2a4d] s_handle[112] e_handle[113] is_primary[0]
rec[33] uuid[0x2a4d] s_handle[115] e_handle[116] is_primary[0]
rec[34] uuid[0x2a4d] s_handle[118] e_handle[119] is_primary[0]
rec[35] uuid[0x2a4d] s_handle[121] e_handle[122] is_primary[0]
rec[36] uuid[0x2a4d] s_handle[124] e_handle[125] is_primary[0]
rec[37] uuid[0x2a4d] s_handle[127] e_handle[128] is_primary[0]
rec[38] uuid[0x2a4d] s_handle[130] e_handle[131] is_primary[0]
```

13.6 特性描述的 Discover 过程

特性描述的查询过程如图 13.5 所示。

当前服务的特性查询完毕后，bta_gattc_disc_cmpl_cback()函数执行 case GATT_DISC_CHAR，调用 bta_gattc_char_disc_cmpl()发起当前服务的当前特性的特性描述的探查过程。调用函数如下。

```
static void bta_gattc_char_disc_cmpl(UINT16 conn_id,
                    tBTA_GATTC_SERV *p_srvc_cb) {
    tBTA_GATTC_ATTR_REC *p_rec =
                    p_srvc_cb->p_srvc_list + p_srvc_cb->cur_char_idx;
```

```
            //如果有特性需要披露
            if (p_srvc_cb->total_char > 0) {
                //添加第1个特性到缓存
                bta_gattc_add_attr_to_cache (p_srvc_cb,//缓存当前特性
                        p_rec->s_handle, &p_rec->uuid,
                        p_rec->property, BTA_GATTC_ATTR_TYPE_CHAR);

                //查询当前主要服务的当前特性的特性描述，如果失败，则查询下一个特性
                bta_gattc_start_disc_char_dscp(conn_id, p_srvc_cb);
            } else /* otherwise start with next service */ { //查询下一个服务
                p_srvc_cb->cur_srvc_idx ++;//如果没有特性就查询下一个主要服务的包含服务
                bta_gattc_explore_srvc (conn_id, p_srvc_cb);
            }
        }
```

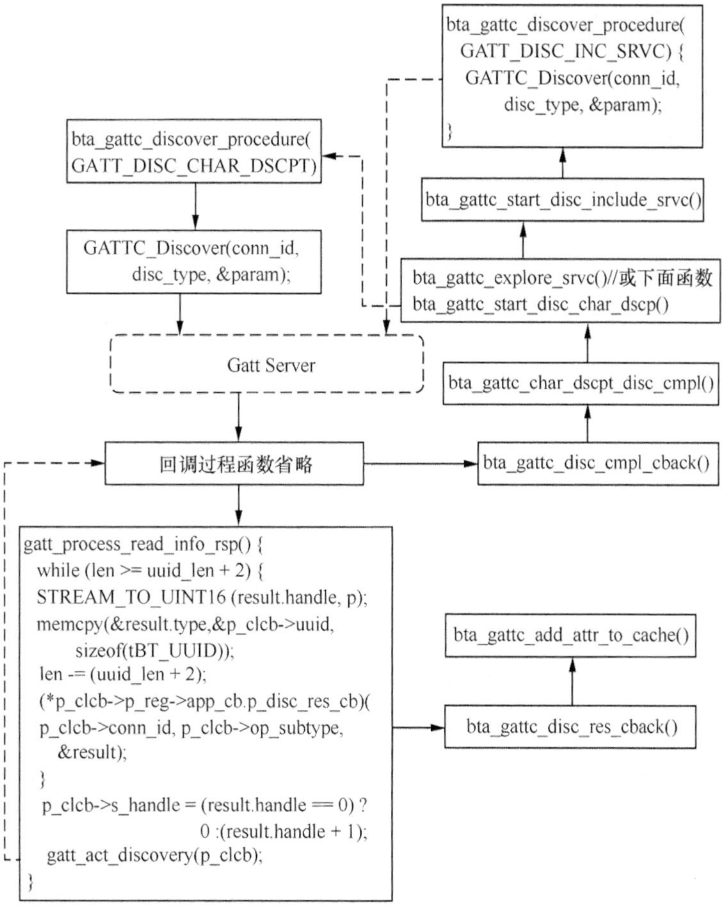

图 13.5　特性描述的查询过程

如果当前服务的当前特性的特性描述有多个，gatt_process_read_info_rsp()函数会调用gatt_act_discovery()函数继续扫描剩下的特性描述集合。

当前服务的当前特性的特性描述查询完成后，bta_gattc_disc_cmpl_cback()函数执行 case GATT_DISC_CHAR_DSCPT，调用 bta_gattc_char_dscpt_disc_cmpl()函数继续探查此服务的其他特性的特性描述。如果当前服务的所有特性的特性描述已经查询完毕，就继续探查下一个主要服务的包含服务。

```
static void bta_gattc_char_dscpt_disc_cmpl(UINT16 conn_id,
                    tBTA_GATTC_SERV *p_srvc_cb) {
    tBTA_GATTC_ATTR_REC *p_rec = NULL;

    if (-- p_srvc_cb->total_char > 0) {
        //特性计数加1
        p_rec = p_srvc_cb->p_srvc_list + (++ p_srvc_cb->cur_char_idx);
        //添加下一个特性到缓存
        bta_gattc_add_attr_to_cache (p_srvc_cb,//缓存特性
                        p_rec->s_handle, &p_rec->uuid,
                        p_rec->property, BTA_GATTC_ATTR_TYPE_CHAR);

        //开始查找下一个特性的特性描述
        bta_gattc_start_disc_char_dscp(conn_id, p_srvc_cb);
    } else
    //所有特性已经暴露，如果还有服务，开始查询下一个服务
    {
        p_srvc_cb->cur_srvc_idx ++;//当前服务计数加1
        //包含服务包含服务
        bta_gattc_explore_srvc (conn_id, p_srvc_cb);
    }
}
```

如图 13.6 所示，这是查询到的一个 Report 服务的 CCC 特性声明和一个 Report Reference。

如下是针对小米蓝牙语音触控遥控器的所有主要服务及其特性的特性数值和特性描述的查询结果列表，其中以 Service 开始的是主要服务，以 type[C]注明的是特性数值，以 type[D]注明的是特性描述，prop[]里的值是属性值。特性声明 Handle 值并没有列出。

```
02 02 20 0e 00 0a 00 04 00 05 01 30 00 02 29 31 00 08 29
  Frame 298: (Controller) Len=19
  HCI UART:
      HCI Packet Type: ACL Data Packet
  HCI:
      Packet from: Controller
      Handle: 0x0002
      Broadcast Flag: No broadcast, point-to-point
      Packet Boundary Flag: First automatically-flushable L2CAP packet
      Total Length: 14
  L2CAP:
      Role: Slave
      Address: 2
      PDU Length: 10
      Channel ID: 0x0004 (Attribute Protocol)
  ATT:
      Role: Slave
      Signature Present: No
      PDU Type is Command: No
      Opcode: Find Information Response
      *Database: 2(S)
      Format: Handle(s) and 16 bit bluetooth UUID(s)
      Attribute Handles
          Attribute Handle-Type(UUID) pair 1
              Attribute Handle: 48
              Attribute: Client Characteristic Configuration
          Attribute Handle-Type(UUID) pair 2
              Attribute Handle: 49
              Attribute: Report Reference
```

图 13.6　一个 CCC 特性声明和一个 Report Reference

```
Service[0]: handle[1 ~ 9] uuid16[0x1800] inst[0]  //GAP 服务
Attr[0x0001] handle[3] uuid[0x2a00] inst[0] type[C] prop[0x2] //设备名字
Attr[0x0002] handle[5] uuid[0x2a01] inst[0] type[C] prop[0x2] //外观
Attr[0x0003] handle[7] uuid[0x2a04] inst[0] type[C] prop[0x2] //连接参数
Attr[0x0004] handle[9] uuid[0x2aa6] inst[0] type[C] prop[0x2] //未知特性

Service[1]: handle[10 ~ 13] uuid16[0x1801] inst[0]  //Gatt 服务
Attr[0x0001] handle[12] uuid[0x2a05] inst[0] type[C] prop[0x22] //服务改变
Attr[0x0002] handle[13] uuid[0x2902] inst[0] type[D] prop[0x0] //CCC
Service[2]: handle[14 ~ 28] uuid16[0x180a] inst[0]  //设备信息
Attr[0x0001] handle[16] uuid[0x2a29] inst[0] type[C] prop[0x2] //制造商名字
Attr[0x0002] handle[18] uuid[0x2a26] inst[0] type[C] prop[0x2] //固件版本
Attr[0x0003] handle[20] uuid[0x2a50] inst[0] type[C] prop[0x2] //PnP ID
Attr[0x0004] handle[22] uuid[0x2a27] inst[0] type[C] prop[0x2] //硬件版本
Attr[0x0005] handle[24] uuid[0x2a25] inst[0] type[C] prop[0x2] //序列号
Attr[0x0006] handle[26] uuid[0x2a24] inst[0] type[C] prop[0x2] //模块号
```

```
Attr[0x0007] handle[28] uuid[0x2a28] inst[0] type[C] prop[0x2] //软件版本

Service[3]: handle[29 ~ 33] uuid16[0x180f] inst[0] //电池服务
Attr[0x0001] handle[31] uuid[0x2a19] inst[0] type[C] prop[0x12] //电量等级
Attr[0x0002] handle[32] uuid[0x2904] inst[0] type[D] prop[0x0] //特性格式
Attr[0x0003] handle[33] uuid[0x2902] inst[0] type[D] prop[0x0] //CCC

Service[4]: handle[34 ~ 131] uuid16[0x1812] inst[0] //人机交互设备
Attr[0x0001] handle[36] uuid[0x2a4e] inst[0] type[C] prop[0x6] //协议模式
Attr[0x0002] handle[38] uuid[0x2a4b] inst[0] type[C] prop[0x2] //报告图
Attr[0x0003] handle[40] uuid[0x2a4a] inst[0] type[C] prop[0x2] //Hid信息
Attr[0x0004] handle[42] uuid[0x2a4c] inst[0] type[C] prop[0x4] //Hid控制端点
Attr[0x0005] handle[44] uuid[0x2a22] inst[0] type[C] prop[0x12] //键盘启动输入
                                                                //报告
Attr[0x0006] handle[45] uuid[0x2902] inst[0] type[D] prop[0x0] //CCC
Attr[0x0007] handle[47] uuid[0x2a4d] inst[0] type[C] prop[0x12] //服务
Attr[0x0008] handle[48] uuid[0x2902] inst[0] type[D] prop[0x0] //CCC
Attr[0x0009] handle[49] uuid[0x2908] inst[0] type[D] prop[0x0] //服务
Attr[0x000a] handle[51] uuid[0x2a4d] inst[1] type[C] prop[0xe] // 服务
Attr[0x000b] handle[52] uuid[0x2908] inst[0] type[D] prop[0x0] //服务
Attr[0x000c] handle[54] uuid[0x2a4d] inst[2] type[C] prop[0x12] // 服务
Attr[0x000d] handle[55] uuid[0x2902] inst[0] type[D] prop[0x0] //CCC
Attr[0x000e] handle[56] uuid[0x2908] inst[0] type[D] prop[0x0] //服务
Attr[0x000f] handle[58] uuid[0x2a4d] inst[3] type[C] prop[0xa] //Report服务
Attr[0x0010] handle[59] uuid[0x2908] inst[0] type[D] prop[0x0] //服务
Attr[0x0011] handle[61] uuid[0x2a4d] inst[4] type[C] prop[0xa]
Attr[0x0012] handle[62] uuid[0x2908] inst[0] type[D] prop[0x0]
Attr[0x0013] handle[64] uuid[0x2a4d] inst[5] type[C] prop[0xa]
Attr[0x0014] handle[65] uuid[0x2908] inst[0] type[D] prop[0x0]
Attr[0x0015] handle[67] uuid[0x2a4d] inst[6] type[C] prop[0xa]
Attr[0x0016] handle[68] uuid[0x2908] inst[0] type[D] prop[0x0]
Attr[0x0017] handle[70] uuid[0x2a4d] inst[7] type[C] prop[0xa]
Attr[0x0018] handle[71] uuid[0x2908] inst[0] type[D] prop[0x0]
Attr[0x0019] handle[73] uuid[0x2a4d] inst[8] type[C] prop[0xe]
Attr[0x001a] handle[74] uuid[0x2908] inst[0] type[D] prop[0x0]
Attr[0x001b] handle[76] uuid[0x2a4d] inst[9] type[C] prop[0xa]
```

Attr[0x001c] handle[77] uuid[0x2908] inst[0] type[D] prop[0x0]
//从这开始属于小米自定义Report，用于BLE遥控器固件的空中升级
//特性值Handle 79
Attr[0x001d] handle[79] uuid[0x2a4d] inst[10] type[C] prop[0xa]
//特性描述Handle 80
Attr[0x001e] handle[80] uuid[0x2908] inst[0] type[D] prop[0x0]
//特性值Handle 82
Attr[0x001f] handle[82] uuid[0x2a4d] inst[11] type[C] prop[0xa]
//特性描述Handle 83
Attr[0x0020] handle[83] uuid[0x2908] inst[0] type[D] prop[0x0]
Attr[0x0021] handle[85] uuid[0x2a4d] inst[12] type[C] prop[0xa]
Attr[0x0022] handle[86] uuid[0x2908] inst[0] type[D] prop[0x0]
Attr[0x0023] handle[88] uuid[0x2a4d] inst[13] type[C] prop[0xa]
Attr[0x0024] handle[89] uuid[0x2908] inst[0] type[D] prop[0x0]
Attr[0x0025] handle[91] uuid[0x2a4d] inst[14] type[C] prop[0xa]
Attr[0x0026] handle[92] uuid[0x2908] inst[0] type[D] prop[0x0]
Attr[0x0027] handle[94] uuid[0x2a4d] inst[15] type[C] prop[0xa]
Attr[0x0028] handle[95] uuid[0x2908] inst[0] type[D] prop[0x0]
Attr[0x0029] handle[97] uuid[0x2a4d] inst[16] type[C] prop[0xa]
Attr[0x002a] handle[98] uuid[0x2908] inst[0] type[D] prop[0x0]
Attr[0x002b] handle[100] uuid[0x2a4d] inst[17] type[C] prop[0xa]
Attr[0x002c] handle[101] uuid[0x2908] inst[0] type[D] prop[0x0]
Attr[0x002d] handle[103] uuid[0x2a4d] inst[18] type[C] prop[0xa]
Attr[0x002e] handle[104] uuid[0x2908] inst[0] type[D] prop[0x0]
Attr[0x002f] handle[106] uuid[0x2a4d] inst[19] type[C] prop[0xa]
Attr[0x0030] handle[107] uuid[0x2908] inst[0] type[D] prop[0x0]
Attr[0x0031] handle[109] uuid[0x2a4d] inst[20] type[C] prop[0xa]
Attr[0x0032] handle[110] uuid[0x2908] inst[0] type[D] prop[0x0]
Attr[0x0033] handle[112] uuid[0x2a4d] inst[21] type[C] prop[0xa]
Attr[0x0034] handle[113] uuid[0x2908] inst[0] type[D] prop[0x0]
Attr[0x0035] handle[115] uuid[0x2a4d] inst[22] type[C] prop[0xa]
Attr[0x0036] handle[116] uuid[0x2908] inst[0] type[D] prop[0x0]
Attr[0x0037] handle[118] uuid[0x2a4d] inst[23] type[C] prop[0xa]
Attr[0x0038] handle[119] uuid[0x2908] inst[0] type[D] prop[0x0]
Attr[0x0039] handle[121] uuid[0x2a4d] inst[24] type[C] prop[0xa]
Attr[0x003a] handle[122] uuid[0x2908] inst[0] type[D] prop[0x0]

```
Attr[0x003b]  handle[124]  uuid[0x2a4d]  inst[25]  type[C]  prop[0xa]
Attr[0x003c]  handle[125]  uuid[0x2908]  inst[0]   type[D]  prop[0x0]
Attr[0x003d]  handle[127]  uuid[0x2a4d]  inst[26]  type[C]  prop[0xa]
Attr[0x003e]  handle[128]  uuid[0x2908]  inst[0]   type[D]  prop[0x0]
Attr[0x003f]  handle[130]  uuid[0x2a4d]  inst[27]  type[C]  prop[0xa]
Attr[0x0040]  handle[131]  uuid[0x2908]  inst[0]   type[D]  prop[0x0]
```

13.7　Discover 过程的结束

在最后一个服务的最后一个特性的特性描述查询结束之后，bta_gattc_char_dscpt_disc_cmpl()函数继续调用 bta_gattc_explore_srvc()函数进行主要服务的包含服务的查询。此时已经没有主要服务了，bta_gattc_explore_srvc()函数会将 p_clcb->p_srcb->state 置为 BTA_GATTC_SERV_SAVE，指示存储所有查询结果，并向 BTU TASK 发出消息 BTA_GATTC_CI_CACHE_OPEN_EVT。

此时 Gatt Client 状态机处于 discover 状态，从 bta_gattc_st_discover[]状态表中得到 Acation BTA_GATTC_CI_OPEN，状态机继续维持 BTA_GATTC_DISCOVER_ST 状态。从 bta_gattc_action[] 函数列表中获取 bta_gattc_ci_open()函数并执行。bta_gattc_ci_open()函数调用函数 bta_gattc_cache_save()将服务、特性、特性描述存入/data/misc/bluedroid/gatt_cache_xxxxxx 文件。其中"xxxxxx"代表设备的 MAC 地址。发出 BTA_GATTC_CI_CACHE_SAVE_EVT 消息给 BTU TASK。

```
BOOLEAN bta_gattc_cache_save(tBTA_GATTC_SERV *p_srvc_cb, UINT16 conn_id) {
    tBTA_GATTC_CACHE        *p_cur_srvc = p_srvc_cb->p_srvc_cache;
    UINT8                   i = 0;
    UINT16                  offset = 0;
    tBTA_GATTC_NV_ATTR      nv_attr[BTA_GATTC_NV_LOAD_MAX];
    tBTA_GATTC_CACHE_ATTR   *p_attr;
    tBT_UUID                uuid;

    while (p_cur_srvc && i < BTA_GATTC_NV_LOAD_MAX) {//循环存储所有主要服务记录
        if (offset ++ >= p_srvc_cb->attr_index) {
            bta_gattc_fill_nv_attr(&nv_attr[i++], //存储服务记录
                                   BTA_GATTC_ATTR_TYPE_SRVC,
                                   p_cur_srvc->s_handle,
                                   p_cur_srvc->e_handle,
                                   p_cur_srvc->service_uuid.id.inst_id,
```

```
                                    p_cur_srvc->service_uuid.id.uuid,
                                    0,
                                    p_cur_srvc->service_uuid.is_primary);
        }

        p_attr = p_cur_srvc->p_attr;

        for (; p_attr && i < BTA_GATTC_NV_LOAD_MAX ; offset ++,
                p_attr = p_attr->p_next) {
            if (offset >= p_srvc_cb->attr_index) {
                if ((uuid.len = p_attr->uuid_len) == LEN_UUID_16) {
                    uuid.uu.uuid16 = p_attr->p_uuid->uuid16;
                } else {
                    memcpy(uuid.uu.uuid128,
                        p_attr->p_uuid->uuid128, LEN_UUID_128);
                }

                bta_gattc_fill_nv_attr(&nv_attr[i++],//存储特性或特性描述
                                    p_attr->attr_type,
                                    p_attr->attr_handle,
                                    0,
                                    p_attr->inst_id,
                                    uuid,
                                    p_attr->property,
                                    FALSE);
            }
        }
        p_cur_srvc = p_cur_srvc->p_next;
    }

    if (i > 0) {//有服务，保存到文件
        bta_gattc_co_cache_save(p_srvc_cb->server_bda,
                        BTA_GATTC_CI_CACHE_SAVE_EVT,
                        i, nv_attr, p_srvc_cb->attr_index, conn_id);
        p_srvc_cb->attr_index += i;
        return TRUE;
    } else {
        return FALSE;
    }
}
```

此时 Gatt Client 状态机处于 discover 状态，从 bta_gattc_st_discover[]状态表中得到 Acation BTA_GATTC_CI_SAVE，状态机继续维持 BTA_GATTC_DISCOVER_ST 状态。从 bta_gattc_action[]函数列表中获取 bta_gattc_ci_save()函数并执行。bta_gattc_ci_save()函数将上述 Gatt 文件句柄关闭，调用函数 bta_gattc_reset_discover_st()向 BTU TASK 发出 BTA_GATTC_DISCOVER_CMPL_EVT 消息。

此时 Gatt Client 状态机处于 discover 状态，从 bta_gattc_st_discover[]状态表中得到 Acation BTA_GATTC_DISC_CMPL，状态机切换为 BTA_GATTC_CONN_ST 状态，即连接状态。从 bta_gattc_action[]函数列表中获取 bta_gattc_disc_cmpl()函数执行。bta_gattc_disc_cmpl()函数使能连接参数更新，将 p_clcb->p_srcb->state 更新为 BTA_GATTC_SERV_IDLE，并试图执行缓存的内部 Discover 消息或其他命令。

至此，设备的属性数据库的 Discover 过程完成。

13.8 服务的上报过程

13.8.1 服务的查询和发起上报过程

bta_gattc_disc_cmpl()函数在执行的最后，发现命令缓存里有一个来自上层的 BTA_GATTC_API_SEARCH_EVT 消息（btif_dm_get_remote_services()函数发起所有服务的 SDP），此时 Gatt Client 状态机已经切换到 BTA_GATTC_CONN_ST 状态，从 bta_gattc_st_connected[]状态表中得到 Action BTA_GATTC_SEARCH，状态机状态维持 BTA_GATTC_CONN_ST。从 bta_gattc_action[]函数列表中获取 bta_gattc_search()函数并执行，从缓存中遍历所有的服务并用回调函数通知上层模块。

```
void bta_gattc_search(tBTA_GATTC_CLCB *p_clcb, tBTA_GATTC_DATA *p_data) {
    tBTA_GATT_STATUS    status = GATT_INTERNAL_ERROR;
    tBTA_GATTC cb_data;
    APPL_TRACE_DEBUG("bta_gattc_search conn_id=%d",p_clcb->bta_conn_id);
    if (p_clcb->p_srcb && p_clcb->p_srcb->p_srvc_cache) {
        status = BTA_GATT_OK;
        //搜索一个服务器设备的本地缓存
        //查询本地缓存并上报服务
        bta_gattc_search_service(p_clcb, p_data->api_search.p_srvc_uuid);
    }
    cb_data.search_cmpl.status = status;
    cb_data.search_cmpl.conn_id = p_clcb->bta_conn_id;
```

```
            //查询结束或没有可用服务器缓存
            //查询结束通知
            ( *p_clcb->p_rcb->p_cback)(BTA_GATTC_SEARCH_CMPL_EVT, &cb_data);
    }
    void bta_gattc_search_service(tBTA_GATTC_CLCB *p_clcb, tBT_UUID *p_uuid) {
        tBTA_GATTC_SERV      *p_srcb = p_clcb->p_srcb;
        tBTA_GATTC_CACHE     *p_cache = p_srcb->p_srvc_cache;
        tBTA_GATTC           cb_data;

        while (p_cache) {
            //比较是否是关心的 UUID
            if (bta_gattc_uuid_compare(p_uuid,
                        &p_cache->service_uuid.id.uuid, FALSE)) {
#if (defined BTA_GATT_DEBUG && BTA_GATT_DEBUG == TRUE)
                APPL_TRACE_DEBUG("found service [0x%04x], inst[%d] handle [%d]",
                            p_cache->service_uuid.id.uuid.uu.uuid16,
                            p_cache->service_uuid.id.inst_id,
                            p_cache->s_handle);
#endif
                if (p_clcb->p_rcb->p_cback) {//如果注册了回调函数
                    memset(&cb_data, 0, sizeof(tBTA_GATTC));

                    cb_data.srvc_res.conn_id = p_clcb->bta_conn_id;
                    memcpy(&cb_data.srvc_res.service_uuid,
                            &p_cache->service_uuid,
                            sizeof(tBTA_GATT_SRVC_ID));
                    //调用回调函数上报查找到服务
                    (* p_clcb->p_rcb->p_cback)(BTA_GATTC_SEARCH_RES_EVT, &cb_data);
                }
            }
            p_cache = p_cache->p_next;//偏移到下一个服务
        }
    }
```

13.8.2 上报服务的回调函数的注册过程

在系统蓝牙打开的时候，设备管理模块注册了 bta_dm_sys_hw_cback()函数。在蓝牙打开后会调用bta_dm_sys_hw_cback()执行并调用bta_dm_gattc_register()函数进行设备管理层的 Gatt Client 注册。

```
    void bta_dm_enable(tBTA_DM_MSG *p_data) {
        //函数进行了删节
```

```
        bta_sys_hw_register( BTA_SYS_HW_BLUETOOTH, bta_dm_sys_hw_cback );
}
static void bta_dm_sys_hw_cback( tBTA_SYS_HW_EVT status ) {
//函数进行了删节
#if (BLE_INCLUDED == TRUE && BTA_GATT_INCLUDED == TRUE)
    memset (&app_uuid.uu.uuid128, 0x87, LEN_UUID_128);
    bta_dm_gattc_register();
#endif
}
```

bta_dm_gattc_register()函数注册了回调函数 bta_dm_gattc_callback()。

```
static void bta_dm_gattc_register(void) {
    tBT_UUID   app_uuid = {LEN_UUID_128,{0}};

    if (bta_dm_search_cb.client_if == BTA_GATTS_INVALID_IF) {
        memset (&app_uuid.uu.uuid128, 0x87, LEN_UUID_128);
        BTA_GATTC_AppRegister(&app_uuid, bta_dm_gattc_callback);
    }
}
```

BTA_GATTC_AppRegister()函数往系统管理层注册 Gatt Client 状态机，并发消息进行 Client 的注册，将回调函数用参数传递过去。

```
void BTA_GATTC_AppRegister(tBT_UUID *p_app_uuid, tBTA_GATTC_CBACK *p_client_cb) {
    tBTA_GATTC_API_REG  *p_buf;
    if (bta_sys_is_register(BTA_ID_GATTC) == FALSE) {
        //往系统管理层注册 Gatt Client 状态机
        bta_sys_register(BTA_ID_GATTC, &bta_gattc_reg);
    }
    if ((p_buf = (tBTA_GATTC_API_REG *)
                GKI_getbuf(sizeof(tBTA_GATTC_API_REG))) != NULL) {
        p_buf->hdr.event = BTA_GATTC_API_REG_EVT;//注册事件
        if (p_app_uuid != NULL)
            memcpy(&p_buf->app_uuid, p_app_uuid, sizeof(tBT_UUID));
        p_buf->p_cback = p_client_cb;//记录回调函数
        bta_sys_sendmsg(p_buf);//发送消息到 BTU TASK
    }
}
```

Gatt Clent 状态机执行具体的注册过程，最终回调函数被记录并被 bta_gattc_search_service()函数调用。

```
void bta_gattc_register(tBTA_GATTC_CB *p_cb, tBTA_GATTC_DATA *p_data) {
    tBTA_GATTC              cb_data;
    UINT8                   i;
    tBT_UUID                *p_app_uuid = &p_data->api_reg.app_uuid;
```

```
    tBTA_GATTC_INT_START_IF       *p_buf;
    tBTA_GATT_STATUS                status = BTA_GATT_NO_RESOURCES;

    APPL_TRACE_DEBUG("bta_gattc_register state %d",p_cb->state);
    memset(&cb_data, 0, sizeof(cb_data));
    cb_data.reg_oper.status = BTA_GATT_NO_RESOURCES;
    //检查 GATTC 模块是否已经启动，否则启动
    if (p_cb->state == BTA_GATTC_STATE_DISABLED) {
        bta_gattc_enable (p_cb);//使能 Gatt Client
    }
    //需要检查重复的 uuid
    for (i = 0; i < BTA_GATTC_CL_MAX; i ++) {
        if (!p_cb->cl_rcb[i].in_use) {
            //注册 Gatt 连接状态、discover 属性、encryption 状态变化函数集合
            if ((p_app_uuid==NULL) ||
                (p_cb->cl_rcb[i].client_if = GATT_Register(p_app_uuid,
                    &bta_gattc_cl_cback)) == 0) {
                APPL_TRACE_ERROR("Register with GATT stack failed.");
                status = BTA_GATT_ERROR;
            } else {
                p_cb->cl_rcb[i].in_use = TRUE;
                p_cb->cl_rcb[i].p_cback = p_data->api_reg.p_cback;
                memcpy(&p_cb->cl_rcb[i].app_uuid,
                        p_app_uuid, sizeof(tBT_UUID));

                //BTA 和 BTE GATT 协议栈使用同一个客户端接口
                cb_data.reg_oper.client_if = p_cb->cl_rcb[i].client_if;

                if ((p_buf = (tBTA_GATTC_INT_START_IF *)
                  GKI_getbuf(sizeof(tBTA_GATTC_INT_START_IF))) != NULL) {
                    p_buf->hdr.event = BTA_GATTC_INT_START_IF_EVT;
                    p_buf->client_if = p_cb->cl_rcb[i].client_if;

                    bta_sys_sendmsg(p_buf);
                    status = BTA_GATT_OK;
                } else {
                    GATT_Deregister(p_cb->cl_rcb[i].client_if);
                    status = BTA_GATT_NO_RESOURCES;
                    memset( &p_cb->cl_rcb[i], 0 ,
                            sizeof(tBTA_GATTC_RCB));
                }
                break;
```

```
                    }
                }
            }

            //注册的event 相关的回调
            if (p_data->api_reg.p_cback) {
                if (p_app_uuid != NULL)
                    memcpy(&(cb_data.reg_oper.app_uuid),p_app_uuid,sizeof(tBT_UUID));

                cb_data.reg_oper.status = status;
                //记录回调函数，会被 bta_gattc_search_service()函数调用
                (*p_data->api_reg.p_cback)(BTA_GATTC_REG_EVT,  (tBTA_GATTC *)&cb_data);
            }
        }
```

13.8.3 服务的上报过程

13.8.3.1 服务上报的回调过程

bta_dm_gattc_callback()函数调用了 bta_dm_gatt_disc_result()执行上报处理。bta_dm_gatt_disc_result()函数将蓝牙设备地址、设备名字和服务 UUID 组包调用 p_search_cback()回调函数并再次上报。

```
static void bta_dm_gattc_callback(tBTA_GATTC_EVT event, tBTA_GATTC *p_data) {
    APPL_TRACE_DEBUG("bta_dm_gattc_callback event = %d", event);

    switch (event) {
        case BTA_GATTC_REG_EVT:
            APPL_TRACE_DEBUG("BTA_GATTC_REG_EVT client_if =
                            %d",  p_data->reg_oper.client_if);
            if (p_data->reg_oper.status == BTA_GATT_OK)
                bta_dm_search_cb.client_if = p_data->reg_oper.client_if;
            else
                bta_dm_search_cb.client_if = BTA_GATTS_INVALID_IF;
            break;
        case BTA_GATTC_OPEN_EVT:
            bta_dm_proc_open_evt(&p_data->open);
            break;
        case BTA_GATTC_SEARCH_RES_EVT:
            //扫到服务
            bta_dm_gatt_disc_result(p_data->srvc_res.service_uuid.id);
```

```
            break;
        case BTA_GATTC_SEARCH_CMPL_EVT:
            if ( bta_dm_search_cb.state != BTA_DM_SEARCH_IDLE)
                bta_dm_gatt_disc_complete(p_data->search_cmpl.conn_id,
                         p_data->search_cmpl.status);//搜索完成
            break;
        case BTA_GATTC_CLOSE_EVT:
            APPL_TRACE_DEBUG("BTA_GATTC_CLOSE_EVT reason = %d",
                            p_data->close.reason);
            //搜索没完成就进断连接流程了
            if ( (bta_dm_search_cb.state != BTA_DM_SEARCH_IDLE) &&
                    !memcmp(p_data->close.remote_bda,
                    bta_dm_search_cb.peer_bdaddr, BD_ADDR_LEN)) {
                bta_dm_gatt_disc_complete(
                         (UINT16)BTA_GATT_INVALID_CONN_ID,
                         (tBTA_GATT_STATUS) BTA_GATT_ERROR);
            }
            break;
        default:
            break;
    }
}
static void bta_dm_gatt_disc_result(tBTA_GATT_ID service_id) {
    tBTA_DM_SEARCH    result;//本函数有删节

    if ( bta_dm_search_cb.state != BTA_DM_SEARCH_IDLE) {
        //现在将结果一个个地发给应用
        bdcpy(result.disc_ble_res.bd_addr, bta_dm_search_cb.peer_bdaddr);
        BCM_STRNCPY_S((char*)result.disc_ble_res.bd_name, sizeof(BD_NAME),
                    bta_dm_get_remname(), (BD_NAME_LEN-1));
        result.disc_ble_res.bd_name[BD_NAME_LEN] = 0;
        memcpy(&result.disc_ble_res.service,
               &service_id.uuid, sizeof(tBT_UUID));
        //调用回调函数上报结果,最终调用 bte_dm_search_services_evt()函数
        bta_dm_search_cb.p_search_cback(BTA_DM_DISC_BLE_RES_EVT, &result);
    }
}
```

13.8.3.2　p_search_cback()函数的注册过程和服务上报过程

在 Controller 和设备配对完成后,会调用 btif_dm_ble_auth_cmpl_evt()函数进行属性数据库的 Discover 过程,在 Discover 过程结束后会发起获取服务的过程。btif_dm_get_remote_services()函数向设备管理层发起所有服务的获取请求并注册获取到服务后的回调函数 bte_dm_search_services_evt(),次函数最终被 bta_dm_gatt_disc_result()函数回调。具体的注册发起过程就不详细展开了,请读者自行分析。

```
static void btif_dm_ble_auth_cmpl_evt (tBTA_DM_AUTH_CMPL *p_auth_cmpl) {
    //本函数有删节
    btif_dm_save_ble_bonding_keys();
    BTA_GATTC_Refresh(bd_addr.address);//discover 属性数据库
    btif_dm_get_remote_services(&bd_addr);//获取设备服务
}
bt_status_t btif_dm_get_remote_services(bt_bdaddr_t *remote_addr) {
    bdstr_t bdstr;

    BTIF_TRACE_EVENT("%s: remote_addr=%s", __FUNCTION__, bd2str(remote_addr,
&bdstr));
    //向设备管理层发起所有服务的discover并注册服务发现的回调函数
    BTA_DmDiscover(remote_addr->address, BTA_ALL_SERVICE_MASK,
                   bte_dm_search_services_evt, TRUE);

    return BT_STATUS_SUCCESS;
}
static void bte_dm_search_services_evt(tBTA_DM_SEARCH_EVT event,
                                        tBTA_DM_SEARCH *p_data) {
    UINT16 param_len = 0;
    if (p_data)
        param_len += sizeof(tBTA_DM_SEARCH);
    switch (event) {
        case BTA_DM_DISC_RES_EVT:
        {
            if ((p_data->disc_res.result == BTA_SUCCESS) &&
                        (p_data->disc_res.num_uuids > 0)) {
                param_len+=(p_data->disc_res.num_uuids * MAX_UUID_SIZE);
            }
        } break;
    }
    //进行上下文切换,由BTIF TASK 执行向应用层的上报过程
```

```
        btif_transfer_context(btif_dm_search_services_evt,
                              event, (char*)p_data, param_len,
            (param_len > sizeof(tBTA_DM_SEARCH)) ? search_services_copy_cb : NULL);
}
```
btif_dm_search_services_evt()函数将上报的设备 UUID 进行处理，本函数只将 HOGP 保存到 bt_config.xml 并上报应用层。
```
static void btif_dm_search_services_evt(UINT16 event, char *p_param) {
    tBTA_DM_SEARCH *p_data = (tBTA_DM_SEARCH*)p_param;

    BTIF_TRACE_EVENT("%s:  event = %d", __FUNCTION__, event);
    switch (event)
    {
        case BTA_DM_DISC_RES_EVT:
        {
            bt_property_t prop;
            uint32_t i = 0,  j = 0;
            bt_bdaddr_t bd_addr;
            bt_status_t ret;

            bdcpy(bd_addr.address, p_data->disc_res.bd_addr);

            BTIF_TRACE_DEBUG("%s:(result=0x%x, services 0x%x)", __FUNCTION__,
                    p_data->disc_res.result, p_data->disc_res.services);
            BTIF_TRACE_DEBUG("%s:(pairing_cb.state =0x%x,
                    pairing_cb.sdp_attempts =  0x%x)", __FUNCTION__,
                    pairing_cb.state, pairing_cb.sdp_attempts);
            if ((p_data->disc_res.result != BTA_SUCCESS) &&
                    (pairing_cb.state == BT_BOND_STATE_BONDING ) &&
                    (pairing_cb.sdp_attempts <
                        BTIF_DM_MAX_SDP_ATTEMPTS_AFTER_PAIRING)) {
                BTIF_TRACE_WARNING("%s:SDP failed after bonding
                        re-attempting", __FUNCTION__);
                pairing_cb.sdp_attempts++;
                btif_dm_get_remote_services(&bd_addr);
                return;
            }
            prop.type = BT_PROPERTY_UUIDS;
            prop.len = 0;
            if ((p_data->disc_res.result == BTA_SUCCESS) &&
```

```c
                            (p_data->disc_res.num_uuids > 0)) {
                    prop.val = p_data->disc_res.p_uuid_list;
                    prop.len = p_data->disc_res.num_uuids * MAX_UUID_SIZE;
                    for (i=0; i < p_data->disc_res.num_uuids; i++) {
                        char temp[256];
                        memset(temp, 0, sizeof(temp));
                        uuid_to_string((bt_uuid_t*)
                            (p_data->disc_res.p_uuid_list +
                            (i*MAX_UUID_SIZE)), temp);
                        BTIF_TRACE_DEBUG("Index: %d uuid:%s", i, temp);
                    }
                }
                if ((pairing_cb.state == BT_BOND_STATE_BONDING) &&
                    (bdcmp(p_data->disc_res.bd_addr, pairing_cb.bd_addr) == 0)&&
                    pairing_cb.sdp_attempts > 0) {
                    BTIF_TRACE_DEBUG("%s Remote Service SDP done.
                            Call bond_state_changed_cb BONDED", __FUNCTION__);
                    pairing_cb.sdp_attempts = 0;
                    bond_state_changed(BT_STATUS_SUCCESS, &bd_addr,
                                    BT_BOND_STATE_BONDED);
                }
                if(p_data->disc_res.num_uuids != 0) {
                    //也写入 NVRAM（其实应该是主机存储器）
                    ret = btif_storage_set_remote_device_property(&bd_addr,
                                                                &prop);
                    ASSERTC(ret == BT_STATUS_SUCCESS,
                                "storing remote services failed", ret);
                    //发送 event 给 BTIF
                    HAL_CBACK(bt_hal_cbacks, remote_device_properties_cb,
                            BT_STATUS_SUCCESS, &bd_addr, 1, &prop);
                }
            }
        }
        break;

        case BTA_DM_DISC_CMPL_EVT:
        /* fixme */
        break;

#if (defined(BLE_INCLUDED) && (BLE_INCLUDED == TRUE))
```

```
case BTA_DM_DISC_BLE_RES_EVT:
    BTIF_TRACE_DEBUG("%s:, services 0x%x)", __FUNCTION__,
                    p_data->disc_ble_res.service.uu.uuid16);
    bt_uuid_t uuid;
    int i = 0;
    int j = 15;
    //只保存和上报 HOGP 服务
    if (p_data->disc_ble_res.service.uu.uuid16 ==
                UUID_SERVCLASS_LE_HID) {
        BTIF_TRACE_DEBUG("%s: Found HOGP UUID", __FUNCTION__);
            bt_property_t prop;
            bt_bdaddr_t bd_addr;
            char temp[256];
            bt_status_t ret;
        //将 16 位 UUID 转换为 128 位 UUID
        bta_gatt_convert_uuid16_to_uuid128(
                uuid.uu,p_data->disc_ble_res.service.uu.uuid16);

        while(i < j ) {
            unsigned char c = uuid.uu[j];
            uuid.uu[j] = uuid.uu[i];
            uuid.uu[i] = c;
            i++;
            j--;
        }

        memset(temp, 0, sizeof(temp));
        uuid_to_string(&uuid, temp);
        BTIF_TRACE_DEBUG(" uuid:%s", temp);

        bdcpy(bd_addr.address, p_data->disc_ble_res.bd_addr);
        prop.type = BT_PROPERTY_UUIDS;
        prop.val = uuid.uu;
        prop.len = MAX_UUID_SIZE;

        //保存 UUID 到存储器
        //保存 UUID 到 bt_config.xml
        ret = btif_storage_set_remote_device_property(&bd_addr,
                                                    &prop);
```

```
                    ASSERTC(ret == BT_STATUS_SUCCESS, "storing remote
                                            services failed", ret);

                    //发送事件到 BTIF
                    //回调到 JNI 层继续上报 App 层
                    HAL_CBACK(bt_hal_cbacks, remote_device_properties_cb,
                                    BT_STATUS_SUCCESS, &bd_addr, 1, &prop);
                }
                break;
#endif /* BLE_INCLUDED */

        default:
        {
            ASSERTC(0, "unhandled search services event", event);
        }
        break;
    }
}
```

JNI 层最终调用 RemoteDevices.java 中的 void devicePropertyChangedCallback(byte[] address, int[] types, byte[][] values)函数，并发出找到 UUID 的广播。上层应用收到广播后进行相应处理。如对于 HID 应用层来说，收到了 HOGP 的 UUID 广播通知，就可以驱动 Hid Host 进行连接 HOGP 的动作，进行进一步的连接处理。

```
    private void sendUuidIntent(BluetoothDevice device) {
        DeviceProperties prop = getDeviceProperties(device);
        //UUID intent 构建
        Intent intent = new Intent(BluetoothDevice.ACTION_UUID);
        intent.putExtra(BluetoothDevice.EXTRA_DEVICE, device);
        //附加 UUID 集合
        intent.putExtra(BluetoothDevice.EXTRA_UUID,
                        prop == null? null: prop.mUuids);
        mAdapterService.initProfilePriorities(device, prop.mUuids);
        //发出广播
        mAdapterService.sendBroadcast(intent,
                        AdapterService.BLUETOOTH_ADMIN_PERM);

        //移除未完成的 UUID 请求
        mSdpTracker.remove(device);
    }
```

13.8.4 服务上报过程的日志分析

下面用一段日志来说明这个过程。
```
//Gatt Client 收到保存属性的消息并进行存储
    10-15 14:39:42.188   3199   3721 I bt-btif : BTA got event 0x1f15
    10-15 14:39:42.188   3199   3721 D bt-btif : bta_gattc_hdl_event: Event
[BTA_GATTC_CI_CACHE_SAVE_EVT]
    10-15 14:39:42.188   3199   3721 D bt-btif : bta_gattc_sm_execute: State
0x03 [GATTC_DISCOVER_ST], Event 0x1f15[BTA_GATTC_CI_CACHE_SAVE_EVT]
    10-15 14:39:42.188   3199   3721 D bt-btif : bta_gattc_ci_save conn_id=3
    //保存完毕，关闭 gatt_cache_XXXXXX 文件
    10-15 14:39:42.188   3199   3721 D bt-btif : bta_gattc_co_cache_close()
    //收到 discover 结束的消息后，Gatt Client 将状态机切成 connect 状态
    10-15 14:39:42.188   3199   3721 D bt-btif : bta_gattc_sm_execute: State
0x03 [GATTC_DISCOVER_ST], Event 0x1f0f[BTA_GATTC_DISCOVER_CMPL_EVT]
    10-15 14:39:42.188   3199   3721 D bt-btif : bta_gattc_disc_cmpl conn_id=3
    //允许连接参数更新
    10-15 14:39:42.188   3199   3721 D bt-btif : bta_gattc_disc_cmpl enable
connection paramter update
    10-15 14:39:42.188   3199   3721 D bt-btif : L2CA_EnableUpdateBleConnParams
 enable=1
    10-15 14:39:42.188   3199   3721 I bt-btm  : btm_find_or_alloc_dev
    10-15 14:39:42.188   3199   3721 D bt-btm  : btm_bda_to_acl found
    10-15 14:39:42.188   3199   3721 D bt-btif : l2cble_start_conn_update p_lcb
->conn_update_mask:8
    //Gatt Client 执行缓存的 BTA_GATTC_API_SEARCH_EVT 消息，由函数//btif_dm_get_
remote_services()发起
    10-15 14:39:42.188   3199   3721 D bt-btif : bta_gattc_sm_execute: State
0x02 [GATTC_CONN_ST], Event 0x1f09[BTA_GATTC_API_SEARCH_EVT]
    10-15 14:39:42.188   3199   3721 D bt-btif : bta_gattc_search conn_id=3
    //找到 GAP 服务
    10-15 14:39:42.188   3199   3721 D bt-btif : found service [0x1800], inst
[0] handle [1]
    //调用回调函数
    10-15 14:39:42.188   3199   3721 D bt-btif : bta_dm_gattc_callback event = 7
    10-15 14:39:42.188   3199   3721 D bt-btif : ADDING BLE SERVICE uuid=0x1800,
 ble_ptr = 0xe42cbeac, ble_raw_used = 0x0
    //继续回调
    10-15 14:39:42.188   3199   3721 E bt-btif : bta_dm_gatt_disc_result serivce_
id len=2
    //BTIF TASK 处理 GAP 服务的上报
```

```
        10-15 14:39:42.188   3199   3721 D bt-btif : btif_transfer_context event 3,
len 284
        //找到GATT服务
        10-15 14:39:42.188   3199   3721 D bt-btif : found service [0x1801], inst
[0] handle [10]
        //回调函数调用
        10-15 14:39:42.188   3199   3721 D bt-btif : bta_dm_gattc_callback event = 7
        10-15 14:39:42.188   3199   3721 D bt-btif : ADDING BLE SERVICE uuid=0x1801,
 ble_ptr = 0xe42cbeac, ble_raw_used = 0x15
        //继续回调
        10-15 14:39:42.188   3199   3721 E bt-btif : bta_dm_gatt_disc_result serivce_
id len=2
        //BTIF TASK处理Gatt服务的上报
        10-15 14:39:42.188   3199   3721 D bt-btif : btif_transfer_context event 3,
len 284
        //Device Information服务发现
        10-15 14:39:42.188   3199   3721 D bt-btif : found service [0x180a], inst
[0] handle [14]
        //回调函数调用
        10-15 14:39:42.188   3199   3721 D bt-btif : bta_dm_gattc_callback event = 7
        10-15 14:39:42.188   3199   3721 D bt-btif : ADDING BLE SERVICE uuid=0x180a,
 ble_ptr = 0xe42cbeac, ble_raw_used = 0x2a
        10-15 14:39:42.188   3199   3721 E bt-btif : bta_dm_gatt_disc_result serivce_
id len=2
        //BTIF TASK处理Device Information服务的上报
        10-15 14:39:42.188   3199   3721 D bt-btif : btif_transfer_context event 3,
len 284
        //发现电池服务
        10-15 14:39:42.188   3199   3721 D bt-btif : found service [0x180f], inst
[0] handle [29]
        //回调函数调用
        10-15 14:39:42.188   3199   3721 D bt-btif : bta_dm_gattc_callback event = 7
        10-15 14:39:42.188   3199   3721 D bt-btif : ADDING BLE SERVICE uuid=0x180f,
 ble_ptr = 0xe42cbeac, ble_raw_used = 0x3f
        10-15 14:39:42.188   3199   3721 E bt-btif : bta_dm_gatt_disc_result serivce_
id len=2
        //BTIF TASK处理电池服务的上报
        10-15 14:39:42.188   3199   3721 D bt-btif : btif_transfer_context event 3,
len 284
        //发现HOGP服务
        10-15 14:39:42.188   3199   3721 D bt-btif : found service [0x1812], inst
[0] handle [34]
```

```
//回调函数调用
    10-15 14:39:42.188    3199    3721 D bt-btif : bta_dm_gattc_callback event = 7
    10-15 14:39:42.188    3199    3721 D bt-btif : ADDING BLE SERVICE uuid=0x1812,
 ble_ptr = 0xe42cbeac, ble_raw_used = 0x54
    10-15 14:39:42.188    3199    3721 E bt-btif : bta_dm_gatt_disc_result serivce_
id len=2
    //BTIF TASK 处理 HOGP 服务的上报
    10-15 14:39:42.188    3199    3721 D bt-btif : btif_transfer_context event 3,
 len 284
    10-15 14:39:42.188    3199    3721 D bt-btif : bta_dm_gattc_callback event = 6
    10-15 14:39:42.189    3199    3721 D bt-btif : bta_dm_gatt_disc_complete conn_
id = 3
    //由于如下这行 log 在状态机执行的最后才打印，故到现在才打印出来
    10-15 14:39:42.189    3199    3721 D bt-btif : GATTC State Change: [GATTC_
DISCOVER_ST] -> [GATTC_CONN_ST] after Event [BTA_GATTC_DISCOVER_CMPL_EVT]
    10-15 14:39:42.189    3199    3721 D bt-btif : GATTC State Change: [GATTC_
DISCOVER_ST] -> [GATTC_CONN_ST] after Event [BTA_GATTC_CI_CACHE_SAVE_EVT]
    10-15 14:39:42.189    3199    3721 I bt-btif : BTA got event 0x207
    10-15 14:39:42.189    3199    3721 I bt-btif : bta_dm_search_sm_execute state:3,
 event:0x207
    10-15 14:39:42.189    3199    3721 D bt-btif : bta_dm_disc_result
    10-15 14:39:42.189    3199    3721 D bt-btif : btif_transfer_context event 2,
 len 284
    10-15 14:39:42.189    3199    3721 I bt-btif : BTA got event 0x206
    10-15 14:39:42.189    3199    3721 I bt-btif : bta_dm_search_sm_execute state:3,
 event:0x206
    //搜索完成回调
    10-15 14:39:42.189    3199    3721 D bt-btif : bta_dm_search_cmpl
    10-15 14:39:42.189    3199    3721 D bt-btif : btif_transfer_context event 4,
 len 0
    10-15 14:39:42.189    3199    3576 D bt-btif : btif task fetched event a001
    10-15 14:39:42.189    3199    3576 D bt-btif : btif_context_switched
    10-15 14:39:42.189    3199    3576 I bt-btif : btif_dm_search_services_evt:
 event = 3
    10-15 14:39:42.189    3199    3576 D bt-btif : btif_dm_search_services_evt:,
 services 0x1800)
    10-15 14:39:42.189    3199    3576 D bt-btif : btif task fetched event a001
    10-15 14:39:42.189    3199    3576 D bt-btif : btif_context_switched
    10-15 14:39:42.189    3199    3576 I bt-btif : btif_dm_search_services_evt:
 event = 3
    10-15 14:39:42.189    3199    3576 D bt-btif : btif_dm_search_services_evt:,
 services 0x1801)
```

```
            10-15 14:39:42.189    3199    3576 D bt-btif : btif task fetched event a001
            10-15 14:39:42.189    3199    3576 D bt-btif : btif_context_switched
            10-15 14:39:42.189    3199    3576 I bt-btif : btif_dm_search_services_evt:
    event = 3
            10-15 14:39:42.189    3199    3576 D bt-btif : btif_dm_search_services_evt:,
    services 0x180a)
            10-15 14:39:42.189    3199    3576 D bt-btif : btif task fetched event a001
            10-15 14:39:42.189    3199    3576 D bt-btif : btif_context_switched
            10-15 14:39:42.189    3199    3576 I bt-btif : btif_dm_search_services_evt:
    event = 3
            10-15 14:39:42.189    3199    3576 D bt-btif : btif_dm_search_services_evt:,
    services 0x180f)
            10-15 14:39:42.189    3199    3576 D bt-btif : btif task fetched event a001
            10-15 14:39:42.189    3199    3576 D bt-btif : btif_context_switched
            10-15 14:39:42.189    3199    3576 I bt-btif : btif_dm_search_services_evt:
    event = 3
    //HOGP才进行保存和上报到App层
            10-15 14:39:42.189    3199    3576 D bt-btif : btif_dm_search_services_evt:,
    services 0x1812)
            10-15 14:39:42.189    3199    3576 D bt-btif : btif_dm_search_services_evt:
    Found HOGP UUID
            10-15 14:39:42.189    3199    3576 D bt-btif :  uuid:00001812-0000-1000-8000
    -00805f9b34fb
            10-15 14:39:42.189    3199    3576 D bt-btif : in, bd addr:08:eb:29:40:ae:e5,
    prop type:3, len:16
    //将HOGP服务保存到bt_config.xml
            10-15 14:39:42.189    3199    3576 D bt-btif : btif_config_save(L343): save_
    cmds_queued:0, cached_change:1
            10-15 14:39:42.189    3199    3576 D bt-btif : btif_config_save(L348): post_
    cmd set to 1, save_cmds_queued:1
            10-15 14:39:42.189    3199    3576 D bt-btif : post cmd type:1, size:0, h:7,
            10-15 14:39:42.190    3199    3571 D bt-btif : cmd.id:4
            10-15 14:39:42.190    3199    3571 D bt-btif : cfg_cmd_callback(L866): wait
    until no more changes in short time, cached change:1
            10-15 14:39:42.191    3199    3576 D bt-btif : btif task fetched event a001
            10-15 14:39:42.191    3199    3576 D bt-btif : btif_context_switched
            10-15 14:39:42.191    3199    3576 I bt-btif : btif_dm_search_services_evt:
     event = 2
            10-15 14:39:42.191    3199    3576 D bt-btif : btif_dm_search_services_evt:(
    result=0x0, services 0x0)
            10-15 14:39:42.191    3199    3576 D bt-btif : btif_dm_search_services_evt:(
    pairing_cb.state =0x0, pairing_cb.sdp_attempts =  0x0)
```

```
10-15 14:39:42.191   3199   3576 D bt-btif : btif task fetched event a001
10-15 14:39:42.191   3199   3576 D bt-btif : btif_context_switched
10-15 14:39:42.191   3199   3576 I bt-btif : btif_dm_search_services_evt: event = 4
```
//上层收到 HOGP 服务的消息
```
10-15 14:39:42.195   3199   3199 V BleRemoteControllerService: Received intent: android.bluetooth.device.action.UUID
10-15 14:39:42.195   3199   3199 V BleRemoteControllerService: ACTION_UUID
```
//应用层进行 HOGP 的连接
```
10-15 14:39:42.199   3199   3199 V BleRemoteControllerService: doHogpConnect: 08:EB:29:40:AE:E5,name:小米语音触控遥控器
10-15 14:39:42.202   3199   3199 V BleRemoteControllerService: uuid update change event is received
10-15 14:39:42.202   3199   3199 V BleRemoteControllerService: we found hogp uuid, try to connect out
```

第 14 章

低功耗蓝牙 HID 设备的连接过程分析

14.1 概述

属性数据库的查询过程中已经完成了所有服务和每个服务的包含服务、特性、特性描述的探查和保存过程。但是 HID 服务（HOGP）还需要搜索和配置，需要将必要的属性信息从 Gatt Cache 中提取出来并保存到 bt_config.xml。此外还有一些额外的特性值需要读取和保存到 bt_config.xml，如用于解析按键的 Report Map、Report Reference 的信息的读取，然后再对一些特性的 CCC 进行配置，使得设备能主动 Notify 消息（如按键上报）。最后通过 UHID 驱动向 Kernel 进行 Hid 输入设备的注册。当设备有 Hid Input 消息过来且 Bluedroid 不需要进行内部截获处理（如语音数据可以截获并通过 socket 传给 Audio Hardware 层）时，就通过 UHID 驱动层将消息发往 Kernel 进行处理，如按键事件的上报，Kernel 最终会将这些消息事件交予 Hidraw 驱动层处理。Kernel 也可以通过 UHID 驱动往协议栈发送消息，再由协议栈发往 Controller。

14.2 连接过程的发起

当协议栈上报了 HOGP 的 UUID 后，应用层开始通过 Hid Host 层进行 HOGP 连接。属性数据库查询完毕后，连接的发起过程通过如下日志介绍。具体的代码执行过程及各个状态机的状态变迁请读者自行分析。

```
//应用层收到了 HOGP UUID 的广播消息
10-15 14:39:42.195   3199   3199 V BleRemoteControllerService: Received
                     intent: android.bluetooth.device.action.UUID
10-15 14:39:42.195   3199   3199 V BleRemoteControllerService: ACTION_UUID
//应用层开始连接
10-15 14:39:42.199   3199   3199 V BleRemoteControllerService:
                     doHogpConnect:08:EB:29:40:AE:E5,name:小米语音触控遥控器
10-15 14:39:42.202   3199   3199 V BleRemoteControllerService: uuid update
change event is received
10-15 14:39:42.202   3199   3199 V BleRemoteControllerService: we found hogp
uuid, try to connect out
```

//界面进行连接提示
    10-15 14:39:42.203   3199   3199 V RCNoticeWindow:
          context:com.android.bluetooth.btservice.AdapterApp@1b8db2a
//蓝牙输入设备层调用连接设备的函数
    10-15 14:39:42.203   3199   3199 D BluetoothInputDevice: connect(08:EB:29:40:AE:E5)
//BTIF TASK 切换上下文，交给 HH 层处理，不阻塞上层
    10-15 14:39:42.206   3199   3199 D bt-btif : btif_transfer_context event 0, len 6
    10-15 14:39:42.206   3199   3576 D bt-btif : btif task fetched event a001
    10-15 14:39:42.206   3199   3576 D bt-btif : btif_context_switched
    10-15 14:39:42.206   3199   3576 I bt-btif : btif_hh_handle_evt: event=0
//HH 层发起连接动作
    10-15 14:39:42.206   3199   3576 I bt-btif : BTHH: btif_hh_connect
    10-15 14:39:42.206   3199   3576 D bt-btif : Connect _hh
    10-15 14:39:42.206   3199   3721 I bt-btif : BTA got event 0x1700
    10-15 14:39:42.206   3199   3721 D bt-btif : in_use ? [0] kdev[0].hid_handle = 255 state = [1]
    10-15 14:39:42.206   3199   3721 D bt-btif : in_use ? [0] kdev[1].hid_handle = 255 state = [1]
    10-15 14:39:42.206   3199   3721 D bt-btif : in_use ? [0] kdev[2].hid_handle = 255 state = [1]
    10-15 14:39:42.206   3199   3721 D bt-btif : in_use ? [0] kdev[3].hid_handle = 255 state = [1]
    10-15 14:39:42.206   3199   3721 D bt-btif : in_use ? [0] kdev[4].hid_handle = 255 state = [1]
    10-15 14:39:42.206   3199   3721 D bt-btif : in_use ? [0] kdev[5].hid_handle = 255 state = [1]
    10-15 14:39:42.206   3199   3721 D bt-btif : in_use ? [0] kdev[6].hid_handle = 255 state = [1]
    10-15 14:39:42.206   3199   3721 D bt-btif : in_use ? [0] kdev[7].hid_handle = 255 state = [1]
    10-15 14:39:42.206   3199   3721 D bt-btif : in_use ? [0] kdev[8].hid_handle = 255 state = [1]
    10-15 14:39:42.206   3199   3721 D bt-btif : in_use ? [0] kdev[9].hid_handle = 255 state = [1]
    10-15 14:39:42.206   3199   3721 D bt-btif : in_use ? [0] kdev[10].hid_handle = 255 state = [1]
    10-15 14:39:42.206   3199   3721 D bt-btif : in_use ? [0] kdev[11].hid_handle = 255 state = [1]
    10-15 14:39:42.206   3199   3721 D bt-btif : in_use ? [0] kdev[12].hid_handle = 255 state = [1]

    10-15 14:39:42.206   3199   3721 D bt-btif : in_use ? [0] kdev[13].hid_handle = 255 state = [1]
    10-15 14:39:42.206   3199   3721 D bt-btif : in_use ? [0] kdev[14].hid_handle = 255 state = [1]
    10-15 14:39:42.206   3199   3721 D bt-btif : in_use ? [0] kdev[15].hid_handle = 255 state = [1]
    10-15 14:39:42.206   3199   3721 D bt-btif : in_use ? [0] kdev[16].hid_handle = 255 state = [1]
    10-15 14:39:42.206   3199   3721 D bt-btif : in_use ? [0] kdev[17].hid_handle = 255 state = [1]
    10-15 14:39:42.206   3199   3721 D bt-btif : in_use ? [0] kdev[18].hid_handle = 255 state = [1]
    10-15 14:39:42.206   3199   3721 D bt-btif : in_use ? [0] kdev[19].hid_handle = 255 state = [1]
    10-15 14:39:42.206   3199   3721 D bt-btif : in_use ? [0] kdev[20].hid_handle = 255 state = [1]
    10-15 14:39:42.206   3199   3721 D bt-btif : in_use ? [0] kdev[21].hid_handle = 255 state = [1]
    10-15 14:39:42.206   3199   3721 D bt-btif : in_use ? [0] kdev[22].hid_handle = 255 state = [1]
    10-15 14:39:42.206   3199   3721 D bt-btif : in_use ? [0] kdev[23].hid_handle = 255 state = [1]
    10-15 14:39:42.206   3199   3199 D HidService: Connection state 08:EB:29:40:AE:E5: 0->1
    10-15 14:39:42.206   3199   3721 D bt-btif : in_use ? [0] kdev[24].hid_handle = 255 state = [1]
    10-15 14:39:42.206   3199   3721 D bt-btif : bta_hh_find_cb:: index = 0 while max = 25
    10-15 14:39:42.206   3199   3721 D bt-btif : bta_hh_hdl_event:: handle = 255 dev_cb[0]
    //HH 层状态机处于 idle 状态，处理 open 消息
    10-15 14:39:42.206   3199   3721 I bt-btif : bta_hh_sm_execute: State 0x01 [BTA_HH_IDLE_ST], Event [BTA_HH_API_OPEN_EVT]
    10-15 14:39:42.206   3199   3721 D bt-btm : btm_bda_to_acl found
    10-15 14:39:42.206   3199   3721 D bt-btif : bta_hh_le_open_conn status=0
    //HH 层状态机切换到等待连接状态
    10-15 14:39:42.206   3199   3721 D bt-btif : HH State Change: [BTA_HH_IDLE_ST] -> [BTA_HH_W4_CONN_ST] after Event [BTA_HH_API_OPEN_EVT]
    10-15 14:39:42.206   3199   3721 I bt-btif : BTA got event 0x1f00
    //Gatt Client 收到 open 消息
    10-15 14:39:42.206   3199   3721 D bt-btif : bta_gattc_hdl_event: Event [BTA_GATTC_API_OPEN_EVT]

```
    10-15 14:39:42.206   3199    3721 D bt-btif : bta_gattc_clcb_alloc: found
clcb[1] available
```
//Gatt Client 处于 idle 状态，进行 open 消息处理，然后状态机切换到等待连接状态
```
    10-15 14:39:42.206   3199    3721 D bt-btif : bta_gattc_sm_execute: State
0x00 [GATTC_IDLE_ST], Event 0x1f00[BTA_GATTC_API_OPEN_EVT]
    10-15 14:39:42.206   3199    3721 I bt-att  : GATT_Connect gatt_if=4, is_
direct=1
    10-15 14:39:42.206   3199    3721 D bt-att  : gatt_get_ch_state: ch_state=4
    10-15 14:39:42.206   3199    3721 D bt-att  : gatt_num_apps_hold_link    num=2
    10-15 14:39:42.206   3199    3721 D bt-att  : gatt_update_app_use_link_flag
 is_add=1 chk_link=0
```
//发现设备 Acl 链路已经处于连接状态，之后发起了内部的连接命令
//BTA_GATTC_INT_CONN_EVT
```
    10-15 14:39:42.206   3199    3721 D bt-att  : gatt_update_app_hold_link_status
found=1[1-found] idx=2 gatt_if=4 is_add=1
    10-15 14:39:42.206   3199    3721 D bt-att  : gatt_get_ch_state: ch_state=4
    10-15 14:39:42.206   3199    3721 I bt-att  : GATT_GetConnIdIfConnected status
=1
```
//在等待连接状态下执行内部连接命令
```
    10-15 14:39:42.206   3199    3721 D bt-btif : bta_gattc_sm_execute: State
0x01 [GATTC_W4_CONN_ST], Event 0x1f0d[BTA_GATTC_INT_CONN_EVT]
    10-15 14:39:42.206   3199    3721 D bt-btif : bta_gattc_conn server cache
state=0
    10-15 14:39:42.206   3199    3721 D bt-btif : bta_gattc_conn conn_id=4
```
//收到 BTA_GATTC_OPEN_EVT 后执行回调函数
```
    10-15 14:39:42.206   3199    3721 D bt-btif : bta_hh_gattc_callback event = 2
```
//le hh 层执行 open 事件处理
```
    10-15 14:39:42.206   3199    3721 I bt-btif : bta_hh_sm_execute: State 0x02
[BTA_HH_W4_CONN_ST], Event [BTA_HH_GATT_OPEN_EVT]
    10-15 14:39:42.206   3199    3721 D bt-btif : bta_hh_gatt_open BTA_GATTC_OPEN_
EVT bda= [08eb2940aee5] status =0
    10-15 14:39:42.206   3199    3721 D bt-btif : hid_handle = 10 conn_id = 0004
cb_index = 0
```
//LE HH 层在连接后执行加密处理
```
    10-15 14:39:42.207   3199    3721 I bt-btif : bta_hh_sm_execute: State 0x02
[BTA_HH_W4_CONN_ST], Event [BTA_HH_START_ENC_EVT]
    10-15 14:39:42.207   3199    3721 I bt-btif : bta_hh_sm_execute: State 0x04
[BTA_HH_W4_SEC], Event [BTA_HH_ENC_CMPL_EVT]
```
//由于在配对的时候进行过加密处理，就直接回调加密完成了
```
    10-15 14:39:42.207   3199    3721 D bt-btif : bta_hh_security_cmpl OK
```
//查找 bt_config.xml 里设备的 report reference 记录
```
    10-15 14:39:42.207   3199    3721 D bt-btif : bta_hh_security_cmpl no reports
```

```
loaded, try to load
    10-15 14:39:42.207  3199  3721 D bt-btif : btif_config_get(L191): section:
Remote, key:08:eb:29:40:ae:e5, name:HidReport, value:0x0, bytes:0, type:0
    //由于刚刚配对上，bt_config.xml没有查找到记录
    10-15 14:39:42.207  3199  3721 D bt-btif : dump_node(L122): found node is
NULL
    10-15 14:39:42.207  3199  3721 D bt-btif : btif_config_get(L191): section:
Remote, key:08:eb:29:40:ae:e5, name:HidReport, value:0xe41e8da4, bytes:0, ty
pe:0
    10-15 14:39:42.207  3199  3721 D bt-btif : dump_node(L122): found node is
NULL
    // bt_config.xml没有查找到记录
    10-15 14:39:42.207  3199  3721 D bt-btif : bta_hh_le_co_cache_load() - L
oaded 0 reports; dev=08:eb:29:40:ae:e5
    10-15 14:39:42.207  3199  3721 D bt-btif : btif_config_remove(L239): sec
tion:Remote, key:08:eb:29:40:ae:e5, name:HidReport
    //清除report cache,并发起HOGP主要服务的相关信息的查询,可参考bta_hh_security_cmpl()
    //函数调用了bta_hh_le_pri_service_discovery()函数
    10-15 14:39:42.207  3199  3721 D bt-btif : bta_hh_le_co_reset_rpt_cache()
 - Reset cache for bda 08:eb:29:40:ae:e5
    10-15 14:39:42.207  3199  3721 I bt-att  : GATT_Register
    10-15 14:39:42.207  3199  3721 D bt-att  : UUID=[0x180a]
    10-15 14:39:42.207  3199  3721 I bt-att  : allocated gatt_if=5
    10-15 14:39:42.207  3199  3721 I bt-att  : GATT_StartIf gatt_if=5
    10-15 14:39:42.207  3199  3721 D bt-att  : gatt_find_the_connected_bda
start_idx=0
    10-15 14:39:42.207  3199  3721 D bt-att  : gatt_find_the_connected_bda
bda :08-eb-29-40-ae-e5
    10-15 14:39:42.207  3199  3721 D bt-att  : gatt_find_the_connected_bda
found=1 found_idx=0
    10-15 14:39:42.207  3199  3721 I bt-att  : srvc_eng_connect_cback: from
08eb2940aee5 connected:1 conn_id=5 reason = 0x0000
    10-15 14:39:42.207  3199  3721 D bt-att  : gatt_find_the_connected_bda
start_idx=1
    10-15 14:39:42.207  3199  3721 D bt-att  : gatt_find_the_connected_bda
found=0 found_idx=18
    10-15 14:39:42.207  3199  3721 D bt-att  : Srvc_Init: gatt_if=5
    //bta_hh_le_pri_service_discovery()函数查询设备device info service,即设备的
    //PNP ID信息: VID、PID及软件版本
    10-15 14:39:42.207  3199  3721 I bt-att  : DIS_ReadDISInfo() - BDA: 08eb
2940aee5  cl_read_uuid: 0x2a23
    10-15 14:39:42.207  3199  3721 D bt-att  : gatt_get_ch_state: ch_state=4
```

```
    10-15 14:39:42.207   3199   3721 I bt-att   : GATT_GetConnIdIfConnected status=1
    10-15 14:39:42.207   3199   3721 I bt-att   : GATTC_Read conn_id=5 type=1
    10-15 14:39:42.207   3199   3774 I bt_vendor: lpm_set_ar3k : pio 0 action 1, polarity 0
    10-15 14:39:42.207   3199   3774 I bt_vendor: BT_WAKE is de-asserted already
    //HH层切换到等待连接状态
    10-15 14:39:42.207   3199   3721 D bt-btif : HH State Change: [BTA_HH_W4_SEC] -> [BTA_HH_W4_CONN_ST] after Event [BTA_HH_ENC_CMPL_EVT]
    10-15 14:39:42.207   3199   3721 D bt-btif : GATTC State Change: [GATTC_W4_CONN_ST] -> [GATTC_CONN_ST] after Event [BTA_GATTC_INT_CONN_EVT]
    //Gatt Clent切换到连接状态
    10-15 14:39:42.207   3199   3721 D bt-btif : GATTC State Change: [GATTC_IDLE_ST] -> [GATTC_CONN_ST] after Event [BTA_GATTC_API_OPEN_EVT]
    10-15 14:39:42.207   3199   3721 I bt-btif : BTA got event 0x1f09
    //搜索HOGP服务
    10-15 14:39:42.207   3199   3721 D bt-btif : bta_gattc_hdl_event: Event [BTA_GATTC_API_SEARCH_EVT]
    10-15 14:39:42.207   3199   3721 D bt-btif : bta_gattc_sm_execute: State 0x02 [GATTC_CONN_ST], Event 0x1f09[BTA_GATTC_API_SEARCH_EVT]
    10-15 14:39:42.207   3199   3721 D bt-btif : bta_gattc_search conn_id=4
    //找到HOGP服务
    10-15 14:39:42.207   3199   3721 D bt-btif : found service [0x1812], inst [0] handle [34]
    //找到HOGP服务后回调bta_hh_gattc_callback()函数返回查询结束
    10-15 14:39:42.207   3199   3721 D bt-btif : bta_hh_gattc_callback event = 7
    10-15 14:39:42.207   3199   3721 D bt-btif : num of hid service: 1
    10-15 14:39:42.207   3199   3721 D bt-btif : bta_hh_gattc_callback event = 6
    //开始探测HOGP的特性和特性描述
    10-15 14:39:42.207 3199   3721 D bt-btif : bta_hh_le_srvc_expl_srvc cur_srvc_index= 0 in_use=1
    10-15 14:39:42.207   3199   3721 D bt-btif : found matching service [0x1812], inst[0]
    10-15 14:39:42.207   3199   3721 D bt-btif : found matching service [0x1812], inst[0]
    10-15 14:39:42.207   3199   3721 D bt-btif :   Attr[1] handle[0x0024] uuid[0x2a4e] inst[0] type[1]
    10-15 14:39:42.207   3199   3721 D bt-btif :   Attr[2] handle[0x0026] uuid[0x2a4b] inst[0] type[1]
    10-15 14:39:42.207   3199   3721 D bt-btif :   Attr[3] handle[0x0028] uuid[0x2a4a] inst[0] type[1]
    10-15 14:39:42.207   3199   3721 D bt-btif :   Attr[4] handle[0x002a] uuid[0x2a4c] inst[0] type[1]
```

14.3 Hid 服务的特性、特性描述的读取和存储

14.3.1 查询和存储过程

bta_hh_gattc_callback()函数收到 BTA_GATTC_SEARCH_CMPL_EVT（值是 6）后，调用函数 bta_hh_le_srvc_search_cmpl()进行处理，此函数调用了 bta_hh_le_search_hid_chars()函数进行 Hid 关心的特性和特性描述的探测及一些 Hid 需要关心的信息的读取。

bta_hh_le_search_hid_chars()函数的主要功能如下。

- 读取 Hid Information 返回是否是可连接的和是否支持 Remote Wake。
- 读取 Hid Report Map 返回 HID 报告描述，用于 Kernel 解析报告描述符。此描述有几十字节（小米语音触控遥控器有 60 多字节），而 BLE4.0 的 MTU 较小，需要调用 Read Blob Request 分几次从设备端读取。
- 将所有 Report 特性的特性描述读取出来并保存。Report 特性描述主要包含特性 Handle、特性描述 Handle、CCC 配置（Input 类型才有）、Report ID 和 Report Type（分为 Input、Output、Feature）。CCC 配置用于设备端主动上报 Hid 事件（如按键、坐标、语音、传感器数据等）。
- 将 Hid Proto Mode 设置为 Report Mode。

bta_hh_le_search_hid_chars()函数的实现方式如下。

对 bta_hh_le_disc_char_uuid[]特性列表里所列出的特性按顺序分别进行循环探查处理，主要过程介绍如下。

- 对 Hid Informaion 和 Report map 执行读取动作，然后将 next 置为 FALSE，使得 bta_hh_le_search_hid_chars()函数结束嵌套调用，然后在读取到信息的处理函数继续调用 bta_hh_le_search_hid_chars()函数。可以参考 bta_hh_w4_le_read_char_cmpl()函数。Report map 长度较大，需多次读取，最后存入 bt_config.xml 中。故在 bta_hh_le_save_rpt_map()函数里面会继续读取，直到读取完毕才调用 bta_hh_le_search_hid_chars()函数。
- 对于 Hid Control Point，只需要置上控制标志，不需要特殊处理。然后将 next 置为 TRUE，进行 bta_hh_le_search_hid_chars()函数的嵌套调用。
- 对于 Hid Report，将 next 置为 FALSE，由 bta_hh_le_expl_rpt()函数对属性数据库中的所有 Report 特性进行遍历和标注，然后调用 bta_hh_le_read_rpt_ref_descr()函数循环读取每个 Report 的特性描述，循环读取完毕后，在最后调用 bta_hh_le_search_

hid_chars()函数。读取一个 Report 特性描述后由 bta_hh_save_rpt_ref()函数将描述信息保存进 bt_config.xml，然后再由此函数调用 bta_hh_le_read_rpt_ref_descr()读取下一个 Report 特性描述。这个地方有点矛盾，本来 bta_hh_le_read_rpt_ref_descr()函数已经循环发出读取每个 Report 特性的特性描述了，为什么还要由 bta_hh_save_rpt_ref()函数回调 bta_hh_le_read_rpt_ref_descr()函数？整体代码实际上也没有出现错误，作者没有究其原因，请读者自行研究一下，最好的方式是加点 log 看看。
- 对于 KB Input/Output、Mouse Input，只是分配了一条 Report 记录并进行赋值。而 next 在 bta_hh_le_search_hid_chars()函数初始化时已被赋值为 TRUE，继续嵌套调用 bta_hh_le_search_hid_chars()函数。
- 最后执行的是 Hid Proto Mode，向设备设置了 LE Proto Report Mode。next 赋值为 FALSE，bta_hh_le_search_hid_chars()函数执行结束。

由于整个执行流程比较复杂，下面只介绍一下 bta_hh_le_search_hid_chars()函数的实现，具体实现的整体代码请读者自行查看。

```
#define BTA_HH_LE_DISC_CHAR_NUM      8
static const UINT16 bta_hh_le_disc_char_uuid[BTA_HH_LE_DISC_CHAR_NUM] =
{//HID 关心的特性的 UUID 列表
    GATT_UUID_HID_INFORMATION,//0x2A4A
    GATT_UUID_HID_REPORT_MAP,//0x2A4B, HID 报告描述
    GATT_UUID_HID_CONTROL_POINT,//0x2A4C, Hid 控制端点
    GATT_UUID_HID_REPORT,//0x2A4D, Hid Report
    GATT_UUID_HID_BT_KB_INPUT,//0x2A4E, 键盘输入
    GATT_UUID_HID_BT_KB_OUTPUT,//0x2A22, 键盘输出，如控制键盘灯
    GATT_UUID_HID_BT_MOUSE_INPUT,//0x2A32, 鼠标输入
    GATT_UUID_HID_PROTO_MODE //0x2A33, 这项放在最后执行
};

static void bta_hh_le_search_hid_chars(tBTA_HH_DEV_CB *p_dev_cb)
{
    tBT_UUID       char_cond;
    tBTA_GATTC_CHAR_ID   char_result;
    tBTA_GATT_CHAR_PROP prop;
    BOOLEAN        next = TRUE;//初始值为 TRUE，实现函数的嵌套调用
    UINT16         char_uuid = 0;
    tBTA_GATT_SRVC_ID srvc_id;

    if (p_dev_cb->hid_srvc[p_dev_cb->cur_srvc_index].cur_expl_char_idx ==
        BTA_HH_LE_DISC_CHAR_NUM ||
        (p_dev_cb->status != BTA_HH_OK && p_dev_cb->status != BTA_HH_ERR_PROTO))
```

```c
        {
            p_dev_cb->hid_srvc[p_dev_cb->cur_srvc_index].cur_expl_char_idx = 0;
            //探查下一个服务
            p_dev_cb->cur_srvc_index ++;
            bta_hh_le_srvc_expl_srvc(p_dev_cb);
            return;
        }

        p_dev_cb->hid_srvc[ p_dev_cb->cur_srvc_index].cur_expl_char_idx ++;
        //获取UUID列表中的一个UUID
        char_uuid = bta_hh_le_disc_char_uuid[
                    p_dev_cb->hid_srvc[p_dev_cb->cur_srvc_index].
                    cur_expl_char_idx - 1];

        char_cond.len = LEN_UUID_16;
        char_cond.uu.uuid16 = char_uuid;

        bta_hh_le_fill_16bits_srvc_id(TRUE, p_dev_cb->cur_srvc_index,
                                      UUID_SERVCLASS_LE_HID, &srvc_id);

#if BTA_HH_DEBUG == TRUE
        APPL_TRACE_DEBUG("bta_hh_le_search_hid_chars: looking for %s(0x%04x)",
                         bta_hh_uuid_to_str(char_uuid), char_uuid);
#endif
        //在缓存中查找服务的第1个特性
        if (BTA_GATTC_GetFirstChar( p_dev_cb->conn_id,
                                    &srvc_id,
                                    &char_cond,
                                    &char_result,
                                    &prop) == BTA_GATT_OK)
        {
            switch (char_uuid)
            {
            case GATT_UUID_HID_CONTROL_POINT:
                //控制端点不需要读取，置上标志即可，可通过控制端点传输控制命令或数据
                p_dev_cb->hid_srvc[char_result.srvc_id.id.inst_id].option_char |=
                                                     BTA_HH_LE_CP_BIT;
                next = TRUE;//置为TRUE实现本函数嵌套调用
                break;
            case GATT_UUID_HID_INFORMATION:
            case GATT_UUID_HID_REPORT_MAP:
                //读取特性值
```

```
                    BTA_GATTC_ReadCharacteristic(p_dev_cb->conn_id,
                                            &char_result,
                                            BTA_GATT_AUTH_REQ_NONE);
                next = FALSE;//置为FALSE，由查询结果处理函数调用本函数
                break;

            case GATT_UUID_HID_PROTO_MODE:
                //设置Proto Mode，next置为FALSE，结束本函数。
                 p_dev_cb->hid_srvc[char_result.srvc_id.id.inst_id].option_char |=
                                            BTA_HH_LE_PROTO_MODE_BIT;
                next = !bta_hh_le_set_protocol_mode(p_dev_cb, p_dev_cb->mode);
                break;

            case GATT_UUID_HID_REPORT:
                //读取所有Report特性描述
                bta_hh_le_expl_rpt(p_dev_cb, &char_result, &char_cond, prop);
                next = FALSE;//置为FALSE，由查询结果处理函数调用本函数
                break;

            //找到boot mode报告类型
            case GATT_UUID_HID_BT_KB_OUTPUT:
            case GATT_UUID_HID_BT_MOUSE_INPUT:
            case GATT_UUID_HID_BT_KB_INPUT:
                //只是分配了一条Report记录并进行赋值
                bta_hh_le_expl_boot_rpt(p_dev_cb, char_uuid, prop);
                break;//next被函数初始化赋值为TRUE实现本函数嵌套调用
        }
    }
    else
    {
        if (char_uuid == GATT_UUID_HID_PROTO_MODE)
            //Proto mode特性存在，正常不应该走到这里
            next = !bta_hh_le_set_protocol_mode(p_dev_cb, p_dev_cb->mode);
    }

    if (next == TRUE) {
        bta_hh_le_search_hid_chars(p_dev_cb);//实现嵌套调用
    }
}
```

14.3.2　查询结果列表和分析

如下列出小米语音触控遥控器的 Hid Report 查询和设置完毕后的 Report UUID、Type、Report ID、CCC 配置值（Input 类型的配置为 1）。这些数据会被保存到 bt_config.xml 文件中（Clt_cfg 除外），以后设备回连时，这些数据直接从 bt_config.xml 文件加载，不再需要探查获取，以节省设备电能消耗。

```
HID Report DB
HID serivce inst: 0
//遥控器的按键的ReportID是1
//descriptor handle 49
[Report-0x2a4d] [Type:INPUT],[ReportID: 1] [inst_id: 0] [Clt_cfg:1]
//descriptor handle 52
[Report-0x2a4d] [Type:OUTPUT],[ReportID: 2] [inst_id: 1] [Clt_cfg:0]
//descriptor handle 56
[Report-0x2a4d] [Type:INPUT],[ReportID: 3] [inst_id: 2] [Clt_cfg:1]
//descriptor handle 59
[Report-0x2a4d] [Type:FEATURE],[ReportID: 4] [inst_id: 3] [Clt_cfg:0]
//descriptor handle 56
[Report-0x2a4d] [Type:FEATURE],[ReportID: 5] [inst_id: 4] [Clt_cfg:0]
//descriptor handle 65
[Report-0x2a4d] [Type:FEATURE],[ReportID: 6] [inst_id: 5] [Clt_cfg:0]
//descriptor handle 68
[Report-0x2a4d] [Type:FEATURE],[ReportID: 7] [inst_id: 6] [Clt_cfg:0]
//descriptor handle 71
[Report-0x2a4d] [Type:FEATURE],[ReportID: 8] [inst_id: 7] [Clt_cfg:0]
//descriptor handle 74
[Report-0x2a4d] [Type:OUTPUT],[ReportID: 9] [inst_id: 8] [Clt_cfg:0]
//descriptor handle 77
[Report-0x2a4d] [Type:FEATURE],[ReportID: 10] [inst_id: 9] [Clt_cfg:0]
//从这开始，ReportID 224~238 属于小米自定义 Report 特性描述查询结果，用于 BLE 遥控器
//固件的空中升级
//descriptor handle 80
[Report-0x2a4d] [Type:FEATURE],[ReportID: 224] [inst_id: 10] [Clt_cfg:0]
//descriptor handle 83
[Report-0x2a4d] [Type:FEATURE],[ReportID: 225] [inst_id: 11] [Clt_cfg:0]
//descriptor handle 86
[Report-0x2a4d] [Type:FEATURE],[ReportID: 226] [inst_id: 12] [Clt_cfg:0]
//descriptor handle 89
[Report-0x2a4d] [Type:FEATURE],[ReportID: 227] [inst_id: 13] [Clt_cfg:0]
//descriptor handle 92
[Report-0x2a4d] [Type:FEATURE],[ReportID: 228] [inst_id: 14] [Clt_cfg:0]
```

```
    //descriptor handle 95
    [Report-0x2a4d] [Type:FEATURE],[ReportID: 229] [inst_id: 15] [Clt_cfg:0]
    //descriptor handle 98
    [Report-0x2a4d] [Type: FEATURE],[ReportID: 230] [inst_id: 16] [Clt_cfg:0]
    //descriptor handle 101
    [Report-0x2a4d][Type:FEATURE],[ReportID: 231] [inst_id: 17] [Clt_cfg:0]
    //descriptor handle 104
    [Report-0x2a4d][Type:FEATURE],[ReportID: 232] [inst_id: 18] [Clt_cfg:0]
    //descriptor handle 107
    [Report-0x2a4d][Type:FEATURE],[ReportID: 233] [inst_id: 19] [Clt_cfg:0]
    //descriptor handle 110
    [Report-0x2a4d][Type:FEATURE],[ReportID: 234] [inst_id: 20] [Clt_cfg:0]
    //descriptor handle 113
    [Report-0x2a4d][Type:FEATURE],[ReportID: 235] [inst_id: 21] [Clt_cfg:0]
    //descriptor handle 116
    [Report-0x2a4d][Type:FEATURE],[ReportID: 236] [inst_id: 22] [Clt_cfg:0]
    //descriptor handle 119
    [Report-0x2a4d][Type:FEATURE],[ReportID: 237] [inst_id: 23] [Clt_cfg:0]
    //descriptor handle 122
    [Report-0x2a4d][Type:FEATURE],[ReportID: 238] [inst_id: 24] [Clt_cfg:0]
    //descriptor handle 125
    [Report-0x2a4d] [Type:FEATURE],[ReportID: 12] [inst_id: 25] [Clt_cfg:0]
    //descriptor handle 128
    [Report-0x2a4d] [Type:FEATURE],[ReportID: 13] [inst_id: 26] [Clt_cfg:0]
    //descriptor handle 131
    [Report-0x2a4d] [Type:FEATURE],[ReportID: 14] [inst_id: 27] [Clt_cfg:0]
    //descriptor handle 46
    [Boot KB Input-0x2a22][Type:INPUT],[ReportID:1][inst_id:0][Clt_cfg:1]
```
在 bt_config.xml 中存储 Hid Report 内容如下。
```
<N10 Tag="HidReport" Type="binary">
4d2a010100124d2a0202010e4d2a030102124d2a0403030a4d2a0503040a4d2a0603050a4d2a
0703060a4d2a0803070a4d2a0902080e4d2a0a03090a4d2ae0030a0a4d2ae1030b0a4d2ae203
0c0a4d2ae3030d0a4d2ae4030e0a4d2ae5030f0a4d2ae603100a4d2ae703110a4d2ae803120a
4d2ae903130a4d2aea03140a4d2aeb03150a4d2aec03160a4d2aed03170a4d2aee03180a4d2a
0c03190a4d2a0d031a0a4d2a0e031b0a</N10>
```
其中数据排列是以 16 位 UUID（Little Endian 格式）、8 位 Report Id、8 位 Report Type、8

位 instance Id 和 8 位属性值为一个组成单元,将 Hid Report 数据存储在一起。"4d2a01010012"这条数据对应的是:

```
//descriptor handle 49
[Report- 0x2a4d] [Type: INPUT], [ReportID: 1] [inst_id: 0]    [Clt_cfg: 1]
```

14.4　连接过程的完成和输入设备的创建

14.4.1　连接过程的完成和创建输入设备

Hid Report 相关信息查询完毕后,协议栈将所有的 Input 类型的特性的 CCC 配置为 Notify,然后向上层报告设备已经连接上了,BTIF 层的 Hid Host 状态机切换为连接状态。从缓存中拿到 Hid 描述信息,通过 UHID 驱动向 Kernel 层注册输入设备。注册成功后,Android 输入子系统会侦测到新注册的输入设备,开始监听此输入设备的按键事件。

如果 Kernel 层打开了 HidRaw 驱动,还会相应地注册 HidRaw 设备,应用层可以通过 HidRaw 接口发送和接收数据,这些数据由 Kernel 通过 UHID 驱动和蓝牙协议栈交互(最终通过 Controller 和蓝牙设备交互数据)。

此外,如果设备有传感器,可以往 Hid 子系统注册传感器驱动,当蓝牙设备有数据上报时,协议栈将数据通过 UHID 驱动送往 Hid 子系统。Hid 子系统调用相应的传感器的驱动处理数据并上报,如常见的蓝牙鼠标、体感 Sensor 等。

感兴趣的读者可以自行研究 Kernel 的 Hid 子系统相关代码,弄清楚不同的 Hid 设备的驱动和设备注册和匹配过程。

```
//收到 search complete 消息
    10-15 14:39:42.840   3199   3721 D bt-btif : bta_gattc_hdl_event: Event
[BTA_GATTC_API_SEARCH_EVT]
    10-15 14:39:42.840   3199   3721 D bt-btif : bta_gattc_sm_execute: State
0x02 [GATTC_CONN_ST], Event 0x1f09[BTA_GATTC_API_SEARCH_EVT]
    10-15 14:39:42.840   3199   3721 D bt-btif : bta_gattc_search conn_id=4
    10-15 14:39:42.840   3199   3721 D bt-btif : bta_hh_gattc_callback event = 6
// Hid Report 的 3 个 Input Type 的特性的 CCC 配置为 Notify
    10-15 14:39:42.841   3199   3721 D bt-btif : bta_hh_le_register_input_notif
mode: 0
    10-15 14:39:42.841   3199   3721 D bt-btif : <--- Register Report ID: 1
    10-15 14:39:42.841   3199   3721 D bt-btif : <--- Register Report ID: 3
    10-15 14:39:42.841   3199   3721 D bt-btif : ---> Deregister Boot Report ID: 1
    10-15 14:39:42.841   3199   3721 E bt-btif : registration not found
    10-15 14:39:42.841   3199   3721 D bt-btif : <--- CONNECTION COMPLETE
```

```
SUCCESUFLLY notify_registered== TRUE
    //BTIF HH 层打开完毕
    10-15 14:39:42.841   3199   3721 I bt-btif : bta_hh_sm_execute: State 0x02
[BTA_HH_W4_CONN_ST], Event [BTA_HH_OPEN_CMPL_EVT]
    //打开 UHID 驱动获得句柄
    10-15 14:39:42.841   3199   3721 D bt-btif : bta_hh_co_open: uhid fd = 72
    //创建来自 Kernel UHID 事件的接收、处理线程
    10-15 14:39:42.841   3199   3721 D bt-btif : create_thread: entered
    10-15 14:39:42.841   3199   3721 D bt-btif : create_thread: thread created
successfully
    10-15 14:39:42.841   3199   3721 D bt-btif : bta_hh_co_open: Return device
status 0
    10-15 14:39:42.841   3199   3721 D bt-btif : btif_hh_poll_event_threadction:
Remote, key:08:eb:29:40:ae:e5, name:HidDescriptor, value:0x0, bytes:0, type:
-479792004
    10-15 14:39:42.841   3199   5066 D bt-btif : dump_nodeoll_event_thread:
Thread created fd = 72
    10-15 14:39:42.841   3199   3721 D bt-btif : dump_node(L122): found node
is NULL
    //bt_config.xml 里没有得到 Hid 报告描述
    10-15 14:39:42.841   3199   3721 D bt-btif : bta_hh_open_cmpl_act nvram
HidDescriptor len:0
    10-15 14:39:42.841   3199   3721 W bt-btif : bte_hh_evt: Unhandled event: 2
    10-15 14:39:42.841   3199   3721 D bt-btif : btif_transfer_context event 2,
len 11
    10-15 14:39:42.841   3199   3576 D bt-btif : btif task fetched event a001
    10-15 14:39:42.841   3199   3576 D bt-btif : btif_context_switched
    // bta_hh_open_cmpl_act()回调 btif_hh_upstreams_evt()函数
    10-15 14:39:42.841   3199   3576 D bt-btif : btif_hh_upstreams_evt: event=
BTA_HH_OPEN_EVT
    10-15 14:39:42.841   3199   3576 W bt-btif : btif_hh_upstreams_evt: BTA_HH_
OPN_EVT: handle=16, status =0
    //发出 BTA_HH_API_GET_DSCP_EVT 消息，将 BTHH_CONN_STATE_CONNECTED 消息给上层
    10-15 14:39:42.841   3199   3576 W bt-btif : BTA_HH_OPEN_EVT: Found device
...Getting dscp info for handle ... 16
    10-15 14:39:42.841   3199   3576 D bt-btif : in, bd addr:08:eb:29:40:ae:e5,
prop type:4, len:4
    10-15 14:39:42.841   3199   3576 D bt-btif : btif_config_get(L191): sectio
n:Remote, key:08:eb:29:40:ae:e5, name:DevClass, value:0xef200030, bytes:4,
type:2
    10-15 14:39:42.842   3199   3576 D bt-btif : dump_node(L122): found node
is NULL
```

    10-15 14:39:42.842   3199   3576 D bt-btif : in, bd addr:08:eb:29:40:ae:e5, prop type:4, len:4
    10-15 14:39:42.842   3199   3576 D bt-btif : btif_config_get(L191): section: Remote, key:08:eb:29:40:ae:e5, name:DevClass, value:0xef200030, bytes:4, type:2
    10-15 14:39:42.842   3199   3576 D bt-btif : dump_node(L122): found node is NULL
    //BTIF HH 层切换为连接状态
    10-15 14:39:42.842   3199   3721 D bt-btif : HH State Change: [BTA_HH_W4_CONN_ST] -> [BTA_HH_CONN_ST] after Event [BTA_HH_OPEN_CMPL_EVT]
    10-15 14:39:42.842   3199   3721 D bt-btif : bta_hh_le_add_dev_bg_conn check_bond: 1,p_cb->in_bg_conn:0,sec_flag:22
    10-15 14:39:42.842   3199   3721 I bt-btif : BTA got event 0x1709
    10-15 14:39:42.842   3199   3721 D bt-btif : bta_hh_dev_handle_to_cb_idx dev_handle = 16 index = 0
    10-15 14:39:42.842   3199   3721 D bt-btif : bta_hh_hdl_event:: handle = 16 dev_cb[0]
    //BTA HH 层收到 BTA_HH_API_GET_DSCP_EVT 消息，将缓存的 hid 描述信息发给 BTIF HH 层
    10-15 14:39:42.842   3199   3721 I bt-btif : bta_hh_sm_execute: State 0x03 [BTA_HH_CONN_ST], Event [BTA_HH_API_GET_DSCP_EVT]
    10-15 14:39:42.842   3199   3721 W bt-btif : bte_hh_evt: Unhandled event: 10
    10-15 14:39:42.842   3199   3721 D bt-btif : btif_transfer_context event 10, len 20
    10-15 14:39:42.842   3199   3576 D bt-btif : btif task fetched event a001
    10-15 14:39:42.842   3199   3576 D bt-btif : btif_context_switched
    //Java 层收到连接上的消息
    10-15 14:39:42.842   3199   3199 D HidService: Connection state 08:EB:29:40:AE:E5: 1->2
    //BTIF HH 层拿到 Hid 描述
    10-15 14:39:42.842   3199   3576 D bt-btif : btif_hh_upstreams_evt: event=BTA_HH_GET_DSCP_EVT
    10-15 14:39:42.842   3199   3576 D bt-btif : BTA_HH_GET_DSCP_EVT: len = 65
    10-15 14:39:42.842   3199   3576 D bt-btif : in, bd addr:08:eb:29:40:ae:e5, prop type:1, len:249
    //BTIF HH 层从 bt_config.xml 获取设备名字
    10-15 14:39:42.842   3199   3576 D bt-btif : btif_config_get(L191): section: Remote, key:08:eb:29:40:ae:e5, name:Name, value:0xef200410, bytes:249, type:1
    10-15 14:39:42.842   3199   3576 D bt-btif : dump_node(L119): found node, p->name:Name, child/value:0xf3f8c0c0, bytes:28
    10-15 14:39:42.842   3199   3576 D bt-btif : dump_node(L121): p->used:28, type:1, p->flag:0
    //BTIF HH 层获取到设备名字

```
    10-15 14:39:42.842   3199   3576 W bt-btif : btif_hh_upstreams_evt: name =
小米语音触控遥控器
    10-15 14:39:42.842   3199   3576 D bt-btif : btif_config_get(L191): section:
Remote, key:08:eb:29:40:ae:e5, name:DevType, value:0xef20001c, bytes:4, type:2
    10-15 14:39:42.842   3199   3576 D bt-btif : dump_node(L119): found node,
p->name:DevType, child/value:0xebfa1b50, bytes:4
    10-15 14:39:42.842   3199   3576 D bt-btif : dump_node(L121): p->used:4,
type:2, p->flag:0
    //向 UHID 驱动发起创建输入设备
    10-15 14:39:42.842   3199   3576 W bt-btif : bta_hh_co_send_hid_info: fd =
72, name = [小米语音触控遥控器], dscp_len = 65
    10-15 14:39:42.842   3199   3576 W bt-btif : bta_hh_co_send_hid_info: vendor_
id = 0x2717, product_id = 0x32b4, version= 0x0101,ctry_code=0x00
    //存储 Hid 描述
    10-15 14:39:42.853   3199   3576 D bt-btif : btif_storage_add_hid_device_info
    10-15 14:39:42.854   3199   3576 D btif_config_util: btif_config_save_file
(L188): in file name:/data/misc/bluedroid/bt_config.new
    //上层应用收到连接消息
    10-15 14:39:42.855   3199   3199 V BleRemoteControllerService:
ACTION_CONNECTION_STATE_CHANGED:2
    //创建输入设备成功,EventHub 开始监听和接收遥控器的按键
    10-15 14:39:42.859   3033   3115 I EventHub: New device: id=7, fd=165, path='/
dev/input/event6', name='小米语音触控遥控器', classes=0x80000021, configuration='',
keyLayout='/system/usr/keylayout/Vendor_2717_Product_32b4.kl', keyCharacter
Map='/system/usr/keychars/Generic.kcm', builtinKeyboard=false, wakeMechanism
=EPOLLWAKEUP, usingClockIoctl=true
    10-15 14:39:42.859   3033   3115 I EventHub: If input device has vibrator=0
    10-15 14:39:42.859   3033   3115 I InputReader: Device added: id=7, name='
小米语音触控遥控器', sources=0x00000301
```

14.4.2　Hid 按键的上报

当遥控器的按键上报到协议栈后,协议栈调用 bta_hh_le_input_rpt_notify()函数,将按键数据通过 UHID 驱动接口发往 Hid 子系统。Hid 子系统再将按键数据送往 Input 子系统。Android 的输入子系统读取 Input 子系统按键数据,将其发往 Android 上层进行处理。需要注意的是协议栈会根据上报数据的特性的 UUID 找到对应的 Report Id,在上报数据的最前面加入这个 Report ID。这个 Report ID 用于被驱动程序来识别是否是自己关心的数据。因为设备如果是多功能的设备,就能上报多种不同种类的数据,这些不同种类的数据需要交给不同的驱动程序来处理,如小米语音体感遥控器有按键功能、Sensor 和语音功能,这 3 种数据需要交给 3 个不同的驱动模块来处理。

```
    void bta_hh_le_input_rpt_notify(tBTA_GATTC_NOTIFY *p_data)
```

```c
{
    tBTA_HH_DEV_CB *p_dev_cb =
                bta_hh_le_find_dev_cb_by_conn_id(p_data->conn_id);
    UINT8           app_id;
    UINT8           *p_buf;
    tBTA_HH_LE_RPT  *p_rpt;

    if (p_dev_cb == NULL)
    {
        APPL_TRACE_ERROR("notification received from Unknown device");
        return;
    }
    app_id= p_dev_cb->app_id;
    //取得特性uuid对应的Le report数据，数据中包含Report Id
    p_rpt = bta_hh_le_find_report_entry(p_dev_cb,
                            BTA_HH_LE_SRVC_DEF,
                            p_data->char_id.char_id.uuid.uu.uuid16,
                            p_data->char_id.char_id.inst_id);
    if (p_rpt == NULL)
    {
        APPL_TRACE_ERROR("notification received for Unknown Report");
        return;
    }

    if (p_data->char_id.char_id.uuid.uu.uuid16 == GATT_UUID_HID_BT_MOUSE_INPUT)
        app_id = BTA_HH_APP_ID_MI;
    else if (p_data->char_id.char_id.uuid.uu.uuid16 == GATT_UUID_HID_BT_KB_INPUT)
        app_id = BTA_HH_APP_ID_KB;

    APPL_TRACE_DEBUG("Notification received on report ID: %d", p_rpt->rpt_id);

    //需要插入Report ID到数据前面
    if (p_rpt->rpt_id != 0)  //如果有Report Id
    {
        if ((p_buf = (UINT8 *)GKI_getbuf((UINT16)(p_data->len + 1))) == NULL)
        {
            APPL_TRACE_ERROR("No resources to send report data");
            return; //分配内存失败，退出
        }

        p_buf[0] = p_rpt->rpt_id;//将ReportId放到最前面
        //将数据拷贝到ReportId后面
```

```
            memcpy(&p_buf[1], p_data->value, p_data->len);
            ++p_data->len;  //数据长度加 1
    } else {
        p_buf = p_data->value;  //不处理
    }

    //通过 UHID 驱动往 Hid 子系统送数据
    bta_hh_co_data((UINT8)p_dev_cb->hid_handle,
                    p_buf,
                    p_data->len,
                    p_dev_cb->mode,
                    0 , /* no sub class*/
                    p_dev_cb->dscp_info.ctry_code,
                    p_dev_cb->addr,
                    app_id);

    if (p_buf != p_data->value)
        GKI_freebuf(p_buf);//释放内存
}
```

第 15 章

Find Me 功能的实现

15.1 概述

在 2014 年 5 月,小米发布了第二代电视,标配低功耗蓝牙遥控器。雷军在发布会现场介绍了如何使用电视寻找遥控器的功能,引起了现场米粉的强烈反响,这项功能被媒体誉为"微创新"。很多人都有过找电视遥控器的痛苦经历,如果电视能让遥控器发出蜂鸣声,那就可以轻而易举地找到遥控器,不再需要翻箱倒柜掀沙发了。就蓝牙系统而言,这是个微小简单的功能,实现起来很容易,但就是这个简单功能,解决了用户的一个痛点。

为实现这个功能,需要在遥控器上装配一个蜂鸣器,而且蓝牙遥控在断连接的情况下,每过一段时间(如 30 秒)来发一小段时间的可连接广播包。电视开机后,电视蓝牙侦听到广播包后和遥控连接。当遥控和电视处于连接状态时,用户就可以通过电视的触摸感应下巴来调出"寻找遥控器"的菜单来,然后点击开始寻找遥控器,遥控器接收到鸣叫的指令后,开始控制蜂鸣器鸣叫,用户就能根据声音找到遥控器了。这个功能同样可以用在防丢器上,当小孩突然不见,如果手机蓝牙和防丢器蓝牙处于两者的可通信范围之内,就可以通过手机控制防丢器的喇叭鸣叫,找到小孩。

15.2 Find Me 功能的技术原理

低功耗蓝牙规范定义了一个报警服务,主要服务的 UUID 是 0x1802,可写的特性 UUID 是 0x2A06。主机端可以往这个特性写值,驱动设备进行报警(如驱动喇叭鸣叫或亮灯等)。

```
IMMEDIATE ALERT 服务编码: {00001802-0000-1000-8000-00805F9B34FB}
Alert Level 服务编码: {00002A06-0000-1000-8000-00805F9B34FB}
```

实现这个功能的前提是需要设备在属性数据库声明这个服务、注册特性,并有相应的响应函数(用于驱动蜂鸣器)。当主机与设备配对连接后,读取属性数据库的服务、特性和特性描述,并将其保存在主机本地,以后不再需要查询。当主机与设备连接上后,主机可以往报警服务的 Alert Level

特性值写入数值，驱动设备进行报警。

15.3　Find Me 功能的代码实现

15.3.1　Find Me 功能的触发函数

根据服务和特性的 UUID 先获取服务，再得到服务的特性，然后对特性写入蜂鸣数值，就可以驱动遥控器的蜂鸣器鸣叫，代码如下。

```
private static final UUID IMMEDIATE_ALERT_SERVICE_UUID = UUID
        .fromString("00001802-0000-1000-8000-00805f9b34fb");//报警服务
private static final UUID ALERT_LEVEL_UUID = UUID
        .fromString("00002a06-0000-1000-8000-00805f9b34fb");//报警等级
private BluetoothGattCharacteristic getCharacteristic(BluetoothGatt gatt) {
    gatt.connect();
    //得到 Alert 服务
    BluetoothGattService service = gatt.getService(IMMEDIATE_ALERT_SERVICE_UUID);
    if (service == null) {
        return null;
    }
    BluetoothGattCharacteristic characteristic = service
            .getCharacteristic(ALERT_LEVEL_UUID);//得到 level alert 特性
    return characteristic;
}

private boolean alertRc(BluetoothGatt bluetoothGatt) {
    if (bluetoothGatt != null) {
        //得到特性
        BluetoothGattCharacteristic characteristic =
                    getCharacteristic(bluetoothGatt);
        if (characteristic != null) {
            //设置特性值
            characteristic.setValue(2,
                    BluetoothGattCharacteristic.FORMAT_UINT8, 0);
            bluetoothGatt.writeCharacteristic(characteristic);//写特性
            return true;
        }
    }
}
```

15.3.2 BluetoothGatt 接口的获取

BluetoothGatt 接口的获取，代码如下。

```
BluetoothGatt connectGatt;
BluetoothDevice device;

BluetoothGattCallback cbForStandardRc = new StandardRCGattCallback();
connectGatt = device.connectGatt(this, true, cbForStandardRc);//得到Gatt接口

private class StandardRCGattCallback extends BluetoothGattCallback {
    @Override
    public void onConnectionStateChange(BluetoothGatt gatt,
                                        int status, int newState) {
        Log.v(TAG, "status:"+status+",newState:"+newState);
        if (gatt != null) {
            gatt.discoverServices(); //寻找服务
        }
    }

    @Override
    public void onCharacteristicRead(BluetoothGatt gatt,
            BluetoothGattCharacteristic characteristic, int status) {
    }

    @Override
    public void onCharacteristicChanged(BluetoothGatt gatt,
                        BluetoothGattCharacteristic characteristic) {
    }
}
```

15.3.3 Hid 设备列表的获取

通过注册输入设备的 Profile 代理获取已经连接的输入设备列表。所得到的设备包括蓝牙鼠标、键盘、手柄、遥控器等。故在执行 Find Me 功能时，需要判断设备是否是蓝牙遥控器，可以根据设备的 Vid、Pid 或名字来判断，代码如下。

```
private BluetoothInputDevice mInputDeviceManager;
//注册代理
mBluetoothAdapter.getProfileProxy(this, new InputDeviceServiceListener(),
```

```java
                    BluetoothProfile.INPUT_DEVICE);
//根据代理提供的方法获取 Hid 设备列表
List<BluetoothDevice> deviceList = mInputDeviceManager
                    .getConnectedDevices();

private final class InputDeviceServiceListener implements
            BluetoothProfile.ServiceListener {
    public void onServiceConnected(int profile, BluetoothProfile proxy) {
        mInputDeviceManager = (BluetoothInputDevice) proxy;//得到代理
    }

     public void onServiceDisconnected(int profile) {
        mInputDeviceManager = null;
    }
}
```

第 16 章

低功耗蓝牙电池服务和电量的读取

16.1 概述

设备的电量是很重要的参数,当设备电池即将耗尽的时候,需要给设备充电或换电池。低功耗蓝牙提供了电池服务的规范,使得主机端可以实现电量的读取和获得电量变化的通知,从而使用户知晓设备的电池电量。

电池服务比较简单,只包含一个特性,特性里有一个特性数值和特性配置描述,用于主机端读取电量和配置使能电量变化的通知。

电池服务的 UUID:"0000180F-0000-1000-8000-00805f9b34fb"。

电池服务的特性 UUID:"00002a19-0000-1000-8000-00805f9b34fb"。

电池服务特性配置描述 UUID:"00002902-0000-1000-8000-00805f9b34fb"。

通过对本章的阅读,读者很容易理解基于低功耗蓝牙的温度计、心率计和血压仪等设备的数据的读取和状态监测的实现。

16.2 电量读取和电量变化回调函数的注册

声明一个类,继承和实现 BluetoothGattCallback 的特性读取函数和特性值改变的函数。

主动读取发起后,会回调此类的读取函数,这个说明读取是个异步过程。当电量发生变化时,也会回调此类的特性值改变函数,可以读取电量。代码如下。

```
//电池服务的 UUID
private static final UUID Battery_Service_UUID =
                UUID.fromString("0000180F-0000-1000-8000-00805f9b34fb");
//电量特性 UUID
private static final UUID Battery_Level_UUID =
                UUID.fromString("00002a19-0000-1000-8000-00805f9b34fb");

BluetoothGattCallback cbForStandardRc = new StandardRCGattCallback();
```

```java
//连接 Gatt，注册回调函数，得到 Gatt 操作接口
BluetoothGatt connectGatt = device.connectGatt(this, true, cbForStandardRc);

private class StandardRCGattCallback extends BluetoothGattCallback{
    @Override
    public void onConnectionStateChange(BluetoothGatt gatt, int status,
                                        int newState) {
        Log.v(TAG, "status:"+status+",newState:"+newState);
        if (gatt != null && newState == BluetoothProfile.STATE_CONNECTED){
            gatt.discoverServices();//连接上后发起服务扫描
        } else if (gatt != null &&
                    newState == BluetoothProfile.STATE_DISCONNECTED) {
            gatt.close();//关闭 Gatt
        }
    }

    @Override
    public void onCharacteristicRead(BluetoothGatt gatt,
            BluetoothGattCharacteristic characteristic, int status) {
        if (status == BluetoothGatt.GATT_SUCCESS &&
            characteristic != null && gatt != null &&
            Battery_Level_UUID.compareTo(characteristic.getUuid()) == 0) {
            //读取电量
            int rcBattery =
            characteristic.getIntValue(
                        BluetoothGattCharacteristic.FORMAT_UINT8, 0);
            Log.v(TAG, "onCharacteristicRead.battery= " + rcBattery);
            BluetoothDevice bluetoothDevice = gatt.getDevice();
            //广播设备的电量，用于通知栏电量的显示和低电告警
            broadcastRcBattery(bluetoothDevice, rcBattery);
        }
    }

    @Override
    public void onCharacteristicChanged(BluetoothGatt gatt,
                        BluetoothGattCharacteristic characteristic) {
        int instance = characteristic.getInstanceId();

        if (Battery_Level_UUID.compareTo(characteristic.getUuid())
                            == 0) {
            //电量读取
```

```java
            int rcBattery =
                characteristic.getIntValue(BluetoothGattCharacteristic.
                FORMAT_UINT8, 0);
            Log.v(TAG, "onCharacteristicChanged.battery = " + rcBattery);
            BluetoothDevice bluetoothDevice = gatt.getDevice();
            //广播设备的电量，用于通知栏电量的显示和低电告警
            broadcastRcBattery(bluetoothDevice, rcBattery);
        }
    }
}
```

16.3 电量读取的发起和电量变化特性配置描述的设置

设备连接上后，可以发起电量的读取。由 public void onCharacteristicRead()回调函数执行电量的获取，并开启电池服务特性配置使得电量变化时得到通知，并由 public void onCharacteristicChanged()函数执行通知的处理。代码如下。

```java
private void getRcBattery(BluetoothGatt bluetoothGatt) {
    if (bluetoothGatt != null) {
        bluetoothGatt.connect();//连接 Gatt
        //得到电池服务
        BluetoothGattService service =
                        bluetoothGatt.getService(Battery_Service_UUID);
        if (service == null) {
            Log.v(TAG, "getRcBattery, gatt service is null:"
                    +(service == null));
            return;
        }
        //得到电池服务的特性
        BluetoothGattCharacteristic characteristic =
                        service.getCharacteristic(Battery_Level_UUID);
        Log.v(TAG, "characteristic:"+ (characteristic == null));
        if (characteristic != null) {
            Log.v(TAG, "characheristic read");
```

```
            //发起电量特性值的主动读取
            bluetoothGatt.readCharacteristic(characteristic);
            Log.v(TAG, "characheristic notification");
            //注册电量变化的通知，即往特性配置描述打开 Notify 的功能
            //Notify 功能的注册最好不要放在 getRcBattery()函数中，不合适
            //放在这里只是作为示例给读者参考
            bluetoothGatt.setCharacteristicNotification(characteristic,
                                            true);
        }
    }
}
```

16.4　电池电量读取的 btsnoop 数据解析

电池电量主动读取的发起如图 16.1 所示。

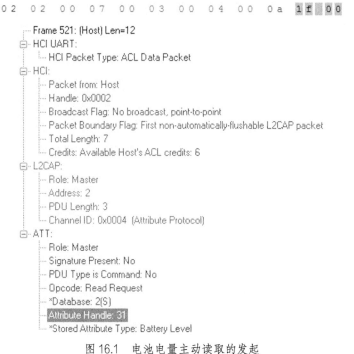

图 16.1　电池电量主动读取的发起

设备回复的电量是 82%，如图 16.2 所示。

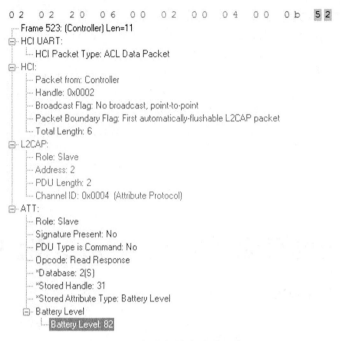

图 16.2 电池电量查询的回应

第 17 章

LE 设备接近配对的实现

17.1 概述

蓝牙设备配对的常规方法是在蓝牙搜索界面搜索蓝牙设备，搜索到之后点击配对，就开始了配对和连接的过程。而对于标配低功耗蓝牙遥控器的电视（或 OTT 盒子）来说，用户买到电视后，就希望遥控器可以控制电视，那就需要电视在出厂的时候就已经和与标配的遥控器处于配对状态。而工厂生产时最需要的是减少工作量，不希望增加一个生产步骤来将电视和遥控器配对，因为增加一个步骤就意味着生产成本的增加。

故工厂组装好的电视是没有和将与之配合的遥控器配对的。用户买到电视后需要用遥控器的 Power 键将电视开机，而遥控又没有与电视配对，电视是怎么被遥控器控制开机的呢？方法是通过遥控器的包装外表上的二维码，这个二维码包含遥控器的 MAC 地址，工厂将此 MAC 地址通过工厂软件用二维码扫描仪将地址扫描提取后，存入电视的遥控地址白名单。当电视上电后，电视初始化电视的蓝牙芯片，将白名单送给蓝牙芯片，让蓝牙芯片去侦听遥控器的 Power 键唤醒广播包。当听到白名单里的遥控发出唤醒信号后，蓝牙芯片唤醒电视开机。具体实现可参考第 18 章。

电视开机后，遥控器还没有与电视配对，此时开机引导界面会进行蓝牙遥控器的扫描和提示用户按遥控器的按键进行配对。当开机引导界面发现有白名单里的遥控器广播时，就开始配对和连接该遥控器。但是如果用户的遥控器坏了，换了新的遥控器，那这个遥控器就不在电视白名单里，这时电视需要知道用户想配对的是哪个遥控器，特别是电视周边有多个遥控器在广播时，电视最需要准确知道哪个遥控器是用户想要配对的，这就引出了接近配对的想法。电视在扫描时，能计算遥控器的信号质量，得出遥控器与电视的距离，当某个遥控器距离足够近时，电视发起对这个遥控器的配对和连接。

图 17.1 是遥控器接近电视的蓝牙天线的配对提示界面，当距离足够近到 20 厘米时，电视就发起对遥控器的配对连接过程。

图 17.1　遥控器接近配对提示界面

17.2　RSSI 与 LQI、接收距离之间的关系

信号强度（RSSI）与接收距离的大致关系如下。

n：信号传输常量。

d：离发送者的距离。

a：一米远接收的信号强度。

$$d=10^{\wedge}((ABS(RSSI)-a)/(10\times n))$$

RSSI 与链路质量指示(LQI)之间的转换关系如下。

$$RSSI = -(81-(LQI\times 91)/255)$$

上述公式只是理论计算方法，不具普适性，因为不同的无线环境空中同频信号干扰的情况是不一样的，但是公式总体上能反映出发射信号的设备与接收信号的设备之间的距离关系。蓝牙的物理层的参数 LQI 和 RSSI 可通过接收端判断当前无线环境的链路质量，以指导后续的动作。但这两个数值的计算原理和使用场景又有很大的差别。

LQI 是当前接收到信号的质量的一种度量。所谓的接收到信号的质量，是接收器通过接收到的信号和理想信号之间的错误累积值估算的。例如，如果使用 FSK 或者 GFSK 调制方式，接收器可以将每个接收到的比特的频率和期望的频率比较，累积一定数量的符号（symbol）后就得到了错误累积值（频偏较大可认为是错误）。由此可知，由于 LQI 的测量和调制方式有关，因此它可以相对地给出当前的链路质量，质量越好，LQI 的值越小，反之越大。

RSSI 是信号强度的指示，而不关心信号的质量或者正确率。LQI 不关心实际的信号强度，但信号质量却和信号强度有关，因为越强的信号，越不容易受到干扰，在接收端的表现就是正确率较高、LQI 较低、信号质量较好。

17.3 接近配对的简化实现

为了简化计算公式，我们只是判断一下发射功率和 RSSI 的差值的大小，当差值达到一个阈值时，就认为设备的距离已经足够近，便开始配对连接的过程。

具体方法如下。

1. 注册 Le Scan 的回调函数，打开 Le Scan。
2. 接收和解析设备的广播包，并决策是否需要配对。判断条件如下。
- 是否名字包含"MI RC"。
- 是否包含 HOGP 的 UUID，即 0x1812。
- 是否发射功率和 RSSI 的差值达到了预定的阀值。
3. 当以上条件满足时，停止 Le Scan，向设备发起配对。

图 17.2 是扫描到的小米低功耗蓝牙遥控器的广播数据包，RSSI 值是-62dBm，包含 0x1812 的 UUID，其中的 4d 49 20 52 43 就是字符串"MI RC"，02 0a 00 表示发射功率，发射功率是 0dBm。

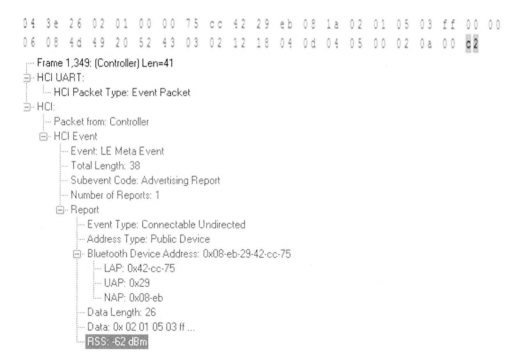

图 17.2　RSSI 数据截图

17.4 接近配对代码示例

接近配对代码示例如下。

```java
mBluetoothAdapter.startLeScan(mLeScanCallback);//打开 Le Scan，注册回调函数
private BluetoothAdapter.LeScanCallback mLeScanCallback =
    new BluetoothAdapter.LeScanCallback() {
        @Override
        public void onLeScan(final BluetoothDevice device,
                             final int rssi, byte[] scanRecord) {
            CachedScanRecord = scanRecord;
            mHandler.post(new Runnable() {
                @Override
                public void run() {
                    if (isGoodHogpRc(rssi, CachedScanRecord, device)) {
                        //停止 Le Scan
                        mBluetoothAdapter.stopLeScan(mLeScanCallback);
                        device.createBond();//开始配对
                    }
                }
            });
        }
    };

private static final int PROXMITY_PATHLOSS_THRESHOLD = 51;//门限值
private boolean isGoodHogpRc(final int rssi, byte[] scanRecord,
                             final BluetoothDevice device) {
    if (rssi == 127) {
        return false;//非法 Rssi 值
    }

    if (isNameMatchextracName(scanRecord) == true) { //判断名字是否包含 "MI RC"
        if (containHogpUUID(scanRecord) == true) { //判断是否包含 UUID 0x1812
            int tx_power = extractTxPower(scanRecord); //得到发射功率的值
            //判断是否符合接近配对的阀值
            if ((tx_power - rssi) <= PROXMITY_PATHLOSS_THRESHOLD) {
                return true;//找到足够近的符合条件的蓝牙遥控器设备
            }
        }
    }
}
```

```java
        return false;
}

private static final int COMPLETE_NAME_FLAG = 0x09;
private boolean isNameMatchextracName(byte[] scanRecord) {
    int i, length=scanRecord.length;
    i = 0;
    byte[] RcName= new byte[50];
    String decodedName = null;

    while (i < length - 2) {
        int element_len = scanRecord[i];
        byte element_type = scanRecord[i+1];
        if (element_type == COMPLETE_NAME_FLAG) { //找到name flag
            //提取name
            System.arraycopy(scanRecord, i+2, RcName, 0, element_len-1);
            try {
                //转换成utf-8 string
                decodedName = new String(RcName, "UTF-8");
            } catch (UnsupportedEncodingException e) {
            }

            if (TextUtils.equals(decodedName, "MI RC")) { //匹配名字
                return true;//名字匹配就返回
            }
        }

        i+= element_len+1;
    }

    return false;
}

private static final int UUID16_SERVICE_FLAG_MORE = 0x02;
private static final int UUID16_SERVICE_FLAG_COMPLETE = 0x03;
private static final int UUID32_SERVICE_FLAG_MORE = 0x04;
private static final int UUID32_SERVICE_FLAG_COMPLETE = 0x05;
private static final int UUID128_SERVICE_FLAG_MORE = 0x06;
private static final int UUID128_SERVICE_FLAG_COMPLETE = 0x07;
private boolean containHogpUUID(byte[] scanRecord) {
    int i, j, length=scanRecord.length;
    i = 0;
    int uuid = 0;
```

```java
        while (i< length-2) {
            int element_len = scanRecord[i];
            byte element_type = scanRecord[i+1];

            if (element_type == UUID16_SERVICE_FLAG_MORE
                  ||element_type == UUID16_SERVICE_FLAG_COMPLETE ) {
                for (j=0; j<element_len-1;j++,j++) {
                    //拼接16位UUID
                    uuid = scanRecord[i+j+2] + (scanRecord[i+j+3]<<8);
                    if (uuid == HOGP_UUID16) { //是否是0x1812，HOGP
                        return true; //返回正确
                    }
                }
            } else if (element_type >= UUID32_SERVICE_FLAG_MORE
                        && element_type >= UUID128_SERVICE_FLAG_COMPLETE) {
                //不支持32位和128位UUID
                Log.i(TAG, "Do not support parsing 32bit or 12bit UUID now");
            }

            i+= element_len+1;
        }

        return false;
    }

    private static final int COMPLETE_TX_POWER_FLAG = 0x0a;
    private static final int INVALID_TX_POWER = 0xffff;
    private int extractTxPower(byte[] scanRecord) {
        int i, length = scanRecord.length;
        i = 0;

        while (i < length - 2) {
            int element_len = scanRecord[i];
            byte element_type = scanRecord[i + 1];

            if (element_type == COMPLETE_TX_POWER_FLAG) {//找到tx power字段
                return scanRecord[i + 2]; //返回tx power的值
            }

            i += element_len + 1;
        }

        return INVALID_TX_POWER; //没有找到，返回缺省值
    }
```

第 18 章

基于 LE 广播的无线电子设备的唤醒方法

18.1 概述

红外遥控器已经有几十年的使用历史。红外遥控器硬件简单、成本较低，应用非常广泛。家里常见的设备如电视、机顶盒、OTT 盒子和空调等都使用红外遥控器来控制。但是红外有其局限性，要求对准方向、有效距离短、传输数据容量小，且容易受到干扰、设备间不能有障碍物隔挡、无法满足语音控制智能电视的需求等。

近些年射频（RF）遥控器逐渐开始流行，如蓝牙、WiFi、Zegbee 遥控器及其他 2.4G 的无线遥控器等。RF 遥控器没有方向性、传输距离远、数据容量大且不怕障碍物遮挡，有着红外遥控器无可比拟的优势。目前的智能电视已经开始普及语音交互，RF 遥控器越来越受大众欢迎。

RF 遥控器作为新生事物，有一些关键问题需要解决，如电视关机或断电、通电后如何开机。早期因为无法解决此问题，RF 遥控器不能作为电视的标配遥控器。故有的电视厂商标配红外遥控器，再搭配一个 RF 遥控器。还有的电视厂商将红外和 RF 做在一个遥控器上，红外用来开机，开机后用 RF 来控制电视。小米电视在 2013 年下半年开始研究低功耗遥控器，在电视业界率先解决了蓝牙遥控器控制电视开机的问题，使得小米二代 49 寸电视能标配低功耗蓝牙遥控器于 2014 年 5 月发布。本章以电视和低功耗蓝牙遥控器举例来说明遥控器是如何唤醒电视开机的。

电视开机分为两种情况：第一种是电视关机之后用遥控器开机；另一种情况是电视断电、再通电后用遥控器开机。这两种情况的程序处理逻辑有些差异，但是总体思路是一致的，都是利用 LE 遥控器发送携带开机命令的非定向可连接广播包，电视的蓝牙芯片通过侦听 LE 广播包并解析广播包内容是否携带开机命令来实现开机。

本章的实现思路已经在小米电视和小米仪生态链企业的投影仪上得到广泛应用，并被多家友商借鉴和参考。比较有意思的是手机（Android/iOS）和小米 AI 音箱（小爱音箱）也按本章思路实现了控制小米电视/投影仪开机的功能。小米已经在 RF 遥控器控制电视开机的方向申请了多项发明专利，并有专利已经授权。

本章介绍的开机功能被称为"Wake On LE"。

18.2　无线电子设备的唤醒的硬件原理

　　无线电子设备唤醒的硬件原理如图 18.1 所示。电视的 CPU 由两部分组成，即主 CPU 和微控制器单元（MCU），分别是图中的第一处理器和第二处理器。主 CPU 一般是多核心的高速处理器，MCU 是待机时使用的 CPU，性能较低，有些电视芯片厂商用的是 51 单片机。电视关机后，MCU 处于低速运行状态，侦测外部唤醒源的唤醒信号（如解析收到的红外信号、CEC 唤醒信号、蓝牙唤醒信号等），当侦测到需要唤醒系统时，就引导主 CPU 上电开机。当用户按了 LE 遥控器的 Power 键时，遥控器发出带唤醒标识的非定向可连接广播包，广播包内容包含唤醒标识。蓝牙芯片运行于不断侦听和解析 LE 广播包的状态，当收到符合唤醒条件的广播包时，通过唤醒信号线向 MCU 发出唤醒信号。

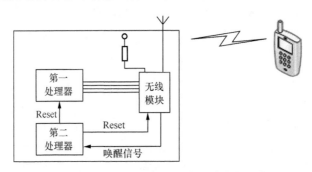

图 18.1　基于 LE 广播包解析和唤醒系统的硬件原理

　　对于蓝牙芯片来说，电视关机时，电视主板需要给蓝牙芯片供电，并命令蓝牙芯片侦听和解析 LE 广播包，当收到符合唤醒条件的广播包时，蓝牙芯片向 MCU 发送唤醒信号。MCU 收到唤醒信号后，启动主 CPU 将电视开机。电视开机后，电视的蓝牙系统将蓝牙芯片 Reset，并通过数据总线和蓝牙芯片通信，蓝牙初始化完毕后进入正常使用的状态（如连接和使用蓝牙遥控、蓝牙耳机）。

　　需要注意的是，电视关机后，主 CPU 和蓝牙芯片之间连接的数据总线不能处于连通状态，否则会导致蓝牙芯片漏电，使得蓝牙芯片因供电不足而停止运行。如果是这样，需要注意总线类型的选型或加开关芯片来物理隔离主 CPU 和蓝牙芯片。

18.3　无线电子设备的唤醒的软件实现

18.3.1　无线电子设备关机后唤醒的软件逻辑实现

　　电视开机后，会初始化蓝牙芯片，并将蓝牙芯片 Firmware（也称 Ram Patch）送给蓝牙芯片，接着蓝牙协议栈进行下一步初始化,然后蓝牙遥控和电视的蓝牙处于连接使用的状态。当电视关机,关机的过程中会关闭蓝牙。关闭蓝牙的过程中,蓝牙协议栈会断掉所有的外部蓝牙设备的连接,然后将能唤醒电视的蓝牙遥控的 MAC 名单(即白名单)送给蓝牙芯片,告知蓝牙芯片哪些遥控可以唤醒电视开机,之后命令蓝牙芯片执行扫描侦听、解析遥控器的广播的功能。如果解析到的广播是白名单里的遥控的广播且带有唤醒开机的标识,那就唤醒电视开机。需要注意的是,系统关机时不能将蓝牙芯片断电或 Reset,否则蓝牙芯片无法工作。整个唤醒的实现逻辑需要和蓝牙芯片厂商定制唤醒功能(Firmware 需要修改),由主机和蓝牙芯片配合完成。

对于遥控器来说,关机过程中电视蓝牙和遥控交互进行断连接。断连接后,如果用户按了遥控的 Power 按键,那么遥控发出带唤醒标识的广播包唤醒电视开机。

唤醒的流程如图 18.2 所示,图中的"主机"代表电视,"主机控制器"代表电视蓝牙芯片,

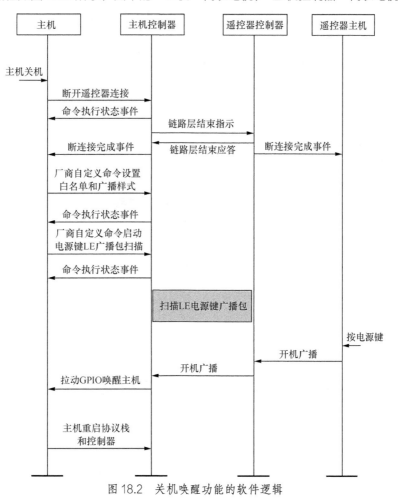

图 18.2 关机唤醒功能的软件逻辑

"遥控器控制器"代表蓝牙遥控器的蓝牙芯片,"遥控器主机"代表蓝牙遥控器。具体流程步骤介绍如下。

1. 用户按蓝牙遥控的 Power 键,电视收到后执行关机流程。关机过程中会关蓝牙。
2. 电视蓝牙协议栈开始执行断遥控器的连接的命令给电视的蓝牙芯片。
3. 电视蓝牙芯片发出断连接(LL_TERMINATE_IND)的信号给蓝牙遥控器。
4. 蓝牙遥控器的蓝牙芯片收到断连接的请求后,回复断连接的应答给电视的蓝牙芯片,并告知遥控器连接已经断开。遥控器会进行相应处理。
5. 电视蓝牙芯片向电视蓝牙协议栈报告断连接完成。
6. 电视的蓝牙协议栈将能唤醒电视的蓝牙遥控的 MAC 集合(白名单)发给电视蓝牙芯片,蓝牙芯片会回复收到。
7. 蓝牙协议栈发命令让蓝牙芯片进入侦听、解析唤醒广播包的运行状态。
8. 用户按了蓝牙遥控的 Power 键,蓝牙遥控发出带唤醒标识的广播包。
9. 电视蓝牙芯片侦听到唤醒广播包后,向电视的 MCU 发出唤醒信号,即拉了 MCU 的中断引脚。
10. 电视 MCU 启动主 CPU 开机。CPU 的软件系统重新初始化蓝牙。

18.3.2　无线电子设备通电后唤醒的软件逻辑实现

电子设备通电前,蓝牙芯片还处于未初始化状态,没有加载过 Firmware,也没有获取到能唤醒电子设备的外部蓝牙设备的 MAC 列表,此时是无法执行唤醒功能的。

电子设备通电后,CPU 会加载和执行系统引导代码,将系统硬件进行必要的初始化,然后进入待机。此时蓝牙芯片需要在系统引导代码中加入代码实现蓝牙芯片上电、加载 Firmware、告知外部唤醒设备的 MAC 列表、执行侦听和解析唤醒广播包的功能。

在系统引导代码执行时,电子设备的蓝牙芯片执行过上述一系列动作后,系统待机。此时设备按 Power 键发出唤醒广播包。电子设备的蓝牙芯片解析到唤醒广播后,发出唤醒事件给 MCU。MCU 再控制主 CPU 上电运行,系统开机。

18.4　传输唤醒白名单列表和启动唤醒功能的命令的定义

唤醒功能属于私有特殊功能定义,需要协议栈和蓝牙芯片配合完成。故用了 VSC(Vendor

Specific Command）来实现，发送白名单列表的 VSC 是 0xfc4c，携带了 4 个 MAC 地址和一条子命令，每个 MAC 地址是 6 字节，代表一个遥控器的蓝牙 MAC 地址。当协议栈将 default_wake_on_ble_param[]这个数组携带 4 个 MAC 地址发送到蓝牙芯片时，意味着告诉蓝牙芯片只有这 4 个 MAC 地址发的广播包才能够被解析。

当蓝牙芯片返回 default_wake_on_ble_param[] 的执行结果后，协议栈再发送 default_wake_on_ble_cmd[]这个数组给蓝牙芯片，明确告知蓝牙芯片执行侦听和解析广播包、执行唤醒功能。这条命令里的 VSC 0xfc4c 及子命令令构成了一条唤醒功能的执行命令。

```
//设置遥控器地址白名单和能唤醒主机的广播包格式
static const UINT8 default_wake_on_ble_param[] =
{
    0x4c, 0xfc,//vsc
    0x24,//参数长度
    0x00, 0x20, 0x00, 0xff,//VSC 的子命令类型
    0x00, 0x00, 0x00, 0x00, 0x00, 0x00,//RCU addr1
    0x00, 0x00, 0x00, 0x00, 0x00, 0x00,//RCU addr2
    0x00, 0x00, 0x00, 0x00, 0x00, 0x00,//RCU addr3
    0x00, 0x00, 0x00, 0x00, 0x00, 0x00,//RCU addr4
    0x07,//只支持 7 字节匹配模板
    0x02, 0x01, 0x05, 0x03, 0xff, 0x00, 0x01
};

//开始 Le 扫描开机广播
static const UINT8 default_wake_on_ble_cmd[] =
{
    0x4c, 0xfc,//vsc
    0x08, //参数长度
    0x01, 0x20, 0x00, 0xff, //vsc 的子命令类型
    0x01, 0x00, 0x00, 0x00
};
```

18.5 唤醒广播包的数据格式

表 18.1 是基于蓝牙 4.0 的广播包的格式定义的唤醒广播包数据格式。其中的第 20、21、22 和 23 字节是厂商自定义字段，小米利用了第 22、23 字节来进行唤醒标识的标记。当第 23 字节是 1 且第 22 字节（此字节有别的用途，第 18 章介绍）是 0 时，标示着是唤醒广播包。其实真实的广播包在第 1 字节前面还携带了广播者的 6 字节蓝牙 MAC 地址，电子设备的蓝牙芯片可以利用这 6 字节来判别是否是白名单里面的设备的广播包。第 27~31 字节用于标识遥控器想唤醒哪个电子设备，

第 29~31 字节携带了电子设备的蓝牙芯片的 MAC 地址的低 3 字节，其中的 0xFE 属于自定义广播内容类型，不是蓝牙标准字段定义的。

从表 18.1 中可知，蓝牙 4.0 的广播包长度已经达到了极限，为什么不把第 27 到第 31 字节的内容合并到厂商自定义字段内（第 23 字节之后）呢？这样只需将 3 字节的 MAC 并入，还能省出 2 字节，而且 0xFE 是非标准字段。其实这是历史原因造成的，早期的时候并没有 27 字节到 31 字节这个字段存在。

之所以添加这个字段，是因为发现以下这个情况。

遥控 A 和电视 A 配对连接后，将电视 A 关机。遥控 A 解除配对，再将遥控 A 和电视 B 配对连接，然后将电视 B 关机。此时，遥控 A 按 Power 键，电视 A 和电视 B 都开机了。用户希望的是只是电视 B 开机。

问题的原因在于遥控没有指定想唤醒哪个电视开机，故需要在唤醒广播包内添加电视的 MAC 地址。而广播包内容长度有限，没有足够的地方容纳 6 字节的 MAC 地址了，故只存入了 MAC 地址的低位的 3 字节，高 3 字节是厂商识别区，带入这 3 字节也没有必要。

没有将这字节的 MAC 合入厂商自定义字段的原因是：早期出厂的遥控器并没有携带这个 MAC 地址，如果需要携带，就要改遥控器固件并将遥控器进行空中升级。而遥控器空中升级有局限可能导致升级失败，如电量低或遥控的存储器有部分损坏。此时最好的决策是将 MAC 加到广播包的后面，由电视蓝牙去判别是否有这个字段并进行处理。这样电视能兼容唤醒广播包是否携带电视 MAC 地址的两种情况，不影响老的遥控器。

表 18.1 　　　　　　　　遥控器广播包格式定义

字节 1	0x02	长度
字节 2	0x01	
字节 3	0x05	广播包标识
字节 4	0x06	长度
字节 5	0x08	
字节 6	'M'	名字："MI RC"
字节 7	'I'	
字节 8	' '	
字节 9	'R'	
字节 10	'C'	

续表

字节 11	0x03	长度
字节 12	0x03	
字节 13	0x12	HID UUID: 0x1812
字节 14	0x18	
字节 15	0x04	长度
字节 16	0x0D	
字节 17	0x04	设备类型码
字节 18	0x05	
字节 19	0x00	
字节 20	0x03	长度
字节 21	0xFF	厂商自定义广播字段标识
字节 22	键值	Recovery 操作键值
字节 23	0x00	唤醒标识：0x01 唤醒电视
字节 24	0x02	长度
字节 25	0x0A	
字节 26	0x04	发射功率等级
字节 27	0x04	长度
字节 28	0xFE	小米自定义广播字段类型
字节 29	主机地址字节	
字节 30	主机地址字节	
字节 31	主机地址字节	

18.6 唤醒广播包的处理逻辑

18.6.1 主机的处理逻辑

为了应对新、老两种唤醒广播包的处理。电视蓝牙芯片处理逻辑如下。

假设电视 MAC 地址为"10:48:b1:A1:A2:A3"。

1. 小米电视有部分型号的遥控器升级固件（有些老遥控器就不改了），在发唤醒广播时广播包内容里携带电视的 MAC 地址的后 3 字节，以小端（Little Endian）格式排列在广播包数据的最后面。

格式为"05 FE A3 A2 A1"。

其中"FE"是自定义的广播包内容字段类型。

故对于修改过的遥控器，唤醒广播包格式是"..........03 FF 00 01.......04 FE A3 A2 A1"。

对于没有修改过的遥控器，唤醒广播包格式维持原来的"..........03 FF 00 01..........."。

2. 电视蓝牙芯片修改唤醒判断逻辑，处理逻辑如下。

```
#define WAKE_UP 1
#define NO_WAKE_UP 0
int is_wakeup_system()
{
    if (adv's adress not in controller's white list) //广播地址不在蓝牙的白名单里
        //对于不在白名单里的广播，还需要按照原来 wake by phone 的逻辑判断是
        //否唤醒电视。用于支持手机和小爱音箱唤醒
        return (wake on ble by phone); //手机或小米 AI 音箱唤醒电视的逻辑处理
    else if ("03 FF 00 01" exist)
    {
        if ("04 FE XX XX XX" exist)
        {
            //注意广播包内容地址反序排列
            if (equals("XX XX XX", "电视蓝牙地址最后 3 字节"))
                return WAKE_UP;//是电视蓝牙 MAC 地址，就执行唤醒
            else
                return NO_WAKE_UP;
        }
        else
            return WAKE_UP;//唤醒，兼容未升级的遥控器
    }
    else
        retrun NO_WAKE_UP;
}
```

18.6.2　设备的广播逻辑

遥控器的实现逻辑（或别的实现类似功能的方式）如下。
- 遥控器在自己的存储器里开辟一个电视 MAC 的存储空间。

- 遥控器配对后，将电视的 MAC 地址记录进开辟的存储空间。遥控器清除配对时不清除此存储空间。防止用户误删除配对而无法将电视开机。
- 遥控在此存储空间不为全 0 的情况下按 Power 键，发"..........03 FF 00 01..............04 FE XX XX XX"；是全 0 的话，发"..........03 FF 00 01.............."。
- 对于不再升级的遥控器，维持之前的格式，Power 键的广播包格式是"..........03 FF 00 01.............."。
- " XX XX XX"的排列格式：假设电视 MAC 地址是"10：48：B1：A1：A2：A3"，那"XX XX XX"的格式是"A3 A2 A1"。

之所以有第 3 种情况的后半部分的原因是工厂出厂的电视会写遥控器白名单文件，工厂软件扫描遥控器上的条码将要装箱的遥控的 MAC 存入白名单，此时遥控器还没有配对过，需要电视插电后遥控器才能控制电视开机。用户买到电视后，按 Power 键就能将电视开机。

18.7　唤醒广播包的数据分析

图 18.3 是一个 Ellisys 蓝牙分析仪抓取的唤醒广播包的数据，其中的"D4 B8 FF AA B3 86"是遥控器的 MAC 地址；其中的"03 FF 00 01"是唤醒信号；其中的"04 FE 61 73 C2"是遥控想要唤醒的电视的 MAC 的低三位（反序排列），电视的 MAC 的低 3 字节是"C2 73 61"；最后的 3 字节"0F 82 39"是 CRC 校验码；第 2 字节的 25 是广播包的数据（Payload）的长度，即十进制的 37。数据内容介于设备 MAC 地址和 CRC 的中间。

```
00 25 86 B3 AA FF B8 D4 02 01 05 03 FF 00 01 06
08 4D 49 20 52 43 03 03 12 18 04 0D 04 05 00 02
0A 00 04 FE 61 73 C2 0F 82 39
```

图 18.3　唤醒广播包的数据

第 19 章

基于 LE 广播的系统 Recovery 的操作实现

19.1 概述

在 Android 系统上有个系统恢复模式,用于清空系统数据、切换系统软件版本。这个恢复模式在 Android 手机上应用广泛。当系统数据区出现致命错误导致系统无法启动时,便进入恢复模式清除所有数据,系统又能开机。或新升级的系统软件出现了无法接受的 Bug 或无法启动时,也可以在恢复模式下切换回之前的系统软件。

当电视/盒子标配低功耗蓝牙遥控器时,需要用蓝牙遥控器来实现进入 Recovery 及在 Recovery 界面进行功能操作。用户和电视/盒子交互的唯一接口就是遥控器。

19.2 小米电视和盒子的系统恢复模式的介绍

图 19.1 是小米电视的系统恢复模式的界面,小米盒子、生态链企业的投影仪的系统恢复模式也是这样的界面,重新启动的菜单下面还有一个二级菜单,可以用于切换系统软件版本。带红外接收头的电视和盒子用红外遥控器实现了对这个界面的控制。低功耗蓝牙遥控器也实现了同样的界面控制功能。

图 19.1 小米电视系统恢复界面

Android 的 Recovery 模式是跑在 Linux 系统上的一个简易的携带 GUI 的轻量级进程，实现了几个功能的菜单展示、响应及功能的调用。对于手机来说，就是启动触摸屏驱动，根据用户触摸的屏幕坐标范围来调用相应的功能菜单执行相应功能（也有手机用物理按键来实现）。对于电视/盒子来说，就是侦测遥控器的按键，执行相应的功能。

在 2013 年年底，由于基于 LE 的蓝牙设备的商用化才刚刚起步，市场上还见不到 LE 的设备。如何实现使用低功耗蓝牙遥控器操控 Recovery 界面没有参考对象，这在当时就成了一个难题。一个习惯性的想法（用惯性思维来描述更准确）就是在蓝牙协议栈、上层 Hid Profile 初始化完后，蓝牙遥控器才能连上电视并操控电视。然而 Recovey 系统只是将 Kernel 启动完成后，启动一个简易的图形界面程序，并没有启动蓝牙子系统去初始化蓝牙和连接蓝牙遥控来实现按键的接收和处理。在很长一段时间内，作者都在思考如何将蓝牙系统的庞大代码进行精简后移植到 Recovery 里面，这是个复杂的大工程。经过一段时间的思考和讨论，最终发现可以利用 LE 的广播包来携带按键信息，电视 Recovery 程序实现广播包的接收和解析来实现遥控器按键的接收，并不需要加载蓝牙协议栈和 Hid 相关的 Profile 去连接遥控器来实现接收广播包的按键信息。

对于本章介绍的解决问题的思路，小米申请了发明专利并已获得授权。

19.3　基于接收广播按键信息的 Recovery 系统框架

Recovery 系统的 UI 界面很简单，就是接收输入子系统的按键，并进行相应的功能处理。输入子系统会在/dev/input 目录下挂载一些输入设备的 event 节点，对于电视来说，会生成红外遥控器的输入 event 节点。LE 广播包接收处理部分可以往这个输入设备节点写入按键信息。Recovery 进程启动后，将电视的蓝牙芯片初始化后，并开始接收、解析 Le 广播包信息。当遥控器发出按键广播包，Recovery 解析程序发现是按键信息时，向 event 设备节点写入按键信息。UI 界面收到按键并进行响应。系统框架如图 19.2 所示。

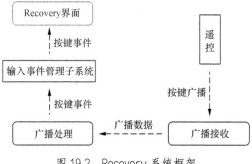

图 19.2　Recovery 系统框架

19.4 广播包按键信息的定义

遥控器广播包内容需要实现上键、下键、确定键以及进 Recovery 组合按键的定义，可以参考表 18.1，其中的第 22 字节是用来携带 Recovery 按键相关操作的按键信息的。利用了 LE 广播包内容的厂商自定义字段来携带按键信息，如按了遥控器的下键，广播包的内容会携带字段"0x03 0xFF 0x04 0x00"。

其中的"0x03"代表字段长度，"0xFF"代表厂商自定义的内容字段，"0x04"代表下键，"0x00"字段是唤醒电视开机的唤醒标志，此时应该赋值为 0。

按键信息定义参考表 19.1。

表 19.1　　　　　　　　　　　按键信息定义

按键定义	键值	触发方式
进 Recovery 按键	0x01	在遥控器上按确定键和返回键
上键	0x02	在遥控器上按上键
下键	0x04	在遥控器上按下键
确定键	0x08	在遥控器上按确定键

以上定义存在一个缺陷，即没有定义按键的按下和抬起，导致程序无法识别到底是按下还是抬起，只是知道遥控器哪个按键被按了。而广播包是会连续发送多包数据的，这会导致程序解析到多个一样的按键。一个补救的措施是程序收到按键后启动计时器，在一定时间内丢弃收到的广播包，同时遥控按键时广播包的持续发送时间不要超过计时器时长。计时器机制在后面的示例程序里没有加入，读者也可以思考一下如何完善代码。

19.5 进入 Recovery 的方法

当电视上电时，系统引导代码会执行，此时嵌入在系统引导代码里的蓝牙相关的代码会初始化电视蓝牙芯片。在这之后可以控制蓝牙芯片扫描一段时间的 Le 广播包，接收和解析是否有遥控器发出了进入 Recovery 的广播包，如果是就启动 Recovery 程序，如果不是就将遥控器白名单送给蓝牙芯片，让蓝牙芯片进入等待遥控器唤醒开机的工作状态，电视系统待机等待唤醒。

19.6　按键广播包的接收、解析和上报的代码分析

　　Recovery 界面程序初始化完成后，起动一个线程初始化蓝牙、让蓝牙芯片进入接收广播包和上报广播包的工作状态。然后线程开始接收和处理广播包，解析遥控器的按键，接着将按键信息送往"/dev/input/eventX"的输入设备节点。UI 界面读取输入设备节点的按键信息，进行相应的功能处理。蓝牙相关的线程代码主要逻辑如下。

　　1. 获取红外按键输入设备节点，解析到蓝牙遥控器的按键后写入此设备节点，供界面程序读取按键。

　　首先打开"/proc/bus/input/devices"文件获取所有输入设备的描述信息，然后逐行遍历整个文件的所有设备信息去搜寻所关心的设备描述的输入设备节点。先寻找包含"aml_keypad"信息的输入设备描述，然后再遍历接下来的此设备描述信息的所有行，找到包含有"Handlers"的那一行，接着将这一行的"eventX"提取出来，去掉提取信息前后的空格和回车。拼接成输入设备节点的路径"/dev/input/evenX"。再将此输入设备打开，用于后续写入按键事件。下面是读取到的信息（只列出了关心的设备），提取出来"event0"。其实能 cat 到多个设备的描述信息，每一个设备间有空行隔开。

```
root@xmen:/ # cat proc/bus/input/devices
I: Bus=0010 Vendor=0001 Product=0001 Version=0100
N: Name="aml_keypad"  //红外输入设备名称
P: Phys=keypad/input0
S: Sysfs=/devices/c8100580.rc/input/input0
U: Uniq=
H: Handlers=sysrq event0  //需要获取到 event0
B: PROP=0
B: EV=3
B: KEY=7fffffff fffffff fffffff fffffff fffffff… //省略后续字节。后续省
                                                 //略了其他输入设备描述
```

　　2. 蓝牙芯片进行 Reset，然后打开蓝牙数据总线接口发送蓝牙芯片的 Firmware（应该叫 ram patch）。其实蓝牙芯片 Reset 后自身 Rom 里携带的出厂固化 Firmware 已经运行了，扫描和上报 LE 广播包是没问题的，但是担心自带的 Firmware 存在 bug 使得蓝牙运行过程中出异常，故还是有必要发送 Firmware。

　　3. 设置扫描参数。使能 BLE 设备广播扫描。

　　4. 不断循环读取总线数据接口的数据并进行广播包数据分析和按键上报的处理。

　　读取 3 字节的数据，从第 3 字节中获取广播数据包的数据长度；

　　根据得到的长度读取到整个数据包；

从数据包里解析到名字字段为"MI RC"且包含厂商自定义字段,就拿到自定义字段里的按键值,并将按键值写入"/dev/input/eventX"设备节点,其中的"eventX"为第 1 步中找到的输入设备节点。

5. 当 Recovery UI 界面需要结束运行时,会将 bt_finish_flag 置为 TRUE,while 循环结束。关闭所有句柄并将蓝牙芯片的 Reset 脚拉成无效。

主要代码分析如下。

```c
#define INPUT_DEVICE_INFO_FILE_PATH "/proc/bus/input/devices"
#define INPUT_DEVICE_PATH "/dev/input/" //输入设备所在的目录
#define IR_DEVICE_NAME   "aml_keypad" //红外遥控器输入设备节点名字
//LE 扫描广播包启动的命令和参数集合
static uchar hci_set_scan_enable[] = { 0x01, 0x0c, 0x20, 0x02, 0x01, 0x00 };
//LE 扫描广播包的扫描参数设定的命令和参数集合
static uchar hci_set_scan_param[] = { 0x01, 0x0b, 0x20, 0x07, 0x01, 0x80, 0x00,
                                      0x36, 0x00, 0x00, 0x00};
//LE 扫描广播包停止的命令和参数集合
static uchar hci_set_scan_disable[] = { 0x01, 0x0c, 0x20, 0x02, 0x00, 0x01 };
static void* bt_thread(void* arg)
{
    int i;
    int len;
    int count;
    char *buffer = NULL;
    unsigned char m, n, rp_cnt, sum = 0, x, y;
    unsigned char name_flag, key_flag;
    int key;
    FILE * deviceInfoFd = NULL;
    int found = 0;
    char path[PATH_MAX_LEN];
    int fd = 0, pos, fd_bt_power = 0,res;
    char* ptr;

    //打开输入设备信息文件
    deviceInfoFd = fopen(INPUT_DEVICE_INFO_FILE_PATH, "r");
    if (deviceInfoFd == NULL)
    {
        printf("%s open %s failed\n",
                __FUNCTION__,INPUT_DEVICE_INFO_FILE_PATH);
        goto end;
    }
    buffer = (char*)malloc(LINE_MAX_LEN);
```

```c
    if (buffer == NULL)
    {
        printf("%s malloc buffer failed\n", __FUNCTION__);
        goto end;
    }
    memset((void*)buffer, 0, sizeof(buffer));

    while (fgets(buffer, LINE_MAX_LEN, deviceInfoFd) != NULL)//逐行读取信息
    {
        //如果找到了 "aml_keypad" 关键字
        if (strstr(buffer, IR_DEVICE_NAME) != NULL)
        {
            found = 1;//找到了想要的输入设备描述信息，置标志
        }
        //主循环继续逐行读取，直到定位到 "Handlers" 所在的行
        if ((found == 1) && (strstr(buffer, "Handlers") != NULL))
        {
            ptr = strstr(buffer, "event");//判断是否有 "event" 关键字
            if (ptr == NULL)
            {
                printf("%s not envent support\n",__FUNCTION__);
                goto end;//没有结束循环
            }
            //拼接成 "/dev/input/event0"
            sprintf(path, "%s%s", INPUT_DEVICE_PATH, ptr);
            //去掉空格和回车
            for (pos = strlen(path) - 1; pos >= 0; pos--)
            {
                if ((path[pos] == '\n') || (path[pos] == ' '))
                {
                    path[pos] = '\0';//去掉path最后可能存在的空格
                }
            }
            break;//找到输入设备，退出循环
        }
    }

    fclose(deviceInfoFd);//关闭句柄
    deviceInfoFd = NULL;

    fd = open(path, O_RDWR);//以读写权限打开输入设备节点获取句柄，关键的是写权限
    if (fd < 0)
```

```c
    {
        printf("%s could not open %s, %s\n", __FUNCTION__,path,strerror(errno));
        goto end;//不能打开，结束
    }
    //这里假定了蓝牙设备的reset pin操作驱动接口一定注册在rfkill0之下，正常不能这
    //么写，需要找出其所在的rfkill目录
    fd_bt_power = open("/sys/class/rfkill/rfkill0/state", O_RDWR);
    //获取Reset设备节点句柄
    if (fd_bt_power < 0)
    {
        printf("%s could not open /sys/class/rfkill/rfkill0/state, %s\n",
                __FUNCTION__,strerror(errno));
        goto end;//不能打开，结束
    }

    res = write(fd_bt_power, "0", 1);//蓝牙关闭
    if (res != 1)
    {
        printf("%s could not write 0 to /sys/class/rfkill/rfkill0/state,
                %s\n", __FUNCTION__, strerror(errno));
        goto end;
    }

    usleep(200000);//睡眠200毫秒

    res = write(fd_bt_power, "1", 1);//蓝牙开启
    if (res != 1)
    {
        printf("%s could not write 1 to /sys/class/rfkill/rfkill0/state,
                %s\n", __FUNCTION__, strerror(errno));
        goto end;
    }
    usleep(200000); //睡眠200毫秒

    char *__args[4] = {"brcm_patchram_plus", "--patchram",
                    "/system/etc/bluetooth/BCM43242A1.hcd", "/dev/ttyS1"};
    uart_fd = patchram_download(4, args);//加载Firmware，并返回总线接口句柄
    if (uart_fd == -1)
    {
        printf("could not open bt interface!\n");
        goto end;
```

```c
}

//将 hci_set_scan_param[]数组和 hci_set_scan_enable[]数组发给蓝牙芯片
//设置扫描参数和开启扫描
set_scan_enable();

printf("%s: event loop is running...\n", __func__);
while (1) //循环读取广播信息
{
    if (bt_finish_flag == true) {
        printf("%s: event loop exit,finish flag is true\n", __func__);
        goto end2; //Recovery UI 结束，本循环也需要结束
    }
    i = 0;
    len = 3;//广播数据的前 3 字节的第 3 字节包含整包的长度，需先读取 3 字节
    while (1) {
        count = read(uart_fd, &buffer[i], len);//循环读取 3 字节

        if (count == 0)
        {
            continue;
        }
        i += count;
        len -= count;
        if (len <= 0)
        {
            break;//读取完毕，退出循环
        }
    }

    if (i > 0)
    {
        len = buffer[2];//得到整包数据长度

        while (1) {
            //继续循环读取剩余所有数据
            count = read(uart_fd, &buffer[i], len);
            if (count == 0)
            {
                continue;
            }
            i += count;
```

```
            len -= count;
            if (len <= 0)
            {
                break;//读取完毕,结束循环
            }
        }

        count = i;
        key = -1;
        key_flag = 0;
        sum = 0;
        if (buffer[1] == 0x3E && buffer[3] == 0x02)//判断是否广播包
        {
            // 广播事件
            rp_cnt = buffer[4];//得到广播包的内容数据长度
            for (m = 0;m < rp_cnt;m++)//循环解析数据
            {
                name_flag = 0;
                n = buffer[5 + 8*rp_cnt + m];
                x = 5 + 9*rp_cnt + sum;
                y = x + n;
                sum += n;
                for (; x < y; )
                {


                    if (buffer[x + 1] == 0x08)//解析到Name字段
                    {
                        // 名字
                        if (buffer[x + 2] == 'M' &&
                            buffer[x + 3] == 'I' &&
                            buffer[x + 4] == ' ' &&
                            buffer[x + 5] == 'R' &&
                            buffer[x + 6] == 'C')
                        {
                            name_flag = 1;//判断是否"MI RC"
                        }
                    }
                    if (buffer[x + 1] == 0xFF)//包含厂商自定义字段
                    {
                        // 厂商自定义内容
                        key = buffer[x + 2];//提取出按键键值
```

```
                    }
                    if (key != -1 && name_flag)
                    {
                        key_flag = 1;//名字字段符合定义且有按
                                    //键键值，置标志
                        break;
                    }
                    x += 1 + buffer[x];
                }
                if (key_flag)
                {
                    break;//退出 for 循环
                }
            }
            if (key_flag)
            {
                switch (key)
                {
                    case 2: //往 event0 写入上键的键值
                        report_fake_key(fd, KEY_TOUCH_UP);
                        break;
                    case 4: //往 event0 写入下键的键值
                        report_fake_key(fd, KEY_TOUCH_DOWN);
                        break;
                    case 8: //往 event0 写入 Enter 键的键值
                        report_fake_key(fd, KEY_TOUCH_ENTER);
                        break;
                    default:
                        break;
                }
            }
        }
    }
}
end2:
    set_scan_disable();//将 hci_set_scan_disable[]发给蓝牙芯片，停止扫描
end:
    if (buffer != NULL)
        free(buffer);
    if (deviceInfoFd != NULL)
        fclose(deviceInfoFd);
```

```c
        if (fd > 0)
            close(fd);
        if (uart_fd > 0)
            close(uart_fd);
        if (fd_bt_power > 0)
        {
            write(fd_bt_power, "0", 1);//蓝牙下电
            close(fd_bt_power);
        }
        return NULL;
}

static void set_scan_enable()
{
    //设置LE扫描参数
    hci_send_cmd(uart_fd, hci_set_scan_param, sizeof(hci_set_scan_param));
    memset(buffer, 0, sizeof(buffer));
    read_event(uart_fd, buffer);//读取设置扫描参数的命令的返回结果
    //启动LE广播包扫描
    hci_send_cmd(uart_fd, hci_set_scan_enable, sizeof(hci_set_scan_enable));
    memset(buffer, 0, sizeof(buffer));
    read_event(uart_fd, buffer);//读取启动LE广播包的命令的返回结果
}

static void set_scan_disable()
{
    //停止LE广播包扫描
    hci_send_cmd(uart_fd, hci_set_scan_disable, sizeof(hci_set_scan_disable));
    memset(buffer, 0, sizeof(buffer));
    read_event(uart_fd, buffer);//读取停止LE广播包扫描的命令的返回结果
}

static int report_fake_key(int fd,int key)  //报送按键函数
{
    int ret = 0;
    const struct input_event enter_key[5] = {{{0x0, 0x0}, 0x4, 0x4, 0xff},//ok键
                                             {{0x0, 0x0}, 0x1, 28, 0x1},
                                             {{0x0, 0x0}, 0x0, 0x0, 0x0},
                                             {{0x0, 0x0}, 0x1, 28, 0x0},
                                             {{0x0, 0x0}, 0x0, 0x0, 0x0}};

    const struct input_event up_key[5] = {{{0x0, 0x0}, 0x4, 0x4, 0xff},//上键
```

```
                           {{0x0, 0x0}, 0x1, 103, 0x1},
                           {{0x0, 0x0}, 0x0, 0x0, 0x0},
                           {{0x0, 0x0}, 0x1, 103, 0x0},
                           {{0x0, 0x0}, 0x0, 0x0, 0x0}};

const struct input_event down_key[5] = {{{0x0, 0x0}, 0x4, 0x4, 0xff},//下键
                           {{0x0, 0x0}, 0x1, 108, 0x1},
                           {{0x0, 0x0}, 0x0, 0x0, 0x0},
                           {{0x0, 0x0}, 0x1, 108, 0x0},
                           {{0x0, 0x0}, 0x0, 0x0, 0x0}};

switch(key) {
    case KEY_TOUCH_UP://往 "/dev/input/eventX" 设备节点写入上键
        printf("%s write key up\n",__FUNCTION__);
        ret = write(fd, &up_key, sizeof(struct input_event)*5);
        if (ret < (int)sizeof(struct input_event)*5) {
            printf("%s write event failed, %s\n",
                __FUNCTION__,strerror(errno));
        } else {
            printf("%s write event success \n",__FUNCTION__);
        }
        break;
    case KEY_TOUCH_DOWN: //往 "/dev/input/eventX" 设备节点写入下键
        printf("%s write key down\n",__FUNCTION__);
        ret = write(fd, &down_key, sizeof(struct input_event)*5);
        if (ret < (int)sizeof(struct input_event)*5) {
            printf("%s write event failed, %s\n",
                __FUNCTION__,strerror(errno));
        } else {
            printf("%s write event success \n",__FUNCTION__);
        }
        break;
    case KEY_TOUCH_ENTER: //往 "/dev/input/eventX" 设备节点写入 OK 键
        printf("%s write key enter\n",__FUNCTION__);
        ret = write(fd, &enter_key, sizeof(struct input_event)*5);
        if (ret < (int)sizeof(struct input_event)*5) {
            printf("%s write event failed, %s\n",
                __FUNCTION__,strerror(errno));
        } else {
            printf("%s write event success \n",__FUNCTION__);
        }
        break;
```

```
        default:
            break;
    }

    return 0;
}
```

第 20 章

蓝牙 HID 设备 OTA 升级的设计和实现

20.1 概述

OTA 的英文全称是"Over-the-Air",即空间下载的意思。所谓 OTA 升级就是通过无线网络下载和升级,不用通过有线连接来下载和升级,因此使用起来比较方便。

蓝牙设备可以通过主机系统进行 OTA 升级,很多的蓝牙设备基于 RFCOMM 实现无线升级。基于 HID 通信方式的设备鉴于存储器(如 Flash)及内存(RAM)的容量限制,可能无法内置 RFCOMM 相关代码,需要通过既有的 HID 协议自身来实现 OTA 升级。

Hid 提供 Report 特性,可以对 Report 特性进行读/写,来实现主机对设备的 OTA 升级。升级的时候需要考虑设备电池的电压/电量是否可支撑整个升级过程、设备的 Flash 是否有损坏而决定是否可以升级,以及升级过程设备是否存在断电的风险。故电量不足或 Flash 有损坏时不能升级,需要设备设计双系统来规避升级过程中断电的问题或其他问题,使得升级不成功时,还有一个系统可以使用。

小米电视、小米盒子和生态链的投影仪使用了本章介绍的 OTA 升级的设计方法,实现了对小米蓝牙手柄(传统蓝牙设备)和小米所有低功耗蓝牙遥控器的 OTA 升级。对于小米的低功耗蓝牙遥控器来说,在 HOGP 服务里定义了一些 Hid Report 用于实现升级过程,Report ID 从 0xE0(十进制的 224)到 0xEE(十进制的 238)。

20.2 Hid 设备 OTA 升级总体流程设计

Hid 设备的升级总体流程设计如图 20.1 所示。

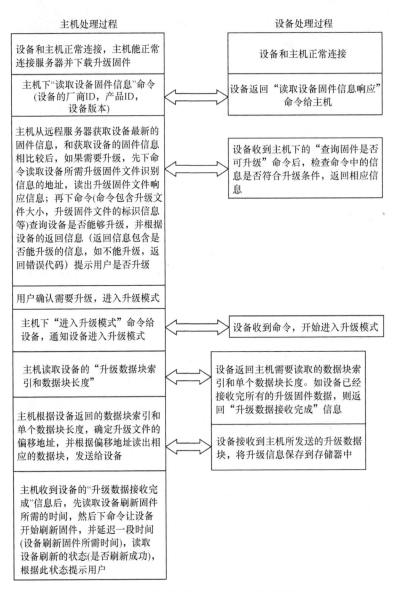

图 20.1　Hid 设备的升级总体流程设计

20.3　Hid 设备 OTA 升级命令定义

基于 Hid 通信的设备，升级通过 SET REPORT 和 GET REPORT 命令实现。
数据包格式为多字节数据：高字节在前，低高字节在后。

字节 0（传输类型）	字节 1	字节 2-n
SET REPORT、GET REPORT、DATA 类型	Report id(升级命令类型)	数据内容

1. 主机向设备发送 Report ID 信息（0xe0），用于读取设备信息。

字节 0：0x43，表示传输类型为 GET REPORT。

字节 1：Report ID。

字节 0	字节 1
0x43	0xe0

设备在收到主机发送的用于读取设备信息的命令之后，向主机返回如下格式的数据。

字节 0	字节 1	字节 2-3	字节 4-5	字节 6-7	字节 8	字节 9	字节 10	字节 11-13
0xa3	0xe0	厂商 ID	产品 ID	设备版本	电池电量的百分比	低电压阈值	设备属性	保留

字节 0：0xa3，表示传输类型为 DATA 类型。

字节 1：Report ID。

字节 6-7：设备版本号，其 16 比特都有具体含义，如下所示。

- 高 4 比特用于表示硬件版本。
- 低 12 个比特表示软件版本，分成 3 部分，每部分 4 比特，如软件版本 1.0.0，那么高 4 比特是 1，其他的部分都是 0。

产品开发完成定型生产的硬件初始版本是 1，软件初始版本是 1.0.0，因此产品出厂版本号应该为 1.1.0.0。

对于正式定型出厂前的测试版本号，以 1.0.0.0 作为初始版本。

字节 8：0~100，表示电池电量的百分比。

字节 9：0~100，表示低电压阈值。有的设备可能定义电池容量低于 20% 为低电压，有的设备可能定义电池容量低于 15% 为低电压。此字节为设备所定义低电压时的电池容量。

字节 10：设备属性声明。

- 对于蓝牙遥控器，目前用到高 3 位（其他位保留），对应功能为：是否支持红外、是否支持 Find Me、是否支持 bt MIC（蓝牙遥控器上的麦克风）。

  如果支持 Find Me 和 bt MIC，那么字节 10 用二进制描述为：01100000。

  如果支持红外和 Find Me，那么字节 10 用二进制描述为：11000000。

- 对于蓝牙游戏手柄，暂时不定义，此字节保留。

2. 主机向设备发送 Report ID（0xe1），用于读取设备升级文件中的头信息相对于升级文件起始位置的偏移。

字节 0：0x43，表示传输类型为 GET REPORT。

字节 1：Report ID。

字节 0	字节 1
0x 43	0xe1

设备在收到主机发送的用于读取头信息相对于升级文件起始位置的偏移的命令之后，向主机返回如下格式的数据。

字节 0	字节 1	字节 2-5	字节 6-7
0xa3	0xe1	升级固件文件的头信息偏移	升级固件文件的头信息长度

字节 0：0xa3，表示传输类型为 DATA 类型。

字节 1：Report ID。

字节 2-5：主机需要读取的升级固件文件的头信息偏移。

注意，设备的升级文件在头信息偏移地址开始的 10 字节有固定含义。

如标识偏移地址为 0x000200，则这 10 字节表示如下。

0x000200：厂商 ID(VID)高字节。

0x000201：厂商 ID(VID)低字节。

0x000202：产品 ID(PID)高字节。

0x000203：产品 ID(PID)低字节。

0x000204：设备版本号高字节。

0x000205：设备版本号低字节。

0x000206：升级文件长度高字节。

0x000207：升级文件长度次高字节。

0x000208：升级文件长度中字节。

0x000209：升级文件长度低字节。

0x00020a-213：保留。

这样主机可以识别升级文件是否匹配所连接过的设备。升级文件长度为升级固件文件的有效长度（去除标识信息）。

字节 6-7：主机需要读取的升级固件文件的头信息长度。

主机通过字节 2-5 和字节 6-7 中的信息读取升级固件文件对应地址的 X 字节数据,然后将该数据通过 InquireDeviceIfCanUpdate 命令发送给设备，用于确认升级文件是否正确。

3. 主机向设备发送 Report ID（0xe2），让设备自行判断是否可以升级。

字节 0：0x53，表示传输类型为 SET REPORT。

字节 1：Report ID。

字节 2-n：主机读取升级固件文件的头信息，共 n 个字节。

字节 0	字节 1	字节 2-n
0x53	0xe2	所读取的固件升级文件头信息

4. 主机向设备发送 Report ID（0xe3），读取设备是否可升级信息。

字节 0：0x43，表示传输类型为 GET REPORT。

字节 1：Report ID。

字节 0	字节 1
0x43	0xe3

设备在收到主机发送的设备是否可升级信息后，向主机返回如下格式的数据。

字节 0	字节 1	字节 2
0xa3	0xe3	是否可升级信息

字节 0：0xa3，表示传输类型为 DATA 类型。

字节 1：Report ID。

字节 2：表示是否可升级信息。0x00 表示可以更新，0x01 表示设备低电压，0x02 表示升级固件信息错误，0x03-0xff 用于其他状态信息定义。

5. 主机向设备发送 Report ID（0xe4），读取设备进入升级模式所需时间。

字节 0：0x43，表示传输类型为 GET REPORT。

字节 1：Report ID。

字节 0	字节 1
0x43	0xe4

设备在收到主机发送的用来读取设备进入升级模式所需时间的信息后，向主机返回如下格式的数据。

字节 0	字节 1	字节 2-4
0xa3	0xe4	设备进入升级模式所需时间

字节 0：0xa3，表示传输类型为 DATA 类型。

字节 1：Report ID。

字节 2-4：设备进入升级模式所需时间，单位是毫秒（ms）。主机下进入升级模式命令给设备后，应延迟此时间再读取设备所需要的数据块索引或读设备是否处于升级模式。

6. 主机向设备发送 Report ID（0xe5），让设备进入升级模式。

字节 0：0x53，表示传输类型为 SET REPORT。

字节 1：Report ID。

字节 2：保留。

字节 0	字节 1	字节 2
0x53	0xe5	保留

7. 主机向设备发送 Report ID（0xe6），读取设备是否在升级模式。

字节 0：0x43，表示传输类型为 GET REPORT。

字节 1：Report ID。

字节 0	字节 1
0x43	0xe6

设备在收到主机发送的信息后，向主机返回如下格式的数据。

字节 0	字节 1	字节 2
0xa3	0xe6	设备是否在升级模式

字节 0：0xa3，表示传输类型为 DATA 类型。

字节 1：Report ID。

字节 2：0 表示设备处于正常模式；1 表示设备处于升级模式。

8. 主机向设备发送 Report ID（0xe7），让设备退出升级模式。

字节 0：0x53，表示传输类型为 SET REPORT。

字节 1：Report ID。

字节 2：保留。

在设备进入升级模式之后，主机下固件刷新命令之前，主机可以强制设备退出升级模式，此时设备应能恢复正常使用状态。

字节 0	字节 1	字节 2
0x53	0xe7	保留

9. 主机向设备发送 Report ID（0xe8），读取设备所需升级数据的索引。

字节 0：0x43，表示传输类型为 GET REPORT。

字节 1：Report ID。

字节 0	字节 1
0x43	0xe8

设备在收到主机发送的信息后，向主机返回如下格式的数据。

字节 0	字节 1	字节 2	字节 3-6	字节 7-8	字节 9-10
0xa3	0xe8	是否接收完升级数据	设备所需要的升级数据索引	设备所需要的升级数据块的长度	发送下一个GetUpdateBlockIndex命令需要延迟的时间

字节 0：0xa3，表示传输类型为 DATA 类型。

字节 1：Report ID。

字节 2：标示设备升级状态。0x00 表示未接收完升级数据；0x01 表示接收完升级数据。

字节 3-6：设备当前所需要接收的升级数据索引，如果字节 2 等于 0，主机需要根据此索引读出相应数据，通过"**升级固件数据块发送**"命令发送给固件。

字节 7-8：设备所需读取数据块的长度，数据块的最大长度为 32 字节。

字节 9-10：时间单位是毫秒（ms）。由于设备接收到升级数据需要执行写动作，可能来不及响应主机发的下一个 **GetUpdateBlockIndex** 命令，因此主机应该延迟设备所要求的时间再发出 **GetUpdateBlockIndex** 命令。

10. 主机向设备发送 Report ID（0xe9），向设备发送升级固件数据块。

字节 0：0x53，表示传输类型为 SET REPORT。

字节 1：Report ID。

字节 2-5：升级数据的数据索引。

字节 6：校验和，是升级固件数据块的"异或"结果。

字节 7-n：升级数据。

字节 0	字节 1	字节 2-5	字节 6	字节 7-n
0x53	0xe9	设备所需要的升级数据索引	升级数据校验和	升级数据（不同的设备数据长度不一样）

11. 主机向设备发送 Report ID（0xea），读取设备下载升级数据的进度。

字节 0：0x43，表示传输类型为 GET REPORT。

字节 1：Report ID。

字节0	字节1
0x43	0xea

设备在收到主机发送的信息后，向主机返回如下格式的数据。

字节0	字节1	字节2-5	字节6-9
0xa3	0xea	设备需要下载升级数据的总长度	设备当前已经下载的升级数据长度

字节0：0xa3，表示传输类型为 DATA 类型。

字节1：Report ID。

字节2-5：设备需要下载升级数据的总长度。

字节6-9：设备当前已经下载升级数据的长度。

以上两个长度单位是设备端定义的，不一定是数据传输的真实长度，可能是相对值。主机只能用于计算数据传输进度。

12. 主机向设备发送 Report ID（0xeb），读取设备刷新固件所需时间。

字节0：0x43，表示传输类型为 GET REPORT。

字节1：Report ID。

字节0	字节1
0x43	0xeb

设备在收到主机发送的信息后，向主机返回如下格式的数据。

字节0	字节1	字节2-4
0xa3	0xeb	设备刷新所需要的时间

字节0：0xa3，表示传输类型为 DATA 类型。

字节1：Report ID。

字节2-4：表示设备刷新固件所需的时间，时间单位为毫秒。

13. 主机向设备发送 Report ID（0xec），让设备开始刷新固件。

字节0：0x53，表示传输类型为 SET REPORT。

字节1：Report ID。

字节2：保留。

字节 0	字节 1	字节 2
0x53	0xec	保留

14. 主机向设备发送 Report ID（0xed），读取设备刷新状态。

字节 0：0x43，表示传输类型为 GET REPORT。

字节 1：Report ID。

当主机下开始刷新固件命令后，应该延迟通过 **GetFirmwareRefreshTime** 命令得到的"设备刷新固件所需的时间"后，再下此命令读取刷新状态，避免设备忙，没有时间响应主机。

字节 0	字节 1
0x43	0xed

设备在收到主机发送的信息后，向主机返回如下格式的信息。

字节 0	字节 1	字节 2
0xa3	0xed	刷新结果

字节 0：0xa3，表示传输类型为 DATA 类型。

字节 1：Report ID。

字节 2：0x00 表示升级完成；0x01 表示升级数据校验出错；其他值会在后续定义。

设备升级完成后退出升级模式。

15. 主机向设备发送 Report ID（0xee），强制设备重启。

字节 0：0x43，表示传输类型为 SET REPORT。

字节 1：Report ID。

字节 2：0x00 表示主机强制设备重新启动；0x01 表示主机强制设备关机；0x02-0xff 保留。

字节 0	字节 1	字节 2
0x43	0xee	0x00

20.4　Hid 设备 OTA 升级的总体程序设计

20.4.1　总体设计

升级程序可以通过 Framework 层的蓝牙 Api、蓝牙应用（Bluetooth.apk）和 Bluedroid 协议栈提供自上而下的接口实现。但是通过 Kernel 提供的 HidRaw 接口也可以实现升级，HidRaw 层透过 Hid 层的 UHID，可以和 Bluedroid 进行双向通信，从而进行数据的收/发，实现升级过程。OTA 的总体框架如图 20.2 所示。

Android 的 C/C++ 层可以通过 Hidraw 和蓝牙子系统双向通信，带来了以下几个好处。

1. 不需要 Android 蓝牙子系统提供接口来满足应用程序的需求，减少了蓝牙子系统的代码复杂度，也减少了模块之间的代码耦合。

2. Hidraw 接口可以提供裸数据的读写，有较大的灵活性，可以极大满足各种应用场景的需要。如对 HID 设备的 OTA 升级、Hid 语音数据的上行/下行处理、一些应用程序对 Hid 设备的控制（如控制马达震动、开/关一些设备的器件、起/停语音录制等）。

3. C/C++ 进程可以直接操作 Hidraw 接口，不需要借助 Java 来实现。

其实 Java 层也可以直接操控 Hidraw 设备节点（需要开放权限）。Hidraw 提供了极大的灵活性，方便了程序的设计。

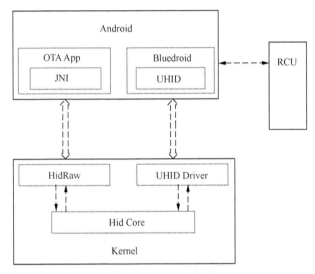

图 20.2 OTA 的总体框架

20.4.2 Kernel 层 Hidraw getReport() 的实现过程

Kernel 层的 drivers/hid/uhid.c 文件中的 uhid_hid_get_raw() 函数提供了 FEATURE Report 和 OUTPUT Report 接口供 drivers/hidraw.c 文件中的 hidraw_ioctl() 函数调用，并向 Bluedroid 发送 uhid_event 事件供 Bluedroid 读取和处理并等待 Bluedroid 的回应。Bluedroid 的 btif/co/bta_hh_co.c 文件中的 btif_hh_poll_event_thread() 线程进行 uhid_event 事件的读取和处理（将数据发给设备），并从设备端得到返回数据，通过 bte_hh_evt() 函数调用 bta_hh_co_ send_get_rpt_rsp()函数，将数据通过 uhid_event 事件写往 Kernel 的 UHID 驱动。uhid_hid_get_raw()函数等待并得到数据后返回，再由 drivers/hid/hidraw.c 文件中的 hidraw_get_report()函数将 report rsp 数据拷贝到应用层的数据缓冲区（即 report_buf），如图 20.3 所示。

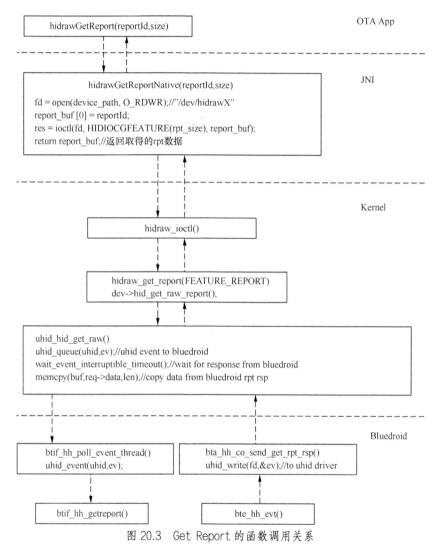

图 20.3　Get Report 的函数调用关系

20.4.3　Kernel 层 Hidraw setReport()的实现过程

Kernel 层的 drivers/hid/uhid.c 文件中的 uhid_hid_output_raw()函数提供了 FEATURE Report 和 OUTPUT Report 接口供 drivers/hidraw.c 文件中的 hidraw_ioctl()函数调用，并向

Bluedroid 发送 uhid_event 事件供 Bluedroid 读取和处理并等待 Bluedroid 的回应。Bluedroid 的 btif/co/bta_hh_co.c 文件的 btif_hh_poll_event_thread()线程进行 uhid_event 事件的读取和处理（将数据发给设备），并从设备端得到返回结果，通过 bte_hh_evt()函数调用 bta_hh_co_send_set_rpt_cfm()函数，将结果通过 uhid_event 事件写入 Kernel 的 UHID 驱动。uhid_hid_output_raw ()函数等待并得到结果后返回，再由 drivers/hid/hidraw.c 文件中的 hidraw_send_report()函数返回结果，最终由 hidraw_ioctl()函数返回结果给应用层，如图 20.4 所示。

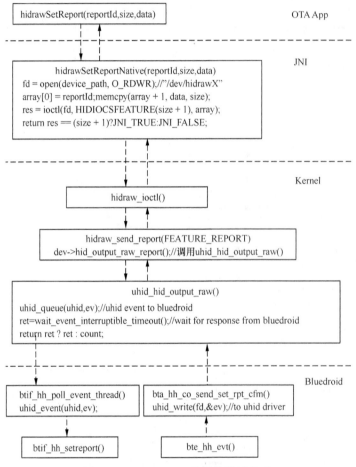

图 20.4　Set Report 的函数调用关系

20.4.4　JNI 层 Hidraw getReport 函数的实现

蓝牙 Hid 设备连接上后，会在 Kernel 层中生成 hidraw 的设备节点，由 get_hidraw_id()函数根据蓝牙设备地址得到设备在驱动挂载的 hidraw 设备的编号，即"/dev/hidrawX"中的"X"。然后打开这个设备节点获得句柄，根据 report Id 和 report size 通过 ioctrl() 函数进行 Feature 获取，从设备端读取相应的特性值。

以下是本函数为在蓝牙进程 JNI 层的实现示例。

```c
/* SFEATURE 和 GFEATURE 的第 1 字节是 report number */
#define HIDIOCGFEATURE(len)    _IOC(_IOC_WRITE|_IOC_READ, 'H', 0x07, len)
static jbyteArray hidrawGetReportNative(JNIEnv *env, jobject object,
                    jbyteArray address, jint reportId, jint rpt_size) {
    jbyteArray ret = NULL;
    int fd,res;
    char *c_feature, *device_path = NULL;
    char *report_buf;

    if (!sBluetoothHidInterface) return NULL;

    jbyte *addr = env->GetByteArrayElements(address, NULL);//获取 Java 层
                                                          //传入的设备地址
    if (!addr) {
        ALOGE("Bluetooth device address null");
        return NULL;
    }

    int rawDeviceId ;
    bt_status_t status;
    //根据设备地址得到 hidraw 接口的编号，当然也可以通过别的方法得到
    if ( (status = sBluetoothHidInterface->get_hidraw_id((bt_bdaddr_t *)
                    addr, &rawDeviceId)) != BT_STATUS_SUCCESS) {
        ALOGE("Failed get hidraw id, status: %d", status);
        env->ReleaseByteArrayElements(address, addr, 0);
        return NULL;
    }

    env->ReleaseByteArrayElements(address, addr, 0);
    asprintf(&device_path, "/dev/hidraw%d", rawDeviceId);//拼接设备接口路径
    ALOGI("hidraw dev path:%s", device_path);

    fd = open(device_path, O_RDWR);//打开设备 hidraw 接口得到句柄
    free(device_path);

    if (fd < 0) {
        ALOGE("open failed:%s", device_path);
```

```c
        return NULL;
    }

    report_buf = (char *)malloc(rpt_size);//分配接收数据缓存
    if (report_buf == NULL) {
        ALOGE("getReport malloc failed!");
        close(fd);
        return NULL;
    }
    memset(report_buf, 0, sizeof(rpt_size));//清零

    /* Get Feature */
    report_buf [0] = reportId;//写入 report id
    res = ioctl(fd, HIDIOCGFEATURE(rpt_size), report_buf);//获取 report 数据
    close(fd);

    if (res < 0) {
        ALOGE("ioctl failed:%s", device_path);
        free(report_buf);
        return NULL;
    }
    ret = env->NewByteArray(res);//根据返回数据长度分配字节数组
    //将数据放入字节数组
    env->SetByteArrayRegion(ret, 0, (jint)res, (jbyte *) report_buf);
    free(report_buf);
    return ret;//返回字节数组
}
```

20.4.5　JNI 层 Hidraw setReport 函数的实现

蓝牙 Hid 设备连接上后，会在 Kernel 层中生成 hidraw 的设备节点，由 get_hidraw_id()函数根据蓝牙设备地址得到设备在驱动挂载的 hidraw 设备的编号，即 "/dev/hidrawX" 中的 "X"。然后打开这个设备节点获得句柄，将 Report Id 和 Report 内容合并到一个 buffer（Report Id 放在最前面）后通过 ioctrl()函数进行 Feature 设置，从设备端读取相应的返回值。以下是本函数为在蓝牙进程 JNI 层的实现示例。

```c
/*SFEATURE 和 GFEATURE 的第 1 字节是 report number */
#define HIDIOCSFEATURE(len)    _IOC(_IOC_WRITE|_IOC_READ, 'H', 0x06, len)
static jboolean hidrawSetReportNative(JNIEnv *env, jobject object,
    byteArray address, jint reportId, jint dataLength, jbyteArray data) {
    int fd, res = -1;
```

```cpp
    char *device_path = NULL;
    jbyte *dataTmp,*array;
    if (!sBluetoothHidInterface) return JNI_FALSE;

    jbyte *addr = env->GetByteArrayElements(address, NULL);//获取传入设备地址
    if (!addr) {
        ALOGE("Bluetooth device address null");
        return JNI_FALSE;
    }

    int rawDeviceId ;
    bt_status_t status;
    //得到hidraw设备编号
    if ( (status = sBluetoothHidInterface->get_hidraw_id((bt_bdaddr_t *) addr,
            &rawDeviceId)) != BT_STATUS_SUCCESS) {
        ALOGE("Failed set report, status: %d", status);
        env->ReleaseByteArrayElements(address, addr, 0);
        return JNI_FALSE;
    }

    env->ReleaseByteArrayElements(address, addr, 0);
    asprintf(&device_path, "/dev/hidraw%d", rawDeviceId);//拼接设备路径
    ALOGI("setReport hidraw dev path:%s", device_path);

    fd = open(device_path, O_RDWR);//打开hidraw设备接口
    free(device_path);

    if (fd < 0) {
        ALOGE("setReport open failed:%s", device_path);
        return JNI_FALSE;
    }

    dataTmp = env->GetByteArrayElements(data, NULL);//得到传入的数据
    if (!dataTmp) {
        ALOGE("setReport setPeport dataTmp null");
        close(fd);
        return JNI_FALSE;
    }

    array = (jbyte *)malloc(1 + dataLength);//分配内存，第1字节存放report id
    if (array == NULL) {
        ALOGE("setReport malloc failed!");
```

```
            env->ReleaseByteArrayElements(data, dataTmp, 0);
            close(fd);
            return JNI_FALSE;
        }
        array[0] = (jbyte)reportId;//放入 Report Id
        memcpy(array + 1, dataTmp, dataLength);//从第 2 个字节开始存放数据

        res = ioctl(fd, HIDIOCSFEATURE(1 + dataLength), array);//进行 feature 设定
        close(fd);
        free(array);

        env->ReleaseByteArrayElements(data, dataTmp, 0);
        return res == (dataLength + 1)?JNI_TRUE:JNI_FALSE;//返回是否成功
    }
```

20.5 Java 层 OTA 升级程序示例

本程序及升级命令定义是早期设计的时候定义的，其中有部分不合理的地方，但是最终实现时总体上使用了本章介绍的升级逻辑，只是做了一些微调。说明如下。

1. 对于 LE4.0 的设备，一个数据包最多包含 20 字节的有效数据，故不希望有效数据里包含无效信息，尽量多传有用数据。对 Report ID 0xe9 来说，字节 2—字节 6 是没有必要的。如果是 LE4.0 之上的设备，倒是不太影响，因为可以调大 MTU 的值，一次可以传送更多数据。校验数据（CHECKSUM）是没有必要的，因为空中传输已经有数据校验，出错会重传。最终实现时，字节 2—字节 6 也用于数据传输。

其实升级程序最早是在小米蓝牙手柄上实现的，由于手柄是传统蓝牙设备，MTU 较大，多带入些冗余数据影响不大。

2. 定义 Report 特性过多消耗了设备的内存。设备在定义属性数据库时，为升级程序声明了多个特性，分配了过多内存。特性过多会加剧内存的紧张。由于早期的蓝牙遥控器没有碰到此问题，故声明了多个特性。后来碰到一款蓝牙遥控器内存不够用，导致对遥控代码做了诸多优化才腾出内存去定义这些 Report 特性。

升级程序的总体逻辑如下。

1. 使用 0xe0 命令读取设备的厂商 ID、产品 ID、设备版本、电池信息和设备属性。可以将其中的部分信息保存，供其他程序使用。

2. 用 0xe1 命令向设备读取升级文件标识信息在固件文件里的偏移地址及标识信息的长度。

3. 根据步骤 2 中得到的标识信息去固件里读取相应的标识信息数据块，用 0xe2 命令将标识

信息数据块发送给设备，查询是否可以升级。

4. 用 0xe3 命令读取是否可升级的结果。如果信息块里的固件版本不高于设备的固件版本、设备电量不足以支撑升级、Flash 存储器有损坏、升级固件错误或其他错误，设备会返回不能升级的信息，升级程序结束。

5. 用 0xe4 命令读取设备进入升级模式所需要的时间，不同的设备时间应该不一样。

6. 用 0xe5 命令使设备进入升级模式，升级程序需要等待一段时间（即第 5 步查询到的时间）。

7. 用 0xe6 命令查询设备是否进入了升级模式，没有进入就退出升级程序。

8. 开始循环发送固件数据块到设备。

- 用 0xe8 命令向设备读取固件数据块在固件文件中的偏移地址和需要读取的长度。
- 参考第 1 步，如果接收完数据，就退出循环。从固件文件中读出相应的数据块，并计算 CHECKSUM。如果读文件出错，用 0xe7 命令通知设备退出升级模式，然后结束升级程序。将数据块、CHECKSUM 和数据索引通过 0xe9 命令发送给设备。
- 通过 0xea 命令读取设备的升级进度。可以在状态栏显示进度以提示用户（示例程序没有实现）。继续循环到第 1 步。

9. 用 0xeb 命令读取设备刷新固件需要的时间。

10. 用 0xec 命令让设备刷新固件，并等待一定时间（第 9 步查询到的时间）。

11. 用 0xed 命令查询设备刷新固件的结果。设备返回升级成功或固件数据校验出错。升级程序做相应的提示。

12. 用 0xee 命令让设备重启使用新固件。前提是第 11 步升级成功。示例程序中没有使用本命令。

升级 Java 程序的参考代码如下，由于一行的长度有限，而代码缩进导致程序代码格式也不好整理，故将代码整体左移了，请读者见谅。另外，Java 层也可以直接访问/dev/hidrawX 设备节点，而不需要封装 JNI 层来访问 hidrawX 设备节点。

```java
//参考命令定义，size 是 13，算入了 Report Id
private final int GET_DEVICE_INFO = 0xE0;//查询设备信息命令
private final int GET_DEVICE_INFO_RPT_SIZE = 13;
//根据命令定义，size 是 7，算入了 Report Id，之后的命令 size 不再说明
//查询升级文件的标识信息的位置和长度，即标识信息在升级文件中的偏移和信息长度
private final int GET_DEVICE_UPDATE_FILE_INFO_OFFSET = 0xE1;
private final int GET_DEVICE_UPDATE_FILE_INFO_OFFSET_RPT_SIZE = 7;
//发送标识信息给设备，由设备判断是否需要升级，设备需要考虑电量和 Flash 坏块情况
private final int INQUIRE_DEVICE_IF_CAN_UPDATE = 0xE2;//setReport
//查询设备是否需要升级，主机固件版本<=设备固件版本就不需要升级
private final int GET_DEVICE_INQUIRE_DEVICE_IF_CAN_UPDATE = 0xE3;
private final int GET_DEVICE_INQUIRE_DEVICE_IF_CAN_UPDATE_RPT_SIZE = 2;
//查询设备进入升级模式所需要的时间，主机拿到结果后需要等待
```

```java
    private final int GET_DEVICE_ENTER_UPDATE_TIME = 0xE4;
    private final int GET_DEVICE_ENTER_UPDATE_TIME_RPT_SIZE = 4;
//进入升级模式
    private final int ENTER_UPDATE_MODE = 0xE5;//setReport
//查询设备是否已经在升级模式，即升级就绪了
    private final int GET_DEVICE_IF_AT_UPDATE_MODE = 0xE6;
    private final int GET_DEVICE_IF_AT_UPDATE_MODE_RPT_SIZE = 2;
//退出升级模式命令
    private final int EXIT_UPDATE_MODE = 0xE7;//setReport
//获取设备的升级数据块索引、长度，以及是否接收完数据及所需延时
    private final int GET_DEVICE_NEED_UPDATE_INDEX = 0xE8;
    private final int GET_DEVICE_NEED_UPDATE_INDEX_RPT_SIZE = 10;
//发送数据块
    private final int SEND_FIRMWARE_UPDATE_BLOCK = 0xE9;//setReport
//读取升级进度
    private final int GET_DEVICE_DOWNLOAD_PROGRESS = 0xEA;
    private final int GET_DEVICE_DOWNLOAD_PROGRESS_RPT_SIZE = 9;
//升级固件传送完毕后，读取设备更新固件需要的时间
    private final int GET_DEVICE_FIRMWARE_REFRESH_TIME = 0xEB;
    private final int GET_DEVICE_FIRMWARE_REFRESH_TIME_RPT_SIZE = 4;
//命令设备开始更新固件
    private final int START_REFRESH_FIRMWARE = 0xEC;//setReport
//读取设备更新固件是否成功
    private final int GET_DEVICE_FIRMWARE_REFRESH_STATUS = 0xED;
    private final int GET_DEVICE_FIRMWARE_REFRESH_STATUS_RPT_SIZE = 2;
    private final int DEVICE_UPDATE_ENABLE = 0;
    private final int DEVICE_UPDATE_LOW_POWER = 1;
    private final int DEVICE_UPDATE_FIRMWARE_ERROR = 2;
//升级线程定义
    private class OTAThread extends Thread {
      @Override
      public void run() {
        //0xE0 命令，获取设备 Vid、Pid、Version、电池信息、设备属性
        byte[] tmp = getReport( (byte)GET_DEVICE_INFO,
                          GET_DEVICE_INFO_RPT_SIZE);
        printArray(tmp, "GET_DEVICE_INFO");//打印设备信息，也可以报告给其他
                                           //应用程序

        try {
        //打开设备固件的文件
        RandomAccessFile randomFile =
                    new RandomAccessFile(FIRMWARE_PATH, "r");
          try {
            //获取设备固件的标识信息在固件中的偏移及大小
            byte[] fileInfoOffsetArray =
```

```java
            getReport( (byte)GET_DEVICE_UPDATE_FILE_INFO_OFFSET,
                    GET_DEVICE_UPDATE_FILE_INFO_OFFSET_RPT_SIZE);
printArray(fileInfoOffsetArray, "fileInfoOffsetArray");
//标识信息偏移量
int fileInfoOffset =(((int)(fileInfoOffsetArray[1]&0x000000FF))<<24)
        + (((int)(fileInfoOffsetArray[2] & 0x000000FF))<<16 +
        (((int)(fileInfoOffsetArray[3] & 0x000000FF))<<8) +
        (((int)(fileInfoOffsetArray[4] & 0x000000FF));
//标识信息大小
int fileInfoLength = (((int)fileInfoOffsetArray[5] & 0x000000FF)<<8)
        + ((int)(fileInfoOffsetArray[6] & 0x000000FF));
//打印升级文件大小
Log.v(TAG, "FIRMWARE  file length:" + randomFile.length());
Log.v(TAG, "fileInfoOffsetArray fileInfoOffset:" + fileInfoOffset);
Log.v(TAG, "fileInfoOffsetArray fileInfoLength:" + fileInfoLength);
byte[] buf = new byte[fileInfoLength];
randomFile.seek(fileInfoOffset);//seek 到标识信息起始点
if (randomFile.read(buf) == fileInfoLength) {
    //读取标识信息
    printArray(buf, "randomFile.read buf");//打印标识信息
    //将标识信息发给设备
    setReport(INQUIRE_DEVICE_IF_CAN_UPDATE, buf.length, buf, 0);
    //查询设备是否可以升级
    byte[] deviceCanUpdateArray = getReport(
                (byte)GET_DEVICE_INQUIRE_DEVICE_IF_CAN_UPDATE,
            GET_DEVICE_INQUIRE_DEVICE_IF_CAN_UPDATE_RPT_SIZE);
    printArray(deviceCanUpdateArray,
            "getReport GET_DEVICE_INQUIRE_DEVICE_IF_CAN_UPDATE");
    //判断是否可以升级
    if (deviceCanUpdateArray[1] ==
                                (byte)DEVICE_UPDATE_ENABLE) {
        //查询设备进升级模式所需要的时间
        byte[] enterUpdateTimeArray =
                getReport((byte)GET_DEVICE_ENTER_UPDATE_TIME,
                        GET_DEVICE_ENTER_UPDATE_TIME_RPT_SIZE);
        printArray(enterUpdateTimeArray,
            "getReport GET_DEVICE_ENTER_UPDATE_TIME");

        byte[] enterUpdatemode = new byte[1];
        enterUpdatemode[0] = (byte)0;
        //命令设备进入升级模式并等待一段时间
        setReport(ENTER_UPDATE_MODE, enterUpdatemode.length,
                enterUpdatemode,
                (((int)(enterUpdateTimeArray[1] & 0x000000FF))<<16) +
```

```java
                        (((int)(enterUpdateTimeArray[2] & 0x000000FF))<<8) +
                        ((int)(enterUpdateTimeArray[3] & 0x000000FF)));
//查询设备是否已经在升级模式就绪
byte[] ifAtUpdateArray =
                    getReport( (byte)GET_DEVICE_IF_AT_UPDATE_MODE,
                    GET_DEVICE_IF_AT_UPDATE_MODE_RPT_SIZE);
if (ifAtUpdateArray[1] == ((byte)1)) {
    boolean isSendBinDataComplete = false;
        byte[] getDeviceNeedUpdateBlockIndexArray;
    //查询升级进度,此时应该是0%,这一行代码也许不需要
    caculateUpdateProgress();
    do {//开始升级数据传送循环
        //读取设备所需要的升级数据的索引信息、数据块长度、是否接收数据完毕、
        //延时时间
        getDeviceNeedUpdateBlockIndexArray = getReport(
                (byte)GET_DEVICE_NEED_UPDATE_INDEX,
                GET_DEVICE_NEED_UPDATE_INDEX_RPT_SIZE);
        //索引信息
        fileInfoOffset = (((int)
         (getDeviceNeedUpdateBlockIndexArray[2] & 0x000000FF))<<24) +
         (int)(getDeviceNeedUpdateBlockIndexArray[3] &
                0x000000FF))<<16) +
                    (((int)(getDeviceNeedUpdateBlockIndexArray[4] &
                        0x000000FF))<<8) +
                    ((int)(getDeviceNeedUpdateBlockIndexArray[5] &
                        0x000000FF));
        //数据块长度
        fileInfoLength = (((int)getDeviceNeedUpdateBlockIndexArray[6]
                    & 0x000000FF)<<8) +
                ((int)(getDeviceNeedUpdateBlockIndexArray[7] &
                    0x000000FF));
        Log.v(TAG, "getDeviceNeedUpdateBlockInde fileInfoOffset:"
                    + fileInfoOffset);
        Log.v(TAG, "getDeviceNeedUpdateBlockInde fileInfoLength:"
                    + fileInfoLength);
        byte[] myBuf = new byte[fileInfoLength];
        randomFile.seek(fileInfoOffset);//升级固件seek到索引信息位置
        //读取数据块
        if (randomFile.read(myBuf) == fileInfoLength) {
            byte[] mySendBuf = new byte[5 + fileInfoLength];
            int checkSum = 0;

            mySendBuf[0] = (byte)(fileInfoOffset>>24);
            mySendBuf[1] = (byte)(fileInfoOffset>>16);
```

```
        mySendBuf[2] = (byte)(fileInfoOffset>>8);
        mySendBuf[3] = (byte)(fileInfoOffset & 0x000000FF);//放入索引
        for (int i=0; i<myBuf.length; i++) {
          mySendBuf[5 + i] = myBuf[i];
          //异或数据，计算校验数据
          checkSum = checkSum ^ ((int)(myBuf[i] &0x000000FF));
        }
        mySendBuf[4] = (byte)(checkSum & 0x000000FF);//放入校验数据
        //发送数据块及头信息
        setReport(SEND_FIRMWARE_UPDATE_BLOCK,
              mySendBuf.length, mySendBuf,
              ((int)(getDeviceNeedUpdateBlockIndexArray[8] &
                          0x000000FF))<<8
              + (int)(getDeviceNeedUpdateBlockIndexArray[9] &
                          0x000000FF));
        caculateUpdateProgress();//计算进度
      } else {//读取数据块失败处理
        Log.e(TAG, "read firmrware error!");
        byte[] exitUpdatemodeArray = new byte[1];
        exitUpdatemodeArray[0] = (byte)0;//退出升级模式
        setReport(EXIT_UPDATE_MODE, exitUpdatemodeArray.length,
              exitUpdatemodeArray, 0);
        break;//退出循环
      }
      //查看数据发送是否完成
      isSendBinDataComplete =
          getDeviceNeedUpdateBlockIndexArray[1] ==
                          (byte)1?true:false;
  }
  //没有完成就继续循环发送数据
  while (isSendBinDataComplete == false);
  if (isSendBinDataComplete == true) {//发送完成
    //获取设备更新固件所需要的时间
    byte[] deviceFirmwareRefreshTimeArray = getReport(
        (byte)GET_DEVICE_FIRMWARE_REFRESH_TIME,
        GET_DEVICE_FIRMWARE_REFRESH_TIME_RPT_SIZE);
    printArray(deviceFirmwareRefreshTimeArray,
                "deviceFirmwareRefreshTimeArray");
    byte[] startRefreshFirmwareBuf = new byte[1];
    startRefreshFirmwareBuf[0] = (byte)0;
    //命令设备更新固件并等待
    setReport(START_REFRESH_FIRMWARE,
```

```java
                            startRefreshFirmwareBuf.length,
                            startRefreshFirmwareBuf,
                            (((int)(deviceFirmwareRefreshTimeArray[1] &
                                    0x000000FF))<<16) +
                            (((int)(deviceFirmwareRefreshTimeArray[2] &
                                    0x000000FF))<<8) +
                            ((int)(deviceFirmwareRefreshTimeArray[3] &
                                    0x000000FF)));
                        //查询设备更新固件是否完成
                        byte[] deviceFirmwareRefreshStatusArray = getReport(
                                (byte)GET_DEVICE_FIRMWARE_REFRESH_STATUS,
                            GET_DEVICE_FIRMWARE_REFRESH_STATUS_RPT_SIZE);
                        printArray(deviceFirmwareRefreshStatusArray,
                                    "deviceFirmwareRefreshStatusArray");
                        if (deviceFirmwareRefreshStatusArray[1] ==(byte)0) {
                          //将进度更新为100%
                          Log.v(TAG,
                           "GET_DEVICE_FIRMWARE_REFRESH_STATUS susccess!");
                        } else if (deviceFirmwareRefreshStatusArray[1] == (byte)1) {
                          Log.e(TAG,
                            "GET_DEVICE_FIRMWARE_REFRESH_STATUS crc error!");
                        } else {
                          Log.e(TAG,
                            "GET_DEVICE_FIRMWARE_REFRESH_STATUS unknow error!");
                        }
                      } else {
                        //传输二进制文件错误!
                      }
                    }
                    else {
                    Log.e(TAG, "enter update mode error!");
                    }
              } else {
                Log.e(TAG, "device can't update error code:0X"+
                    Integer.toHexString((int)deviceCanUpdateArray[1]));
              }
          } else {
            Log.e(TAG, "read firmrware fileInfo error!");
          }
}
randomFile.close();//关闭文件句柄
} catch (IOException ex) {
  Log.e(TAG, "Error: Unable to read file " + FIRMWARE_PATH);
}
```

```
        } catch (FileNotFoundException e) {
            Log.e(TAG, "Error: Unable to find file " + FIRMWARE_PATH);
        }
    }

    void caculateUpdateProgress() {//计算进度函数
        //从设备端获取进度
        byte[] deviceFirmwareDownloadProgress = getReport(
                byte)GET_DEVICE_DOWNLOAD_PROGRESS,
                GET_DEVICE_DOWNLOAD_PROGRESS_RPT_SIZE);
        printArray(deviceFirmwareDownloadProgress,
                "deviceFirmwareDownloadProgress");//打印进度
        //在这里添加代码，加快二进制文件传输进度
        //在这里添加代码
    }

    void threadSleep(int ms) {
        if (ms > 0) {
            try {
                msleep(ms);//睡眠一段时间
            } catch (InterruptedException e) {
            }
        }
    }

    boolean setReport(int reportId, int dataLength, byte[] data, int waitMs) {
        //最终调用 JNI 的函数
        boolean ret = mInput.hidrawSetReport(address, reportId, dataLength, data);
        threadSleep(waitMs > 0?waitMs:10);
        return ret;
    }

    byte[] getReport(int reportId, int rpt_size) {
        //最终调用 JNI 的函数
        return mInput.hidrawGetReport(address, reportId, rpt_size);
    }
    void printArray(byte[] array, String preTag) {
        if (array != null) {
            for (int i=0; i < array.length; i++) {
                Log.v(TAG, preTag + " result:0x" +
                        Integer.toHexString((int)(array[i] & 0x000000FF)));
            }
```

```
            } else {
                Log.e(TAG, preTag + " return array is null!");
            }
        }
    }
```

20.6　Hidraw setReport、getReport 命令的数据分析

升级程序 set/get Report 的 Report Id 传到协议栈时，Bluedroid 协议栈会根据 Report Id 找到对应的 Handle，将 Handle 和数据打包发送给设备。设备进行数据处理。反之设备向主机传送 Report 数据时，Handle 和数据一起发送过来，Bluedroid 协议栈根据 Handle 找到对应的 Report Id，正确地将数据送给升级程序。下面是协议栈在查询设备的所有 Report 特性的特性描述时得到的列表的一部分，其中 ReportId 224 即对应 0xE0 命令，特性值 Handle 是 79；225 对应 0xE1 命令，特性值 Handle 是 82。其他的依此类推。

```
//0xe0 命令,report 特性值 handle 79,descriptor handle 80
[Report-0x2a4d] [Type:FEATURE], [ReportID: 224] [inst_id: 10] [Clt_cfg:0]
//0xe1 命令,report 特性值 handle 82,descriptor handle 83
[Report-0x2a4d] [Type:FEATURE], [ReportID: 225] [inst_id: 11] [Clt_cfg:0]
//0xe2 命令,report 特性值 handle 85,descriptor handle 86
[Report-0x2a4d] [Type:FEATURE], [ReportID: 226] [inst_id: 12] [Clt_cfg:0]
//0xe3 命令,report 特性值 handle 88,descriptor handle 89
[Report-0x2a4d] [Type:FEATURE], [ReportID: 227] [inst_id: 13] [Clt_cfg:0]
//0xe4 命令,report 特性值 handle 91,descriptor handle 92
[Report-0x2a4d] [Type:FEATURE], [ReportID: 228] [inst_id: 14] [Clt_cfg:0]
//descriptor handle 95
[Report-0x2a4d] [Type:FEATURE], [ReportID: 229] [inst_id: 15] [Clt_cfg:0]
```

下面对设备连上后，主机升级程序和设备之间的一次不需要升级的命令沟通过程进行讲解。升级程序用 0xe0（十进制的 224）命令查询设备信息。对应的 Handle 值是 79，如图 20.5 所示。

设备回应 0xe0 命令，Handle 是 79，厂商 ID 是 0x2717，产品 ID 是 0x32b4，软硬件版本号是 1.0.3.7，当前电量是 0x64（即 10 进制的 100），低电压阈值是 0x19（即 10 进制的 25），属性信息是 0xa4。可以从属性信息中看出设备支持红外和 bt MIC。厂商 ID 和产品 ID 可以用于在升级固件目录寻找特定固件（可让升级固件名字包含这些信息），如图 20.6 所示。

```
0 2   0 2   0 0   0 7   0 0   0 3   0 0   0 4   0 0   0a   4f   00
```

Frame 510: (Host) Len=12
HCI UART:
　HCI Packet Type: ACL Data Packet
HCI:
　Packet from: Host
　Handle: 0x0002
　Broadcast Flag: No broadcast, point-to-point
　Packet Boundary Flag: First non-automatically-flushable L2CAP packet
　Total Length: 7
　Credits: Available Host's ACL credits: 6
L2CAP:
　Role: Master
　Address: 2
　PDU Length: 3
　Channel ID: 0x0004 (Attribute Protocol)
ATT:
　Role: Master
　Signature Present: No
　PDU Type is Command: No
　Opcode: Read Request
　*Database: 2(S)
　Attribute Handle: 79
　*Stored Attribute Type: HID Report

图 20.5　0xe0 命令查询设备信息

```
0 2   0 2   2 0   1 1   0 0   0 d   0 0   0 4   0 0   0 b   2 7   1 7   3 2   b 4   1 0   3 7   6 4   1 9   a 4   0 0
0 0   0 0
```

Frame 512: (Controller) Len=22
HCI UART:
　HCI Packet Type: ACL Data Packet
HCI:
　Packet from: Controller
　Handle: 0x0002
　Broadcast Flag: No broadcast, point-to-point
　Packet Boundary Flag: First automatically-flushable L2CAP packet
　Total Length: 17
L2CAP:
　Role: Slave
　Address: 2
　PDU Length: 13
　Channel ID: 0x0004 (Attribute Protocol)
ATT:
　Role: Slave
　Signature Present: No
　PDU Type is Command: No
　Opcode: Read Response
　*Database: 2(S)
　*Stored Handle: 79
　*Stored Attribute Type: HID Report
　HID Report
　　Report: 0x 27 17 32 b4 10 37 64 19 a4 00 00 00

图 20.6　0xe0 命令查询设备信息的回应

升级程序发出 0xe1 命令，对应的 Handle 是 82。查询设备的升级文件标识信息偏移，如图 20.7 所示。

```
02 02 00 07 00 03 00 04 00 0a 52 00
```

Frame 513: (Host) Len=12
HCI UART:
    HCI Packet Type: ACL Data Packet
HCI:
    Packet from: Host
    Handle: 0x0002
    Broadcast Flag: No broadcast, point-to-point
    Packet Boundary Flag: First non-automatically-flushable L2CAP packet
    Total Length: 7
    Credits: Available Host's ACL credits: 6
L2CAP:
    Role: Master
    Address: 2
    PDU Length: 3
    Channel ID: 0x0004 (Attribute Protocol)
ATT:
    Role: Master
    Signature Present: No
    PDU Type is Command: No
    Opcode: Read Request
    *Database: 2(S)
    Attribute Handle: 82
    *Stored Attribute Type: HID Report

图 20.7　0xe1 命令查询升级文件标识信息偏移

设备返回标识信息，偏移值是 0x00000020（十进制的 32），信息长度是 0x0014（十进制的 20），如图 20.8 所示。

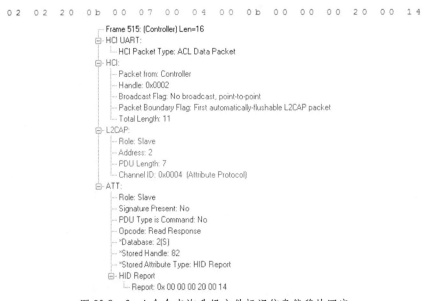

图 20.8　0xe1 命令查询升级文件标识信息偏移的回应

升级程序根据标识信息去升级固件读取数据块，用 0xe2 命令将数据块发给设备，让设备判断是否可以升级。Handle 是 85。读取的数据块包含这些信息：厂商 ID 是 0x2717；产品 ID 是 0x32b4；软硬件版本号是 1.0.3.7；固件长度是 0x0001c700 字节（113.75KB）；后面字段为设备厂商自己使用，如图 20.9 所示。

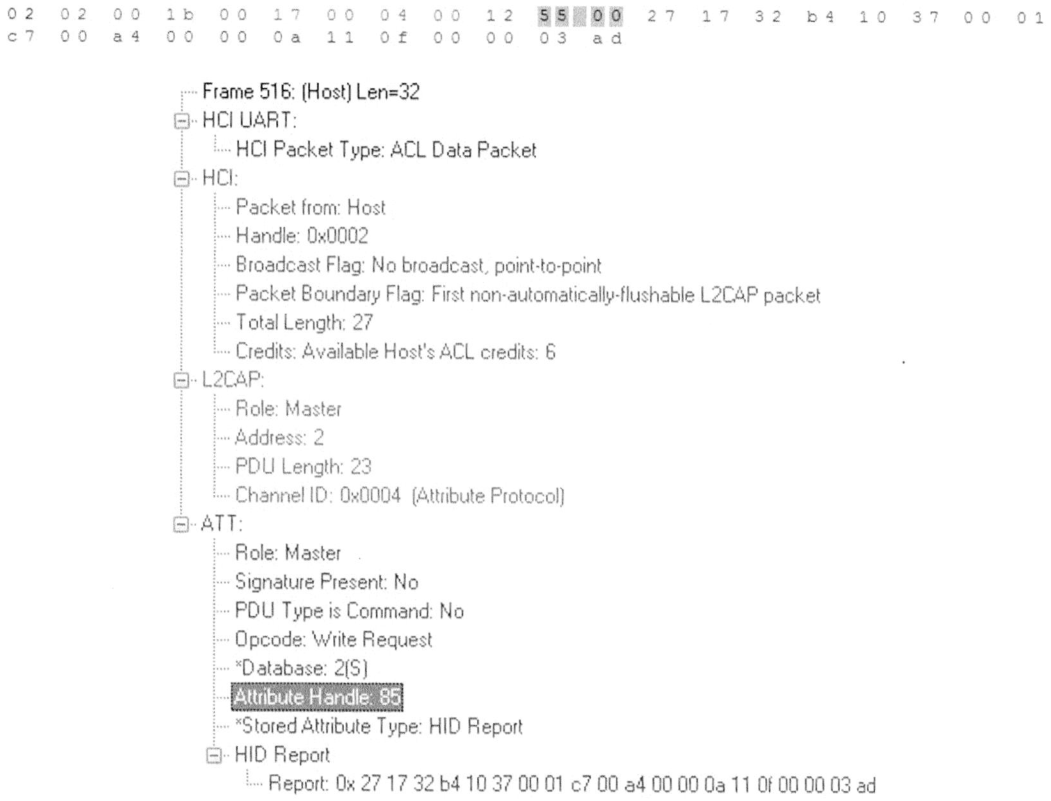

```
02 02 00 1b 00 17 00 04 00 12 55 00 27 17 32 b4 10 37 00 01
c7 00 a4 00 00 0a 11 0f 00 00 03 ad
```

```
Frame 516: (Host) Len=32
HCI UART:
    HCI Packet Type: ACL Data Packet
HCI:
    Packet from: Host
    Handle: 0x0002
    Broadcast Flag: No broadcast, point-to-point
    Packet Boundary Flag: First non-automatically-flushable L2CAP packet
    Total Length: 27
    Credits: Available Host's ACL credits: 6
L2CAP:
    Role: Master
    Address: 2
    PDU Length: 23
    Channel ID: 0x0004 (Attribute Protocol)
ATT:
    Role: Master
    Signature Present: No
    PDU Type is Command: No
    Opcode: Write Request
    *Database: 2(S)
    Attribute Handle: 85
    *Stored Attribute Type: HID Report
    HID Report
        Report: 0x 27 17 32 b4 10 37 00 01 c7 00 a4 00 00 0a 11 0f 00 00 03 ad
```

图 20.9　0xe2 命令将数据块发给设备

升级程序用 0xe3 命令查询设备是否可以升级，Handle 是 88，如图 20.10 所示。

设备回应的值是 0x02，含义是升级信息错误，升级程序结束升级过程。由于 0xe0 命令读取到的设备软硬件版本号和升级固件里的标识信息的软硬件版本号都是 1.0.3.7，不需要进行软件升级，故设备返回了 0x02 的值，如图 20.11 所示。

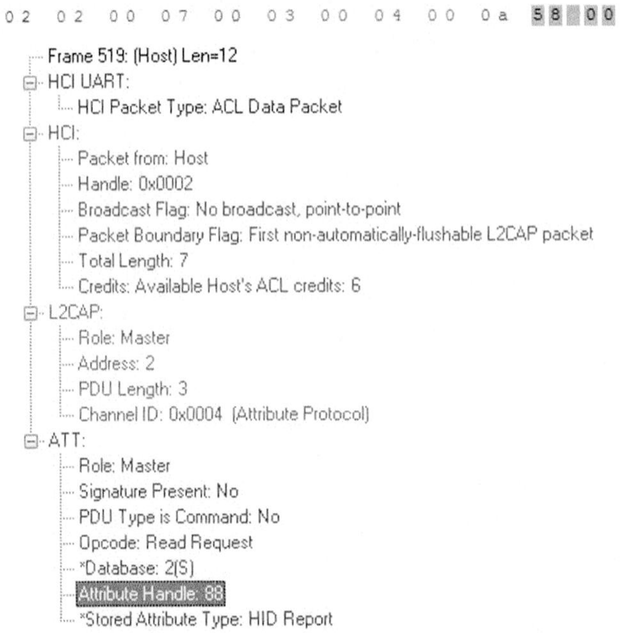

```
02  02  00  07  00  03  00  04  00  0a  58  00
```

- Frame 519: (Host) Len=12
- HCI UART:
  - HCI Packet Type: ACL Data Packet
- HCI:
  - Packet from: Host
  - Handle: 0x0002
  - Broadcast Flag: No broadcast, point-to-point
  - Packet Boundary Flag: First non-automatically-flushable L2CAP packet
  - Total Length: 7
  - Credits: Available Host's ACL credits: 6
- L2CAP:
  - Role: Master
  - Address: 2
  - PDU Length: 3
  - Channel ID: 0x0004 (Attribute Protocol)
- ATT:
  - Role: Master
  - Signature Present: No
  - PDU Type is Command: No
  - Opcode: Read Request
  - *Database: 2(S)
  - **Attribute Handle: 88**
  - *Stored Attribute Type: HID Report

图 20.10　0xe3 命令查询设备是否可以升级

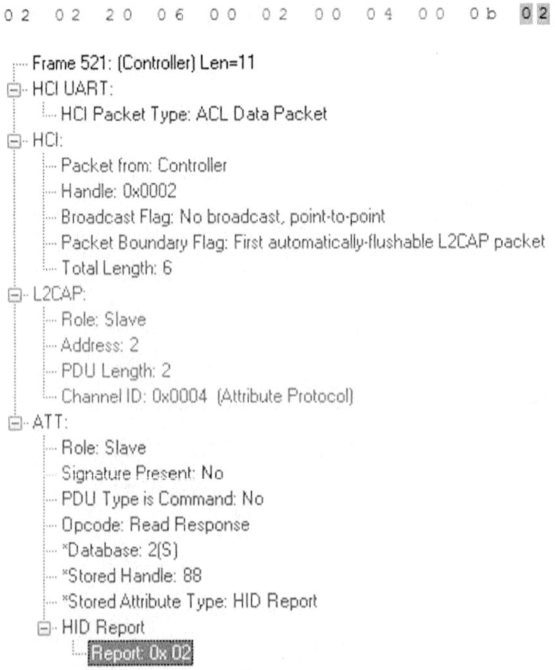

```
02  02  20  06  00  02  00  04  00  0b  02
```

- Frame 521: (Controller) Len=11
- HCI UART:
  - HCI Packet Type: ACL Data Packet
- HCI:
  - Packet from: Controller
  - Handle: 0x0002
  - Broadcast Flag: No broadcast, point-to-point
  - Packet Boundary Flag: First automatically-flushable L2CAP packet
  - Total Length: 6
- L2CAP:
  - Role: Slave
  - Address: 2
  - PDU Length: 2
  - Channel ID: 0x0004 (Attribute Protocol)
- ATT:
  - Role: Slave
  - Signature Present: No
  - PDU Type is Command: No
  - Opcode: Read Response
  - *Database: 2(S)
  - *Stored Handle: 88
  - *Stored Attribute Type: HID Report
  - HID Report
    - **Report: 0x 02**

图 20.11　0xe3 命令查询设备是否可以升级的回应

第 21 章

加速度传感器在低功耗蓝牙设备上的应用

21.1 概述

加速度传感器的英文全称是 Accelerometer-Sensor，简称为 G-Sensor，它能够感知到加速力的变化。加速力就是当物体在加速过程中作用在物体上的力，比如晃动、跌落、上升、下降等各种移动变化都能被 G-Sensor 转化为电信号，然后通过微处理器的计算和分析后，就能够完成程序设计好的功能，比如 MP3 能根据使用者的甩动方向更换歌曲，放进衣袋的时候也能够计算出使用者的前进步伐。

G-Sensor 也被内置在个别高端笔记本，在感知发生剧烈加速度时（如开始跌落），立即保护硬盘，避免硬盘损害。简单地说，G-Sensor 是智能化重力感应系统，应用在硬盘上可以检测当前硬盘的状态，当发生意外跌落时会产生加速度，硬盘感应到加速度，磁头就会自动归位，使盘体和磁头分离，防止在读写操作的时候受到意外的冲击，从而有效地保护硬盘。

在手机中应用此项技术，可以根据使用者的动作而进行相应的软件应用，比如打游戏，使用者挥舞手机，游戏也会有相应的反应，就像 Wii 的微电机械系统(MEMS)。

带有 G-Sensor 的小米语音体感遥控器在小米电视、盒子上得到应用，主要用于体感游戏专区的游戏使用。游戏专区的游戏有羽毛球、网球、保龄球和高尔夫等。

本章主要讲解主机端对 G-Sensor 数据的接收、处理和上报，不涉及设备端的数据采集和传输过程。通过本章的学习，读者很容易想到蓝牙鼠标的实现机制也是类似的。

21.2 蓝牙输入相关子系统、G-Sensor 子系统简介

如图 21.1 所示，Linux 内核 Hid 子系统和 Bluedroid 之间通过 UHID 驱动进行双向通信。UHID 驱动层给 Bluedroid 提供了读、写接口。Bluedroid 在初始化完成后，用读/写权限打开/dev/uhid 设备节点，就能操作 UHID Driver 了，如创建/销毁 Hid 设备、接收来自蓝牙芯片的数据往 Hid-Core 写入数据（如按键或其他批量数据）、接收来自 Hid-Core 的数据发往蓝牙芯片等。

Hid-Core 层通过 UHID 和 Bluedroid 通信，Hid-Core 层可以嵌入蓝牙设备的驱动程序注册的回调函数，接收来自 Bluedroid 的数据，让设备驱动程序进行处理。本章涉及的 G-Sensor 驱动程序接收到数据之后进行解析和处理，将坐标信息写入驱动创建的输入设备。Android 层的 G-Sensor HAL 层读取输入设备的坐标数据，上报 Sensor 相关的上层处理。

本章主要介绍 G-Sensor 的驱动代码。请读者自行了解 Bluedroid 的 Uhid、Kernel 的 Uhid/Hid/Input 和 Android 的输入子系统及 Sensor 子系统。

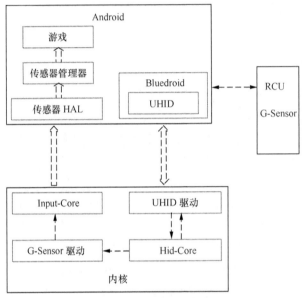

图 21.1　G-Sensor 数据流向

21.3　加速度传感器设备的创建过程

加速度传感器的驱动在 Kernel 初始化之后就已经被注册在蓝牙 Hid 虚拟总线上。蓝牙遥控器连接上之后，Bluedroid 会调用 UHID 驱动接口在 Kernel 创建 Hid 设备，此 Hid 设备也被注册在蓝牙 Hid 虚拟总线上，此时蓝牙 Hid 虚拟总线就会将 Hid 设备和加速度传感器的驱动匹配上，执行加速度传感器的 Probe 函数。Probe 函数往 Hid-Core 注册回调函数和往 Kernel 的 Input 子系统创建输入设备。

21.3.1　Bluedroid 发起的设备注册过程

蓝牙遥控器启动后，会以读写权限打开/dev/uhid 设备节点，将得到的句柄赋值给

p-dev->fd，然后由下面的函数发起 Hid 设备的创建。此函数的实现位于 externel/Bluetooth/
bluedroid/btif/co/bta_hh_co.c 文件中。

```c
void bta_hh_co_send_hid_info(btif_hh_device_t *p_dev, char *dev_name,
              UINT16 vendor_id, UINT16 product_id, UINT16 version,
              UINT8 ctry_code,
              int dscp_len, UINT8 *p_dscp) {
    int result;
    struct uhid_event ev;

    if (p_dev->fd < 0) {
        return;//没有得到uhid设备的句柄，出错返回
    }

    //创建并发送hid描述符到内核
    memset(&ev, 0, sizeof(ev));
    ev.type = UHID_CREATE; //创建输入设备
    //将蓝牙设备名字传入，作为hid设备的名字
    strncpy((char*)ev.u.create.name, dev_name, sizeof(ev.u.create.name) - 1);
    snprintf((char*)ev.u.create.uniq, sizeof(ev.u.create.uniq), //设置uniq
            "%2.2X:%2.2X:%2.2X:%2.2X:%2.2X:%2.2X",
            p_dev->bd_addr.address[5], p_dev->bd_addr.address[4],
            p_dev->bd_addr.address[3], p_dev->bd_addr.address[2],
            p_dev->bd_addr.address[1], p_dev->bd_addr.address[0]);
    ev.u.create.rd_size = dscp_len;
    ev.u.create.rd_data = p_dscp; //传入hid描述
    ev.u.create.bus = BUS_BLUETOOTH; //值是5，蓝牙Hid虚拟总线，用于区别usb、pci等
    ev.u.create.vendor = vendor_id; //厂商id
    ev.u.create.product = product_id; //产品id
    ev.u.create.version = version;
    ev.u.create.country = ctry_code; //国家码
    result = uhid_write(p_dev->fd, &ev); //调用Kernel UHID 驱动接口创建设备

    if (result) {//出错处理
        close(p_dev->fd);
        p_dev->fd = -1;
    }
}
```

21.3.2　Kernel 中 Hid 设备的创建过程

UHID 驱动程序调用 uhid_dev_create()函数执行蓝牙 Hid 设备的创建。先分配 Hid 设备，总线类型是 Hid，然后记录 Bluedroid 传入的蓝牙总线类型、厂商 Id、产品 Id 等参数，往 Hid 虚拟总

线上执行设备的注册。注册设备后会执行 Hid 总线的 match() 函数并在设备和驱动的匹配过程及匹配上后调用驱动的 Probe 函数。具体的 match() 函数是 hid_match_one_id()，进行 bus、vendor 和 product 的匹配，group 都是默认值 0。

```
static bool hid_match_one_id(struct hid_device *hdev,
            const struct hid_device_id *id)
{
    //执行 bus、vendor、product 值的匹配判断
    return (id->bus == HID_BUS_ANY || id->bus == hdev->bus) &&
        (id->group == HID_GROUP_ANY || id->group == hdev->group) &&
        (id->vendor == HID_ANY_ID || id->vendor == hdev->vendor) &&
        (id->product == HID_ANY_ID || id->product == hdev->product);
}

static int uhid_dev_create(struct uhid_device *uhid,
            const struct uhid_event *ev)
{
    struct hid_device *hid;
    int ret;

    if (uhid->running)
        return -EALREADY;

    uhid->rd_size = ev->u.create.rd_size;
    if (uhid->rd_size <= 0 || uhid->rd_size > HID_MAX_DESCRIPTOR_SIZE)
        return -EINVAL;

    uhid->rd_data = kmalloc(uhid->rd_size, GFP_KERNEL);
    if (!uhid->rd_data)
        return -ENOMEM;

    if (copy_from_user(uhid->rd_data, ev->u.create.rd_data,
            uhid->rd_size)) {//保存 Hid 描述
        ret = -EFAULT;
        goto err_free;
    }

    hid = hid_allocate_device();//分配 Hid 设备，总线类型为 hid bus
    if (IS_ERR(hid)) {
        ret = PTR_ERR(hid);
        goto err_free;
    }
```

```c
        strncpy(hid->name, ev->u.create.name, 127);//保存蓝牙名字作为设备名字
        hid->name[127] = 0;
        strncpy(hid->phys, ev->u.create.phys, 63);
        hid->phys[63] = 0;
        strncpy(hid->uniq, ev->u.create.uniq, 63);
        hid->uniq[63] = 0;

        hid->ll_driver = &uhid_hid_driver;
        hid->hid_get_raw_report = uhid_hid_get_raw;
        hid->hid_output_raw_report = uhid_hid_output_raw;
        hid->bus = ev->u.create.bus;//记录来自bluedroid的总线类型，5是蓝牙类型
        hid->vendor = ev->u.create.vendor;//厂商Id
        hid->product = ev->u.create.product;//产品Id
        hid->version = ev->u.create.version;
        hid->country = ev->u.create.country;
        hid->driver_data = uhid;
        hid->dev.parent = uhid_misc.this_device;

        uhid->hid = hid;
        uhid->running = true;
        //添加设备到Hid虚拟总线，添加后发起总线上设备和驱动的匹配过程
        ret = hid_add_device(hid);
        if (ret) {
            hid_err(hid, "Cannot register HID device\n");
            goto err_hid;
        }

        return 0;

err_hid:
    hid_destroy_device(hid);
    uhid->hid = NULL;
    uhid->running = false;
err_free:
    kfree(uhid->rd_data);
    return ret;
}

struct hid_device *hid_allocate_device(void)
{
    struct hid_device *hdev;
```

```c
    int ret = -ENOMEM;

    hdev = kzalloc(sizeof(*hdev), GFP_KERNEL);
    if (hdev == NULL)
        return ERR_PTR(ret);

    device_initialize(&hdev->dev);
    hdev->dev.release = hid_device_release;
    hdev->dev.bus = &hid_bus_type;//总线类型为Hid

    hid_close_report(hdev);

    init_waitqueue_head(&hdev->debug_wait);
    INIT_LIST_HEAD(&hdev->debug_list);
    spin_lock_init(&hdev->debug_list_lock);
    sema_init(&hdev->driver_lock, 1);
    sema_init(&hdev->driver_input_lock, 1);

    return hdev;
}
```

21.4　加速度传感器的驱动注册过程

驱动程序在 Probe()函数执行时，创建了一个叫作"MiSensor:X"的输入设备，其中"X"是设备的数字编号。Android 的体感游戏会通过 Sensor 子系统调用 Sensor Hal 层打开这个设备进行 Sensor 数据的读取和处理。

驱动处理 3 种不同的加速度传感器设备的数据，一个 6 轴传感器，另外两个是 3 轴传感器。3 个传感器在蓝牙遥控器里上报数据的 Report ID 都是 3,驱动程序的数据处理函数 miff_hid_event() 根据产品 ID（其实应该加上厂商 ID 的判断）和 Report ID 来识别是否是 Sensor 数据，如是则提取坐标数据写入输入设备。

需要注意，miff_probe()函数调用了 hid_hw_start(hdev, HID_CONNECT_DEFALT)来实现按键输入设备的创建。原因是加速度传感器驱动实现了设备的 Probe()函数，在 Hid 总线匹配上设备和加速度传感器驱动后，只会调用加速度传感器的 Probe()函数，不会调用 Hid 总线默认的 Probe()函数，否则会导致无法创建按键输入设备。读者可阅读参考 hid-core.c 中的 hid_device_probe()函数的实现。按键输入设备的创建过程可以参考 hid-input.c 中的 hidinput_connect()函数，按键的 Report ID 是 1。

```c
#include <linux/input.h>
```

```c
#include <linux/slab.h>
#include <linux/hid.h>
#include <linux/module.h>
#include "hid-ids.h"
#include <linux/hidraw.h>

#define CONVERT (int)(9.8 * 8)  //转换比例因子

struct miff_remoterrc {
    unsigned int level;
    struct hid_device *hdev;
    struct input_dev *accel;
    spinlock_t lock;
};

static int miff_accel_open(struct input_dev *dev)
{
    struct miff_remoterrc *remoterrc = input_get_drvdata(dev);

    return hid_hw_open(remoterrc->hdev);
}

static void miff_accel_close(struct input_dev *dev)
{
    struct miff_remoterrc *remoterrc = input_get_drvdata(dev);

    hid_hw_close(remoterrc->hdev);
}

//数据处理函数
static int miff_hid_event(struct hid_device *hdev, struct hid_report *report,
                    u8 *raw_data, int size)
{
    struct miff_remoterrc *remoterrc = hid_get_drvdata(hdev);
    unsigned long flags;
    int x, y, z;
    int rx, ry, rz;

    if (!remoterrc)
        return -EFAULT;
    if (!remoterrc->accel)
        return -ENODEV;
```

```c
    if (size < 1)
        return -EINVAL;

    spin_lock_irqsave(&remoterrc->lock, flags);

    if ((hdev->product == 0x32b0) || (hdev->product == 0x32b4)) {//是指定产品
        if (raw_data[0] == 0x03 && size >= 7) {//Report ID是3,且长度合法
            int coefficient;

            x = (s16) (raw_data[1] | raw_data[2] << 8);//x轴加速度裸数据
            y = (s16) (raw_data[3] | raw_data[4] << 8);//y轴加速度裸数据
            z = (s16) (raw_data[5] | raw_data[6] << 8);//z轴加速度
                                                      //裸数据

            coefficient = (size == 7) ? CONVERT : 1;//数据需要转
                                                    //换就设定比例因子

            input_report_rel(remoterrc->accel, REL_X,
                        x * coefficient);//写入输入设备
            input_report_rel(remoterrc->accel, REL_Y,
                        y * coefficient); //写入输入设备
            input_report_rel(remoterrc->accel, REL_Z,
                        z * coefficient); //写入输入设备
        }

        if (raw_data[0] == 0x03 && size == 13) {//Report ID是3,且长度合法
            rx = (s16) (raw_data[7] | raw_data[8] << 8);//x轴角速度
            ry = (s16) (raw_data[9] | raw_data[10] << 8);//y轴角速度
            rz = (s16) (raw_data[11] | raw_data[12] << 8); //z轴角速度

            input_report_rel(remoterrc->accel, REL_RX, rx);//写入输入设备
            input_report_rel(remoterrc->accel, REL_RY, ry); //写入输入设备
            input_report_rel(remoterrc->accel, REL_RZ, rz); //写入输入设备
        }

        input_sync(remoterrc->accel);//同步,唤醒通知读取线程
    } else if (hdev->product == 0x3207) {//是指定产品
        if (raw_data[0] == 0x03 && size == 7) {
            x = (s16) (raw_data[5] | raw_data[6] << 8); //x轴加速度裸数据
            y = (s16) (raw_data[3] | raw_data[4] << 8); //y轴加速度裸数据
            z = (s16) (raw_data[1] | raw_data[2] << 8); //z轴加速度裸数据
```

```c
            //写入输入设备
            input_report_rel(remoterrc->accel, REL_X, x * CONVERT);
            input_report_rel(remoterrc->accel, REL_Y, y * CONVERT);
            input_report_rel(remoterrc->accel, REL_Z, z * CONVERT);
            input_sync(remoterrc->accel);  //同步，唤醒读取线程
        }
    }

    spin_unlock_irqrestore(&remoterrc->lock, flags);

    return 0;
}

static void miff_accel_create(struct miff_remoterrc *remoterrc)
{
    struct hid_device *hid;
    unsigned int rawid;
    char *accel_name;

    if (!remoterrc)
        return;

    hid = remoterrc->hdev;
    if (!hid || !((struct hidraw *)hid->hidraw))
        return;

    rawid = ((struct hidraw *)hid->hidraw)->minor;

    accel_name = kzalloc(80, GFP_KERNEL);
    if (!accel_name)
        return;
    snprintf(accel_name, 80, "MiSensor:%d", rawid);//指定传感器输入设备名字
    remoterrc->accel = input_allocate_device();//分配输入设备
    if (!remoterrc->accel)
        return;

    input_set_drvdata(remoterrc->accel, remoterrc);
    remoterrc->accel->open = miff_accel_open;
    remoterrc->accel->close = miff_accel_close;
    //指定输入设备的父设备为当前蓝牙Hid设备
    remoterrc->accel->dev.parent = &remoterrc->hdev->dev;
```

```c
        remoterrc->accel->id.bustype = remoterrc->hdev->bus;
        remoterrc->accel->id.vendor = remoterrc->hdev->vendor;
        remoterrc->accel->id.product = remoterrc->hdev->product;
        remoterrc->accel->id.version = remoterrc->hdev->version;
        remoterrc->accel->name = accel_name;

        set_bit(EV_REL, remoterrc->accel->evbit);
        set_bit(REL_X, remoterrc->accel->relbit);
        set_bit(REL_Y, remoterrc->accel->relbit);
        set_bit(REL_Z, remoterrc->accel->relbit);
        set_bit(REL_RX, remoterrc->accel->relbit);
        set_bit(REL_RY, remoterrc->accel->relbit);
        set_bit(REL_RZ, remoterrc->accel->relbit);

        return;
}

static void miff_accel_destroy(struct miff_remoterrc *remoterrc)
{
        if (remoterrc && remoterrc->accel) {
                kfree(remoterrc->accel->name);
                remoterrc->accel->name = NULL;
                input_unregister_device(remoterrc->accel);
        }
}

static int miff_probe(struct hid_device *hdev, const struct hid_device_id *id)
{
        int ret;
        struct hid_input *hidinput;
        struct miff_remoterrc *remoterrc;
        hid_info(hdev, "Xiao MI HID hardware probe!\n");

        remoterrc = kzalloc(sizeof(*remoterrc), GFP_KERNEL);
        if (!remoterrc) {
                hid_info(hdev, "Xiao MI HID can't alloc device!\n");
                return -ENOMEM;
        }
        remoterrc->hdev = hdev;
        spin_lock_init(&remoterrc->lock);
        hid_set_drvdata(hdev, remoterrc);
```

```
    ret = hid_parse(hdev);
    if (ret) {
        hid_err(hdev, "Xiao MI HID parse failed!\n");
        goto err;
    }

    ret = hid_hw_start(hdev, HID_CONNECT_DEFAULT);//创建按键输入设备
    if (ret) {
        hid_err(hdev, "Xiao MI hw start failed!\n");
        goto err;
    }

    miff_accel_create(remoterrc);//创建g-sensor输入设备
    if (!remoterrc->accel) {
        hid_err(hdev, "Xiao MI Create accel fail!\n");
        goto err_stop;
    }
    hid_info(hdev, "Xiao MI Create accel OK!\n");

    ret = input_register_device(remoterrc->accel); //注册G-Sensor输入设备
    if (ret) {
        hid_err(hdev, "Cannot register input device\n");
        goto err_accel;
    }

    hidinput = list_entry(hdev->inputs.next, struct hid_input, list);
    if (!hidinput) {
        hid_err(hdev, "NULL output hid input!\n");
        goto err_reg_accel;
    }

    return 0;

err_reg_accel:
    input_unregister_device(remoterrc->accel);
    remoterrc->accel = NULL;
err_accel:
    input_free_device(remoterrc->accel);
err_stop:
    hid_hw_stop(hdev);
err:
    hid_set_drvdata(hdev, NULL);
```

```c
        kfree(remoterrc);
        return ret;
}

static void miff_remove(struct hid_device *hdev)
{
        struct miff_remoterrc *remoterrc = hid_get_drvdata(hdev);
        hid_info(hdev, "Xiao MI HID removed!\n");

        miff_accel_destroy(remoterrc);
        hid_hw_stop(hdev);
}

//用于 Hid 总线匹配设备的 ID 列表,其中 USB_VENDOR_ID_XIAOMI 值是 0x2717
static const struct hid_device_id miff_devices[] = {
        {HID_BLUETOOTH_DEVICE(USB_VENDOR_ID_XIAOMI, 0x32B0),},
        {HID_BLUETOOTH_DEVICE(USB_VENDOR_ID_XIAOMI, 0x3207),},
        {HID_BLUETOOTH_DEVICE(USB_VENDOR_ID_XIAOMI, 0x32B4),},
        {}
};

MODULE_DEVICE_TABLE(hid, miff_devices);

static struct hid_driver miff_driver = {
        .name = "xiaomi-remotecontroller",
        .id_table = miff_devices,
        .probe = miff_probe,
        .remove = miff_remove,
        .raw_event = miff_hid_event,
};

module_hid_driver(miff_driver);//注册加速度传感器驱动
MODULE_LICENSE("GPL");
```

21.5　Sensor 数据从 Bluedroid 到传感器驱动的传输过程

Bluedroid 每收到来自遥控器的一帧 Sensor 数据,就在数据前添加 Report ID,然后通过 UHID 驱动接口将数据送往 Kernel。Kernel 的 UHID 驱动将数据送往 Hid 部分。Hid 调用 Sensor 驱动程序注册的处理函数（miff_hid_event()函数）进行数据处理，将数据送往 Sensor Hal 层。主要流程说明如下。

1. Bluedroid 协议栈的 bta_hh_le.c 文件的 bta_hh_le_input_rpt_notify()函数收到数据后，根据 Hid Report 特性的 rpt_uuid 和 inst_id 得到 Report ID，申请内存，将 Report ID 放入内存第 1 个字节，然后将数据拷贝到内存的第 2 个字节开始的区域。接着调用 bta_hh_co.c 中的 bta_hh_co_data()函数，此函数继续调用 bta_hh_co_write()函数。

2. bta_hh_co_write()函数生成一个 uhid_event，将 uhid_event 写入 "/dev/uhid" 设备节点，传入 Kernel，交给 Kernel 的 UHID 驱动处理。

```
int bta_hh_co_write(int fd, UINT8* rpt, UINT16 len)
{
    struct uhid_event ev;

    memset(&ev, 0, sizeof(ev));
    ev.type = UHID_INPUT;//指定为输入事件
    ev.u.input.size = len;//记录数据长度
    if (len > sizeof(ev.u.input.data))
    {
        APPL_TRACE_WARNING("%s:report size greater than allowed size",
                           __FUNCTION__);
        return -1;
    }
    memcpy(ev.u.input.data, rpt, len);//拷贝数据
    return uhid_write(fd, &ev);//写入 "/dev/uhid" 设备节点
}
```

3. Kernel 的 uhid.c 文件中的 uhid_char_write()函数响应写入请求，根据 UHID_INPUT 类型，调用 uhid_dev_input()函数处理，此函数继续调用 hid-core.c 中的 hid_input_report()函数处理。

4. hid_input_report()函数调用加速度传感器注册的回调函数 miff_hid_event()进行数据的处理，此函数将数据处理后上报给 Sensor HAL 层。需要注意的是，hid_input_report()函数还会调用 hid_report_raw_event()函数上报按键数据供 Android 输入子系统读取和响应、将数据放入 hidraw 驱动的数据缓冲区，上层可以通过 hidraw 提供的设备节点进行读取。hidraw 驱动提供了一套应用层、Kernel 层和 Bluedroid 之间的数据双向通信机制。Sensor Hal 层可以通过 hidraw 层向蓝牙设备发出打开 G-Sensor 的指令。

```
int hid_input_report(struct hid_device *hid, int type, u8 *data,
                     int size, int interrupt)
{
    struct hid_report_enum *report_enum;
```

```c
    struct hid_driver *hdrv;
    struct hid_report *report;
    int ret = 0;

    if (!hid)
        return -ENODEV;

    if (down_trylock(&hid->driver_input_lock))
        return -EBUSY;

    if (!hid->driver) {
        ret = -ENODEV;
        goto unlock;
    }
    report_enum = hid->report_enum + type;
    hdrv = hid->driver;

    if (!size) {
        dbg_hid("empty report\n");
        ret = -1;
        goto unlock;
    }

    //如果禁用了debugfs，可避免不必要的开销
    if (!list_empty(&hid->debug_list))
        hid_dump_report(hid, type, data, size);

    report = hid_get_report(report_enum, data);

    if (!report) {
        ret = -1;
        goto unlock;
    }

    //驱动注册了回调且report type 匹配
    if (hdrv && hdrv->raw_event && hid_match_report(hid, report)) {
        //调用了 miff_hid_event()函数
        ret = hdrv->raw_event(hid, report, data, size);
        if (ret < 0)
```

```
            goto unlock;
    }

    //按键事件上报及数据写入hidraw缓冲区
    ret = hid_report_raw_event(hid, type, data, size, interrupt);

unlock:
    up(&hid->driver_input_lock);
    return ret;
}
```

第 22 章

LE 系统快速更新连接参数的设计和实现

22.1 概述

主机蓝牙芯片（之后简称主机、Master 端）和 LE 设备（之后简称设备、Slave 端）在建立连接后通信时，主机以固定时间间隔发包，这个时间间隔称为 Connection Interval（之后简称 Interval）。主机发包时，标志着一个连接事件（Connection Event）开始，这个开始时间点被称作锚点。当有数据需要发给主机时，设备需要在锚点侦听主机的包，听到后在一个帧间隔的时间（T_IFS，150±2 微秒）后发出数据包或空包。如图 22.1 所示，主机和设备建立连接后，主机在每个 Connection Interval 时间点都会发包。如果设备需要回包的话，就间隔 T_IFS 时长后发包。

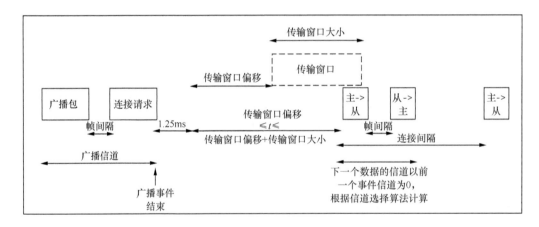

图 22.1 LE 设备连接过程

连接参数还有一个重要的参数是 Connection Slave Latency（之后简称 Latency），这个参数允许设备最大间隔 Latency 个 Interval 的时长回主机一包数据。这样设备在 Latency 大于 1 时就不需要每个 Interval 的锚点都去打开 RF 来听包和回包，有利于设备省电。故设备在空闲的时候，就以 Interval×Latency 的时长醒来发一个空包（不带数据的最小包）给主机，向主机宣示设备还在。

当主机有数据需要发给设备的时候，可能最长需要 Interval×Latency 的时长才能发给设备，因为设备休眠了。只有设备醒来听包时，主机的数据才有可能送达。如果在这个时间点设备因为某些原因没有听到主机的包，那么设备可能又睡眠了（需要看设备的协议设计），主机需要等到下一个 Interval×Latency 的时间点才能等到设备接收数据的机会。

对于主机来说，Interval 的时间长度很重要。如果设定时间过短，如 7.5 毫秒，主机以 7.5 毫秒的间隔发包，会极大影响连接在主机上的其他蓝牙设备的性能。如主机连了一个蓝牙耳机播歌，当主机在传音频数据包给蓝牙耳机的时候，主机又需要每 7.5 毫秒给 LE 设备发包，这个时候会中断蓝牙耳机的音频数据的发送，这有可能造成蓝牙耳机听歌卡顿。如果主机的 WiFi 和蓝牙共用天线，两者还会竞争天线的使用权，这会对 WiFi 性能产生较大影响，反过来 WiFi 也会影响蓝牙。如果主机所处的无线环境非常复杂，蓝牙设备和主机通信效率就会下降，通信双方经常听不到对方的包，数据重传变多。而且 WiFi 也面临着同样的通信效率下降的问题。这么多因素交织在一起时，主机希望 Interval 越大越好，以减少对其他通信的打断频率。但是对于设备来说，Interval 过大意味着它想和主机通信时，需要等待的时间变长，不利于实时数据（如按键）快速发给主机。

在 2.4G 环境干扰非常大的情况下，主机使用单天线的蓝牙/WiFi 模组，WiFi 连着 2.4G Ap，如果此时主机使用 10 毫秒或 15 毫秒的 Interval 和 LE 设备通信时，和主机连接的其他蓝牙设备就会受到较大影响，性能下降明显，甚至发生主机在和传统蓝牙设备配对时，无法配对连接。如果主机或设备的天线设计不是很好或者无线模块 RF 抗干扰能力差，那么情况可能更糟糕。故小米电视、小米盒子和生态链投影仪都将和 LE 遥控器通信的 Connection Interval 设置为 30 毫秒，取得一个各方都可接受的、较优的平衡点。

如图 22.2 所示，此图是小米电视和小米蓝牙遥控器在较复杂的 2.4G 环境下的语音数据传输截图。图中主机以 7.5 毫秒的间隔发包，设备不断向主机发送语音数据包。每一个锚点到来时，主机发送一个空包，设备在一个 Connection Event 内多次发送数据包（只有设备正确收到主机的包后才会发送），主机每次正确收到一个数据包后在一个 T_IFS 时间时回复一个确认空包（Ack），设备正确收到 Ack 后接着发送数据包，直到达到某一方 Connection Event 设定的最大长度（Max Connection Event Length，主机和设备都设定），或有一方没有收到包或设备没有数据了，或有一方收到了错包。只要有一个条件没满足，都会导致某一方结束 Connection Event，双方在下一个锚点再继续交互数据。

主机和设备设定的 Connection Event Length 都是 14，除以 2 之后是 7，意味着双方一个 Event 内彼此最多往对方传送 7 个包。从图 22.2 中看来，发生了以下几种情况。

1. 一个 Event 内最多的时候设备传送了 7 包语音数据给主机，符合预期。
2. 有时候在锚点，设备没有听到主机发出的空包或听到错包，设备没有发出语音包，Event 结束。

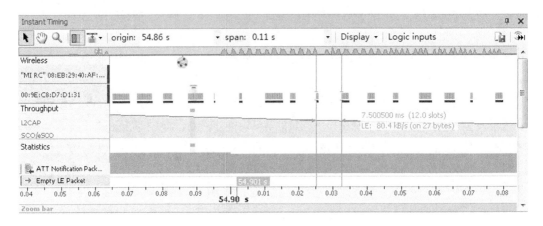

图 22.2　语音数据传输图

3. 有时候主机在锚点发出的空包被设备听到了，设备发出的语音数据包没有被主机听到或听到错包，导致 Event 结束。

4. 有时候双方进行了一定数量的数据包传送和接收，但是有一方没有听到包或者听到了错包，导致 Event 结束。

5. 主机偶尔因为某些原因（如 WiFi 当时占用了天线）没有发出空包，导致设备无法传送数据，这在图 22.2 中没有体现出来，但是这种情况是真实存在的。

这些情况说明了在复杂环境下通信质量会受到环境的较大影响，导致主机和设备的距离不能太远。如果 Interval 设定比较大（如 15 毫秒），且通信双方的连接事件长度（Connection Event Length）也设得较大（有利于一个 Event 内多次交互数据），如果有一方听不到对方的包，就会导致 Connection Event 的结束，双方只能在下一个 Interval 锚点继续通信。如果连续几个 Interval 都交互不顺畅，会使得设备端数据堆积，可能导致以下后果。

- 如果数据实时性不强，就会导致设备使用不流畅。大家可以想象 LE 空鼠的坐标数据堆积无法及时送达主机的后果。
- 设备端需要更多内存缓存堆积的数据或者抛弃堆积的部分数据给后续数据腾出空间。抛弃数据后果可能很严重，空鼠数据被抛弃会使用户直观觉得鼠标不够灵敏。抛弃语音数据可能导致断音。而缓存堆积的数据需要更多的内存，有些设备内存本来就有限，无法提供更多内存，增加物理内存又意味着成本的上升。

一个可行的解决方案是：主机和设备在有大量数据持续传输的时候，尽快将 Interval 更新到一个合适的较小的值。大量数据传输结束后尽快将 Interval 更新到一个相对合适的较大的值，减轻主机无线系统因这个设备造成的负担，有利于主机和别的设备的交互，包括有利于单天线的模组的 WiFi 和 AP 的交互。

这个解决方案被称为"快速更新连接参数",是小米首创,已申请多项发明专利。

22.2 更新连接参数的常规方法,快速更新连接参数碰到的困难及解决思路

22.2.1 更新连接参数的常规方法介绍

更新连接参数的命令的执行由主机发起,主机需要考虑如下两种情况。

- 设备为了省电,在设备空闲时会关闭 RF 并进入低功耗状态,直到 Latency×Interval 的时长后醒来,在锚点侦听主机的包,然后回包。
- 有些设备在 Latency×Interval 时间点没有侦听到主机的包,就关闭 RF 进入休眠状态,并不回包,导致主机的数据包无法送达,只能等待下一个 Latency×Interval 的时间点尝试将数据发给设备。

对主机来说,需要确保设备能收到设备连接后相关的参数的更新,如信道映射表更新指示(Channel Map Update Indication)、连接参数更新指示(Connection Update Indication),否则会造成断开连接的后果。故很多蓝牙芯片厂商的蓝牙芯片在更新这些参数时,生效的时刻(Instant)值都设置得很大。生效的 Instant 计算方法如下。

```
effect_intant = current_connection_event_count + N×Latency + M
```

其中的 N 很多厂商都设置为 3,M 的值按协议规范规定必须大于 6。如果 Latency 的值比较大,那么参数设置的生效时间就比较大了。假设 Interval 是 30 毫秒,N 是 3,Latency 是 200,M 是 20,那么生效的时间点是当前时间点之后的(200×3 + 20)×30 = 18.6 秒。之所以将 N 值设得较大,是因为蓝牙核心协议规范里没有明确规定(也可以说是比较模糊、模棱两可)。在 Latency 时间点开始之后设备是否一定需要听到主机的包并回包,这造成每个设备厂商的理解都不一样。主机的蓝牙芯片厂商不得已将 N 的值加大,多给设备几次听到包的机会。这么做的后果是主机的重要或实时性很强的数据包无法被及时送达设备。

如图 22.3 所示,Channel Map Indication 是更新信道映射表的通知的数据包,Interval 是 30 毫秒,N 是 1,Latency 是 200,M 是 59,故生效的时间是 7.77 秒。N 之所以设为 1,是因为 2.4GHz 环境较差时,主机在不断地侦测 2.4GHz 无线环境的 LE 信道的信号质量,不断地挑选干扰较小的信道组成映射表,然后进行信道映射表更新,即 Channel Map Update。当环境极度差且变化快时,信道映射表的更新也比较频繁,此时希望设备也能快速响应 Channel Map Indicate,双方尽快更换信道映射表,不希望下一次信道映射表更新请求要发出的时候,上一次的信道映射表更新还没生效。

```
Packet #   Item
31'890     ⊞ ⟲ LLCP Channel Map Indication (Used: 0-36 / Unused: none, Inst=5'775 (+259) | 160.775 909 750 (+7.770 s))
31'891     ⊞ ⟲ Empty LE Packets (x 602, 18.1 s)
34'567     ⊞ ⟲ LLCP Channel Map Indication (Used: 11-36 / Unused: 0-10, Inst=6'377 (+259) | 178.836 283 625 (+7.770 s))
34'568     ⊞ ⟲ Empty LE Packets (x 403, 12.1 s)
36'435     ⊞ ⟲ LLCP Channel Map Indication (Used: 0-36 / Unused: none, Inst=6'779 (+258) | 190.896 073 750 (+7.740 s))
36'436     ⊞ ⟲ Empty LE Packets (x 601, 3 retries, 18.1 s)
38'892     ⊞ ⟲ LLCP Channel Map Indication (Used: 11-36 / Unused: 0-10, Inst=7'383 (+259) | 209.016 910 625 (+7.770 s))
38'893     ⊞ ⟲ Empty LE Packets (x 399, 2 retries, 12.1 s)
41'226     ⊞ ⟲ LLCP Channel Map Indication (Used: 0-36 / Unused: none, Inst=7'785 (+259) | 221.077 157 250 (+7.770 s))
41'227     ⊞ ⟲ Empty LE Packets (x 598, 18.1 s)
```

图 22.3　信道映射表更新

这就对设备端提出了要求，设备需要在 Latency×Interval 的时间点的锚点开始侦听主机的包。理想的情况是需要设备此时要准确听到主机的包并回包，如果没侦听到或听到错包，那从此之后每个 Interval 的锚点都需要侦听主机的包，听不到就持续听到超时断连接。如果主机的发的包是数据包，设备还需交互确保让主机知道设备收到了包（这个由既有通信规范保证）；如果主机发的是空包，设备回包后就可以关闭 RF 进入低功耗状态，不需要确保主机收到。设备连续侦听的这个机制叫 Break Latency，目的是让设备一定要回包，且确保收到主机的数据包。这个 Break Latency 的机制是小米电视自己提出并规范主机和设备的蓝牙芯片厂商的，目的是加快数据的响应速度和连接参数的更新速度。

图 22.4 是更新连接参数的截图，蓝牙设备连上后，Interval 是 7.5 毫秒，Latency 是 0（其实是 1，Latency 值是以 0 为起始值）。经过一段时间后，蓝牙设备请求更新一组新的连接参数（Interval 是 30 毫秒，Latency 是 100，timeout 是 16 秒），主机发出了更新通知，生效的 Intant 在当前 Intant 的基础上加了 9。对比上述公式，Latency 值是 0，M 值是 9。从图 22.4 中可以明显看到双方经历了 9 次通信后，Interval 从 7.5 毫秒变为 30 毫秒了。

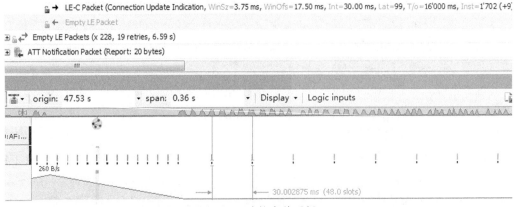

图 22.4　连接参数更新

22.2.2 快速更新连接参数碰到的困难及解决思路

参考公式 effect_intant = current_connection_event_count + N×Latency + M。按照正常设计，N 的值需要大于或等于 1，导致更新连接参数的生效 Intant 值比较大，生效的时间较长。当有大量数据需要快速传输时，需要快速更新连接参数，将 Interval 值改小并尽快生效。此时比较明确的想法是需要将 N×Latancy 从公式中去掉，且 M 值需要比较小。而且设备端不能关掉 RF 进低功耗状态，需要每个 Interval 都侦听主机的更新连接参数的通知。故做了以下几点设计。

1. 主机进行常规更新连接参数时，按照参考公式计算生效的 Intant。
2. 当需要快速更新连接参数时，生效 Intant 的计算按如下公式计算且 M 值由上层指定。
effect_intant = current_connection_event_count + M
3. 设备端在快速更新连接参数时，执行 Break Latancy 功能，每个 Interval 都侦听主机的包，尽快听到并响应主机的更新连接参数的指示。
4. 当数据传输完毕后，双方再将连接参数快速更新到正常值，并结束快速更新连接参数流程。

22.3 快速更新连接参数的实现及应用

以小米蓝牙低功耗语音遥控器传送语音数据到小米电视举例，遥控器正常的连接参数 Interval 是 30 毫秒，Latancy 是 100，timeout（连接超时时间）是 16 秒。电视每 30 毫秒发出一个包，在一个 timeout 时间内遥控器发出至少 5 个包和电视保持连接。当遥控器按键时，按键可以正常上报到电视。当遥控器按了语音按键时，电视和遥控器需要尽快更新连接参数，将 Interval 调整到 7.5 毫秒，然后开始传输语音数据。语音传输结束后，电视将连接参数快速恢复。

22.3.1 快速更新连接参数的实现方法

1. 主机端的实现过程

采用标准连接参数更新（Connection Parameter Update）的设计，只有上层 App 通过协议栈向 Controller 发了 VSC 后才会开启/关闭 "Fast Connection Parameter Update"。当处于快速更新连接参数模式时，Controller 会针对对应设备将生效 Intant 计算公式中的 "N×Latancy" 去掉。

1. VSC 格式定义：4C FC 08 04 20 00 FF 40 00 0A 00。
2. 其中 "FC 4C" 是 VSC，"08" 是后续参数的长度值。"04 20 00 FF" 为固定值，通知 Controller 打开/关闭 Fast Connection Parameter Update 模式。
3. "40 00" 为要打开 Fast Connection Parameter Update 模式的外部设备对应的连接句柄

（Connection Handle），这个例子中的 Connection Handle 为 0x0040。

4."0A 00"为 LL_CONNECTION_UPDATE_REQ（这是更新连接参数的链路层请求）中的生效 Instant 和当前连接事件（Connection Event）计数值间的偏移（Offset）。这个例子中设置的是 0x000A，表明新的连接参数在 LL_CONNECTION_UPDATE_REQ 消息发出后 10 个 Connection Event 后生效。

5. 如果要关闭 Fast Connection Parameter Update 模式，发送如下命令即可。
4C FC 08 04 20 00 FF 40 00 00 00。

其中最后的"00 00"用作关闭的指示。

命令总结如下。

1. Fast Connection Parameter Update 模式开启。
- 操作码：0xFC4C。
- 参数长度：8。
- 参数：
  - 魔数（4 字节）——0xFF002004（固定）；
  - 设备连接句柄（2 字节）——示例的句柄值是 0x0040；
  - Instant 偏移（2 字节）——示例偏移值是 0x000A，由上层指定。
- 命令裸数据示例：4C FC 08 04 20 00 FF 40 00 0A 00。

2. "Fast Connection Parameter Update"模式关闭。
- 操作码：0xFC4C。
- 参数长度：8。
- 参数：
  - 魔数（4 字节）——0xFF002004（固定）；
  - 设备连接句柄（2 字节）——示例的句柄值是 0x0040；
  - Instant 偏移（2 字节）——0x0000，作为关闭指示。
- 命令裸数据示例：4C FC 08 04 20 00 FF 40 00 00 00。

如图 22.5 所示，这是快速更新连接参数的过程，Packet7048 的数据是遥控器按了语音按键，遥控器发给电视的语音传输请求。电视上层 App 收到请求后，开始通过协议栈告知 Controller 开启快速更新连接参数模式，并告知偏移（Offset）值是 9，然后要求更新连接参数（Interval 是 7.5 毫秒，Latency 是 300，timeout 是 12 秒）。Packet7049 在 Controller 收到来自协议栈的连接参数更新请求后，开始向遥控器发起连接参数更新通知，生效的 Event count 增量（即 Offset）是 9。遥控器很快就收到了更新通知，双方连接参数很快就生效，并开始快速传输语音数据。

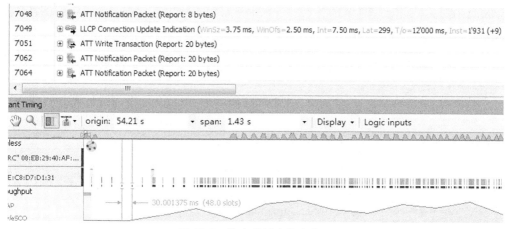

图 22.5　快速更新连接参数-1

如图 22.6 所示，这是语音遥控的语音按键抬起时，语音传输结束、快速恢复连接参数及关闭快速更新连接参数模式的过程。Packet9301 是遥控器发出的语音按键抬起信息。电视上层 App 收到此信息之后，将连接参数快速更新回之前的参数（Interval 是 30 毫秒，Lantancy 是 100，timeout 是 16 秒），然后告知 Controller 关闭快速更新连接参数的模式。Packet 9371 是快速更新连接参数的参数更新通知，在此之前还收到了遥控器的几包语音数据（Packet 9304~9321）。

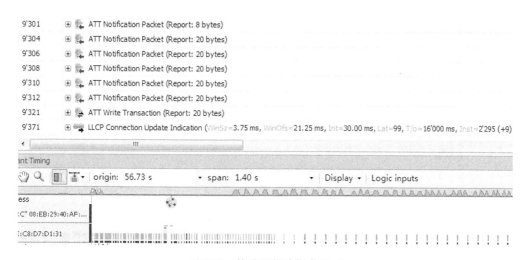

图 22.6　快速更新连接参数-2

2. 设备端的实现过程

遥控发起语音请求时，电视发起连接参数快速更新通知，此请求生效的时间点是非常短的（小米电视目前设置的生效时间点是 9 个 Interval 时长），因此遥控在按下语音键后，遥控已经每个

Interval 都在听主机的包，遥控基本上可以在这个时间段内听到电视的连接参数更新通知并回应。为了达到连接参数快速生效的目的，电视在知道遥控按下了语音键后，会通知电视侧的蓝牙芯片（Controller），要求更改（即缩短）此遥控（不能波及其他 LE 设备的连接参数）的连接参数生效的时间点，这是电视能快速更新连接参数的根本点。

当遥控语音按键抬起时，每个 Interval 都要继续去侦听电视的包，并持续一段时间（如 100 毫秒）。电视会发起快速更新连接参数的通知，回到语音发起之前的参数值。电视会将连接参数生效的时间点设得非常短，因为遥控一直在听着，这样参数更新沟通很快。电视发起更新参数通知后，就可以通知电视的蓝牙芯片（Controller），不需要此遥控的快速更新连接参数功能了，电视蓝牙芯片就恢复到之前的正常连接参数更新模式。

以上的遥控器的行为被称为 Break Latency。

22.3.2 快速更新连接参数在语音传输中的应用

流程如图 22.7 所示。总体执行流程如下。

1. 遥控按下语音键，然后每个 Interval 的锚点侦听主机的包，开始侦听主机发起的快速更新连接参数的通知（即 Interval 设置为很小的值，如 7.5 毫秒）。

2. 电视 App 层收到语音键按下后，做些配套的事情，如打开语音引擎，准备收语音数据。之后向电视蓝牙芯片发起开启快速更新连接参数功能的通知。

3. 电视蓝牙芯片响应快速更新连接参数功能的请求，做相应的设置（记录 App 层的 Offset 值和 Handle 值），并返回执行结果给 App 层。

4. App 层向电视蓝牙芯片发起对遥控器的连接参数（Interval 是 7.5 毫秒）的更新请求。

5. 电视蓝牙芯片收到请求，向遥控器发起 LL_CONNECTION_UPDATE_REQ，生效的 Offset 很短，如 9 个 Event Count。

6. 遥控器响应更新连接参数的通知。

7. 电视蓝牙芯片向 App 层报告连接参数更新成功。

8. App 层通知遥控器开始录制、传输语音，遥控器不断将压缩语音数据传输到 App 层，App 层进行处理。

9. 蓝牙遥控器抬起语音按键，结束语音录制，向电视 App 层发出抬起消息。然后在一段时间内每个 Interval 都侦听电视蓝牙芯片的连接参数更新通知。

10. 电视 App 收到语音抬起按键后，结束语音引擎。向电视蓝牙芯片发起连接参数更新请求，要求更新回之前的参数（Interval 是 30 毫秒）。

11. 电视蓝牙芯片收到连接参数更新请求后，向遥控器发起快速连接参数更新通知。参数生效的 Offset 很短，如 9 个 Event Count。

12. 遥控器响应电视蓝牙芯片通知。
13. 电视蓝牙芯片向 App 层返回连接参数更新完成消息。
14. App 层向电视蓝牙芯片发出停止快速更新连接参数功能的请求。
15. 电视蓝牙芯片向 App 层发送停止快速更新连接参数功能的执行结果。
16. App 层结束语音流程。

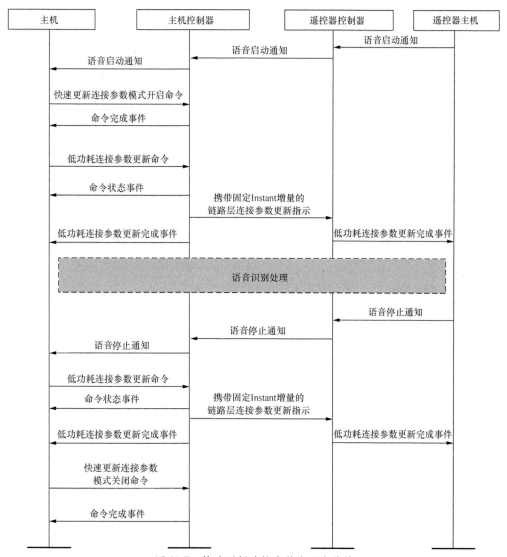

图 22.7　快速更新连接参数和语音传输

第 23 章

LE 语音编解码和传输

23.1 概述

自从苹果推出 Siri 后,智能语音交互应用得到飞速发展,语音助手、语音交互应用也逐渐被用户认识与体验。然而,由于缺少技术与云端大数据的支持,这个被无数人看好的交互方式逐渐沉寂,直到亚马逊 ECHO 出现在世人面前。这款产品最大的亮点是将智能语音交互技术植入到传统音箱中,从而赋予了音箱人工智能的属性,语音交互也重新被唤醒。继亚马逊 ECHO 智能音箱推出之后,苹果、微软、谷歌等国外科技巨头也陆续发布智能音箱。国内厂商的智能音箱也雨后春笋般地兴起,如阿里的天猫精灵、京东的叮咚以及小米的小爱同学。可以看出,科技巨头们纷纷对智能语音助手和智能家居进行了布局,把语音控制作为未来智能家居的重要入口,并加强了相关生态的建设。

越来越多的智能电视、OTT 盒子被连接到互联网,带动了电视产业的升级。但是部分电视厂商的终端用户体验不是很好,因为屏幕上界面操控不切实际,需要用户缓慢移动光标或多次按键进行操作。一种可行的解决方案是使用语音识别技术来执行智能电视的各种功能,包括语言命令(如频道切换、控制音量、打开各种应用、查询信息等)、搜索互联网内容,甚至通过网络聊天软件进行语音交互。目前市场上可以找到带有语音搜索功能的智能电视机遥控器,一个例子就是小米的低功耗蓝牙语音遥控器。然而,有部分遥控器使用标准的 BR/EDR 蓝牙技术,带来了高功耗和电池寿命过短。更好的选择是 LE,它以低功耗设计的技术为主要目标。LE 具有得天独厚的低功耗优势(在睡眠模式下的待机电流为微安级别),使其在各种穿戴和手持设备上已得到广泛应用。设备只需再加上一个麦克风和一个音频调制解码芯片(Audio Codec),配合语音编解码软件算法,即可实现语音采集、压缩和基于 LE 的传送功能,接收端将语音数据解压缩并使用。

LE 不是为了支持高数据速率而设计的,而是专注于以最低功耗传递小而不频繁的数据。BLE4.0 空中数据速率为 1Mbit/s,但应用吞吐量取决于有效数据净荷占比、连接参数、主设备端天线的调度机会和距离、天线性能、无线环境的嘈杂度等条件,通常典型值为 200Kbit/s,故对大容量数据须先进行压缩后进行传输。目前用于语音编解码的主流编解码技术有 SBC 和 ADPCM。SBC（Sub-Band Coding）即子带编码，方案是基于帧的传输方式，在每个帧后是蓝牙压缩数据包。这种方式比较浪费数据帧空间，且只有在接收到完整的数据包时，SBC 才会开始对压缩数据进行解码。后来，为了提升数据传输效率，SBC 方案又被进一步改进，对数据帧进行分割及重组，但分割和重组也仍然需耗费不少的时间，且仍然只有在接收到完整的数据包后，SBC 才会开始解码。这使得 SBC 方式下的蓝牙音频传输的时间延迟通常都会在 50 毫秒以上，且这种延迟并不固定，而是忽高忽低，非常麻烦。ADPCM（Adaptive Differential Pulse Code Modulation）即自适应差分脉码调制，是一种广泛应用于整个电信行业的音频编码技术。它通过计算标准脉码调制（PCM）中两个连续样本之间的差异，并将预测下一个样本增量（从前一个采样增量）的误差编码为真实样本增量来工作。它是一种有损压缩技术，可以实现 4∶1 的压缩比，同时返回高质量的信号，并且快速调制/解调只需很少的处理能力。

蓝牙 5.0 的 LE 部分已经将空中速率提升到了 2Mbit/s，有利于更高品质的音频传输。A2dp Over LE 的软件协议堆栈的实现很让人期待。搭载蓝牙 5.0 的设备逐渐增多，估计已经有蓝牙 IC 厂商在计划或着手实现 A2dp Over LE，LE 单模蓝牙耳机将很快出现。

23.2　音频采集、处理和蓝牙传输的软硬件过程

如图 23.1 所示，设备端使用麦克风采集语音数据并将其转换成 PCM 格式数据，将 PCM 格式数据进行压缩编码，通过蓝牙系统将压缩数据发送给接收方（Hid Host）。接收方收到压缩数据后进行解码，并将解码后得到的 PCM 数据交给应用层进行处理。

PDM 代表脉冲密度调制，更好的简称是"1 比特过采样音频"，因为它只不过是一个高采样率、单比特的数字系统。如果要找一个优点的话，那就是采样率是音频 CD 的好几倍，且用一个适当的方式将字长从 16 比特减小到 1 比特，这将作为一个 PDM 系统的基础。PDM 只用 1 比特来传输音频，在概念上和可实行度上比 PCM 更简单。PDM 是一个高性价比的方式，用来数字化传输音频，在单声道和或双声道内，通过一个时钟/数据对。尽管 1 比特形式有其固有限制，在认真设计的前提下，它也可获取极高的音频性能。

随着数字信号处理技术的发展，使用数字音频技术的电子产品越来越多，数字音频接口成为发展的潮流。采用脉冲密度调制（PDM）接口的 ECM 和 MEMS 数字麦克风也应运而生，正被普遍用在手机、便携式笔记本电脑等设备（集成 PDM-PCM 转换器）内作为拾音设备将音频信号从麦克风传输给信号处理器进行处理，无须外接任何的 Audio Codec(音频调制解码)芯片，不仅电路简单，而且音频信号质量更高。PDM 在理论上很适合这个任务，因为它带来了数字的好处，

例如低噪声和免于干扰信号，且成本较低，目前，ECM 和 MEMS 数字麦克风已经成为拾音设备的主流。

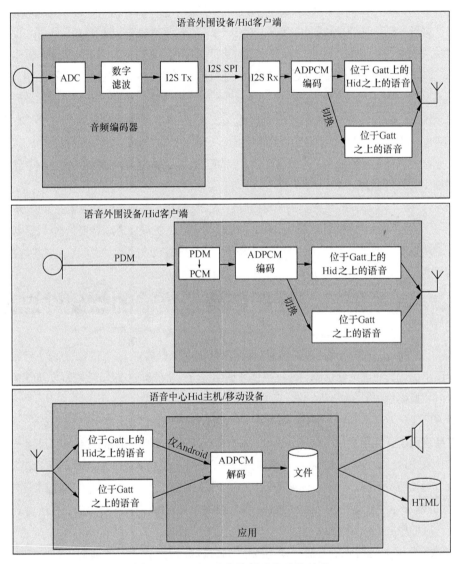

图 23.1　ADPCM 语音编解码软硬件过程

在获得 PDM 信号后，信号处理单元会先将其转换成 16 位采样精度、16 000Hz 采样率和 1 个通道的 PCM 数据。很明显，这种格式需要 256kbit/s 位/秒的吞吐量，这比 LE 的典型应用吞吐量（200kbit/s）高，需要进行压缩编码（如 ADPCM 压缩比为 4∶1）。得益于高达 200kbit/s

的数据透传率，信号处理单元最后能将编码后得到的 64kbit/s（ADPCM 编码）的音频数据流通过 LE 形式发送出去。LE 接收端在收到信号后对数据流进行解码操作，即可输出 16KHz/16 位的 PCM 音频信号。这就是为了减少所需的吞吐量，将 PCM 样本的 ADPCM/SBC 调制引入的原因。

PDM 数字麦克风包括如下几个部分。
- 一个麦克风要素，典型的是一个驻极体容器。
- 一个模拟预放大器。
- 一个 PDM 调制器。
- 接口逻辑。

23.3 ADPCM 介绍

23.3.1 ADPCM 的概念

- ADPCM 的中文名称为自适应差分脉冲编码调制，即 Adaptive Difference Pulse Code Modulation 的缩写。
- ADPCM 综合了 APCM 的自适应特性和 DPCM 系统的差分特性，是一种性能比较好的波形编码技术。
- ADPCM 是一种针对 16 比特或者更高位数声音波形数据的有损压缩算法，它将声音流中每次采样的 16 比特数据以 4 比特存储。ADPCM 可以将 40 个量化精度为 16 比特的采样值压缩到 20 字节，压缩比是 4：1。
- 假设有 40 个量化精度为 16 比特的采样值，这里表示为 short sample[40]，用 ADPCM 算法压缩后用 encoded_sample[20]表示。encoded_sample[0]和 encoded_sample[1]分别存储 sample[0]的高字节和低字节。从 encoded_sample[2]开始，每个字节的高 4 位和低 4 位分别存储了 1 个 sample 的特征参数，且后一个 sample 的特征参数的值是前一个 sample 特征参数的函数。
- 基于上一点，如果压缩后的 encoded_sample[20]在传输过程中出现丢失或误码，就会导致解码后的数据严重失真。所以在传输时建议采用可靠连接，即需要保证每次传输都被正确接收。

ADPCM 的核心思想如下。
- 利用自适应的思想改变量化阶的大小，即使用小的量化阶（step-size）去编码小的差值，使用大的量化阶去编码大的差值。

- 使用过去的样本值估算下一个输入样本的预测值，使实际样本值和预测值之间的差值总是最小。

23.3.2 ADPCM 编码框图

如图 23.2 所示，接收端的译码器使用与发送端相同的算法，利用传送来的信号来确定量化器和逆量化器中的量化阶大小，并且用它来预测下一个接收信号的预测值。

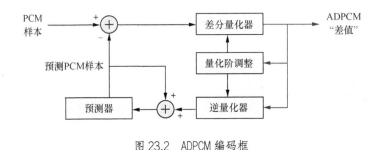

图 23.2 ADPCM 编码框

23.4 遥控器语音传输的总体流程

语音的传输由遥控器发起，Host 收到语音传输请求后进行一些内部的处理并准备接收语音编码数据。收到语音编码数据后进行解码并将解码数据发送给相应的系统程序进行进一步处理。当遥控器结束语音传输后，Host 进行一些后期处理工作。语音传输的整体流程如图 23.3 所示。详细语音传输处理过程如下。

1. 按下遥控器的语音按键后，遥控器上报语音键给 Host，Host 的语音应用层准备接收遥控器的语音数据。对于 Android 系统来说，应用层启用录制程序，调用 Audio 子系统的遥控 Audio HW Module HAL（有可能需要进行语音数据解码程序的初始化），开始接收来自遥控的压缩语音数据。有些系统在设计的时候，在 Audio HAL 准备好接收数据后，会向遥控发送开启录制的命令。遥控器进行编码程序的初始化，开始录音。

2. 遥控向 Host 发送语音传输开始的指令，Host 收到指令后进行解码程序初始化。这不是必需的，视具体设计而定。

3. 遥控开始不断录制语音数据，进行压缩编码，向 Host 发送压缩语音数据。

4. Host 在收到 1 帧数据（有可能需要缓冲多包数据组帧）后，进行解码，将解码后的数据发送给应用层进行处理。不断循环接收数据帧、解码、上报应用层。

5. 遥控器语音按键抬起，遥控向 Host 发送语音停止指令（不是必需的，视具体设计而定），

Host 停止接收数据，释放解码程序的资源。

6. 遥控器向 Host 发送语音按键抬起消息，Host 的语音应用层停止录音。有些系统在设计时，需要向遥控器发起停止语音录制的命令。

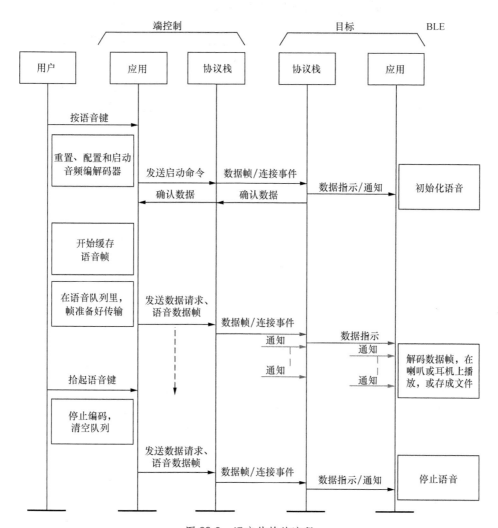

图 23.3 语音传输的流程

23.5 主机端的语音数据的接收处理流程

23.5.1 传统语音数据的接收处理流程

传统语音传输架构如图 23.4 所示，音频层提供 Audio Module 的抽象，实现 Socket Server，协议栈实现 Socket Client 连接 Server。协议栈接收到遥控器的语音数据后，进行缓存，并通过 Socket 将数据传送给 Server 端。Audio Module 进行语音数据的读取、解码，并将其上传给语音应用。语音应用调用音频子系统的遥控语音相关的 Audio Hw Module，读取语音数据，并进行处理（如播放或上传到云端解析等）。

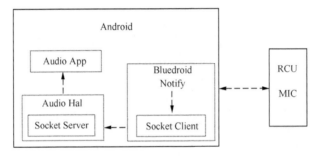

图 23.4　传统语音传输架构

23.5.2 基于 Hidraw 接口的语音数据的接收处理流程

Android 8.1 代码已经公布，Google 已经不允许厂商自行修改 Bluedroid 和蓝牙应用代码了。传统的在 Bluedroid 里定义 Socket Client 连接外部的 Socket Server，供外部进程读取数据的方式已经行不通。好在 Kernel 还提供 Hidraw 接口，使得外部进程能通过此接口和 Bluedroid 通信并获取数据。

基于 Hidraw 语音的传输架构如图 23.5 所示。当遥控器上报数据时，Bluedroid 收到数据，通过 UHID 驱动接口将数据送往 Hid 子系统。Hid 子系统收到数据后，调用注册的遥控器相关的设备驱动程序进行处理（如键盘驱动、鼠标驱动和 Sensor 驱动等），最后将数据送往 Hidraw 的缓冲区，等待上层的读取和处理。

语音录制程序执行语音采集时，通过 Audio 子系统打开对应的 Audio Hal Module。HAL 层去寻找遥控器对应的 Hidraw 设备节点，打开设备节点读取语音数据、解码并将解码后的语音数据上传给语音录制程序。

Bluedroid 在往 Kernel 传送 Hid 数据时，都会在数据前面放入数据的 Report ID，这样 Kernel 的设备驱动和 Audio HAL 层根据 Report ID 的值来区分不同的数据，知道哪些数据是自己关心的，哪些是需要过滤掉的。

另一些处理办法是由 Java 层通过 Bluetooth Gatt 的特性的 Notify 方式接收来自遥控器的语音数据，再通过 Socket 将数据传给 Audio HAL 层。语音程序也可以直接接收、解码和使用语音数据。本章不介绍这些方式。

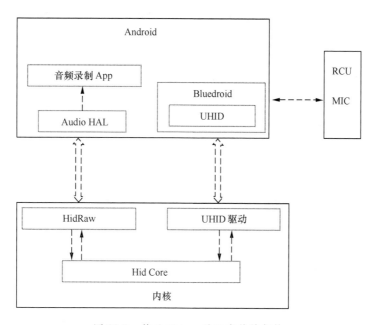

图 23.5　基于 Hidraw 的语音传输架构

23.6　基于 ADPCM 的一种语音压缩编码数据的传输格式定义

23.6.1　语音压缩编码数据起始帧的定义

LE 压缩语音数据的起始帧，第 1 字节为 0x04，其余字节为 0。如图 23.6 所示，其中标注长度是 1，实际实现时传输的是 20 字节，第 1 字节是 0x04，其余字节是全 0。

字节数	1
定义	命令 ID
	0x04

图 23.6　起始帧

23.6.2 语音压缩编码数据桢的第 1 部分定义

LE 压缩语音数据帧的 5 部分中的第 1 部分。Seq No 是数据帧的编号，取值范围为 0~31，当帧数计数达到 31 时，又重新开始计数。ID 值为 1，固定不变，可以作为数据帧开始的判断条件。Header 1-3 为数据帧的头信息，用于解码。第 5 字节开始的 16 字节为压缩语音数据，如图 23.7 所示。

字节数			1	1	1	16
定义	Seq No	ID	Header 1	Header 2	Header 3	压缩音频数据
	[7:3]	[2:0]				
	0-31	0x01				

图 23.7　LE ADPCM 数据桢第 1 部分

23.6.3 语音压缩编码数据桢其他部分定义

LE 压缩语音数据的数据帧的 5 部分中的第 2~5 部分。每一个部分均为 20 字节的压缩语音数据，和第 1 部分组成一个数据帧。一个数据桢（5 个部分组成）的数据是完整的数据，可以独立解码，与相邻数据无关，如图 23.8 所示。

字节数	20
定义	压缩音频数据

图 23.8　LE ADPCM 数据桢的第 2~5 部分

23.6.4 语音压缩编码数据结束帧的定义

LE 压缩语音数据的结束帧，第 1 字节为 0x02，其余字节为 0。如图 23.9 所示，其中标注长度是 1，实际实现时传输的是 20 字节，第 1 字节是 0x04，其余字节是全 0。

字节数	1
定义	命令 ID
	0x02

图 23.9　结束帧

23.6.5 完整语音压缩编码数据帧的格式定义

完整的一帧数据由 100 字节组成，均为 ADPCM 压缩后的数据，通过 5 个包发送给 Host，如表 23.1 所示。Host 侧的解压特性如下。
- 压缩比固定为 4:1。
- 每帧数据独立解码，与相邻数据无关。

表 23.1　　　　　　　　　　语音数据帧格式定义

第 1 包数据格式	语音[20 字节]/包含 4 字节头信息
	Adpcm 编码格式
第 2 包数据格式	语音[20 字节]
	Adpcm 编码格式
第 3 包数据格式	语音[20 字节]
	Adpcm 编码格式
第 4 包数据格式	语音[20 字节]
	Adpcm 编码格式
第 5 包数据格式	语音[20 字节]
	Adpcm 编码格式

23.7　基于 ADPCM 的一种语音压缩编码数据的接收数据的格式解析

23.7.1　语音压缩编码数据起始帧的接收数据格式解析

LE 压缩语音数据传输的起始帧，以 0x04 开始，后续 19 字节都是 0，标示着语音的开始，用于告知接收方需要初始化 ADPCM 解码器，准备接收压缩语音数据和解码。这时也可以开始创建存储解压缩语音数据的文件并获得句柄，用于保存解压缩的语音数据。起始帧数据如图 23.10 所示。

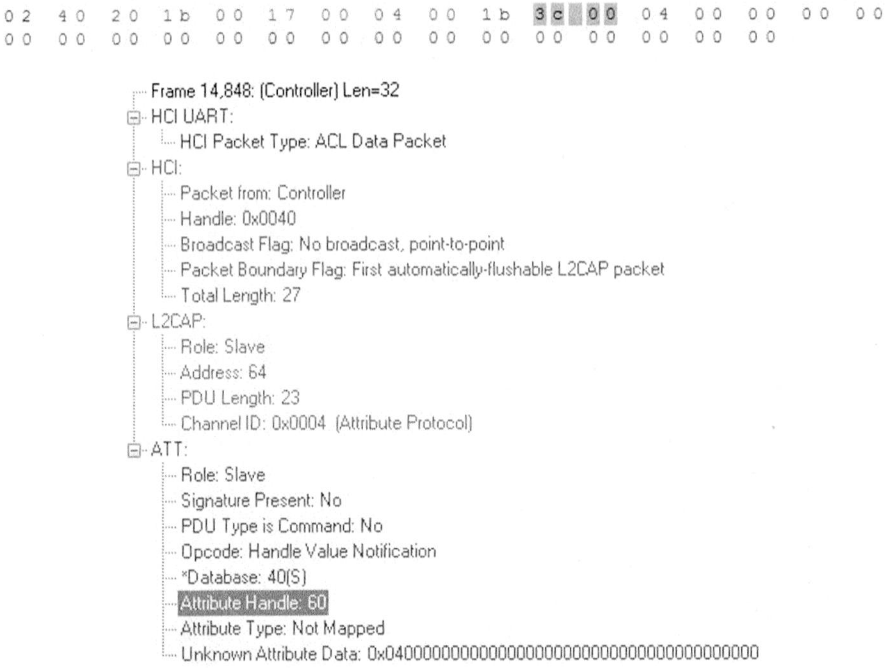

```
02 40 20 1b 00 17 00 04 00 1b 3c 00 04 00 00 00 00
00 00 00 00 00 00 00 00 00 00 00 00 00 00 00
```

```
Frame 14,848: (Controller) Len=32
HCI UART:
    HCI Packet Type: ACL Data Packet
HCI:
    Packet from: Controller
    Handle: 0x0040
    Broadcast Flag: No broadcast, point-to-point
    Packet Boundary Flag: First automatically-flushable L2CAP packet
    Total Length: 27
L2CAP:
    Role: Slave
    Address: 64
    PDU Length: 23
    Channel ID: 0x0004  (Attribute Protocol)
ATT:
    Role: Slave
    Signature Present: No
    PDU Type is Command: No
    Opcode: Handle Value Notification
    *Database: 40(S)
    Attribute Handle: 60
    Attribute Type: Not Mapped
    Unknown Attribute Data: 0x04000000000000000000000000000000000000
```

图 23.10　起始帧数据

23.7.2　语音压缩编码数据的数据帧的第 1 帧的第 1 部分的接收数据格式解析

如图 23.11 所示，这是接收到的语音压缩编码数据的数据帧的第 1 帧的第 1 部分的一包接收数据。LE 压缩语音数据第 1 帧的第 1 部分，其中 20 字节的数据部分的第 1 字节的 0x09 转换为 2 进制是 00001001，能看到 Seq No 值是 1，ID（LE 未用到此标识，都标识为 1）值是 1，每一帧的起始部分的 ID 值都是 1。ID 值可作为判断一帧的第 1 部分的条件的辅助条件。Header 1~3 均为 0，第 5 字节开始的 16 字节数据为压缩语音数据。语音数据帧的第 2、3、4、5 部分的 20 字节内容均为压缩语音数据，此处不再贴图说明。收到一帧数据之后，调用解码程序将压缩数据解码。

Seq No 的值得范围是 0~31，作为帧的计数，当循环到 31 时，下一帧又从 0 开始计数。

图 23.11 中的数据是第 1 帧语音数据，Seq No 应该是 0，不知道为什么传过来的是 1，之后从数据传输来看，当 Seq No 循环到 31 之后，Seq No 又从 0 开始计数。这可以算是语音数据压缩的一个小 Bug，但是不影响数据的组包和解压缩。

```
02  40  20  1b  00  17  00  04  00  1b  3c  00  09  00  00  00  77
77  77  6a  2b  09  a0  b3  a2  00  19  1a  09  98  a0  b1
```

```
Frame 14,849: (Controller) Len=32
HCI UART:
    HCI Packet Type: ACL Data Packet
HCI:
    Packet from: Controller
    Handle: 0x0040
    Broadcast Flag: No broadcast, point-to-point
    Packet Boundary Flag: First automatically-flushable L2CAP packet
    Total Length: 27
L2CAP:
    Role: Slave
    Address: 64
    PDU Length: 23
    Channel ID: 0x0004 (Attribute Protocol)
ATT:
    Role: Slave
    Signature Present: No
    PDU Type is Command: No
    Opcode: Handle Value Notification
    *Database: 40(S)
    Attribute Handle: 60
    Attribute Type: Not Mapped
    Unknown Attribute Data: 0x090000007777776a2b09a0b3a200191a0998a0b1
```

图 23.11　数据帧的第 1 帧的第 1 部分

23.7.3　语音压缩编码数据的数据帧第 2 帧的第 1 部分的接收数据格式解析

如图 23.12 所示，这是接收到的语音压缩编码数据的数据帧的第 2 帧的第 1 部分的一包接收数据。

```
02  40  20  1b  00  17  00  04  00  1b  3c  00  11  9f  ff  0f  18
5a  a4  08  9a  01  09  35  09  a9  f4  2a  34  09  c0  19
```

```
Frame 14,854: (Controller) Len=32
HCI UART:
    HCI Packet Type: ACL Data Packet
HCI:
    Packet from: Controller
    Handle: 0x0040
    Broadcast Flag: No broadcast, point-to-point
    Packet Boundary Flag: First automatically-flushable L2CAP packet
    Total Length: 27
L2CAP:
    Role: Slave
    Address: 64
    PDU Length: 23
    Channel ID: 0x0004 (Attribute Protocol)
ATT:
    Role: Slave
    Signature Present: No
    PDU Type is Command: No
    Opcode: Handle Value Notification
    *Database: 40(S)
    Attribute Handle: 60
    Attribute Type: Not Mapped
    Unknown Attribute Data: 0x119fff0f185aa4089a01093509a9f42a3409c019
```

图 23.12　第 2 帧的第 1 部分的接收数据

LE 压缩语音数据第 2 帧的第 1 部分，其中 20 字节的数据部分的第 1 字节的 0x11 转换为 2 进制是 00010001，能看到 Seq No 值是 2，ID（LE 未用到此标识，都标识位 1）值是 1，每一帧的起始部分的 ID 值都是 1。ID Header1 值为 0x9F，Header2 值为 0xFF，Header3 值为 0x0F。第 5 字节开始的 16 字节数据为压缩语音数据。

23.7.4　语音压缩编码数据结束帧的接收数据格式解析

LE 压缩语音数据传输的结束帧，以 0x02 开始，后续 19 字节都是 0，标示着语音的结束，用于告知接收方需要释放 ADPCM 解码器。在此可以关闭存储解压缩语音数据的文件的句柄。结束帧数据如图 23.13 所示。

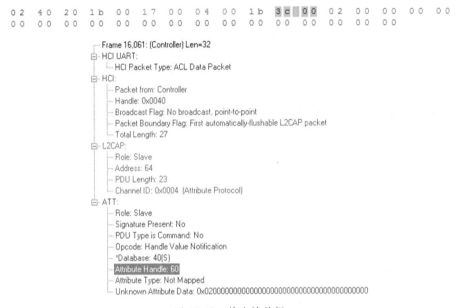

图 23.13　结束帧数据

23.8　基于 Hidraw 的语音压缩编码数据的接收和处理的代码示例

23.8.1　/dev/hidrawX 设备的寻找过程

如果连上了多个 Hid 设备，Kernel 会在/dev 目录下生成多个 Hidraw 设备节点。当需要读取语音数据时，需要找到对应的设备节点进行数据的读取。Hidraw 提供设备信息的查询，设备信息包括设备虚拟总线类型、厂商信息和产品信息，可以根据查询到的信息找到对应的 Hidraw 设备节点。然后进行语音压缩编码数据的读取、解码和上报。

需要注意的是，Hid 虚拟设备总线上可能挂载多个设备，设备虚拟总线类型有 BLUETOOTH、USB、PCI 等类型。故查询设备时要判断总线类型、厂商 ID 和产品 ID。

如果 Hid 总线上挂载了多个符合条件的遥控器，该怎么找到对应的遥控器的 hidraw 设备节点？一个可行的方案如下所示。

1. 将所有符合条件的设备的设备节点都打开并读取，读取到某个设备的数据后，调用相应的解码算法进行解码。

2. 系统保证一个语音传输流程里只有一个遥控器能上报压缩语音数据。如需要系统通知蓝牙遥控器打开/关闭录制，这样系统就只许第 1 个启动语音请求的遥控上报语音数据。

```c
#define MAX_HIDRAW_ID 20 //假设最多遍历20个设备，一般主机不会添加这么多Hid设备
#define XIAOMI_RCU_VID 0x2717 //一款小米低功耗蓝牙遥控的厂商ID
#define XIAOMI_RCU _PID 0x32B4 //一款小米低功耗蓝牙语音遥控的产品ID
struct hidraw_devinfo {
    __u32 bustype;//总线类型，有蓝牙、usb等类型
    __s16 vendor;//厂商ID
    __s16 product;//产品ID
};
/* ioctl interface */
#define HIDIOCGRAWINFO  _IOR('H', 0x03, struct hidraw_devinfo) //获取设备信息指令

static int get_hidraw_device_fd() {
    int fd = -1;
    int i;
    struct hidraw_devinfo info;
    char devicePath[30];

    for (i=0; i<MAX_HIDRAW_ID; i++) {//用户连接的设备应该不会超过20台
        memset(devicePath, 0, strlen(devicePath));
        sprintf(devicePath, "/dev/hidraw%d", i);//拼接hidraw设备节点路径
        if (0 != access(devicePath, F_OK)) {//尝试访问设备节点
            continue;//无法访问就接着尝试下一个设备节点
        }
        //以非阻塞方式打开设备节点，在读取语音数据时不会阻塞，能及时返回
        fd = open(devicePath, O_RDWR|O_NONBLOCK);
        if (fd <= 0) {
```

```
            continue;//无法打开设备节点就接着尝试下一个设备节点
        }

        memset(&info, 0, sizeof(struct hidraw_devinfo));
        if (ioctl(fd, HIDIOCGRAWINFO, &info)) {//读取设备信息
            close(fd);
            fd = -1;
            continue;//读取失败就接着尝试下一个设备节点
        }

        if (info.bustype == BUS_BLUETOOTH //如果是蓝牙设备总线
                && (info.vendor & 0XFFFF) == XIAOMI_RCU_VID //厂商信息符合
                && (info.product & 0XFFFF) == XIAOMI_RCU_PID) { //产品信息符合
            ALOGI("%s find rcu device:hidraw%d", __FUNCTION__, i);
            break;//找到设备,退出循环
        } else {
            close(fd);//不符合条件的设备就关闭句柄,接着尝试下一个设备节点
            fd = -1;
        }
    }

    if (i == MAX_HIDRAW_ID) {//循环到了允许的最大值都没有找到需要的设备节点
        ALOGE("%s No device!\n", __FUNCTION__);
    }

    return fd; //返回设备节点句柄,供读取语音数据使用
}
```

23.8.2 ADPCM 语音压缩编码数据的读取和解码的代码示例

  in_read()函数是实现在 Audio HW Module 里的读取函数,供音频中间层调用来读取语音数据。函数实现了从 Hidraw 设备节点读取遥控器传来的 ADPCM 压缩编码数据帧,将数据帧解码并上传给 Audio 中间层的功能。

  一帧完整的数据由 5 个部分组成,读取过程中需要注意合法数据包的内容有可能跟数据帧起始部分的标志存在内容一致的情况,不能把这种合法数据当成起始帧。当 5 部分读取完毕后组成 1 个完整的数据帧进行解码和上传。

  Hidraw 设备驱动的缓存区会存储来自遥控器的所有数据,读取程序需要根据 Report ID 和数据长度来判断是否是合法数据。

  函数进行了各种非法判断,导致其冗长复杂。其实其中有些情况是不会发生也不应该发生的。

数据的可靠性已经由空中传输保证，出错会重传。

```c
#define RAS_CMD_MASK                        0x07
#define RAS_START_CMD                       0x04
#define RAS_DATA_TIC1_CMD                   0x01
#define RAS_STOP_CMD                        0x02
#define RAS_DATA_RAW_CMD                    0x03
#define REPORT_ID 0x05 //假设 Report ID 是 5
#define GATT_PDU_LENGTH 20 //蓝牙 4.0 的有效数据长度是 20 字节
//the first byte is report id added by stack //第 1 字节是协议栈添加的
//report id
#define HIDRAW_PDU_LENGTH (1 + GATT_PDU_LENGTH)//协议栈在数据之前添加了
//Report ID
static int part_index = 0;//数据帧的组包计数
#define ADPCM_DATA_PART_NUM 5 //5 个数据包合成 1 帧
//数据帧缓冲区，100 字节
static unsigned char ADPCM_Data_Frame[ADPCM_DATA_PART_NUM*GATT_PDU_LENGTH];
static short decode_buf[256];//解码 buffer

inline static int is_start_frame(unsigned char *buf) {//起始帧判断函数
    return ((buf[0] & RAS_CMD_MASK) == RAS_START_CMD && buf[1] == 0 &&
        buf[2] == 0 && buf[3] == 0 && buf[12] == 0 && buf[19] == 0)?1:0;
}

inline static int is_stop_frame(unsigned char *buf) {//结束帧判断函数
    return ((buf[0] & RAS_CMD_MASK) == RAS_STOP_CMD && buf[1] == 0 &&
        buf[2] == 0 && buf[3] == 0 && buf[12] == 0 && buf[19] == 0)?1:0;
}

inline static int is_data_frame_part_1(unsigned char *buf) {//数据帧内第 1 部分
                                                            //判断函数
    return (buf[0] & RAS_CMD_MASK) == RAS_DATA_TIC1_CMD;
}

static ssize_t in_read(struct audio_stream_in *stream, void* buffer, size_t bytes) {
    int count = 0;
    unsigned short decode_len = 0;
    unsigned char buf[HIDRAW_PDU_LENGTH];//21 字节，包含 Report ID
    if (hidraw_fd <= 0) {//由 get_hidraw_device_fd()获取 hidraw 设备节点句柄
```

```c
            ALOGE("%s error:hidraw_fd invalid!", __FUNCTION__);
            return 0;
        }

begin:
        memset(buf, 0, sizeof(buf));
        count = read(hidraw_fd, buf, sizeof(buf));//读取21个字节的数据, 第1字
                                                  //节是Report ID
        if (count <= 0) {
            return 0;
        }

        if (count != HIDRAW_PDU_LENGTH || buf[0] != REPORT_ID) {
            ALOGI("%s drop gabage len:%d!", __FUNCTION__, count);
            goto begin;//过滤不需要的数据, 根据Report ID和读取数据长度判断
        }

        decode_len = 0;

        if (is_start_frame(buf + 1)) {//是起始帧
            ALOGI("%s RAS_START_CMD comes!", __FUNCTION__);
            if (part_index > 0) {
                ALOGE("%s drop some parts.part_index:%d!",
                        __FUNCTION__, part_index);
            }
            part_index = 0;//帧内计数清零
            memset(ADPCM_Data_Frame, 0, sizeof(ADPCM_Data_Frame));//缓冲区清零
            memset(decode_buf, 0, sizeof(decode_buf));//解码数据区清零
            //用于解码程序初始化解码库
            audio_ParseData(buf + 1, GATT_PDU_LENGTH, decode_buf, &decode_len);
            goto begin;//开始读取数据
        } else if (is_stop_frame(buf + 1)) {//停止帧
            ALOGI("%s RAS_STOP_CMD comes!", __FUNCTION__);
            if (part_index == ADPCM_DATA_PART_NUM) {//如果是一个整的数据帧就解码
                memset(decode_buf, 0, sizeof(decode_buf));
                audio_ParseData(ADPCM_Data_Frame, sizeof(ADPCM_Data_Frame),
                                decode_buf, &decode_len);//解码
                if (decode_len > 0) {
```

```c
            memcpy(buffer, decode_buf, decode_len);//上报数据
        }
        count = decode_len;
    } else {
        if (part_index > 0) {//数据不完整就输出log警告
            ALOGE("%s stop frame drop some parts.part_index:%d!",
                    __FUNCTION__, part_index);
        }
        count = 0;
    }
    //用于解码函数结束解码相关的事情,如资源回收
    audio_ParseData(buf + 1,GATT_PDU_LENGTH, decode_buf, &decode_len);
    memset(decode_buf, 0, sizeof(decode_buf));
    part_index = 0;
    memset(ADPCM_Data_Frame, 0, sizeof(ADPCM_Data_Frame));
} else if (is_data_frame_part_1(buf + 1)) {//数据帧第1部分
    //ALOGI("%s RAS_DATA_TIC1_CMD comes!", __FUNCTION__);
    if (part_index > ADPCM_DATA_PART_NUM) {//越界处理
        ALOGE("%s tic1 drop some parts.part_index:%d!",
                __FUNCTION__, part_index);
        //I find the right beginning?God bless me.
        memset(ADPCM_Data_Frame, 0, sizeof(ADPCM_Data_Frame));
        memcpy(ADPCM_Data_Frame, buf + 1, GATT_PDU_LENGTH);
        part_index = 1;//第1帧计数
        goto begin;//再开始读数据
    } else if (part_index == ADPCM_DATA_PART_NUM) {//一帧完整的数
                                                  //据,解码
        if (is_data_frame_part_1(ADPCM_Data_Frame)) {
            memset(decode_buf, 0, sizeof(decode_buf));
            audio_ParseData(ADPCM_Data_Frame, sizeof(ADPCM_Data_Frame),
                        decode_buf, &decode_len);
            if (decode_len > 0) {
                memcpy(buffer, decode_buf, decode_len);//拷贝到上层缓冲区
            }
            count = decode_len;
        } else {
            ALOGE("%s why the first part is bad?
                    drop all the five parts!", __FUNCTION__);
```

```c
            }
            //找到正确起始位置
            memset(ADPCM_Data_Frame, 0, sizeof(ADPCM_Data_Frame));
            //保存第1部分
            memcpy(ADPCM_Data_Frame, buf + 1, GATT_PDU_LENGTH);
            part_index = 1;//第1帧计数

            if (decode_len == 0) {
                goto begin;//继续读取数据
            }
        } else if (part_index == (ADPCM_DATA_PART_NUM - 1)) {
            //当前缓冲了4帧数据，看上去丢了数据，当成数据处理
            if (is_data_frame_part_1(ADPCM_Data_Frame)) {
                memcpy(ADPCM_Data_Frame + part_index*GATT_PDU_LENGTH,
                    buf + 1, GATT_PDU_LENGTH);
                memset(decode_buf, 0, sizeof(decode_buf));
                audio_ParseData(ADPCM_Data_Frame,
                            sizeof(ADPCM_Data_Frame),
                                decode_buf, &decode_len);//解码
                if (decode_len > 0) {//拷贝到应用buffer
                    memcpy(buffer, decode_buf, decode_len);
                }
                count = decode_len;
                part_index = 0;
                memset(ADPCM_Data_Frame, 0, sizeof(ADPCM_Data_Frame));
                if (decode_len == 0) {
                    goto begin;//解码失败，重新读取
                }
            } else {
                ALOGE("why the first part is bad?drop all
                    the four parts!", __FUNCTION__);
                memset(ADPCM_Data_Frame, 0, sizeof(ADPCM_Data_Frame));
                memcpy(ADPCM_Data_Frame, buf + 1, GATT_PDU_LENGTH);
                part_index = 1;//丢弃前面的数据，当前数据作为数据帧第1包数据
                goto begin;//继续读取数据
            }
        } else {
```

```c
            if (part_index == 0) {
                memcpy(ADPCM_Data_Frame + part_index*GATT_PDU_LENGTH,
                    buf + 1, GATT_PDU_LENGTH);
                part_index++;//当成第 1 帧处理
            } else if (is_data_frame_part_1(ADPCM_Data_Frame)) {
                memcpy(ADPCM_Data_Frame + part_index*GATT_PDU_LENGTH,
                    buf + 1, GATT_PDU_LENGTH); //保存一包数据
                part_index++;
            } else {
                ALOGE("%s tic2 drop some parts.part_index:%d!",
                    __FUNCTION__, part_index);
                memset(ADPCM_Data_Frame, 0, sizeof(ADPCM_Data_Frame));
                memcpy(ADPCM_Data_Frame, buf + 1, GATT_PDU_LENGTH);
                part_index = 1;//当成第 1 包数据
            }

            goto begin;//继续读取数据
        }
    } else {
        if (part_index > ADPCM_DATA_PART_NUM) {
            ALOGE("%s data frame drop some parts,
                drop this part also.part_index:%d!",
                __FUNCTION__, part_index);
            memset(ADPCM_Data_Frame, 0, sizeof(ADPCM_Data_Frame));
            part_index = 0;
            goto begin;//抛弃非法数据，重新读取
        } else if (part_index == ADPCM_DATA_PART_NUM) {
            if (is_data_frame_part_1(ADPCM_Data_Frame)) {
                ALOGE("%s is it right to decode this frame?decode it...",
                    __FUNCTION__);
                memset(decode_buf, 0, sizeof(decode_buf));
                audio_ParseData(ADPCM_Data_Frame,
                        sizeof(ADPCM_Data_Frame),
                        decode_buf, &decode_len);//当成正确第 1 帧数据
                if (decode_len > 0) {
                    memcpy(buffer, decode_buf, decode_len);
                }
                count = decode_len;
```

```c
            } else {
                ALOGE("%s drop all the five parts,where is the start
                        part?", __FUNCTION__);
            }
            ALOGE("%s drop this part,why does it happen?", __FUNCTION__);
            memset(ADPCM_Data_Frame, 0, sizeof(ADPCM_Data_Frame));
            part_index = 0;//清零重新开始
            if (decode_len == 0) {
                goto begin;//重新读取数据
            }
        } else if (part_index == (ADPCM_DATA_PART_NUM - 1)) {
            if (is_data_frame_part_1(ADPCM_Data_Frame)) {
                memcpy(ADPCM_Data_Frame + part_index*GATT_PDU_LENGTH,
                        buf + 1, GATT_PDU_LENGTH);
                memset(decode_buf, 0, sizeof(decode_buf));
                audio_ParseData(ADPCM_Data_Frame, sizeof(ADPCM_Data_Frame),
                        decode_buf, &decode_len);//正常数据帧解码
                if (decode_len > 0) {
                    memcpy(buffer, decode_buf, decode_len);
                }
                count = decode_len;
            } else {
                ALOGE("%s 2 drop all the five parts,where is the start
                        part?", __FUNCTION__);//丢弃数据
            }
            part_index = 0;
            memset(ADPCM_Data_Frame, 0, sizeof(ADPCM_Data_Frame));
            if (decode_len == 0) {
                goto begin;//重新读取数据
            }
        } else {
            if (part_index > 0 && is_data_frame_part_1(ADPCM_Data_Frame)) {
                memcpy(ADPCM_Data_Frame + part_index*GATT_PDU_LENGTH,
                        buf + 1, GATT_PDU_LENGTH);//正常数据保存
                part_index++;
            } else {
                if (part_index > 0)
                    ALOGE("%s drop all the five parts and part,
```

```
                    where is the start part?part_index:%d",
                    __FUNCTION__, part_index);
            else
                ALOGE("%s drop this part,where is the start \
                        part? part_index:0", __FUNCTION__);
                part_index = 0;//当成错误处理，丢弃数据
                memset(ADPCM_Data_Frame, 0, sizeof(ADPCM_Data_Frame));
        }
        goto begin;
    }
}

return count;//返回解码数据长度
}
```

第 24 章

开发工具

24.1 概述

Android 蓝牙系统涉及蓝牙设置界面、联系人、通话、Framework、蓝牙应用程序、JNI 层、Bluedroid 协议栈、内核总线驱动、蓝牙芯片、外围蓝牙设备、蓝牙设备间的无线通信、应用层和系统层数据交互等。

当系统蓝牙或蓝牙外设发生问题时（如系统蓝牙死掉、断连接、连接不上、卡顿、耗电快、无法配对连接或自动删除了配对等），工程师需要去判断问题出在哪里。容易出现的问题还好解决，难解决的是那些偶尔出现的问题。

如何处理问题？处理问题的方法很多，也有大量调试相关的书籍介绍程员如何去思考、解决问题。蓝牙开发工具领域有两个常用工具用来分析和定位问题，一个是 Ellisys 蓝牙分析仪及配套分析软件，另一个是 Frontline 蓝牙分析仪及配套分析软件。

Frontline 蓝牙分析软件使用比较普遍，此处不做重点介绍了。大多数蓝牙软件工程师都使用它来抓取空中通信和分析，更多的用途是解析 btsnoop，了解各个层次的蓝牙交互行为。本章重点介绍 Ellisys 蓝牙分析仪。

24.2 Ellisys 蓝牙协议分析仪

在互操作测试并解决蓝牙问题的过程中，监听（Sniffing）并分析蓝牙空中消息一直是最快速了解问题的方法。长期以来，监听蓝牙的技术一直不算成熟。传统监听技术受限于硬件条件，在多数环境下应用性差，监听结果不可靠，经常在分析过程中引入新的怀疑，将问题复杂化。

Ellisys 引入全频段数字无线电的技术，彻底解决了传统技术的缺陷，革命性地将监听和分析技术提到了新的高度。Ellisys 一体化全频段蓝牙协议分析仪不需要任何配置，只需要一键按下记录按钮，便可以非侵入式地监听到周围任何时段、任何频段的任意蓝牙数据和消息。随着蓝牙规范的不断演进，这种数字无线电技术使得用户只须自动升级软件就可以适配兼容新的规范，无须更换硬件，用户甚至觉察不到它已经悄悄完成了对新规范的支持升级。图 24.1 是蓝牙协议分析仪的外观图。

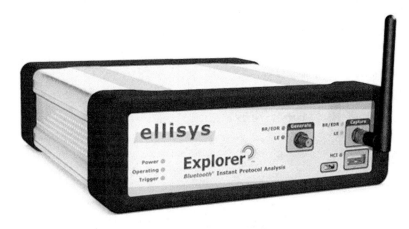

图 24.1　Ellisys 蓝牙协议分析仪

蓝牙技术设计之初就是为了抵御来自 2.4GHz ISM 频段干扰，并且出于安全考虑使其难于被监听。为了满足这样的需求，蓝牙设备的射频会在多个频率信道动态切换（跳频），实现数据交换。传统的基于跳频技术的蓝牙监听器（Sniffer）需要努力跟踪这一跳频序列并保持同步，才能实现数据包的捕获和分析，而这种跟踪在时序和频率方面的要求非常苛刻，并且严重依赖协议上下文，这往往导致跟踪失败，可用性和可靠性大打折扣。Ellisys 独创的全频段捕获技术解决了这一根本矛盾，它不是像传统 Sniffer 那样只在某些时刻监听某几个信道，而可以全时段同时监听所有频率信道的通信，这样被动的监听的模式，不需要任何同步，不需要任何协议上下文依赖，也就不受限于链路个数，可以监听到它身边所有的蓝牙组网。

当然，捕获并分析蓝牙空中的数据为调试提供了很重要的信息，除此之外，Ellisys 还展示了其他方面的信息为用户提供最全面的上下文分析，包括频谱分析，HCI 分析，各类数字接口分析，逻辑分析，音频分析等。

Ellisys BEX400 蓝牙分析仪是目前全球唯一的"真正的"蓝牙协议分析与测试工具。能同时抓取 79 个 BR/EDR 信道和 40 个 LE 的信道的通信数据并实时解析，支持 Bluetooth BR/EDR、LE、HCI（USB、UART、SPI）等。由于其极高的性价比，目前已在业界被广泛使用并被 Bluetooth SIG 蓝牙协会正式确认指定为官方的蓝牙测试系统。

Ellisys Bluetooth Explorer 400（BEX400）是一台非侵入式蓝牙协仪分析仪，完全不会干扰到蓝牙网络（Piconet）内的待测设备，不需要输入 BT Address、PIN Code 或 Combination Key，

即可透过 Link Key 解码封包内容，并可自动储存 Link Key 供后续解译使用，完全不需要任何设定，只要按下记录键就可开始记录所有数据。

Ellisys Instant Piconet View 可动态或静态显示出 Piconet 及 Scatternet，也可精准显示出所有封包发生相对关系，所撷取的数据包会自动汇整成相关的 Profile，并且可以导成各种格式文件，自动解码 PIN Code 加密的数据包。用此仪器结合强大的软件功能来分析蓝牙协议可大幅降低研发所需的时间及人力。

Ellisys Rainbow 全通道撷取技术，可同时纪录 79 个 BR/EDR 信道和 40 个 LE 信道，解决传统蓝牙协议分析只要记录两个 Slave 就需要两台 Sniffer 的缺陷，通过此仪器，不管记录多少个 Slave 甚至 Scatternet 都只需要一台分析仪。

传统的单信道撷取如图 24.2 所示，一个时槽只能抓取一个信道的通信，Sniffer 需要时刻在正确的时域和频域跟随通信方。

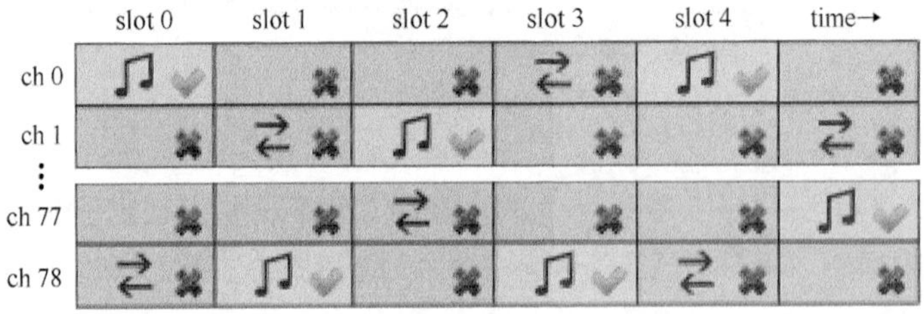

图 24.2 传统单信道撷取

Ellisys 全通道捕获如图 24.3 所示，任何时刻都能捕获所有信道的通信。

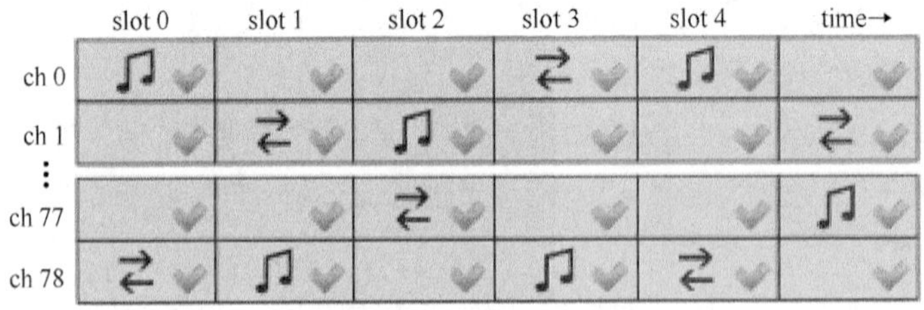

图 24.3 Ellisys 全通道捕获

新的企业版支持 WiFi 捕获，外观如图 24.4 所示。

业界第 1 个也是唯一的一体化宽带 BR/EDR 和 Low Energy 嗅探器，并行捕获 WiFi2x2 802.11a/b/g/n，2.4GHz 频谱，HCI（USB、UART、SPI），WCI-2，逻辑信号和音频 I2S。最新的软件版本支持蓝牙 5.0（包括 LE 2Mbit/s、LE LR、LE Adv Ext）以及 Mesh。关键点如下。

- 一体机：并行捕获 BR/EDR、Low-Energy、WiFi、频谱、HCI、逻辑、音频 I2S 和 WCI-2，均同步到纳秒精度。
- 蓝牙全频段捕获：轻松实时捕获任何流量，包括发现/连接流量和 SSP 配对。
- 可编程数字无线电：支持新规格，无须硬件更改。
- 多微微网支持：无限制地查看多个微微网和集群网。
- 所有协议和配置文件：最佳协议解码。
- 集成音频分析：在所有其他流量的同时，在软件中聆听捕获的音频，包括 HCI 音频和 I2S。
- 频谱显示：表征无线环境并可视化共存问题。
- 消息序列图：从强大的 Ellisys 协议显示自动创建图表。

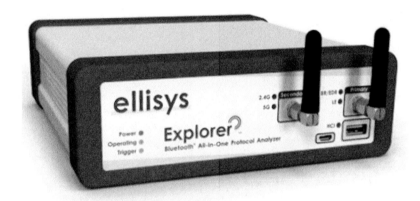

图 24.4　新 Ellisys 企业版

24.3　Ellisys HCI 分析

无线流量当然是蓝牙工程师调试信息最有用的元素之一，但主机控制器接口（HCI）流量也是重要的信息补充，通过它可以清楚和全面地了解情况。

HCI 是由蓝牙规范定义的接口，用于主机控制器和无线电之间的通信。Ellisys BEX400 支持 USB HCI、UART HCI 和 SPI HCI 的通信捕获。所有 HCI 流量与无线流量同时捕获，使用相同的精密时钟进行完美的同步和时序分析，并显示在高度优化的 Ellisys 分析软件中。

Ellisys 分析软件自动提取通过 HCI 交换的任何链接密钥，并使用它来解密无线流量，而无须任何用户干预。

如图 24.5 所示，这是用 UART 接线抓的 HCI 数据，是 Download Firmware 时的情形，显示下载速率是 86.3kB/s。

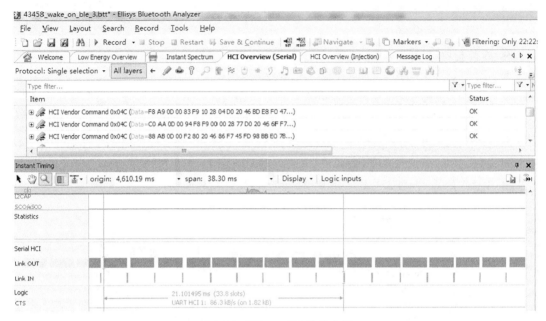

图 24.5　Ellisys HCI 数据截图

24.4　Ellisys 频谱分析

蓝牙使用的 2.4GHz ISM 频段相当繁忙。该频段的其他用户包括 WiFi、LTE、ZigBee、ANT 以及广泛的其他专有和商业技术。所有这些用户彼此干扰，通常需要更好地了解无线环境。

Ellisys 嗅探器提供的频谱显示是共存调试、无线表征或仅用于可视化 RF 环境的完美工具。它可以捕获高达 1 微秒的可配置精度的所有蓝牙通道中的频谱信号强度（RSSI），并与蓝牙数据包同步显示此信息。

如图 24.6 所示，2.4G 无线环境是非常拥挤的，蓝牙 12 秒左右就更新和启用新的信道映射表。这是小米电视测试环境的糟糕的 2.4G 无线环境的真实写照，颜色越深说明相应频段越嘈杂。灰色的部分是当前 LE 链路的 Master/Slave 的发包。从图 24.6 来看，为了避开电视的 WiFi 所在频段（WiFi 占据 11 信道，频宽 40M），蓝牙可用信道被 WiFi 驱赶到了较差的频段，对蓝牙通信不利。

如图 24.7 所示，这是放大后蓝牙和 WiFi 数据共存碰撞的例子，一个 WiFi Probe Packet 和一个 Bluetooth DM5 Packet 在时域和频域同时重合产生碰撞，最终的"受害者"往往是蓝牙。

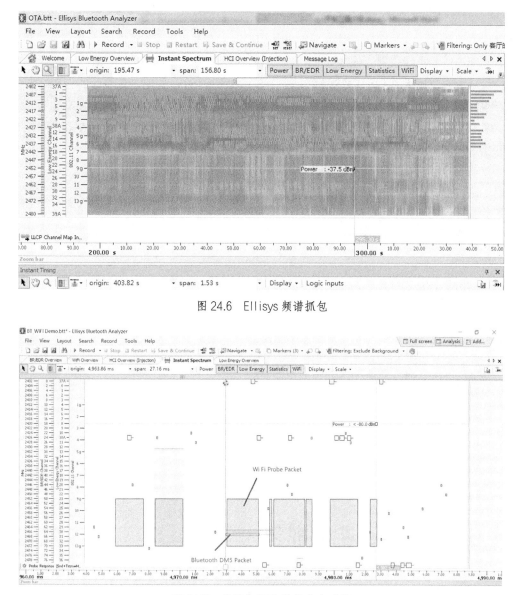

图 24.6　Ellisys 频谱抓包

图 24.7　蓝牙和 WiFi 数据共存碰撞

24.5　Ellisys 时序和逻辑分析

逻辑分析功能可以与无线和 HCI 流量同步捕获任何逻辑信号，并且与空口数据包、HCI 数据同步到同一时间轴做精确的时序分析。该功能支持任何数字信号，包括通用 I/O 或专用引脚，如 TX/RX/CTS/RTS，一个较好的用例，比如通过跟踪睡眠信号来确定设备低功耗运行的占空比。该功能相当于一个能展示引脚信号时序的逻辑分析仪，并且能展示通信数据包、进行一些数据的统计和分析，使用户了解天上（无线数据）和地上（HCI 和数字信号）同时发生了什么。这些信号可以以 5 纳秒精度可视化，并与 Ellisys 软件强大的即时时间视图中的其他捕获流进行比较。

图 24.8 所示为 Host 和 Controller（即蓝牙芯片）之间的 UART 总线数据传输及各个引脚的逻辑关系的一个截图。

图 24.8　Ellisys 总线时序和逻辑抓取截图

24.6　Ellisys 空中抓包

抓取空中通信信息是 Ellisys BEX400 最常用的功能。当需要确定是主机蓝牙的问题还是蓝牙外设的问题时，空中通信数据就非常重要，因为可以从这些信息中看出到底出了什么问题，是谁引发的，双方是否遵循了蓝牙协议规范。

协议和配置文件分析窗口提供了简介的协议交互过程信息，并且可以通过过滤和分组精确地定位到用户所需要的信息位置。除了协议捕获和分析，软件还针对捕获的消息按照规范要求进行校验，所有不符合规范的协议上下文都会提示给用户，如图 24.9 所示。

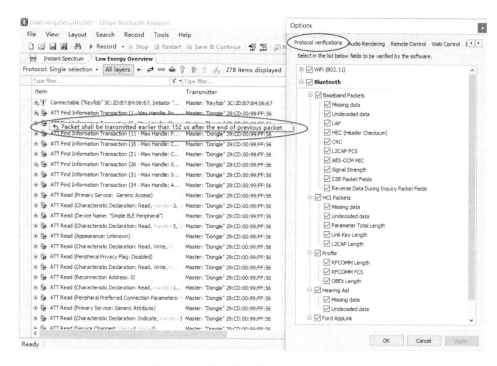

图 24.9　不符合规范的协议上下文的提示

图 24.10 所示为抓取到的电视蓝牙正在查询蓝牙遥控的属性信息的空中包的界面展示。

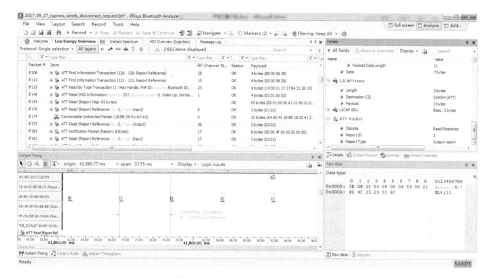

图 24.10　LE 空中包抓取截图

24.7　Ellisys 组网分析

蓝牙技术正发展为一种越来越流行的技术，被引入到更多的应用和更广泛的市场。因此产生了更复杂的多设备组网，多应用并发的使用场景（如刚刚发布的 Mesh）。针对这类复杂组网的调试需求，Ellisys 全频段捕获技术能够完整地捕获组网过程并且将其可视化，不受限于设备和组网个数，还可以一步一步的重放组网过程和网络的任何变化，如图 24.11 所示。

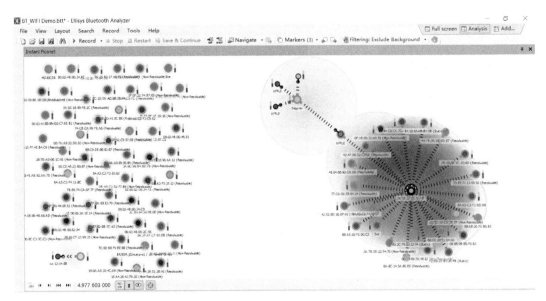

图 24.11　组网过程可视化界面截图

24.8　Ellisys 集成化音频分析

Ellisys 蓝牙分析软件还集成了专用的音频分析功能，可以实时捕获并播放空中的音频流，也可以帮助用户定位音频通路中的各种问题，还可以将捕获的音频流导出到 .wav 文件供线下进一步分析，如图 24.12 所示。

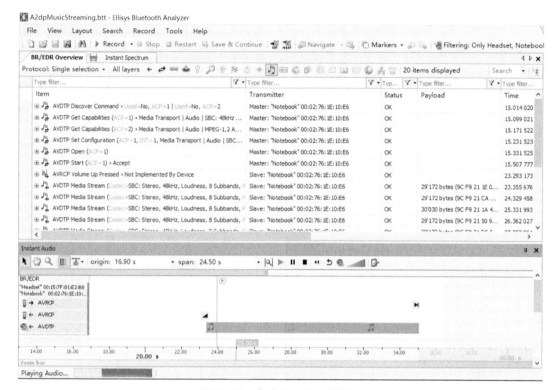

图 24.12 集成化音频分析截图

24.9 其他

Ellisys 蓝牙分析软件还有一些其他的使用技巧。
- 导入和导出通用的日志格式，如图 24.13 所示。
- 链路数据统计，如图 24.14 所示。
- 分享日志给同事或者 Ellisys 工程师寻求支持。
- 在菜单 File 下有二级菜单 Share to cloud 和 Retrieve from cloud。可以将日志存储在云端。亦可寻求 Ellisys 工程师帮助分析日志，或向他们提工具软件的 Bug。
- 更多的使用技巧以及蓝牙技术问题可以咨询 Ellisys 工程师。

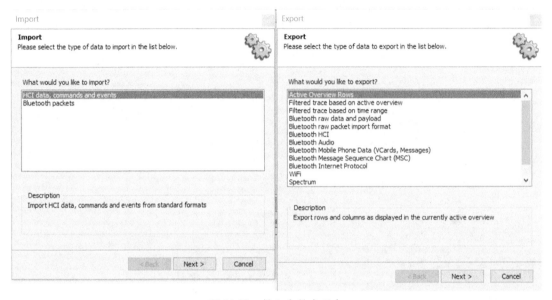

图 24.13　导入和导出日志

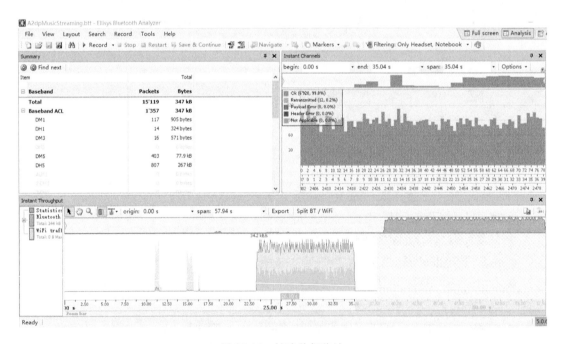

图 24.14　链路数据统计

第 25 章

蓝牙系统 Bug 分析

25.1 概述

如图 25.1 所示，这是蓝牙的系统层次、组成模块及日志抓取的示意图。其中的主机（Host）部分是运行 Android 系统的设备。外部设备（Device）部分是和 Host 通信的蓝牙外设。

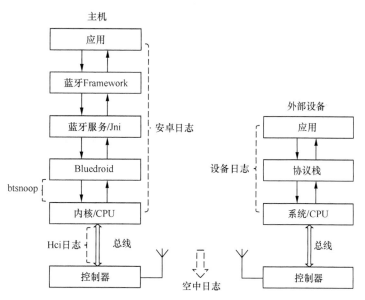

图 25.1 系统层次、组成模块及日志抓取示意图

在 Android 系统上，蓝牙相关的日志包括：Android 系统运行产生的日志（logcat）、Bludroid 记录的 Host 侧 HCI 层的上行/下行的裸数据（btsnoop）、用蓝牙协议分析仪抓取的总线 Hci 日志、蓝牙分析仪抓取的空中通信数据（Sniffer 日志）。有时需要协助蓝牙芯片厂商将 Controller 的 debug 口（一般是 UART 接口）接出来抓取设备的日志，分析设备本身的问题。在上述日志齐全的情况下，一般可以断定问题出在哪个地方；对比较难以复现的问题，可能需要在问题模块埋伏 log，继续想办

法复现问题和抓取日志进行分析。

外部设备由于功能比较单一，故软件构架相对简单、软件复杂度较低，目前很多蓝牙设备解决方案为了降低成本，将 App、Stack、Os 和 RF 的控制软件都运行在一个 CPU（如 M0）上。故外部设备的调试手段也比较单一，一般是通过调试口（如 UART）来输出日志，再加上 Sniffer log（日志）协同分析。

对蓝牙系统来说，蓝牙 App 层和 Bluedroid 的日志都输出到了 Android 的 logcat，可以用来分析蓝牙系统的一些行为以及蓝牙系统和别的模块的交互行为。

btsnoop 在 Host 的 CPU 侧记录了所有 Host 发送/接收的二进制数据，可以用协议分析软件打开并浏览。该功能用于分析主机蓝牙和设备蓝牙之间的协议/数据交互行为、Host 和 Controller 之间的命令和数据交互。

一些蓝牙分析仪（如 BEX400）可以抓取数据总线上的通信数据及一些 IO 的逻辑电平（Hci 日志）并予以展示，同时提供多种小工具进行测量和分析。除了具备 btsnoop 的所有优点之外，Hci 日志还可以很好地分析总线两端的设备进行数据传输时是否遵守了总线协议规范，也能对照 btsnoop、Sniffer 日志分析是否哪个部分发生了数据丢失或错位。

Sniffer 日志是蓝牙协议分析仪抓取的蓝牙设备间的无线通信数据（BEX400 可以同时抓取主机和多个设备间的通信数据），用于分析蓝牙设备间的蓝牙通信。可以用来分析双方的行为是否符合蓝牙协议规范，出问题时可以很好地确认哪一方的行为没有遵循协议从而导致问题。此外，有些蓝牙协议分析仪还能查看 2.4GHz 的频谱，分析频率空间中的信号分布和强度，可以更好地了解无线环境。BEX400 还有一个超级功能是能同时抓取 2.4GHz WiFi 和蓝牙的空中无线通信数据，可以很好地分析蓝牙/WiFi 共存方面的问题。

25.2 内存操作越界引发蓝牙重启的一个 Bug 分析

25.2.1 内存操作越界 Bug 描述

在项目 Inception-MiTV3 中，Bug 编号为 IN-2027，问题描述如下：
后台在线升级中，配对连接语音遥控器有时连接失败。
预置条件：
电视开机，配对连接语音蓝牙遥控器与小米低音炮和蓝牙手柄。
测试步骤：
连续多次添加蓝牙遥控器、删除蓝牙遥控器。
期望结果：

蓝牙遥控器可正常取消配对和配对连接成功。

实际结果：

配对连接语音遥控器时，有时响一下嘀声，但是未进行配对流程，然后再响嘀声进行配对流程且配对成功；有时嘀声后进行到进度"连接中"但是连接失败，提示"连接遇到问题"。

详细信息请参考由该 Bug 生成的日志文件（logcat 在配对中提示连接遇到问题时抓取一次，在连接失败后再抓取一次。空中日志则由 Ellisys 正确抓取）。

25.2.2　内存操作越界引发蓝牙重启的 Bug 分析过程

1. 内存操作越界引发蓝牙重启的 Log 分析

遥控器在配对连接时，配对成功的时候会发出"滴"的声音来提示用户，然后再进行遥控器的连接过程。问题发生在连接过程中连接失败的时候。其实从本项目的其他 Bug 的情况来看，回连也可能发生连接失败。从测试工程师抓取的这个 Bug 的日志来看，蓝牙进程因协议栈出现非法函数指针访问而崩溃。从代码来看，gatt_add_a_bonded_dev_for_srv_chg() 函数应该调用 bta_gatts_nv_srv_chg_cback() 来执行，不应该出错。但也只能分析到这里，没有明确解释这个问题的思路。

```
10-13 21:54:28.892 117 117 I DEBUG : backtrace:
10-13 21:54:28.892 117 117 I DEBUG : #00 pc 05000000 <unknown>
10-13 21:54:28.892 117 117 I DEBUG : #01 pc 000c788d /system/lib/hw/bluetooth. default.so (gatt_add_a_bonded_dev_for_srv_chg+64)
10-13 21:54:28.892 117 117 I DEBUG : #02 pc 000c7f89 /system/lib/hw/bluetooth. default.so
10-13 21:54:28.892 117 117 I DEBUG : #03 pc 000d8c09 /system/lib/hw/bluetooth. default.so (L2CA_ConnectFixedChnl+324)
10-13 21:54:28.892 117 117 I DEBUG : #04 pc 000c814b /system/lib/hw/bluetooth. default.so (gatt_act_connect+54)
10-13 21:54:28.892 117 117 I DEBUG : #05 pc 000c8f6d /system/lib/hw/bluetooth. default.so (GATT_ConfigServiceChangeCCC+72)
10-13 21:54:28.892 117 117 I DEBUG : #06 pc 000913d7 /system/lib/hw/bluetooth. default.so
10-13 21:54:28.892 117 117 I DEBUG : #07 pc 000ac9a9 /system/lib/hw/bluetooth. default.so (btm_proc_smp_cback+172)
10-13 21:54:28.892 117 117 I DEBUG : #08 pc 000cc093 /system/lib/hw/bluetooth. default.so (smp_proc_pairing_cmpl+202)
10-13 21:54:28.892 117 117 I DEBUG : #09 pc 000eb4a7 /system/lib/hw/bluetooth. default.so (smp_sm_event+282)
10-13 21:54:28.892 117 117 I DEBUG : #10 pc 000cbe3b /system/lib/hw/bluetooth. default.so (smp_rsp_timeout+58)
10-13 21:54:28.892 117 117 I DEBUG : #11 pc 000d660b /system/lib/hw/bluetooth. default.so (btu_task+682)
10-13 21:54:28.892 117 117 I DEBUG : #12 pc 000a36f9 /system/lib/hw/
```

```
bluetooth. default.so
    10-13 21:54:28.892 117 117 I DEBUG : #13 pc 00016fdb /system/lib/libc.so
(__pthread_start(void*)+30)
    10-13 21:54:28.892 117 117 I DEBUG : #14 pc 00014f23 /system/lib/libc.so
(__start_thread+6)
```

后来发现另一个 Bug 也是一样的问题，从两份日志看出崩溃时函数指针值不一样。这就开始有了明确的思路，一定是有程序修改了 gatt_cb.cb_info.p_srv_chg_callback 变量保存的 bta_gatts_nv_srv_chg_cback()函数指针的值。如下只贴出几行日志，其他日志省略。

```
    08-06 16:54:48.985 122 122 I DEBUG : #00 pc 01000000 <unknown>
    08-06 16:54:48.985 122 122 I DEBUG : #01 pc 000c3f1d /system/lib/hw/
bluetooth. default.so (gatt_add_a_bonded_dev_for_srv_chg+64)
```

2. 函数调用关系分析

gatt_add_a_bonded_dev_for_srv_chg()调用了 gatt_cb.cb_info.p_srv_chg_callback 变量保存的指针函数。

```
void gatt_add_a_bonded_dev_for_srv_chg (BD_ADDR bda)
{
    tGATTS_SRV_CHG *p_buf;
    tGATTS_SRV_CHG_REQ req;
    tGATTS_SRV_CHG srv_chg_clt;

    memcpy(srv_chg_clt.bda, bda, BD_ADDR_LEN);
    srv_chg_clt.srv_changed = FALSE;
    if ((p_buf = gatt_add_srv_chg_clt(&srv_chg_clt)) != NULL)
    {
        memcpy(req.srv_chg.bda, bda, BD_ADDR_LEN);
        req.srv_chg.srv_changed = FALSE;
        if (gatt_cb.cb_info.p_srv_chg_callback)  //调用 bta_gatts_nv_srv_
                                                 //chg_cback()函数
            (*gatt_cb.cb_info.p_srv_chg_callback)
                (GATTS_SRV_CHG_CMD_ADD_CLIENT, &req, NULL);
    }
}
```

在主机蓝牙打开的过程中，携带 bta_gatts_nv_srv_chg_cback()函数指针的 bta_gatts_nv_cback 变量被拷贝到 gatt_cb.cb_info 变量中。

```
tGATT_APPL_INFO bta_gatts_nv_cback =
{
    bta_gatts_nv_save_cback,
    bta_gatts_nv_srv_chg_cback
};

void bta_gatts_enable(tBTA_GATTS_CB *p_cb)  //蓝牙打开过程中调用此函数
{
    UINT8 index=0;
```

```
        tBTA_GATTS_HNDL_RANGE handle_range;
        tBTA_GATT_STATUS      status = BTA_GATT_OK;

        if (p_cb->enabled)
        {
            APPL_TRACE_DEBUG("GATTS already enabled.");
        }
        else
        {
            memset(p_cb, 0, sizeof(tBTA_GATTS_CB));
            p_cb->enabled = TRUE;
            while ( bta_gatts_co_load_handle_range(index, &handle_range))
            {
                GATTS_AddHandleRange((tGATTS_HNDL_RANGE *)&handle_range);
                memset(&handle_range, 0, sizeof(tGATTS_HNDL_RANGE));
                index++;
            }
            APPL_TRACE_DEBUG("bta_gatts_enable:
                         num of handle range added=%d", index);
            if (!GATTS_NVRegister(&bta_gatts_nv_cback))//注册回调函数集合
            {
                APPL_TRACE_ERROR("BTA GATTS NV register failed.");
                status = BTA_GATT_ERROR;
            }
        }
    }

    BOOLEAN  GATTS_NVRegister (tGATT_APPL_INFO *p_cb_info)
    {
        BOOLEAN status= FALSE;
        if (p_cb_info)
        {
            //将bta_gatts_nv_cback函数集合保存到全局变量cb_info
            gatt_cb.cb_info = *p_cb_info;
            status = TRUE;
            gatt_init_srv_chg();
        }

        return status;
    }
```

3. 内存访问越界的分析和修正

分析 gatt_cb 结构体，看看哪个变量的访问/操作有可能导致 cb_info 变量被改写。从结构体定义来看，profile_clcb[]数组离 cb_info 变量最近，数组的访问/操作最有可能导致 cb_info 变量被改写。下面对在协议栈里对 profile_clcb[]数组进行获取和操作的函数进行分析。

```
    typedef struct
    {
        tGATT_TCB           tcb[GATT_MAX_PHY_CHANNEL];
        BUFFER_Q            sign_op_queue;
```

```
    tGATT_SR_REG           sr_reg[GATT_MAX_SR_PROFILES];
    UINT16                 next_handle;
    tGATT_SVC_CHG          gattp_attr;
    tGATT_IF               gatt_if;
    tGATT_HDL_LIST_INFO    hdl_list_info;
    tGATT_HDL_LIST_ELEM    hdl_list[GATT_MAX_SR_PROFILES];
    tGATT_SRV_LIST_INFO    srv_list_info;
    tGATT_SRV_LIST_ELEM    srv_list[GATT_MAX_SR_PROFILES];
    BUFFER_Q               srv_chg_clt_q;
    BUFFER_Q               pending_new_srv_start_q;
    tGATT_REG              cl_rcb[GATT_MAX_APPS];
    tGATT_CLCB             clcb[GATT_CL_MAX_LCB];
    tGATT_SCCB             sccb[GATT_MAX_SCCB];
    UINT8                  trace_level;
    UINT16                 def_mtu_size;
#if GATT_CONFORMANCE_TESTING == TRUE
    BOOLEAN                enable_err_rsp;
    UINT8                  req_op_code;
    UINT8                  err_status;
    UINT16                 handle;
#endif
    //这最有可能导致数组访问越界，从而 cb_info 被改写
    tGATT_PROFILE_CLCB   profile_clcb[GATT_MAX_APPS];
    UINT16 handle_of_h_r;
    //保存了 bta_gatts_nv_srv_chg_cback()函数指针
    tGATT_APPL_INFO        cb_info;
    tGATT_HDL_CFG          hdl_cfg;
    tGATT_BG_CONN_DEV      bgconn_dev[GATT_MAX_BG_CONN_DEV];
} tGATT_CB;
```

在 LE 设备配对连接或回连上后，主机会对设备的属性数据库进行扫描和存储（回连只进行少部分属性扫描）。协议栈此时会使用 gatt_cb.profile_clcb[]里的变量（即连接链路控制块），但是获取变量的函数（如 gatt_profile_find_clcb_by_conn_id()）存在问题，有可能找到数组的最后也没有找到需要的变量，结果将数组之后的内存当成合法的数组元素返回了。使用越界数组元素的函数将越界的内存改写了，而此内存范围里刚好有 cb_info，从而导致了 cb_info 被改写。而 gatt_profile_clcb_alloc()函数、gatt_profile_find_clcb_by_bd_addr()函数也存在同样问题。将 tGATT_CB 结构体里所有的数组的访问/操作的函数全都审阅一遍，会发现其他部分数组的访问也存在类似问题，且一一做了修正。

这个 Bug 在 Android5.0/5.1 上影响非常坏，在 Android6.0 上得到了修正。

```
static tGATT_PROFILE_CLCB *gatt_profile_find_clcb_by_conn_id(UINT16 conn_id)
{
    UINT8 i_clcb;
    tGATT_PROFILE_CLCB   *p_clcb = NULL;

    //如果遍历数组，没有找到对应的指针的话，p_clcb 就越界到了数组之外，刚好覆盖
```

```
        //cb_info 变量
        for (i_clcb = 0, p_clcb= gatt_cb.profile_clcb;
                i_clcb < GATT_MAX_APPS; i_clcb++, p_clcb++)
        {
            if (p_clcb->in_use && p_clcb->conn_id == conn_id)
                return p_clcb;
        }
        GATT_TRACE_WARNING("%s conn_id:%d,not find clcb!", __FUNCTION__, conn_id);
        return p_clcb;//这里应该返回 NULL，不应返回越界值
    }
```

25.3　系统 IO 繁忙时写 btsnoop 日志效率低导致蓝牙通信卡顿的 Bug 分析

25.3.1　写 btsnoop 日志效率低的 Bug 描述

在项目 Inception-MiTV3 中，Bug 编号为 IN-1586，问题描述如下：

蓝牙语音体感遥控器使用过程中容易发生断链。

预置条件：

电视开机，已连接蓝牙语音体感遥控器（101F 软件版本）和蓝牙低音炮。电视系统软件是调试版本。

测试步骤：

1. 后台电视进行升级过程中（通过脚本）。
2. 体感游戏界面下载体感游戏时多次进行语音搜索影音和影视剧，已连续测试约 10 次。

期望结果：

电视和蓝牙遥控器均工作正常。

实际结果：

语音控制后电视无反应，遥控器按键无响应，一会儿电视弹出配对界面，可再次配对连接成功。

备注：

概率性问题，下载游戏中概率很高。

25.3.2　写 btsnoop 日志效率低的 Bug 分析

从 Bug 描述来看，系统的 IO 负担很重：此时电视后台在执行系统升级，会大量、频繁地操作

存储器；此时电视又在下载游戏，也会将游戏程序下载和安装到系统里，加重了系统 IO 负担；由于电视当前的软件系统是开发版，日志系统也在大量记录日志到存储器，也加重了系统 IO 负担；由于蓝牙遥控器在上传语音数据给电视，蓝牙子系统此时会不断将总线上的 Hci 数据记录到 btsnoop 文件中，而且蓝牙协议栈此时也会产生大量日志，两者一起使得系统 IO 负担更重。

当时此问题还比较容易复现。在出现问题时，抓了 Sniffer 日志和串口总线时序（Hci 日志）。发现 Sniffer 日志，遥控器在不断上报语音数据给电视的蓝牙芯片，出问题时电视蓝牙芯片打出的空包的 SN、NESN 总是没有出现变化，导致遥控器在不断重传同一包数据，这说明电视蓝牙芯片拒绝接收数据；同时串口总线时序显示电视 CPU 的串口的 RTS 是高的，这说明电视 CPU 的串口 buffer 满了，拒绝接收电视蓝牙芯片的数据，原因应该是 CPU 繁忙从而没有及时接收数据；最终遥控器因缓存数据过多无法送达主机，就主动断开连接了。

以上情况说明电视的 CPU 出问题了，电视蓝牙芯片和遥控器都没有问题。那就进一步查证 Kernel 的串口驱动是否存在问题。经查证，Kernel 的串口 TTY 层有 4KB 的缓存，当缓存数据达到 4KB 时，TTY 层暂停从串口驱动读取数据。串口的硬件 buffer 较小，只有几十字节，很容易满，满了串口就拉起 RTS，不让蓝牙芯片上报数据。

继续往上层的 Bluedroid HCI 层追查。发现 HCI 层从 Kernel 的 TTY 层读取数据后，会将数据存入/data/misc/bluedroid/btsnoop.log 文件，然后再将数据上报给 BTU TASK。而写文件的函数就是直接往文件写入，当系统 IO 繁忙时，有可能阻塞 HCI 往 btsnoop.log 写入数据的动作，导致 HCI 线程阻塞。

25.3.3 Bug 的解决方法

至此，发现了问题的根本原因就是 HCI 线程往 btsnoop.log 文件写入数据时被系统 IO 阻塞了一段时间，导致数据传输不流畅，最终使遥控器断连接。那就很好解决了。

1. 在 btsnoop.c 文件中实现一个写文件线程（提供消息队列），用于往 btsnoop.log 文件中写入数据。

2. HCI 线程收/发数据时，将数据通过消息发给写文件线程，由线程将数据写入 btsnoop.log 文件保存。

由于 HCI 线程不再负责写数据到 btsnoop.log 文件，可以快速地进行数据的分发。写数据到 btsnoop 的繁重任务交给写文件线程来完成。代码实现此处就不贴出来了，读者可以自行尝试实现。

//write 是阻塞型的，系统 IO 繁忙时会导致 HCI 线程阻塞。需要在另一个线程里实现写函数。

```
static void btsnoop_write(const void *data, size_t length) {
    if (hci_btsnoop_fd != -1)
        write(hci_btsnoop_fd, data, length);//阻塞了蓝牙 HCI 线程
```

```
    btsnoop_net_write(data, length);
}
```

25.4 蓝牙数据总线丢失数据导致蓝牙重启

25.4.1 导致蓝牙重启的 Bug 描述

在项目 Matrix 中，Bug 编号为 MT-1286，问题描述如下：

蓝牙语音遥控器使用语音过程中偶尔发生遥控失灵。

预置条件：

电视开机，已连接蓝牙语音遥控器。连接 5G Ap 播放在线高清视频。

测试步骤：

不断按蓝牙遥控器的语音键进行在线语音识别，统计语音识别的准确率。

期望结果：

电视和蓝牙遥控器均工作正常，语音识别准确。

实际结果：

偶尔出现按语音按键后电视无反应，按遥控器其他按键也无响应，过一会又可以继续使用。

备注：

低概率问题，测试 60 次出现了 1 次。

25.4.2 导致蓝牙重启的日志分析

从抓到的电视本地日志来看，Bluedroid 的 HCI 线程收到了错乱数据，之后电视和蓝牙芯片之间出现了无法通信的问题，进而导致协议栈出现 HCI Cmd 超时，蓝牙进程自行结束进程，重启蓝牙。由于本地日志只能看到结果，无法发现问题的根本原因在哪里。出现 HCI 层丢数据的情况有多种可能性。

1. 电视连接蓝牙的数据总线控制器出现问题，丢失了数据或插入了错误数据，或者电视 CPU 总线驱动程序有问题导致数据错误。

2. 数据总线受到干扰导致了数据错乱，如静电干扰。

3. 电视蓝牙芯片出错，传送了错误数据。

```
//出现错误数据，hci 层报错
04-26 17:05:51.604  4372  4929 W bt-l2cap: L2CAP - unknown CID: 0x1b04
04-26 17:05:51.605  4372  4999 E bt_h4: [h4] Unknown HCI message type drop this byte 0x20
04-26 17:05:51.605  4372  4999 E bt_h4: [h4] Unknown HCI message type drop
```

```
this byte 0x1b
    04-26 17:05:51.605 4372 4999 E bt_h4 : [h4] Unknown HCI message type drop
this byte 0x0
    04-26 17:05:51.605 4372 4999 E bt_h4: [h4] Unknown HCI message type drop
this byte 0x17
    04-26 17:05:51.605 4372 4999 E bt_h4 : [h4] Unknown HCI message type drop
this byte 0x0
    04-26 17:05:51.605 4372 4999 E bt_h4: [h4] Unknown HCI message type drop
this byte 0x17
    04-26 17:05:51.605 4372 4929 I bt-hci : HCI event = 0x00
    04-26 17:05:51.605 4372 4999 E bt_h4 : [h4] Unknown HCI message type drop
this byte 0x0
    04-26 17:05:51.605 4372 4929 D bt-btif : HC lib lpm deassertion return 0
    04-26 17:05:51.606 4372 4929 I bt-hci : HCI event = 0x00
    04-26 17:05:51.606 4372 4999 E bt_h4: [h4] Unknown HCI message type drop
this byte 0x17
    04-26 17:05:51.606 4372 4999 E bt_h4: [h4] Unknown HCI message type drop
this byte 0x0
    04-26 17:05:51.606 4372 4929 D bt-btif : HC lib lpm deassertion return 0
    04-26 17:05:51.607 4372 4929 I bt-hci : HCI event = 0x00
    04-26 17:05:51.607 4372 4999 E bt_h4: [h4] Unknown HCI message type drop
this byte 0x17
    04-26 17:05:51.607 4372 4999 E bt_h4 : [h4] Unknown HCI message type drop
this byte 0x0
    //蓝牙芯片不响应 bluedroid 发出的 hci 命令，命令执行超时
    04-26 17:06:04.113 4372 4929 W bt-hci : HCI Cmd timeout counter 1
    //第 2 条 hci 命令超时，协议栈自己杀死蓝牙进程，蓝牙重启
    04-26 17:06:20.115 4372 4929 E bt-hci: Numconsecutive HCI Cmd tout=2
Restarting BT process
    //framework 层侦测到蓝牙状态从开启状态转变为正在关闭状态
    04-26 17:06:20.240 4148 4189 D BluetoothManagerService: Bluetooth State
Change Intent:
    12 -> 13
```

由于无法定位问题在哪里，需要想办法复现问题。那就需要用 BEX400 来抓取空中日志、数据总线（用的是 Uart 总线）的 HCI 数据流及时序，电视系统软件用调试版本，可以保存电视日志和 btsnoop。复现出问题时来看看到底是哪个环节出现了问题。

复现了问题后，分析发现空中传输的数据没有问题。电视蓝牙芯片在通过总线（Uart）传输数据给电视 CPU 时出现了问题：当 CPU 端系统繁忙时，出现读取串口总线控制器的硬件缓冲区的数据不及时的情况；当硬件缓冲区即将满了的时候，会将串口芯片的 RTS 管脚（连接蓝牙芯片的 CTS）拉高，告知蓝牙芯片 CPU 的串口硬件缓存区即将耗尽，不要再传送数据过来。而蓝牙芯片在电视的 RTS（图 25.2 中的 CTS）拉高后依然传送了 2 字节给电视，如图 25.2 所示。

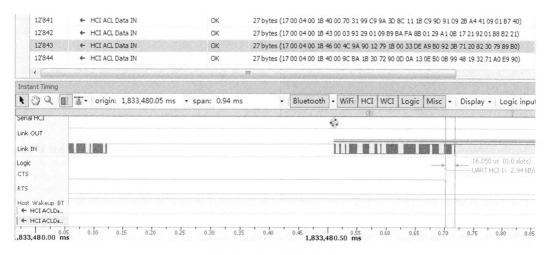

图 25.2　串口时序及数据图

查阅电视 CPU 的芯片手册后发现 CPU 的串口控制器在接收硬件 buffer 即将满的时候，预留了 1 字节的缓冲区（也预示着还能接收 1 字节的数据），然后将 RTS 拉高告知蓝牙芯片不要再传送数据。由于蓝牙芯片在电视的 RTS（即蓝牙芯片的 CTS）拉高之前可能正要发送数据，那还可以发送 1 字节给电视 CPU，在此期间蓝牙芯片有足够时间来发现自己的 CTS 管脚变成高了，不能继续往 CPU 发送数据。但事实上蓝牙芯片发送了 2 字节。

蓝牙芯片在自己的 CTS 管脚变高后发送了 2 字节，这是如何知晓的呢？蓝牙协议栈调用的 libbt-vendor 在加载蓝牙芯片的 Firmware 之后，将串口波特率设置成了 1Mbit/s。这意味着 1 微秒的时间总线可以传送 1 比特的数据。从图 25.2 中可以看出蓝牙芯片的 CTS 管脚变高之后，传送了 16 微秒的数据，即 2 字节。而 CPU 的串口控制器只能接收 1 字节的数据，意味着丢失了 1 字节。如果丢失了 1 字节，后面蓝牙芯片上报的数据在发送过来后，在协议栈的 HCI 层组包时，往前移动了 1 字节，造成了 HCI 层解析出错。

从图 25.2 中的 12 843 帧和图 25.3 的 11 340 帧可以看出，11 340 帧丢失了 DE 这个字节，造成后续电视蓝牙 HCI 层收数据时数据都前移了 1 字节，导致 HCI 层无法解析数据。从 btsnoop 的 11 341 帧开始解析出错。11 340 帧的最后 1 字节的数据"02"应该是 11 341 帧的第 1 字节。很明显说明 DE 字节被 CPU 的串口丢失了。

为了证实分析的正确性，又拿了另一款蓝牙芯片来做同样的对比实验（串口波特率设定为 1Mbit/s），发现这款蓝牙芯片并没有出问题。如图 25.4 所示，当电视 CPU 的串口芯片的 RTS 脚拉高后，电视蓝牙只传输了 8 微秒的时间，即只往电视 CPU 的串口发送了 1 字节。这证实了前面出错的部分的分析是正确的，并提供了解决问题的方向。

图 25.3 btsnoop 数据截图

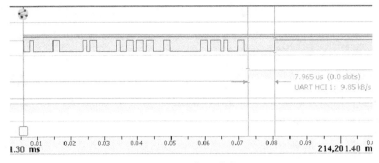

图 25.4 串口时序

25.4.3 解决问题的方法

前面的内容已经分析得很清楚了，蓝牙芯片在自己的 CTS 管脚变高（即电视 CPU 的串口将 RTS 拉高）后，多传送了 1 字节，导致此字节被电视丢失。解决方法有两种（最终采用了第 2 种方案）。

1. 电视 CPU 的串口控制器的 Buffer 设置进行修改，接收 Buffer 预留更多字节来兼容这款蓝牙芯片。

2. 蓝牙芯片修改串口驱动，当 CTS 变高且正准备传送数据时，只传送 1 字节，之后停止发送数据。

25.5　蓝牙核心协议规范关于断连接流程的设计缺陷

25.5.1　断连接流程的设计缺陷引发的 Bug 描述

在项目 Matrix 中，Bug 编号为 MT-1994，问题描述如下：

使用蓝牙遥控器关机过程中偶尔发生电视重启。

预置条件：

电视开机，已连接蓝牙遥控器。

测试步骤：

按蓝牙遥控器的电源键将电视关机。

期望结果：

电视正常关机。

实际结果：

偶尔出现关机后电视自动开机。

备注：

低概率问题，测试 50 次出现了 1 次。

25.5.2　问题背景介绍

小米低功耗蓝牙遥控器支持电视关机后唤醒电视开机的功能，小米电视内部将其称为"Wake On LE"。即电视关机后或电视拔电源/插电源后，蓝牙遥控器按电源键，遥控器唤醒电视开机。前面的第 17 章介绍了这个功能。故关机后电视的蓝牙芯片并没有断电，而是在不断地监听 LE 广播包信息、解析广播包内容，当收到配对列表中的蓝牙遥控器的唤醒广播信息后，就唤醒电视开机。故对于电视来说，蓝牙是它的一个唤醒来源（还包括红外、CEC 等唤醒源）。

电视关机的过程中，会关闭蓝牙。关蓝牙时，蓝牙协议栈会将当前连接的蓝牙设备全部断掉。电视关机是有时限要求的，如 15 秒必须关机完毕，不会一直等待蓝牙完全关闭才关机。故蓝牙协议栈在断蓝牙设备的连接时，也有个超时时间，避免没有及时断掉连接时卡住关蓝牙的流程。断蓝牙设备连接的超时时间到了后，蓝牙协议栈继续执行关蓝牙的后续流程。

蓝牙协议栈在关闭蓝牙的最后阶段，不会给蓝牙芯片下电，会将可唤醒电视的遥控器名单发送给蓝牙芯片，让蓝牙芯片执行"Wake On Le"的功能。

对于蓝牙芯片来说，当它有消息/事件需要报告给电视时，它就会通过唤醒引脚来唤醒电视，并将消息通过总线发送给电视。故设备断连接完成后或超时后，会唤醒电视，将断连接的消息发送给电视。如果是断蓝牙遥控器的连接超时，蓝牙芯片会在发出断连接消息后 16 秒向电视报告断连接超时，因为电视和遥控协商的连接参数的超时时间是 16 秒。

25.5.3　Bug 分析过程

从电视的本地日志来看，电视关蓝牙的过程中，发出了断遥控器连接的命令，但是没有收到断连接完成的消息。蓝牙关闭的流程正常，并正确地执行了"Wake On Le"流程。唤醒电视的唤醒源是蓝牙唤醒。而测试工程师反馈他并没有按蓝牙遥控器的电源键。从这些已知信息来看，当时无法确定是哪里出了问题导致电视开机。需要排查的问题点如下。

1. 蓝牙遥控器是否存在 Bug，有时偶尔自动发出了开机广播包。
2. 电视蓝牙芯片发生了未知的异常导致唤醒电视开机。

那就需要复现问题，并用 BEX400 抓包器来抓空中通信信息、串口/唤醒线的逻辑信息和数据信息。经过不懈努力，终于复现问题并抓到了空中通信信息，如图 25.5 所示。分析如下。

1. Packet 10382，电视蓝牙芯片向遥控器发起断连接请求。
2. Packet 10383，遥控器发送确认断连接消息。
3. Packet 10384、10387 等，遥控器发出广播包，但是分析广播包的内容发现不是唤醒广播包。这说明遥控器已经完成了断连接过程，并发出广播包试图让电视蓝牙连接。
4. Packet 10388，电视蓝牙继续发送断连接请求，SN 标识是 0，这说明电视并没有听到遥控器发出的 Packet 10383 的确认消息。如果电视蓝牙听到了的话，电视蓝牙发出的包的 SN 应该是 1。故电视蓝牙继续发送断连接请求。
5. Packet 10391、10392 等，电视蓝牙继续发送断连接请求，而遥控器不再回应，不断发送广播包。

如上分析说明，电视蓝牙没有听到遥控器的响应断连接请求的应答包（Packet 10383），电视蓝牙只能一直不断地发送断连接请求包，直到超时时间到了。然后电视蓝牙芯片向电视发送消息报告遥控器断连接超时。此时电视蓝牙会拉唤醒引脚去唤醒电视，报告断连接完成。而电视此时早已关机，从而会导致电视被唤醒开机。

进一步去查阅蓝牙核心协议文档的断连接流程说明（图 25.6 来自蓝牙 5.0 核心协议规范），发现主机发起的断连接的流程步骤如下。

1. Host A 发出断连接命令给 Controller A，即 HCI_Disconnect(B)。
2. Controller A 向 Host A 反馈命令开始执行。即 HCI_Command_Status。
3. Controller A 的链路管理层向 Controller B 的链路管理层发起断连接请求，即 LMP_detach。

如果 Controller B 没有听到，Controller A 会在 Connection Interval 之后的锚点继续发送断连接请求。

Packet #	Item	Status	Payload	SN	NESN	MD	Transmitter
10'382	→ LE-C Packet (Termination, Remote User Terminated Connection)	OK	2 bytes (02 13)	0	1	0	Master: 10:48:B1:...
10'383	Empty LE Packet	Warning	No data	1	1	0	Slave: "MI RC" 08:...
10'384	Connectable Undirected Packet (08:EB:29:07:26:11, Name="MI RC", S...	OK	32 bytes (11 26...				Master: "MI RC" 0...
10'387	Connectable Undirected Packet (08:EB:29:07:26:11, Name="MI RC", S...	Warning	32 bytes (11 26...				Master: "MI RC" 0...
10'388	→ LE-C Packet (Termination, Remote User Terminated Connection)	OK	2 bytes (02 13)	0	1	0	Master: 10:48:B1:...
10'389	Connectable Undirected Packet (08:EB:29:07:26:11, Name="MI RC", S...	OK	32 bytes (11 26...				Master: "MI RC" 0...
10'391	→ LE-C Packet (Termination, Remote User Terminated Connection)	OK	2 bytes (02 13)	0	1	0	Master: 10:48:B1:...
10'392	→ LE-C Packet (Termination, Remote User Terminated Connection)	OK	2 bytes (02 13)	0	1	0	Master: 10:48:B1:...
10'394	Connectable Undirected Packet (08:EB:29:07:26:11, Name="MI RC", S...	OK	32 bytes (11 26...				Master: "MI RC" 0...
10'395	Connectable Undirected Packet (08:EB:29:07:26:11, Name="MI RC", S...	Warning	32 bytes (11 26...				Master: "MI RC" 0...
10'396	→ LE-C Packet (Termination, Remote User Terminated Connection)	OK	2 bytes (02 13)	0	1	0	Master: 10:48:B1:...

图 25.5　断连接空中通信截图

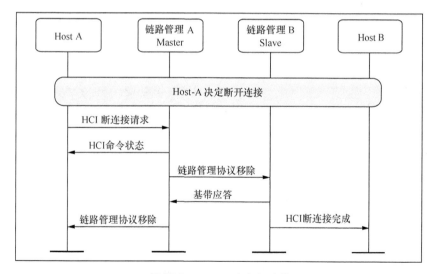

图 25.6　Host A 决定断连接

4. Controller B 的链路管理层收到断连接请求消息后，向 Controller A 的链路管理层发送 Ack 消息。并着手链路层内部处理断连接的事情。

5. Controller B 向 Host B 发出断连接完成消息，Host B 进行上层相关处理（如 Sniffer 日志里能看到遥控器广播了）。

6. Controller A 收到 Ack 后，向 Host A 发出断连接完成的事件。

断连接流程存在一个严重缺陷，就是 Controller B 的链路管理层发出的 Ack 消息有可能没有被 Controller A 的链路层听到，导致 Controller A 的链路管理层一直在发断连接请求。而 Controller B 认为已经将连接断开，不再理会 Controller A 了。导致 Controller A 一直持续发断连接请求直到超时（小米低功耗蓝牙遥控器和电视协商的超时时间是 16 秒）。

这个设计缺陷引发的一个直观的问题是：将设备断连接（或取消配对）时，偶尔发现设备有一段时间（超时的时长）一直处于连接状态，之后才变为未连接状态（或取消配对成功）。

为什么会出现 Controller A 偶尔听不到 Controller B 的 Ack 包呢？原因可能有以下几种。

1. Controller B 离 Controller A 距离较远，信号弱导致通信不畅，使得 Controller A 存在概率丢失了这个 Ack。

2. 2.4GHz 无线环境非常复杂，导致 Controller A 不容易听到包。小米电视的测试环境非常复杂，300 平方米的环境里有 40 多个 Ap、200 多个电视/盒子/手机/笔记本电脑在高频度使用无线模块。

3. Controller A 如果连接多个蓝牙设备，那么在听某条链路的包时不一定能拿到天线使用的机会。因为 Controller A 上连接的所有蓝牙设备都要使用天线，大家都在竞争天线使用权。如果天线是和 WiFi 共用的话，那么 WiFi 也会加入竞争天线的行列，使得天线的使用权变得更加不确定。

25.5.4　解决问题的方法

从分析来看，问题的根源出在遥控器在响应电视蓝牙的断连接请求时，遥控器发出了响应的 Ack，但是没有确保电视蓝牙收到 Ack，导致电视蓝牙出现丢失这个 Ack 的情况时，持续不断地发断连接请求，直到超时。然后电视蓝牙才向电视报告断连接超时，使得已经关机的电视被唤醒开机。故解决问题的思路有如下 3 个。

1. 重新设计断连接流程，Controller B 要确保 Controller A 收到这个 Ack 才能执行 Controller B 的内部断连接流程。

2. Controller A 在接到 Host A（即电视）的"Wake On Le"指令后，不再向 Host A 上报任何消息/事件。只有"Wake On Le"的事件（即遥控器唤醒电视开机）才上报。

3. 在关机过程中，最后将 Controller A 执行一次 Hci Reset，再执行"Wake On LE"功能。

方案 1 是根本解决方案，但是方案改动涉及 Controller A 和 Controller B。如果 Controller A 和 Controller B 都有多家芯片在使用的话，涉及的修改方太多，不实际。最终采用了方案 2，方案 2 只需要修改电视一方的所有涉及的蓝牙芯片。方案 3 也是一种较好的解决方案，但是修改代码较多，没有被采用，因为方案 2 只需要 Controller A 修改少量代码。